浙江省普通专升本
高等数学辅导教程·强化篇

盛炎平　主编

U0309910

ZHEJIANG UNIVERSITY PRESS
浙江大学出版社

图书在版编目(CIP)数据

浙江省普通专升本高等数学辅导教程. 强化篇 / 盛炎平主编. —杭州:浙江大学出版社，2014.9
ISBN 978-7-308-13889-5

Ⅰ.①浙… Ⅱ.①盛… Ⅲ.①高等数学—成人高等教育—升学参考资料 Ⅳ.①O13

中国版本图书馆 CIP 数据核字（2014）第 214168 号

浙江省普通专升本高等数学辅导教程·强化篇
盛炎平　主编

责任编辑	樊晓燕(fxy@zju. edu. cn)
封面设计	刘依群
出版发行	浙江大学出版社
	(杭州市天目山路 148 号　邮政编码 310007)
	(网址:http://www. zjupress. com)
排　　版	杭州中大图文设计有限公司
印　　刷	杭州印校印务有限公司
开　　本	787mm×1092mm　1/16
印　　张	15. 25
字　　数	371 千
版 印 次	2014 年 9 月第 1 版　2014 年 9 月第 1 次印刷
书　　号	ISBN 978-7-308-13889-5
定　　价	58. 00 元

前　　言

为了帮助广大考生备考浙江省普通专升本入学考试，根据浙江省教育考试院颁布的最新《浙江省普通专升本考试大纲》规定的考试内容及要求，我们特地聘请浙江省普通专升本考试命题研究组和宏图教育专升本考试命题教研中心的一批教学和培训经验丰富的专家教授将宏图教育这六年多来的培训教材和辅导讲义进行总结，汇编成此书。

专家们熟悉浙江省普通专升本考试命题的思路、方法和原则，能准确把握命题的规律。编者们多年的专升本考试辅导经历，使其深谙考生备考的困难和弱点，因而编写的内容更加符合考生的需求，紧扣浙江省普通专升本考试大纲所规定的考试内容和要求，锁定考生应掌握的考点、要点，针对性强。

本书作为强化阶段的辅导教程，既有概念、原理和方法的阐述，便于考生对知识点的深度理解、记忆，又有考点汇编和试题精解，利于考生对考点的全面掌握。全书共分为三大核心版块：考试大纲；考点解读与典型题型；实战演练与参考解析。考试大纲部分紧扣最新的考试大纲，引领考生关注备考动向；考点解读与典型题型部分严格按照浙江省普通专升本考试大纲及历年的考核内容、题型和难度系数等精心编写，对各核心知识点进行深度解析，全面解密历年考试核心考点和测试内容及出题思路，力求在把握考试规律的同时对典型题型进行精讲，以简洁精练的文字及精选的历年试题全面解析考试大纲的考查内容，并辅以解题技巧，力助考生把握考试要求，强化应试能力；实战演练与参考解析部分精选同源习题以供考生实战演练，帮助提升考试实战解题能力。

本书由权威的命题专家审定，从整体上把握近年来的考试动态。命题研究人员对命题的前瞻性和准确性作了悉心研究，既重视考查重点的分析，又注重实际训练，是浙江省广大专升本考生首选的理想复习教材。

本书由宏图教育专升本培训名师盛炎平教授主编，宏图教育专升本考试命题教研中心专家组编，经过浙江省普通专升本考试命题研究组专家审定，在出版的过程中，得到了浙江大学出版社樊晓燕编审的大力支持，在此一并表示感谢！

虽然我们在编写过程中力求做到尽善尽美，但书中终归会有不尽完善之处，敬请各位专家、师生提出宝贵意见与建议。

宏图教育
www.htcom.cn
htcomcn@163.com
2014年5月

目　　录

常微分方程

向量代数与空间解析几何

第一章　函　数

[考试大纲]

1. 理解函数的概念，会求函数的定义域、表达式及函数值，会作出一些简单的分段函数图像.

2. 掌握函数的单调性、奇偶性、有界性和周期性.

3. 理解函数 $y=f(x)$ 与其反函数 $y=f^{-1}(x)$ 之间的关系(定义域、值域、图像)，会求单调函数的反函数.

4. 掌握函数的四则运算与复合运算；掌握复合函数的复合过程.

5. 掌握基本初等函数的性质及其图像.

6. 理解初等函数的概念.

7. 会建立一些简单实际问题的函数关系式.

第一节　考点解读与典型题型

一、确定函数的定义域

1. *考点解读*

(1) 若函数是根据实际问题建立的，则定义域就是具有实际意义的实自变量值的集合.

(2) 若函数是用解析式表示的，则定义域是自变量所能取的使解析式有意义的一切实数的集合. 在具体确定函数的定义域时，要注意下列关系式存在的条件：

① 分式的分母不能为零，如 $y=\dfrac{1}{x}$ 的定义域 $\{x\neq 0\}$；

② 负数不能开偶次方，如 $y=\sqrt[2n]{x}\,(n\in \mathbf{N})$ 的定义域 $\{x\geqslant 0\}$；

③ 负数和零不能取对数，如 $y=\log_a x\,(a>0,a\neq 1)$ 的定义域 $\{x>0\}$；

④ 反正弦、反余弦函数的自变量的绝对值不能大于1，如 $y=\arcsin x$ 或 $y=\arccos x$ 的定义域 $[-1,1]$；

⑤ 正切函数的自变量不能等于 $k\pi+\dfrac{\pi}{2}$，如 $y=\tan x$ 的定义域为 $\left\{x\neq k\pi+\dfrac{\pi}{2},k\in \mathbf{Z}\right\}$；

⑥ 余切函数的自变量不能等于 $k\pi$，如 $y=\cot x$ 的定义域 $\{x\neq k\pi,k\in \mathbf{Z}\}$.

(3) 求函数定义域一般分三个步骤：

① 将使函数表达式有意义的 x 所满足的要求用不等式不重复也不遗漏地表示出来，并联立成不等式组；

② 解不等式组(即解出使每个不等式都成立的 x 的范围)；

③ 用区间表示解出的 x 的范围，即得函数的定义域.

(4) 已知复合函数外函数的定义域，求复合函数的定义域：

方法：让复合函数的内函数满足外函数定义域的要求，进而求出复合函数的定义域.

2. 典型题型

例 1 求下列函数的定义域：

(1) $y=\log_{x-1}(9-x^2)$； (2) $y=\sqrt{\arcsin x-\frac{\pi}{4}}$；

(3) $y=\frac{1}{\sin x}+\sqrt{1-x^2}$； (4) $y=\sqrt{\ln\frac{2x-x^2}{2}}$.

解 (1) 函数若要有意义，须满足条件$\begin{cases}9-x^2>0\\x-1>0\\x-1\neq 1\end{cases}$，即定义域为$(1,2)\cup(2,3)$.

(2) 函数若要有意义，须满足条件$\begin{cases}\arcsin x-\frac{\pi}{4}\geqslant 0\\|x|\leqslant 1\end{cases}$，即定义域为$[\frac{\sqrt{2}}{2},1]$.

(3) 要使$\frac{1}{\sin x}$有意义，须 $\sin x\neq 0$，于是 $x\neq k\pi, k\in\mathbf{Z}$；要使$\sqrt{1-x^2}$有意义，须$1-x^2\geqslant 0$，即$-1\leqslant x\leqslant 1$. 综合两者解得定义域为$[-1,0)\cup(0,1]$.

(4) 函数若要有意义，则$\begin{cases}\ln\frac{2x-x^2}{2}\geqslant 0\\\frac{2x-x^2}{2}>0\end{cases}$，即$\begin{cases}x^2-2x+2\leqslant 0\\x^2-2x<0\end{cases}$，无解，所以函数定义域为$\varnothing$.

例 2 求函数 $y=\frac{1}{\sqrt{3-x^2}}+\arcsin(\frac{x}{2}-1)$ 的定义域.

解 由所给函数知，要使函数有定义，必须$\begin{cases}\sqrt{3-x^2}\neq 0\\\left|\frac{x}{2}-1\right|\leqslant 1\\3-x^2>0\end{cases}$，即$0\leqslant x<\sqrt{3}$，所以函数定义域为$[0,\sqrt{3})$.

例 3 已知 $f(x)$ 的定义域为$[0,4]$，求 $g(x)=f(x+1)+f(x-1)$ 的定义域.

解 需满足$\begin{cases}0\leqslant x+1\leqslant 4\\0\leqslant x-1\leqslant 4\end{cases}$，得函数 $g(x)$ 的定义域为$[1,3]$.

二、函数的值域的求解

1. 考点解读

(1) 配方法，这是一种主要方法，比较常用.

(2) 由多项式表达的函数，一般用判别式法求函数的值域.

$f(x)=ax^2+bx+c=0$ 有实数解 $\Leftrightarrow \Delta=b^2-4ac\geqslant 0$.

若 $\Delta=b^2-4ac<0$，则 $f(x)$ 无实数解.

(3) 通过求反函数的定义域来求原函数的值域.

(4) 若含三角函数，可利用某些三角函数的有界性.

(5) 利用连续函数在闭区间上存在最值来求函数的值域.

(二) 典型题型

例 1　求下列函数的值域：

(1) $y=3-\sqrt{x^2-4x+9}$；　　(2) $y=\dfrac{\sin x-2}{\sin x+2}$；

(3) $y=\dfrac{x+1}{x+2}$；　　(4) $y=3-2\sin(3x-\dfrac{\pi}{4})$；

(5) $y=\dfrac{5}{2x^2-4x+3}$.

解　(1) 应用配方法，则 $y=3-\sqrt{(x-2)^2+5}$，故函数的值域为 $(-\infty,3-\sqrt{5}]$.

(2) $y=\dfrac{\sin x-2}{\sin x+2}=1-\dfrac{4}{\sin x+2}$，而 $-1\leqslant\sin x\leqslant 1$，即有 $1\leqslant\sin x+2\leqslant 3$，所以有 $\dfrac{1}{3}\leqslant\dfrac{1}{\sin x+2}\leqslant 1$，可得 $-3\leqslant y\leqslant-\dfrac{1}{3}$，故函数的值域为 $[-3,-\dfrac{1}{3}]$.

(3) 当 $x\neq-2$ 时，由原式可得 $x=\dfrac{1-2y}{y-1}$，即 $y\neq 1$，故函数的值域为 $(-\infty,1)\cup(1,+\infty)$.

(4) 由原式可得 $x=\dfrac{1}{3}\arcsin\dfrac{3-y}{2}+\dfrac{\pi}{12}$，因为 $\left|\dfrac{3-y}{2}\right|\leqslant 1$，所以函数的值域为 $[1,5]$.

(5) 变形为 $2yx^2-4yx+3y-5=0$，则 $\Delta=16y^2-8y(3y-5)\geqslant 0$，得 $0<y\leqslant 5$，所以函数的值域为 $(0,5]$.

例 2　已知 $f(x)=\dfrac{4x-a}{x^2+1}$，a 为实常数.

(1) 当 $f(x)$ 的极大值为 1 时，a 的值是多少？

(2) 当 a 取(1)所确定的值时，求 $f(x)$ 的值域.

解　(1) $f'(x)=-\dfrac{4x^2-2ax-4}{(x^2+1)^2}$，令 $f'(x)=0$，即 $4x^2-2ax-4=0$，得 $x_1=\dfrac{a+\sqrt{a^2+16}}{4}$，$x_2=\dfrac{a-\sqrt{a^2+16}}{4}$，又令 $f''(x)=\dfrac{2(4x^3-3ax^2-12x+a)}{(x^2+1)^3}$，代入计算 $f''(x_1)<0$，$f''(x_2)>0$，故 $f(x_1)$ 为极大值，即 $f(x_1)=\dfrac{4x_1-a}{x_1^2+1}=1$，代入 $x_1=\dfrac{a+\sqrt{a^2+16}}{4}$，可得 $a=3$.

(2) 当 $a=3$ 时，$f(x)=\dfrac{4x-3}{x^2+1}$，将 $a=3$ 代入 $x_1=\dfrac{a+\sqrt{a^2+16}}{4}=2$，$x_2=\dfrac{a-\sqrt{a^2+16}}{4}=-\dfrac{1}{2}$. 当 $x=2$ 时，$f(x)$ 有极大值 1；当 $x=-\dfrac{1}{2}$ 时，$f(x)$ 有极小值 -4. 又因 $\lim\limits_{x\to-\infty}\dfrac{4x-3}{x^2+1}=0$，$\lim\limits_{x\to+\infty}\dfrac{4x-3}{x^2+1}=0$，故 $f(2)=1$，$f(-\dfrac{1}{2})=-4$ 分别为 $f(x)$ 的最大值和最小值，因此函数 $f(x)$ 的值域为 $[-4,1]$.

三、判断两函数的异同

1. *考点解读*

(1) 定义域：自变量 x 的取值范围.

(2) 对应法则：给定 x 值，求 y 值的方法.

(3) 确定函数的两要素：一是定义域，二是对应关系.

要判断两个函数是否为同一个函数，需从函数的两个决定性要素着手判断，只要这两个函数的定义域相同，对应法则(关系)相同，那么这两个函数是同一个函数，否则，这两个函数不表示同一个函数.

(4) 一个函数被完全确定当且仅当定义域和对应法则被完全确定，而与自变量或因变量用什么字母表示无关.

2. *典型题型*

例 1 在下列各对函数中，哪些是同一函数：

(1) $y=\cos x$ 与 $y=\sqrt{1-\sin^2 x}$；　　(2) $y=|x|$ 与 $y=\sqrt{x^2}$；

(3) $y=2\ln|x|$ 与 $y=\ln x^2$；　　(4) $y=\dfrac{x^2-1}{x-1}$ 与 $y=x+1$.

解 (1) $y=\cos x$ 与 $y=\sqrt{1-\sin^2 x}=|\cos x|$，定义域相同，但对应法则不同，故它们不是同一函数.

(2) $y=|x|$ 与 $y=\sqrt{x^2}=|x|$，定义域相同，对应法则也相同，故它们是同一函数.

(3) $y=2\ln|x|$ 与 $y=\ln x^2=\ln|x|^2=2\ln|x|$，定义域相同，对应法则也相同，故它们是同一函数.

(4) $y=\dfrac{x^2-1}{x-1}$ 的定义域 $(-\infty,1)\cup(1,+\infty)$，而 $y=x+1$ 的定义域是 $(-\infty,+\infty)$，定义域不相同，故它们不是同一函数.

四、求解函数的关系式

1. *考点解读*

(1) 已知函数 $f(x)$ 和 $g(x)$ 的表达式，求函数 $f[g(x)]$ 的表达式，这类问题相当于已知 $y=f(u)$ 及 $u=g(x)$，求复合函数 $f[g(x)]$.

(2) 已知复合函数 $f[g(x)]$ 的表达式，在内函数 $g(x)$ 关系式已知的条件下，求外函数 $f(x)$ 的表达式. 这类题的具体解法有两种：

① 变换法. 令 $u=g(x)$，将所作变换代入已知复合函数中，可得到 $f(u)=f[g(x)]$ 关于

u 的表达式,从而可得 $f(x)$ 的关于 x 的函数表达式.

② 恒等变形法.首先将复合函数 $f[g(x)]$ 的表达式通过恒等变形,凑成以 $g(x)$ 为自变量的表达式,最后,将 $g(x)$ 用自变量 x 代换,即得 $f(x)$ 的表达式.

2.典型题型

例 1　设 $f(x)=\dfrac{1}{1-x}(x\neq 0,x\neq 1)$,求 $f[f(x)]$ 及 $f\{f[f(x)]\}$.

解　$f[f(x)]=\dfrac{1}{1-f(x)}=\dfrac{1}{1-\dfrac{1}{1-x}}=1-\dfrac{1}{x}$,$f\{f[f(x)]\}=\dfrac{1}{1-f[f(x)]}=\dfrac{1}{1-(1-\dfrac{1}{x})}=x$.

例 2　设函数 $f(x)=\begin{cases}2x, & 0\leqslant x\leqslant 1\\ x^2, & 1<x\leqslant 2\end{cases}$,$g(x)=\ln x$,求 $f[g(x)]$,$g[f(x)]$.

解　$f[g(x)]=\begin{cases}2g(x), & 0\leqslant g(x)\leqslant 1\\ g^2(x), & 1<g(x)\leqslant 2\end{cases}=\begin{cases}2\ln x, & 0\leqslant \ln x\leqslant 1\\ \ln^2 x, & 1<\ln x\leqslant \mathrm{e}\end{cases}=\begin{cases}2\ln x, & 1\leqslant x\leqslant \mathrm{e}\\ \ln^2 x, & \mathrm{e}<x\leqslant \mathrm{e}^2\end{cases}$;

$g[f(x)]=\ln[f(x)]=\begin{cases}\ln(2x), & 0\leqslant x\leqslant 1\\ \ln x^2, & 1<x\leqslant 2\end{cases}=\begin{cases}\ln(2x), & 0\leqslant x\leqslant 1\\ 2\ln x, & 1<x\leqslant 2\end{cases}$.

例 3　设 $f(x+1)=x^2+x+3$,求 $f(x)$ 的表达式.

解 1　变换法.令 $x+1=t$,则 $x=t-1$,于是原函数为 $f(t)=(t-1)^2+(t-1)+3$,化简得 $f(t)=t^2-t+3$,所以 $f(x)=x^2-x+3$.

解 2　恒等变形法.因为原函数可化为 $f(x+1)=x^2+x+3=(x+1)^2-(x+1)+3$,所以 $f(x)=x^2-x+3$.

五、函数的基本性质

1.考点解读

函数的基本性质(特性)常分四种:一是奇偶性;二是有界性;三是单调性;四是周期性.其中函数的单调性可通过一阶导数的符号特征来判定,而通常不用定义判断;函数的周期性讨论往往是对三角函数讨论得更多一些,在中学阶段常常会有三角函数周期的计算题.而浙江省普通专升本的高等数学考试,在这方面主要是两类题:一类是奇偶性判定;另一类是有界性判定.

(1) 函数的奇偶性

奇偶函数的性质特点:

① 奇、偶性是函数的整体性质,对整个定义域而言,奇、偶函数的定义域一定关于原点对称,如果一个函数的定义域不关于原点对称,则这个函数一定不是奇(或偶)函数.所以判断函数的奇偶性,首先是检验其定义域是否关于原点对称,然后再严格按照奇、偶性的定义经过化简、整理,再与 $f(x)$ 比较得出结论.

② 偶函数 $f(x)$ 的图像关于 y 轴对称;奇函数 $f(x)$ 的图像关于原点对称.

③ $f(x)+f(-x)=0$ 是判别 $f(x)$ 是奇函数的有效方法.若 $f(x)$ 为奇函数,且在 $x=0$ 处有定义,则 $f(0)=0$.

④$f(x)\equiv 0$ 既是奇函数又是偶函数，$f(x)\equiv c(c\neq 0)$ 是偶函数.

奇偶函数的运算性质：

① 奇函数的代数和仍为奇函数；偶函数的代数和仍为偶函数.

② 偶数个奇(或任意多个偶) 函数之积为偶函数；奇数个奇函数之积为奇函数.

③ 一个奇函数与一个偶函数之积为奇函数.

④ 非零的一个奇函数和一个偶函数的和是非奇非偶的.

常见的偶函数：常函数 $y=c$，$|x|$，$\cos x$，x^{2n}(n 为正整数)，e^{x^2}，$e^{|x|}$，$e^{\cos x}$，…

常见的奇函数：$\sin x$，$\tan x$，$\frac{1}{x}$，x^{2n+1}(n 为正整数)，$\arcsin x$，$\arctan x$，…

(2) 函数的有界性

① 函数的有界性，是指函数值取值的有界性，而且有界性具有区间的相对性，在这个区间上有界的函数，在另一区间上就可能无界.

② 函数在定义域上有界的充分必要条件是函数在定义域上既有上界又有下界.

(3) 函数的周期性

① 若 T 是 $f(x)$ 的周期，则 $f(ax+b)$ 的周期为$\frac{T}{|a|}$.

② 若 $f(x)$、$g(x)$ 均是以 T 为周期的周期函数，则 $f(x)\pm g(x)$ 也是以 T 为周期的周期函数.

③ 若 $f(x)$、$g(x)$ 分别是以 T_1、T_2($T_1\neq T_2$) 为周期的周期函数，则 $f(x)\pm g(x)$ 一般是以 T_1、T_2 的最小公倍数为周期的周期函数(正弦函数与余弦函数的和或差不满足此性质，如 $|\sin x|+|\cos x|$ 的周期为$\frac{\pi}{2}$).

常见的周期函数：$\sin x$，$\cos x$，其周期 $T=2\pi$；$\tan x$，$\cot x$，$|\sin x|$，$|\cos x|$，其周期 $T=\pi$.

(4) 函数的单调性

① 单调性也是相对于某个区间而言的，是局部概念.

② 单调函数的反函数仍单调，且单调性相同.

③ 复合函数 $f[g(x)]$ 的单调性：若 f、g 的单调性相同，则 $f[g(x)]$ 单增；若 f、g 的单调性相反，则 $f[g(x)]$ 单减.

2. 典型题型

例 1 判别下列函数的奇偶性：

(1) $f(x)=x\ln(\sqrt{1+x^2}-x)$；

(2) $f(x)=x^2\frac{a^x-1}{a^x+1}(a>0)$；

(3) $f(x)=(2+\sqrt{3})^x+(2-\sqrt{3})^x$；

(4) $f(x)=\sin x+\cos x$.

解 (1) 定义域为$(-\infty,+\infty)$，因为 $f(-x)=-x\ln(\sqrt{1+x^2}+x)=-x\ln\frac{1}{\sqrt{1+x^2}-x}=x\ln(\sqrt{1+x^2}-x)=f(x)$，所以由偶函数的定义知，$f(x)$ 是偶函数.

(2) 定义域为$(-\infty,+\infty)$，因为 $f(-x)=x^2\frac{a^{-x}-1}{a^{-x}+1}=-x^2\frac{a^x-1}{a^x+1}=-f(x)$，所以由奇函数的定义知，$f(x)$ 是奇函数.

(3) 定义域为$(-\infty,+\infty)$，因为 $f(-x)=(2+\sqrt{3})^{-x}+(2-\sqrt{3})^{-x}=(\frac{1}{2+\sqrt{3}})^{x}+(\frac{1}{2-\sqrt{3}})^{x}=(2-\sqrt{3})^{x}+(2+\sqrt{3})^{x}=f(x)$，所以 $f(x)$ 是偶函数.

(4) 定义域为$(-\infty,+\infty)$，因为 $f(-x)=-\sin x+\cos x$，可知 $f(-x)\neq f(x)$ 且 $f(-x)\neq -f(x)$，所以 $f(x)$ 即非偶函数也非奇函数.

例 2　下列函数在指定区间内是否有界?如果有界，请给出它的一个界.

(1) 当 $x\in(0,1]$ 和 $x\in[a,1](0<a<1)$ 时，$f(x)=\frac{1}{x^2}$；

(2) 当 $x\in(-\infty,0)\cup(0,+\infty)$ 时，$h(x)=\sin\frac{1}{x}$；

(3) 当 $x\in(-\infty,+\infty)$ 时，$g(x)=\arctan x$.

解　(1) 当 $x\to 0^+$ 时，$f(x)\to+\infty$，所以 $f(x)=\frac{1}{x^2}$ 在$(0,1]$内无界.

当 $x\in[a,1](0<a<1)$ 时，$f(x)$ 单调减少，故 $f(x)$ 在$[a,1]$上是有界的且 $1\leqslant\frac{1}{x^2}\leqslant\frac{1}{a^2}$，可取 $M=\frac{1}{a^2}$ 为它的一个界(一般地$\frac{1}{a^2}+C,C>0$，都可以是 $f(x)$ 在$[a,1]$上的界).

(2)$h(x)=\sin\frac{1}{x}$ 在$(-\infty,0)\cup(0,+\infty)$内，对任何 $x\neq 0$，总有$\left|\sin\frac{1}{x}\right|\leqslant 1$，故有界，取 $M=1$.

(3)$g(x)=\arctan x$ 的图像介于直线 $y=-\frac{\pi}{2}$ 和 $y=\frac{\pi}{2}$ 之间，恒有$|\arctan x|<\frac{\pi}{2}$，故 $g(x)=\arctan x$ 在$(-\infty,+\infty)$上有界，可取其界 $M=\frac{\pi}{2}$.

例 3　证明函数 $f(x)=\frac{\sin x}{2+\cos x}$ 是有界函数.

证明　因为对任意的 x，有 $|f(x)|=\left|\frac{\sin x}{2+\cos x}\right|\leqslant\frac{1}{|2+\cos x|}\leqslant\frac{1}{2-|\cos x|}\leqslant 1$，所以函数 $f(x)$ 是有界函数.

例 4　设函数 $y=f(x),x\in(-\infty,+\infty)$ 的图形关于直线 $x=a,x=b$ 均对称($a<b$)，求证：$y=f(x)$ 是周期函数，并求其周期.

解　因为 $f(a+x)=f(a-x),f(b+x)=f(b-x)$，于是 $f(x)=f[a+(x-a)]=f[a-(x-a)]=f(2a-x)=f[b+(2a-x-b)]=f[b-(2a-x-b)]=f[x+2(b-a)]$.

故 $y=f(x)$ 是周期函数，且周期 $T=2(b-a)$.

例 5　设 $f(x)=\begin{cases}g(x), & x<0\\ x-\frac{1}{x}, & x>0\\ 0, & x=0\end{cases}$，求 $g(x)$，使 $f(x)$ 在$(-\infty,+\infty)$上是偶函数.

解　(由偶函数的定义，对定义域内的任何 x，都有 $f(-x)=f(x)$).

对于任意的实数 $x<0$，则 $-x>0$. 要使 $f(x)$ 在$(-\infty,+\infty)$上是偶函数，则只需要有

当 $x<0$ 时，$g(x)=f(x)=f(-x)=-x-\dfrac{1}{-x}=\dfrac{1}{x}-x$.

六、求已知函数的反函数

1. 考点解读

(1) 反函数的性质特点

①$y=f(x)$ 的图像与其反函数 $x=f^{-1}(y)$ 的图像重合；而 $y=f(x)$ 的图像与其反函数 $y=f^{-1}(x)$ 的图像关于直线 $y=x$ 对称（均在同一坐标系中）.

②$y=f(x)$ 的定义域是其反函数 $y=f^{-1}(x)$ 的值域.

③ 只有自变量与因变量一一对应的函数才有反函数.

④ 定义域上单调的函数必有反函数，要求函数的反函数，只能求它在单调区间上的反函数.

⑤ 奇函数的反函数也是奇函数.

⑥ 函数与其反函数具有相同的单调性.

(2) 计算反函数的步骤：

① 把 x 从方程 $y=f(x)$ 中解出，得到 $x=f^{-1}(y)$；

② 将刚才得到的表达式中的字母 x 与 y 对换，即得所求函数的反函数 $y=f^{-1}(x)$，注意要写出定义域.

(3) 分段函数的反函数

若求分段函数的反函数，只要求出各区间段的反函数及其定义域即可.

2. 典型题型

例 1　求函数 $f(x)=2+\ln(2x+1)$ 的反函数.

解　由已知 $y=2+\ln(2x+1)$，求 x 得，$x=\dfrac{1}{2}(e^{y-2}-1)$，将 x、y 互换，得反函数的关系式 $y=\dfrac{1}{2}(e^{x-2}-1)$，根据指数函数的性质，其定义域为全体实数 $\mathbf{R}$.

例 2　设 $f(x)=\begin{cases}x, & -\infty<x<1\\ x^2, & 1\leqslant x\leqslant 4\\ 2^x, & 4<x<+\infty\end{cases}$，求 $f^{-1}(x)$.

解　由 $y=x$，$-\infty<x<1$，可得 $x=y$，$-\infty<y<1$；

由 $y=x^2$，$1\leqslant x\leqslant 4$，可得 $x=\sqrt{y}$，$1\leqslant y\leqslant 16$；

由 $y=2^x$，$4<x<+\infty$，可得 $x=\log_2 y$，$16<y<+\infty$.

将以上所得各式中的字母 x 与 y 对换，则得到 $f(x)$ 的反函数

$$f^{-1}(x)=\begin{cases}x, & -\infty<x<1\\ \sqrt{x}, & 1\leqslant x\leqslant 16\\ \log_2 x, & 16<x<+\infty\end{cases}.$$

七、函数的复合

1. 考点解读

将两个或两个以上函数进行复合，通常有三种方法：代入法、分析法和图示法.

(1) 代入法

将一个函数中的自变量用另一个函数的表达式来替代，这种构造复合函数的方法称为代入法.

(2) 分析法

所谓分析法就是抓住最外层函数定义域的各区间段，结合中间变量的表达式及中间变量的定义域进行分析，从而得出复合函数的方法. 该法适用于普通函数与分段函数，或分函数之间的复合.

(3) 图示法(略).

2. 典型题型

例 1　设 $f(x)=\dfrac{x}{1-x}$，求 $f[f(x)]$ 及其定义域.

解　$f[f(x)]=\dfrac{f(x)}{1-f(x)}=\dfrac{x}{1-x}\cdot\dfrac{1-x}{1-2x}=\dfrac{x}{1-2x}$，定义域为$\begin{cases}1-x\neq 0\\1-2x\neq 0\end{cases}$，所以定义域为$(-\infty,\dfrac{1}{2})\cup(\dfrac{1}{2},1)\cup(1,+\infty)$.

例 2　设 $f(x)=\begin{cases}\mathrm{e}^x, & x<1\\x, & x\geqslant 1\end{cases}$，$\varphi(x)=\begin{cases}x+2, x<0\\x^2-1, x\geqslant 0\end{cases}$，求 $f[\varphi(x)]$.

解　$f[\varphi(x)]=\begin{cases}\mathrm{e}^{\varphi(x)}, & \varphi(x)<1\\\varphi(x), & \varphi(x)\geqslant 1\end{cases}$，

(1) 当 $\varphi(x)<1$ 时：

或 $x<0$，$\varphi(x)=x+2<1$，即 $x<-1$；或 $x\geqslant 0$，$\varphi(x)=x^2-1<1$，即 $0\leqslant x<\sqrt{2}$.

(2) 当 $\varphi(x)\geqslant 1$ 时：

或 $x<0$，$\varphi(x)=x+2\geqslant 1$，即 $-1\leqslant x<0$；或 $x\geqslant 0$，$\varphi(x)=x^2-1\geqslant 1$，即 $x\geqslant\sqrt{2}$.

综上所述，有 $f[\varphi(x)]=\begin{cases}\mathrm{e}^{x+2}, & x<-1\\x+2, & -1\leqslant x<0\\\mathrm{e}^{x^2-1}, & 0\leqslant x<\sqrt{2}\\x^2-1, & x\geqslant\sqrt{2}\end{cases}$.

八、建立一些简单实际问题的函数关系式

1. 考点解读

在解决实际问题时，通常要先建立问题的函数模型，也就是所说的建立函数关系式，然后进行分析和计算.

(二) 典型题型

例 1　要建造一个容积为 V 的长方体水池，它的底为正方形. 如果池底的单位面积造价为侧面积造价的 3 倍，试建立总造价与底面边长之间的函数关系.

解　设底面边长为 x，总造价为 y，侧面单位造价为 a. 由已知条件可得池深为$\dfrac{V}{x^2}$，侧面积为 $4x\dfrac{V}{x^2}=\dfrac{4V}{x}$，从而得出 $y=3ax^2+4a\dfrac{V}{x}(0<x<+\infty)$.

例 2 某运输公司规定货物的吨公里运价为：在 a 以内，每吨公里为 k 元；超过 a 时，超过部分为每吨公里 $\frac{4}{5}k$ 元. 求运价 m 和里程 s 之间的函数关系.

解 根据题意可列出函数关系如下：$m=\begin{cases} ks, & 0<s\leqslant a \\ ka+\frac{4}{5}k(s-a), & s>a \end{cases}$.

第二节　实战演练与参考解析

1. 求下列函数的定义域：

(1) $y=\log_{x-1}(16-x^2)$；

(2) $y=\dfrac{\sqrt{\ln(x-1)}}{x(x-3)}$；

(3) $y=\sqrt{\arcsin x+\dfrac{\pi}{4}}$；

(4) $y=\sqrt{\sin x}+\lg(16-x^2)$；

(5) $y=\dfrac{\sqrt{2x-x^2}}{\lg(2x-1)}$；

(6) $y=\sqrt{4-x^2}+\ln(x^2-1)$；

(7) $y=\dfrac{\sqrt{9-x^2}}{\lg(x+2)}$；

(8) $y=\arcsin \ln x+\sqrt{1-x}$.

2. 已知 $f(x)$ 的定义域为 $[0,1)$，求 $y=f(\sin x)+f(\ln x)$ 的定义域.

3. 求下列函数的值域：

(1) $y=(x-1)(x-2)(x-3)(x-4)+17$；

(2) $y=2-\sqrt{3x^2-10x+9}$；

(3) $y=\arcsin\dfrac{2}{x-3}$；

(4) $y=2^x-2^{2x}+1$.

4. 下列各组中函数相同的是：

(1) $y=x^0$ 与 $y=1$；

(2) $y=(\sqrt{x})^2$ 与 $y=\sqrt{x^2}$；

(3) $y=2\ln x$ 与 $y=\ln x^2$；

(4) $y=\ln\dfrac{1+x}{1-x}$ 与 $y=\ln(1+x)-\ln(1-x)$；

(5) $y=\sqrt[3]{x^4-x^3}$ 与 $y=x\cdot\sqrt[3]{x-1}$；

(6) $y=\sqrt{x^2}$ 与 $y=\begin{cases} -x, & x<0 \\ x, & x\geqslant 0 \end{cases}$；

(7) $y=\dfrac{\sqrt[3]{x-1}}{x}$ 与 $y=\sqrt[3]{\dfrac{x-1}{x^3}}$；

(8) $y=\dfrac{\sqrt{x-3}}{\sqrt{x-2}}$ 与 $y=\sqrt{\dfrac{x-3}{x-2}}$.

5. 已知 $f(\ln x)=x^2(1+\ln x)(x>0)$，求 $f(x)$.

6. 已知 $f(\tan x+\cot x)=\tan^2 x+\cot^2 x-1$，求 $f(x)$.

7. 已知 $f(\tan x)=\dfrac{1+\sin^2 x}{\cos^2 x}$，求 $f(x)$.

8. 已知 $f(\cos^2 x)=\cos 2x-\cot^2 x, 0<x<1$，求 $f(x)$.

9. 判别下列函数的奇偶性：

(1) $f(x)=\ln(x+\sqrt{x^2+1})$；

(2) $f(x)=F(x)\left(\dfrac{1}{a^x-1}+\dfrac{1}{2}\right)$，其中 $a>0, a\neq 1, F(x)$ 为奇函数；

(3) $f(x)=\begin{cases}x(1-x), & x>0\\ x(1+x), & x<0\end{cases}$；

(4) $y=\ln(x+\sqrt{x^2+1})$；

(5) $f(x)=\dfrac{x(e^x-1)}{e^x+1}$；

(6) $f(x)=\begin{cases}-x^3, & -5\leqslant x\leqslant 0\\ x^3, & 0\leqslant x\leqslant 4\end{cases}$.

10. 设 $f(x)$ 为奇函数，$F(x)=f(x)\left(\dfrac{1}{a^x-1}-\dfrac{1}{2}\right)$，$a$ 为不等于1的正常数，试讨论 $F(x)$ 的奇偶性.

11. 求 $y=\dfrac{\sqrt{2x+1}-1}{\sqrt{2x+1}+1}$ 的反函数.

12. 求 $f(x)=\begin{cases}x^2-1, & 0\leqslant x\leqslant 1\\ x^2, & -1\leqslant x\leqslant 0\end{cases}$ 的反函数.

13. 求 $f(x)=\begin{cases}e^x, & x>0\\ 0, & x=0\\ -(x^2+1), & x<0\end{cases}$ 的反函数.

14. 设 $f(x)=\begin{cases}1+x, & x<0\\ 1, & x\geqslant 0\end{cases}$，求 $f[f(x)]$.

15. 设函数 $f(x)$ 在 $(-\infty,+\infty)$ 内有定义且满足 $f(x+\pi)=f(x)+\sin x$，证明：函数 $f(x)$ 是以 2π 为周期的周期函数.

[参考解析]

1. (1) 欲使函数有意义，须满足 $\begin{cases}16-x^2>0\\ x-1>0\\ x-1\neq 1\end{cases}$，即 $1<x<2$ 及 $2<x<4$，所以定义域为

$(1,2)\cup(2,4)$.

(2) 欲使函数有意义,须满足$\begin{cases}\ln(x-1)\geqslant 0\\x-1>0\\x(x-3)\neq 0\end{cases}$,即$\begin{cases}x-1\geqslant 1\\x-1>0\\x(x-3)\neq 0\end{cases}$,得$x\geqslant 2$且$x\neq 3$,所以定义域为$[2,3)\cup(3,+\infty)$.

(3) 欲使函数有意义,须满足$\begin{cases}\arcsin x+\frac{\pi}{4}\geqslant 0\\|x|\leqslant 1\end{cases}$,即$-\frac{\sqrt{2}}{2}\leqslant x\leqslant 1$,所以定义域为$[-\frac{\sqrt{2}}{2},1]$.

(4) 欲使函数有意义,须满足$\begin{cases}\sin x\geqslant 0\\16-x^2>0\end{cases}$,即$\begin{cases}2n\pi\leqslant x\leqslant 2n\pi+\pi\\-4<x<4\end{cases}(n=0,\pm 1,\cdots)$,得$-4<x\leqslant-\pi$及$0\leqslant x\leqslant\pi$,所以定义域为$[-4,-\pi]\cup[0,\pi]$.

(5) 欲使函数有意义,须满足$\begin{cases}2x-x^2\geqslant 0\\2x-1>0\\\lg(2x-1)\neq 0\end{cases}$,即$\frac{1}{2}<x<1$及$1<x\leqslant 2$,所以定义域为$(\frac{1}{2},1)\cup(1,2]$.

(6) 欲使函数有意义,须满足$\begin{cases}4-x^2\geqslant 0\\x^2-1>0\end{cases}$,即$-2\leqslant x\leqslant 2$,且$x<-1$或$x>1$,所以定义域为$[-2,-1)\cup(1,2]$.

(7) 欲使函数有意义,须满足$\begin{cases}9-x^2\geqslant 0\\x+2>0\\x+2\neq 1\end{cases}$,即$-2<x<-1$或$-1<x\leqslant 3$,所以定义域为$(-2,-1)\cup(-1,3]$.

(8) 欲使函数有意义,须满足$\begin{cases}-1\leqslant\ln x\leqslant 1\\1-x\geqslant 0\end{cases}$,即$e^{-1}\leqslant x\leqslant-1$,所以定义域为$[e^{-1},-1]$.

2. 需满足$\begin{cases}0\leqslant\sin x<1\\0\leqslant\ln x<1\\x>0\end{cases}$,解得$\begin{cases}2k\pi\leqslant x<2k\pi+\frac{\pi}{2},2k\pi+\frac{\pi}{2}<x\leqslant 2k\pi+\pi,k\in\mathbf{Z}\\1\leqslant x<e\end{cases}$,所以函数的定义域为$[1,\frac{\pi}{2})\cup(\frac{\pi}{2},e)$.

3. (1) 应用配方法,则$y=[(x-1)(x-4)][(x-2)(x-3)]+17$,化简$y=(x^2-5x+5)^2+16$,所 以函数的值域为$[16,+\infty)$.

(2) 应用配方法,则$y=2-\sqrt{3x^2-10x+9}=2-\sqrt{3(x-\frac{5}{3})^2+\frac{2}{3}}$,所以函数的值域为$(-\infty,2-\frac{\sqrt{6}}{3}]$.

(3) 应用反函数法,由原式可知$x=3+\frac{2}{\sin y}$,其定义域为$y\neq n\pi,n\in\mathbf{Z}$,又因$-\frac{\pi}{2}\leqslant$

$y \leqslant \frac{\pi}{2}$,所以函数的值域为$[-\frac{\pi}{2},0)\cup(0,\frac{\pi}{2}]$.

(4)$y=2^x-2^{2x}+1=\frac{5}{4}-(2^x-\frac{1}{2})^2$,所以函数的值域为$(-\infty,\frac{5}{4}]$.

4.(1)$y=x^0$ 定义域$\{x\neq 0\}$,$y=1$ 定义域$(-\infty,+\infty)$,因为定义域不同,所以两个函数不相同.

(2)$y=(\sqrt{x})^2$ 定义域$\{x\geqslant 0\}$,$y=\sqrt{x^2}$ 定义域$(-\infty,+\infty)$,因为定义域不同,所以两个函数不相同.

(3)$y=2\ln x$ 定义域$(0,+\infty)$,$y=\ln x^2$ 定义域$(-\infty,0)\cup(0,+\infty)$,因为定义域不同,所以两个函数不相同.

(4)$y=\ln\frac{1+x}{1-x}$定义域$(-1,1)$,$y=\ln(1+x)-\ln(1-x)$ 定义域$(-1,1)$,$y=\ln(1+x)-\ln(1-x)=\ln\frac{1+x}{1-x}$,因为定义域相同,对应法则也相同,所以两个函数是相同的.

(5)$y=\sqrt[3]{x^4-x^3}$ 与 $y=x\cdot\sqrt[3]{x-1}$ 定义域相同为$(-\infty,+\infty)$,对应法则也相同,所以两个函数是相同的.

(6)$y=\sqrt{x^2}$ 与 $y=\begin{cases}-x, & x<0\\ x, & x\geqslant 0\end{cases}$定义域相同为$(-\infty,+\infty)$,对应法则也相同,所以两个函数是相同的.

(7)$y=\frac{\sqrt[3]{x-1}}{x}$ 与 $y=\sqrt[3]{\frac{x-1}{x^3}}$ 定义域相同为$(-\infty,0)\cup(0,+\infty)$,对应法则也相同,所以两个函数是相同的.

(8)$y=\frac{\sqrt{x-3}}{\sqrt{x-2}}$ 有意义则$\begin{cases}x-3\geqslant 0\\ x-2>0\end{cases}$,即定义域$\{x\geqslant 3\}$,$y=\sqrt{\frac{x-3}{x-2}}$ 有意义则$\begin{cases}\frac{x-3}{x-2}\geqslant 0\\ x-2\neq 0\end{cases}$,即定义域$\{x\geqslant 3$ 或 $x<2\}$,所以两个函数不相同.

5.解法1(变换法):令 $\ln x=u$,则 $x=e^u$,代入原式,有 $f(u)=e^{2u}(1+u)$,即 $f(x)=e^{2x}(1+x)$.

解法2(恒等变形法):$f(\ln x)=x^2(1+\ln x)=e^{2\ln x}(1+\ln x)$,用 x 替换 $\ln x$,即 $f(x)=e^{2x}(1+x)$.

6.本题用“凑”的方法比较简单,$f(\tan x+\cot x)=(\tan x+\cot x)^2-3$,将 $\tan x+\cot x$ 替换为 x,得 $f(x)=x^2-3$.

7.$f(\tan x)=\frac{1+\sin^2 x}{\cos^2 x}=\sec^2 x+\tan^2 x=1+2\tan^2 x$,令 $\tan x=t$,有 $f(t)=1+2t^2$,于是 $f(x)=1+2x^2$.

8.$f(\cos^2 x)=2\cos^2 x-1-\frac{\cos^2 x}{1-\cos^2 x}$,令 $t=\cos^2 x$,则 $f(t)=2t-1-\frac{t}{1-t}$,$\cos^2 1<t<1$.所以 $f(x)=2x-1-\frac{x}{1-x}=2x-\frac{1}{1-x}$,$(\cos^2 1<x<1)$.

9.(1)$f(-x)=\ln(-x+\sqrt{x^2+1})$,$f(x)+f(-x)=\ln(x+\sqrt{x^2+1})+$

$\ln(-x+\sqrt{x^2+1})=\ln(x+\sqrt{x^2+1})(-x+\sqrt{x^2+1})=\ln1=0$,故 $f(x)$ 为奇函数.

(2) 令 $G(x)=\dfrac{1}{a^x-1}+\dfrac{1}{2}$,则 $G(-x)=\dfrac{1}{a^{-x}-1}+\dfrac{1}{2}=\dfrac{a^x}{1-a^x}+\dfrac{1}{2}=-\dfrac{a^x}{a^x-1}+\dfrac{1}{2}$,则 $G(x)+G(-x)=0$,所以 $G(x)$ 是奇函数,又 $F(x)$ 是奇函数,而偶数个奇函数的乘积是偶函数,所以 $f(x)$ 是偶函数.

(3) 当 $x>0$ 时,$f(-x)=-x[1+(-x)]=-x(1-x)=-f(x)$;当 $x<0$ 时,$f(-x)=-x[1-(-x)]=-x(1+x)=-f(x)$,故 $f(x)$ 是奇函数.

(4) 函数定义域为 $(-\infty,+\infty)$,$y(-x)=\ln(-x+\sqrt{(-x)^2+1})=\ln\dfrac{1}{x+\sqrt{x^2+1}}=-\ln(x+\sqrt{x^2+1})=-y$,所以 $y=\ln(x+\sqrt{x^2+1})$ 是奇函数.

(5) $f(x)$ 的定义域为 $(-\infty,+\infty)$,$f(-x)=\dfrac{-x(e^{-x}-1)}{e^{-x}+1}=\dfrac{-x(\frac{1}{e^x}-1)}{(\frac{1}{e^x}+1)}=\dfrac{-x(1-e^x)}{1+e^x}=f(x)$,所以 $f(x)$ 是偶函数.

(6) $f(x)=\begin{cases}-x^3, & -5\leqslant x\leqslant 0\\ x^3, & 0\leqslant x\leqslant 4\end{cases}$,因为 $f(x)$ 的定义域 $[-5,4]$ 不是关于原点对称,所以 $f(x)$ 非奇非偶.

10. $F(-x)=f(-x)(\dfrac{1}{a^{-x}-1}-\dfrac{1}{2})=-f(x)(\dfrac{a^x}{1+a^x}-\dfrac{1}{2})=\dfrac{1-a^x}{2(1+a^x)}f(x)$,又 $F(x)=f(x)(\dfrac{1}{a^x-1}-\dfrac{1}{2})=\dfrac{1-a^x}{2(1+a^x)}f(x)$,因此 $F(-x)=F(x)$,即 $F(x)$ 为偶函数.

11. 当 $x\geqslant-\dfrac{1}{2}$ 时,原式变形为 $y(\sqrt{2x+1}+1)=\sqrt{2x+1}-1$,即 $\sqrt{2x+1}=\dfrac{1+y}{1-y}$,解得 $x=\dfrac{1}{2}[(\dfrac{1+y}{1-y})^2-1]=\dfrac{2y}{(1-y)^2}$,且 $\dfrac{1+y}{1-y}\geqslant 0\Rightarrow -1\leqslant y<1$. 故反函数为 $y=\dfrac{2x}{(1-x)^2}$,且 $-1\leqslant x<1$.

12. 由 $y=\begin{cases}x^2-1, & 0\leqslant x\leqslant 1\\ x^2, & -1\leqslant x\leqslant 0\end{cases}$,得 $x=\begin{cases}\sqrt{1+y}, & -1\leqslant y\leqslant 0\\ -\sqrt{y}, & 0\leqslant y\leqslant 1\end{cases}$,将字母 x 与 y 对换,则得到反函数 $y=\begin{cases}\sqrt{1+x}, & -1\leqslant x\leqslant 0\\ -\sqrt{x}, & 0\leqslant x\leqslant 1\end{cases}$.

13. 当 $x>0$ 时,$y>1$ 且 $y=e^x$,解得 $x=\ln y$,$y>1$;

当 $x=0$ 时,$y=0$;

当 $x<0$ 时,$y<-1$ 且 $y=-(x^2+1)$,解得 $x=-\sqrt{-y-1}$,$y<-1$.

综上可得 $x=\begin{cases}\ln y, & y>1\\ 0, & y=0\\ -\sqrt{-y-1}, & y<-1\end{cases}$,所以反函数为 $y=\begin{cases}\ln x, & x>1\\ 0, & x=0\\ -\sqrt{-x-1}, & x<-1\end{cases}$.

14. $f[f(x)]=\begin{cases}1+f(x), & f(x)<0\\ 1, & f(x)\geqslant 0\end{cases}$,

(1) 当 $f(x)<0$ 时：

或 $x<0, f(x)=1+x<0$，即 $x<-1$；

或 $x\geqslant 0, f(x)=1<0$，矛盾.

(2) 当 $f(x)\geqslant 0$ 时：

或 $x<0, f(x)=1+x\geqslant 0$，即 $-1\leqslant x<0$；

或 $x\geqslant 0, f(x)=1>0$，即 $x\geqslant 0$.

综上所述，有 $f[f(x)]=\begin{cases}2+x, & x<-1\\ 1, & -1\leqslant x<0 \text{ 及 } x\geqslant 0\end{cases}$.

15. 证明：因为函数 $f(x)$ 在 $(-\infty,+\infty)$ 内有定义，且 $f(x+\pi)=f(x)+\sin x$，所以对任意的 x，有函数 $f(x+2\pi)=f[(x+\pi)+\pi]=f(x+\pi)+\sin(x+\pi)=f(x)+\sin x-\sin x=f(x)$. 所以，函数 $f(x)$ 是以 2π 为周期的周期函数.

第二章　极　　限

[考试大纲]

1. 理解极限的概念(只要求极限的描述性定义),能根据极限概念描述函数的变化趋势.理解函数在一点处极限存在的充分必要条件,会求函数在一点处的左极限与右极限.

2. 理解极限的唯一性、有界性和保号性,掌握极限的四则运算法则.

3. 理解无穷小量、无穷大量的概念,掌握无穷小量的性质,无穷小量与无穷大量的关系.会比较无穷小量的阶(高阶、低阶、同阶和等价).会运用等价无穷小量替换求极限.

4. 理解极限存在的两个收敛准则(夹逼准则与单调有界准则),掌握两个重要极限:$\lim\limits_{x\to 0}\dfrac{\sin x}{x}=1$, $\lim\limits_{x\to\infty}(1+\dfrac{1}{x})^x=\mathrm{e}$,并能用这两个重要极限求函数的极限.

第一节　考点解读与典型题型

一、(数列的极限) 求解的一般技巧

1. 考点解读

(1) 夹逼法

求极限问题中适用“夹逼法” 的一些情形:① 含有乘方或阶乘形式的函数极限;② 易求出双向不等式的数列或函数的极限;③ 含取整函数的函数极限.

具体运用“夹逼法” 的技巧和一般规律:① 对于含有乘方或阶乘形式的函数极限,容易通过不等式或二项式展开将函数适当放大、缩小,使 n 或 x 从幂指数、根指数或对数中“解脱” 出来,得到符合条件的函数,而后运用“夹逼法”;② 对于易求出双向不等式的数列或函数的极限,容易通过一般的放缩技巧找出符合条件的函数,运用“夹逼法”;③ 对于含取整函数的函数极限,容易利用不等式 $x-1<[x]\leqslant x$ 脱去取整号,运用“夹逼法”.

(2) 裂项(相消) 法

裂项法的实质是将数列中的每项(通项) 分解,然后重新组合,使之能消去一些项,最终达到求和的目的.

(3) 利用数列求极限

(4) 无穷大分裂法

2. 典型题型

例 1　已知 $\lim\limits_{n\to\infty}\sqrt[n]{a}=1(a>0)$,求 $\lim\limits_{n\to\infty}\sqrt[n]{1+2^n+3^n}$.

解　因为 $3=\sqrt[n]{0^n+0^n+3^n}\leqslant\sqrt[n]{1+2^n+3^n}\leqslant\sqrt[n]{3^n+3^n+3^n}$，所以 $3\leqslant\sqrt[n]{1+2^n+3^n}\leqslant 3\sqrt[n]{3}$，又 $\lim\limits_{n\to\infty}3=3\cdot\lim\limits_{n\to\infty}3\sqrt[n]{3}=3\times1=3$，故原式 $=3$(由夹逼定理).

例 2　求 $\lim\limits_{n\to\infty}[1+\dfrac{1}{1+2}+\dfrac{1}{1+2+3}+\cdots+\dfrac{1}{1+2+\cdots+n}]$.

解　因为 $\dfrac{1}{1+2+\cdots+k}=\dfrac{2}{k(k+1)}=2(\dfrac{1}{k}-\dfrac{1}{k+1}),k=1,2,\cdots,n$,

所以，原式 $=2\lim\limits_{n\to\infty}[(1-\dfrac{1}{2})+(\dfrac{1}{2}-\dfrac{1}{3})+\cdots+(\dfrac{1}{n}-\dfrac{1}{n+1})]=2\lim\limits_{n\to\infty}(1-\dfrac{1}{n+1})=2$.

例 3　求 $\lim\limits_{n\to\infty}(\dfrac{1}{n^2}+\dfrac{2}{n^2}+\cdots+\dfrac{n}{n^2})$.

解　$\lim\limits_{n\to\infty}(\dfrac{1}{n^2}+\dfrac{2}{n^2}+\cdots+\dfrac{n}{n^2})=\lim\limits_{n\to\infty}\dfrac{1+2+\cdots+n}{n^2}=\lim\limits_{n\to\infty}\dfrac{n(n+1)}{2n^2}=\dfrac{1}{2}$.

例 4　求 $\lim\limits_{n\to\infty}\dfrac{(n^3+1)(n^2+5n+6)}{2n^5-4n^2+3n}$.

解　原式 $=\lim\limits_{n\to\infty}\dfrac{\dfrac{n^3+1}{n^3}\cdot\dfrac{n^2+5n+6}{n^2}}{\dfrac{2n^5-4n^2+3n}{n^5}}=\lim\limits_{n\to\infty}\dfrac{(1+\dfrac{1}{n^3})\cdot(1+\dfrac{5}{n}+\dfrac{6}{n^2})}{2-\dfrac{4}{n^3}+\dfrac{3}{n^4}}=\dfrac{1}{2}$.

二、(数列的极限) 各种类型(型、型、型) 极限的求解

1. 考点解读

(1) 求 $\dfrac{\infty}{\infty}$ 型分式数列的极限

① 若是有理分式，一般利用抓大头准则，分子、分母同除以 n 的最高次幂，即

$$\lim_{n\to\infty}\frac{a_0n^k+a_1n^{k-1}+\cdots+a_{k-1}n+a_k}{b_0n^m+b_1n^{m-1}+\cdots+b_{m-1}n+b_m}=\begin{cases}0, & m>k\\ \dfrac{a_0}{b_0}, & m=k\\ \infty, & m<k\end{cases}$$

，即求 $n\to\infty$ 的极限时，抓住起决定性作用的 n 的最高次幂的项，而把其余的项略掉.

② 若分子、分母含根号，直接利用 ① 的结论，或观察得出分子、分母中 n 的最高次幂，然后分子、分母同除以它，利用 $\lim\limits_{n\to\infty}\dfrac{1}{n^k}=0(k>0)$ 计算极限.

(2) 求 1^∞ 型数列的极限

一般通过变形为 $\lim\limits_{n\to\infty}(1+\dfrac{1}{n})^n=\mathrm{e}$ 的形式，然后利用它的结论或令 $n=x$，求出形式相同的函数的极限，即得数列的极限.

(3) 求 $\infty-\infty$ 型数列的极限

一般利用根式有理化或通分化为 $\dfrac{\infty}{\infty}$ 型.

2. 典型题型

例 1　求 $\lim\limits_{n\to\infty}\dfrac{3n^3+10n+8}{(2n+1)(6n^2-1)}$.

解 分子中最高次幂为 n^3，系数为 3，分母中最高次幂也为 n^3，系数为 12，故 $\lim\limits_{n\to\infty}\dfrac{3n^3+10n+8}{(2n+1)(6n^2-1)}=\dfrac{3}{12}=\dfrac{1}{4}$.

例 2 求 $\lim\limits_{n\to\infty}(1+\dfrac{3}{n+1})^n$.

解 $\lim\limits_{n\to\infty}(1+\dfrac{3}{n+1})^n=\lim\limits_{n\to\infty}(1+\dfrac{1}{\frac{n+1}{3}})^{\frac{n+1}{3}\cdot\frac{3}{n+1}\cdot n}=e^{\lim\limits_{n\to\infty}\frac{3n}{n+1}}=e^3$.

例 3 求 $\lim\limits_{n\to\infty}(\sqrt{n+2}-\sqrt{n+1})$.

解 $\lim\limits_{n\to\infty}(\sqrt{n+2}-\sqrt{n+1})=\lim\limits_{n\to\infty}\dfrac{(\sqrt{n+2}-\sqrt{n+1})(\sqrt{n+2}+\sqrt{n+1})}{\sqrt{n+2}+\sqrt{n+1}}$

$=\lim\limits_{n\to\infty}\dfrac{1}{\sqrt{n+2}+\sqrt{n+1}}=0$.

三、(数列的极限) 给出数列通项表达式，求极限

1. 考点解读

(1) 单调有界数列必有极限定理(一般用单调上升有上界数列必有极限；单调下降有下界数列必有极限) 证明.

数列 $\{x_n\}$ 单调性的证明方法如下：

① 数学归纳法或不等式放缩法；

② 差值法：$x_n-x_{n-1}\geqslant 0$(或 $\leqslant 0$)，则 $\{x_n\}$ 单增(或单减)；

③ 比值法：$\dfrac{x_n}{x_{n-1}}\geqslant 1$(或 $\leqslant 1$)，则 $\{x_n\}$ 单增(或单减)；

④ 对应函数法：写出 x_n 表达式对应的函数 $\varphi(x)$，求出导函数 $\varphi'(x)$，若 $\varphi'(x)>0$(或 <0)，则 $\{x_n\}$ 单增(或单减).

解题程序如下：

① 用数学归纳法或差值法、比值法和对应函数法证明 $\{x_n\}$ 单调有界，从而得出 $\lim\limits_{n\to\infty}x_n$ 存在，设 $\lim\limits_{n\to\infty}x_n=l$；

② 在 x_n 表达式的两边求 $n\to\infty$ 时的极限，得出关于 l 的方程，解出 l，即得 $\lim\limits_{n\to\infty}x_n$.

(2) 利用级数收敛的必要条件：若 $\sum\limits_{n=1}^{\infty}a_n$ 收敛，则 $\lim\limits_{n\to\infty}a_n=0$. 此法适用于数列通项 a_n 中含 $n!$ 或 a^n、n^n 的情形.

2. 典型题型

例 1 设 $x_1=10,x_{n+1}=\sqrt{6+x_n}(n=1,2,\cdots)$，求 $\lim\limits_{n\to\infty}x_n$.

解 由 $x_1=10,x_2=\sqrt{6+x_1}=4$，可知 $x_1>x_2$. 设 $x_k>x_{k+1}$，则 $x_{k+1}=\sqrt{6+x_k}>\sqrt{6+x_{k+1}}=x_{k+2}$，于是由数学归纳法可知，对一切自然数 n，有 $x_n>x_{n+1}$，即 $\{x_n\}$ 单调减少.

又由题设可知 $x_n>0,n=1,2,\cdots$，即 $\{x_n\}$ 有下界，故由 $\{x_n\}$ 单调减少有下界必有极限可知 $\lim\limits_{n\to\infty}x_n$ 存在. 令 $\lim\limits_{n\to\infty}x_n=l$，在 $x_{n+1}=\sqrt{6+x_n}$ 两边取 $n\to\infty$ 时的极限，得 $l=\sqrt{6+l}$，解

得 $l=3, l=-2$(舍去)，故有 $\lim\limits_{n\to\infty}x_n=3$.

例 2　设 $0<x_1<3, x_{n+1}=\sqrt{x_n(3-x_n)}\ (n=1,2,\cdots)$，求 $\lim\limits_{n\to\infty}x_n$.

解　$0<x_1<3, x_2=\sqrt{x_1(3-x_1)}\leqslant\frac{1}{2}[x_1+(3-x_1)]=\frac{3}{2}$，设当 $k>1$ 时，$0<x_k\leqslant\frac{3}{2}$，则 $0<x_{k+1}=\sqrt{x_k(3-x_k)}\leqslant\frac{1}{2}[x_k+(3-x_k)]=\frac{3}{2}$，由数学归纳法可知，$0<x_n\leqslant\frac{3}{2}$，即数列 $\{x_n\}$ 有界.

又当 $n>1$ 时，有 $x_{n+1}-x_n=\sqrt{x_n(3-x_n)}-x_n=\frac{x_n(3-x_n)-x_n^2}{\sqrt{x_n(3-x_n)}+x_n}=\frac{x_n(3-2x_n)}{\sqrt{x_n(3-x_n)}+x_n}\geqslant 0$，(因为 $x_n\leqslant\frac{3}{2}$)，所以数列 $\{x_n\}$ 单调增加. 故由单调有界数列定理可知 $\lim\limits_{n\to\infty}x_n$ 存在，令 $\lim\limits_{n\to\infty}x_n=l$，在 $x_{n+1}=\sqrt{x_n(3-x_n)}$ 两边取 $n\to\infty$ 时的极限，得 $l=\sqrt{l(3-l)}$，解得 $l=\frac{3}{2}, l=0$(舍去)，故有 $\lim\limits_{n\to\infty}x_n=\frac{3}{2}$.

注：本题中 $\{x_n\}$ 的单调性还可用对应函数法证明：令 $\varphi(x)=\sqrt{x(3-x)}, 0<x\leqslant\frac{3}{2}$，则 $\varphi'(x)=\frac{3-2x}{2\sqrt{x(3-x)}}>0$，所以 $\varphi(x)$ 单调增加，于是数列 $\{x_n\}$ 单调增加.

例 3　求 $\lim\limits_{n\to\infty}\frac{n^n}{3^n\cdot n!}$.

解　令 $a_n=\frac{n^n}{3^n\cdot n!}$，作级数 $\sum\limits_{n=1}^{\infty}a_n$，因为 $\lim\limits_{n\to\infty}\frac{a_{n+1}}{a_n}=\lim\limits_{n\to\infty}\frac{(n+1)^{n+1}}{3^{n+1}\cdot(n+1)!}\cdot\frac{3^n\cdot n!}{n^n}=\frac{e}{3}<1$，所以级数 $\sum\limits_{n=1}^{\infty}a_n$ 收敛，故 $\lim\limits_{n\to\infty}a_n=0$，即 $\lim\limits_{n\to\infty}\frac{n^n}{3^n\cdot n!}=0$.

四、(函数的极限) 常见求极限的方法

1. *考点解读*

(1) 需要指出，极限的定义指明了极限值是个固定的常数，它并没有提供求极限的方法. 人们利用极限定义验证了 $\lim\limits_{x\to x_0}x=x_0, \lim\limits_{x\to x_0}C=C$. 将此作为公式，并利用下列方法求极限：

① 利用极限的四则运算法则. 使用极限的四则运算法则必须注意要满足运算条件. 当把一个函数分解为几个函数的"和、差、积、商"求极限时，必须使得每个"函数"都有极限，且作为分母的"函数"的极限不能为零.

② 对于分式的极限，若分母的极限为零；而分子的极限不为零，则需先求其倒数的极限，若其值为零，利用无穷小量与无穷大量关系可知所求分式的极限为 ∞.

③ 对于分式的极限，若分子与分母极限值都为零(即 $\frac{0}{0}$ 的未定式)，可考虑能否用因式分解约去零因子法、用等价无穷小量代换法以及利用重要极限 $\lim\limits_{x\to 0}\frac{\sin x}{x}=1$ 等方法消去分子与分母的公因式；若分子与分母的极限都为 ∞ (即 $\frac{\infty}{\infty}$ 的未定式)，可考虑分子与分母同时除

以适当无穷大. 这样将新分式化为 ① 或 ② 的情况.

④ 对于$\lim\limits_{x\to\infty}\dfrac{P(x)}{Q(x)}$,其中 $P(x)$、$Q(x)$ 为 x 的多项式.

利用公式$\lim\limits_{x\to\infty}\dfrac{a_0x^n+a_1x^{n-1}+\cdots+a_{n-1}x+a_n}{b_0x^m+b_1x^{m-1}+\cdots+b_{m-1}x+b_m}=\begin{cases}0, & m>n\\ \dfrac{a_0}{b_0}, & m=n.\\ \infty, & m<n\end{cases}$

⑤ 利用两个重要极限及夹逼准则. 利用两个重要极限求极限时,要记着两个重要极限的结构. 通过三角函数的公式或幂的运算作恒等变形,把被求极限的表达式转化为重要极限形式,进而套用重要极限求出极限.

⑥ 利用无穷小的性质,特别是利用"无穷小量与有界函数之积仍为无穷小量"的性质. 在求极限的运算中使用等价无穷小量的代换常能简化计算,等价无穷小量代换只能使用在乘除法中,不能在加减法中使用.

⑦ 求分段函数在分段点处的极限时,如果函数在分段点两侧的表达式不同,则一定要用左极限与右极限来判定. 带绝对值符号的函数有时也须用左、右极限来判定.

⑧ 利用初等函数的连续性求极限. 若 $f(x)$ 在 x_0 处连续,则$\lim\limits_{x\to x_0}f(x)=f(x_0)$.

⑨ 对于"$\dfrac{0}{0}$"型与"$\dfrac{\infty}{\infty}$"型的不定式,还可以利用罗必达(洛必达)法则.(详见本书第 5 章中值定理及导数的应用.)

⑩ 利用恒等变形化简表达式求极限,如有理化(带根式的极限)、通分($\infty-\infty$)、分解因式、三角变形以及简单数列的求和公式等.

(2) 利用上述方法求极限时,应注意如下几点:

① 综合使用上述若干种方法效果更好.

② 选择合适的变量替换可简化计算过程.

③ 大多数未定型的极限都可以用等价无穷小替换和罗必达法则解决. 在求极限时应选择最便捷的方法,如第一个重要极限完全可以被等价无穷小替换或罗必达法则取代.

④ 每种方法都有相应的使用条件,使用某个方法求极限时,务必要注意题目是否满足该方法的使用条件.

2. 典型题型

例 1 求下列函数的极限:

(1) $\lim\limits_{x\to\infty}\dfrac{\sin x}{x}$; (2) $\lim\limits_{x\to\frac{\pi}{2}}\dfrac{\sin x}{x}$;

(3) $\lim\limits_{x\to0}x\sin\dfrac{1}{x}$; (4) $\lim\limits_{x\to\infty}x\sin\dfrac{1}{x}$;

(5) $\lim\limits_{x\to-\infty}\dfrac{\sin e^x}{e^x}$; (6) $\lim\limits_{x\to+\infty}\dfrac{\sin e^x}{e^x}$.

解 要注意重要极限的形式和等价无穷小替换的条件.

(1) $\lim\limits_{x\to\infty}\dfrac{\sin x}{x}=\lim\limits_{x\to\infty}\dfrac{1}{x}\cdot\sin x=0$.(无穷小与有界函数之积仍为无穷小)

(2) $\lim\limits_{x\to\frac{\pi}{2}}\dfrac{\sin x}{x}=\dfrac{\sin\frac{\pi}{2}}{\frac{\pi}{2}}=\dfrac{2}{\pi}$.(初等函数的连续性)

(3) $\lim\limits_{x\to 0}x\sin\dfrac{1}{x}=0$.(无穷小与有界函数之积仍为无穷小)

(4) $\lim\limits_{x\to\infty}x\sin\dfrac{1}{x}=\lim\limits_{x\to\infty}\dfrac{\sin\frac{1}{x}}{\frac{1}{x}}=1$.(第一个重要极限)

或$\lim\limits_{x\to\infty}x\sin\dfrac{1}{x}=\lim\limits_{x\to\infty}x\cdot\dfrac{1}{x}=1$.(当 $x\to\infty$ 时,$\sin\dfrac{1}{x}\sim\dfrac{1}{x}$,用等价无穷小替换)

(5) $\lim\limits_{x\to-\infty}\dfrac{\sin e^x}{e^x}=1$.(注意到 $x\to-\infty$ 时,$e^x\to 0$,则 $\sin e^x\sim e^x$)

(6) $\lim\limits_{x\to+\infty}\dfrac{\sin e^x}{e^x}=\lim\limits_{x\to+\infty}\dfrac{1}{e^x}\cdot\sin e^x=0$.(注意到 $x\to+\infty$ 时,$e^x\to+\infty$,利用无穷小与有界函数之积仍为无穷小)

例 2　求下列函数的极限:

(1) $\lim\limits_{x\to\infty}(\dfrac{x+2}{x-3})^x$;　　(2) $\lim\limits_{x\to 0}(\dfrac{2+x}{2-x})^{\frac{1}{x}}$.

解　对于 1^∞ 型的幂指函数 $f(x)^{g(x)}$ 的极限,总可以适当变形用第二个重要极限求解.

(1) $\lim\limits_{x\to\infty}(\dfrac{x+2}{x-3})^x=\lim\limits_{x\to\infty}(\dfrac{1+\frac{2}{x}}{1-\frac{3}{x}})^x=\lim\limits_{x\to\infty}\dfrac{(1+\frac{2}{x})^x}{(1-\frac{3}{x})^x}$,其中$\lim\limits_{x\to\infty}(1+\dfrac{2}{x})^x=\lim\limits_{x\to\infty}(1+\dfrac{1}{\frac{x}{2}})^{\frac{x}{2}\cdot 2}$
$=e^2$,$\lim\limits_{x\to\infty}(1-\dfrac{3}{x})^x=\lim\limits_{x\to\infty}(1+\dfrac{1}{-\frac{x}{3}})^{(-\frac{x}{3})\cdot(-3)}=e^{-3}$,从而$\lim\limits_{x\to\infty}(\dfrac{x+2}{x-3})^x=\dfrac{e^2}{e^{-3}}=e^5$.

(2) $\lim\limits_{x\to 0}(\dfrac{2+x}{2-x})^{\frac{1}{x}}=\lim\limits_{x\to 0}(\dfrac{1+\frac{x}{2}}{1-\frac{x}{2}})^{\frac{1}{x}}=\lim\limits_{x\to 0}\dfrac{(1+\frac{x}{2})^{\frac{1}{x}}}{(1-\frac{x}{2})^{\frac{1}{x}}}$,其中$\lim\limits_{x\to 0}(1+\dfrac{x}{2})^{\frac{1}{x}}=\lim\limits_{x\to 0}(1+\dfrac{x}{2})^{\frac{1}{\frac{x}{2}}\cdot\frac{1}{2}}$
$=e^{\frac{1}{2}}$,$\lim\limits_{x\to 0}(1-\dfrac{x}{2})^{\frac{1}{x}}=\lim\limits_{x\to 0}[1+(-\dfrac{x}{2})]^{\frac{1}{-\frac{x}{2}}\cdot(-\frac{1}{2})}=e^{-\frac{1}{2}}$,从而$\lim\limits_{x\to 0}(\dfrac{2+x}{2-x})^{\frac{1}{x}}=e^{-\frac{1}{2}}$.

例 3　求下列函数的极限:

(1) $\lim\limits_{x\to-2}\dfrac{x^3+3x^2+2x}{x^2-x-6}$;　　(2) $\lim\limits_{x\to 1}\dfrac{x-1}{\sqrt{x+3}-2}$;

(3) $\lim\limits_{x\to\infty}\dfrac{x-\cos x}{x}$;　　(4) $\lim\limits_{x\to+\infty}\dfrac{\sqrt{x^2-3}}{\sqrt[3]{x^3+1}}$.

解　(1) $\lim\limits_{x\to-2}\dfrac{x^3+3x^2+2x}{x^2-x-6}=\lim\limits_{x\to-2}\dfrac{x(x+1)(x+2)}{(x+2)(x-3)}=\lim\limits_{x\to-2}\dfrac{x(x+1)}{x-3}=-\dfrac{2}{5}$.

(2) $\lim\limits_{x\to 1}\dfrac{x-1}{\sqrt{x+3}-2}=\lim\limits_{x\to 1}\dfrac{(x-1)(\sqrt{x+3}+2)}{(x+3)-2^2}=\lim\limits_{x\to 1}(\sqrt{x+3}+2)=4$.

(3) $\lim\limits_{x\to\infty}\dfrac{x-\cos x}{x}=\lim\limits_{x\to\infty}(1-\dfrac{1}{x}\cos x)=1$.

(4) $\lim\limits_{x \to +\infty} \dfrac{\sqrt{x^2-3}}{\sqrt[3]{x^3+1}} = \lim\limits_{x \to +\infty} \dfrac{\sqrt{1-\dfrac{3}{x^2}}}{\sqrt[3]{1+\dfrac{1}{x^3}}} = 1.$

例 4 求下列函数的极限：

(1) $\lim\limits_{x \to 0} \dfrac{\ln(1+\sin 2x)}{\arcsin(x+x^2)}$；　　(2) $\lim\limits_{x \to 0} \dfrac{\sqrt{1+x}-1}{\sqrt[3]{1+x}-1}$.

解 本题都是$\dfrac{0}{0}$型的极限问题，但都不能直接用罗必达法则，尤其是(1)

(1) 注意到当 $x \to 0$ 时，$\ln(1+\sin 2x) \sim \sin 2x \sim 2x$，$\arcsin(x+x^2) \sim x+x^2$，利用等价无穷小替换：

$$\lim_{x \to 0} \frac{\ln(1+\sin 2x)}{\arcsin(x+x^2)} = \lim_{x \to 0} \frac{2x}{x+x^2} = \lim_{x \to 0} \frac{2}{1+x} = 2.$$

注：等价无穷小替换法是极限运算中首选的方法，但要注意使用条件.

(2) 可以分子、分母同时有理化，但过程较为繁琐，用变量替换法较为方便：

令 $\sqrt[6]{1+x} = t$，则 $\sqrt{1+x} = t^3$，$\sqrt[3]{1+x} = t^2$，$x \to 0$ 时，$t \to 1$.

$$\lim_{x \to 0} \frac{\sqrt{1+x}-1}{\sqrt[3]{1+x}-1} = \lim_{t \to 1} \frac{t^3-1}{t^2-1} = \lim_{t \to 1} \frac{t^2+t+1}{t+1} = \frac{3}{2}.$$

注：本题也可用等价无穷小替换的方法来做.

例 5 求下列函数的极限：

(1) $\lim\limits_{x \to \infty} \dfrac{x^2+2x+3}{3x^2+4x+1}$；　　(2) $\lim\limits_{x \to \infty} \dfrac{x^3+3x^2+2x}{x^2-x-1}$；

(3) $\lim\limits_{x \to \infty} \dfrac{x+3}{x^2-3x+2}$；　　(4) $\lim\limits_{x \to \infty} \dfrac{(2x-1)^{30}(3x-2)^{20}}{(2x+1)^{50}}$.

解 (1) $\lim\limits_{x \to \infty} \dfrac{x^2+2x+3}{3x^2+4x+1} = \lim\limits_{x \to \infty} \dfrac{x^2}{3x^2} = \dfrac{1}{3}.$

(2) $\lim\limits_{x \to \infty} \dfrac{x^3+3x^2+2x}{x^2-x-1} = \lim\limits_{x \to \infty} \dfrac{x^3}{x^2} = \infty.$

(3) $\lim\limits_{x \to \infty} \dfrac{x+3}{x^2-3x+2} = \lim\limits_{x \to \infty} \dfrac{x}{x^2} = 0.$

(4) $\lim\limits_{x \to \infty} \dfrac{(2x-1)^{30}(3x-2)^{20}}{(2x+1)^{50}} = \lim\limits_{x \to \infty} \dfrac{2^{30}x^{30}3^{20}x^{20}}{2^{50}x^{50}} = (\dfrac{3}{2})^{20}.$

例 6 求下列函数的极限：

(1) $\lim\limits_{x \to 0} \dfrac{1-\cos 2x}{x\sin x}$；　　(2) $\lim\limits_{x \to \infty} (\dfrac{x^2-1}{x^2+1})^{x^2}$.

解 (1) 该极限属$\dfrac{0}{0}$型，求解方法如下：

方法一：利用重要极限求极限

$$\lim_{x \to 0} \frac{1-\cos 2x}{x\sin x} = \lim_{x \to 0} \frac{2\sin^2 x}{x\sin x} = 2\lim_{x \to 0} \frac{\sin x}{x} = 2.$$

方法二：利用等价无穷小替换求极限

$$\lim_{x\to0}\frac{1-\cos 2x}{x\sin x}=\lim_{x\to0}\frac{\frac{1}{2}(2x)^2}{x^2}=\lim_{x\to0}\frac{2x^2}{x^2}=2.$$

方法三：利用洛必达法则求极限

$$\lim_{x\to0}\frac{1-\cos 2x}{x\sin x}=\lim_{x\to0}\frac{2\sin 2x}{\sin x+x\cos x}=\lim_{x\to0}\frac{4\cos 2x}{2\cos x-x\sin x}=2.$$

(2) 该极限属 1^∞ 型，求解方法如下：

方法一：利用重要极限求极限

$$\lim_{x\to\infty}\left(\frac{x^2-1}{x^2+1}\right)^{x^2}=\lim_{x\to\infty}\frac{\left(1-\frac{1}{x^2}\right)^{x^2}}{\left(1+\frac{1}{x^2}\right)^{x^2}}=\frac{\lim\limits_{x\to\infty}\left(1+\frac{1}{-x^2}\right)^{(-x^2)\cdot(-1)}}{\lim\limits_{x\to\infty}\left(1+\frac{1}{x^2}\right)^{x^2}}=\mathrm{e}^{-2}.$$

方法二：利用洛必达法则求极限

$$\lim_{x\to\infty}\left(\frac{x^2-1}{x^2+1}\right)^{x^2}=\lim_{x\to\infty}\mathrm{e}^{\ln\left(\frac{x^2-1}{x^2+1}\right)^{x^2}}=\lim_{x\to\infty}\mathrm{e}^{x^2\cdot\ln\frac{x^2-1}{x^2+1}}=\mathrm{e}^{\lim\limits_{x\to\infty}\frac{\ln\frac{x^2-1}{x^2+1}}{\frac{1}{x^2}}}=\mathrm{e}^{\lim\limits_{x\to\infty}\frac{-2x^4}{x^4-1}}=\mathrm{e}^{-2}.$$

例 7　考察下列函数在 $x=0$ 处的极限：

(1) $f(x)=\begin{cases}0, & x=0\\ \dfrac{1}{1-x}, & x<0;\\ x, & x>0\end{cases}$　　　(2) $f(x)=\begin{cases}\dfrac{x^2-x}{x+\sqrt{x^2+1}}, & x<0\\ x^2+\dfrac{1}{2}, & x\geqslant0\end{cases}$.

解　(1) 由于 $\lim\limits_{x\to0^-}f(x)=\lim\limits_{x\to0^-}\dfrac{1}{1-x}=1$，$\lim\limits_{x\to0^+}f(x)=\lim\limits_{x\to0+}x=0$，因为 $\lim\limits_{x\to0^-}f(x)\neq\lim\limits_{x\to0+}x$，所以 $\lim\limits_{x\to0}f(x)$ 不存在.

(2) 由于 $\lim\limits_{x\to0^-}f(x)=\lim\limits_{x\to0^-}\dfrac{x^2-x}{x+\sqrt{x^2+1}}=0$，$\lim\limits_{x\to0^+}f(x)=\lim\limits_{x\to0+}\left(x^2+\dfrac{1}{2}\right)=\dfrac{1}{2}$，因为 $\lim\limits_{x\to0^-}f(x)\neq\lim\limits_{x\to0+}x$，所以 $\lim\limits_{x\to0}f(x)$ 不存在.

例 8　求下列函数的极限：

(1) $\lim\limits_{x\to1}(x^2+1)\tan\dfrac{\pi}{4}x$；　　　(2) $\lim\limits_{x\to\frac{\pi}{4}}\dfrac{\sin 2x}{2\cos(\pi-x)}$；

(3) $\lim\limits_{x\to0}\mathrm{e}^{\frac{\sin x}{x}}$；　　　(4) $\lim\limits_{x\to a}\sqrt{1+\arctan^2\left(\dfrac{x}{a}\right)}$.

解　基本初等函数在各自的定义域内都是连续的.基本初等函数经过有限次四则运算或复合所得到的函数(仍为初等函数)在其定义域内连续.

(1) 因 $(x^2+1)\tan\dfrac{\pi}{4}x$ 在 $x=1$ 处连续，故 $\lim\limits_{x\to1}(x^2+1)\tan\dfrac{\pi}{4}x=(1^2+1)\tan\dfrac{\pi}{4}=2$.

(2) 因 $\dfrac{\sin 2x}{2\cos(\pi-x)}$ 在 $x=\dfrac{\pi}{4}$ 处连续，故 $\lim\limits_{x\to\frac{\pi}{4}}\dfrac{\sin 2x}{2\cos(\pi-x)}=\dfrac{\sin\frac{\pi}{2}}{2\cos\frac{3\pi}{4}}=-\dfrac{\sqrt{2}}{2}$.

(3) 因 e^u 在 $u=1$ 处连续，故 $\lim\limits_{x\to0}\mathrm{e}^{\frac{\sin x}{x}}=\mathrm{e}^{\lim\limits_{x\to0}\frac{\sin x}{x}}=\mathrm{e}^1=\mathrm{e}$.

(4) 因 $y=\sqrt{1+\arctan^2(\frac{x}{a})}$ 在定义域内连续,故$\lim\limits_{x\to a}\sqrt{1+\arctan^2(\frac{x}{a})}=\sqrt{1+\arctan^2(\lim\limits_{x\to a}\frac{x}{a})}$
$=\sqrt{1+\arctan^2 1}=\sqrt{1+(\frac{\pi}{4})^2}=\frac{\sqrt{16+\pi^2}}{4}$.

例 9 设 $f(x)=\begin{cases}\dfrac{\sqrt{x^2+a^2}-a}{\sqrt{x^2+1}-1}(a>0), & -1<x<0\\ \dfrac{(m-1)x-m}{x^2-x-1}(m\neq 0), & 0\leqslant x\leqslant 1\end{cases}$,试问 a 为何值时,$\lim\limits_{x\to 0}f(x)$ 存在.

解 $\lim\limits_{x\to 0^+}f(x)=\lim\limits_{x\to 0^+}\frac{(m-1)x-m}{x^2-x-1}=m$,$\lim\limits_{x\to 0^-}f(x)=\lim\limits_{x\to 0^-}\frac{\sqrt{x^2+a^2}-a}{\sqrt{x^2+1}-1}=$
$\lim\limits_{x\to 0^-}\frac{(\sqrt{x^2+a^2}-a)(\sqrt{x^2+a^2}+a)(\sqrt{x^2+1}+1)}{(\sqrt{x^2+1}-1)(\sqrt{x^2+1}+1)(\sqrt{x^2+a^2}+a)}=\lim\limits_{x\to 0^-}\frac{x^2(\sqrt{x^2+1}+1)}{x^2(\sqrt{x^2+a^2}+a)}=\frac{2}{2a}=\frac{1}{a}$.
故当$\lim\limits_{x\to 0^-}f(x)=\lim\limits_{x\to 0^+}$时,即 $a=\frac{1}{m}$ 时,$\lim\limits_{x\to 0}f(x)$ 存在.

例 10 设$\lim\limits_{x\to 0}\frac{f(x)}{x}=1$,求$\lim\limits_{x\to 0}\frac{\sqrt{1+f(x)}-1}{x}$.

解 函数含无理根式,先有理化,再通过分析已知条件计算极限.

因为$\lim\limits_{x\to 0}x=0$,由$\lim\limits_{x\to 0}\frac{f(x)}{x}=1$,则$\lim\limits_{x\to 0}f(x)=0$,从而$\lim\limits_{x\to 0}\frac{\sqrt{1+f(x)}-1}{x}=\frac{1}{2}$.

例 11 已知极限$\lim\limits_{x\to 0}\frac{\sin 6x+xf(x)}{x^3}=0$,求极限$\lim\limits_{x\to 0}\frac{6+f(x)}{x^2}$.

解 因为$\lim\limits_{x\to 0}\frac{\sin 6x+xf(x)}{x^3}=0$,所以当 $x\to 0$ 时,$\sin 6x+xf(x)=o(x^3)$,即 $f(x)$
$=\frac{o(x^3)-\sin 6x}{x}$,从而$\lim\limits_{x\to 0}\frac{6+f(x)}{x^2}=\lim\limits_{x\to 0}(\frac{o(x^3)}{x^3}+\frac{6x-\sin 6x}{x^3})=\lim\limits_{x\to 0}\frac{6x-\sin 6x}{x^3}=$
$6^3\lim\limits_{x\to 0}\frac{x-\sin x}{x^3}=6^3\lim\limits_{x\to 0}\frac{1-\cos x}{3x^2}=6^3\lim\limits_{x\to 0}\frac{\frac{1}{2}x^2}{3x^2}=36$.

例 12 分别求出满足下述条件的常数 a、b:

(1) $\lim\limits_{x\to\infty}(\frac{x^2+1}{x+1}-ax-b)=0$; (2) $\lim\limits_{x\to -1}\frac{x^2+ax+b}{x+1}=4$.

解 (1) 因$\lim\limits_{x\to\infty}\frac{1}{x}(\frac{x^2+1}{x+1}-ax-b)=0$,而且$\lim\limits_{x\to\infty}\frac{1}{x}(\frac{x^2+1}{x+1}-ax-b)=\lim\limits_{x\to\infty}(\frac{x^2+1}{x^2+x}-a-\frac{b}{x})$
$=1-a$,所以,$a=1$,又 $b=\lim\limits_{x\to\infty}(\frac{x^2+1}{x+1}-ax)=\lim\limits_{x\to\infty}(\frac{x^2+1}{x+1}-x)=\lim\limits_{x\to\infty}\frac{1-x}{x+1}=-1$.故满足条件的 $a=1,b=-1$.

(2) 由于$\lim\limits_{x\to -1}\frac{x^2+ax+b}{x+1}=\lim\limits_{x\to -1}\frac{(x+1)(x+b)}{x+1}=\lim\limits_{x\to -1}(x+b)=4$,所以 $-1+b=4$,$b=5$.又 $(x+1)(x+b)=(x+1)(x+5)=x^2+6x+5=x^2+ax+b=x^2+ax+5$,所以 $a=6$.

五、(函数的极限)无穷小与无穷大

1. 考点解读

(1) 判断函数在某个变化过程中是否为无穷小或无穷大，只需计算在给定的变化过程中函数的极限是否为零或 ∞. 说明：

① 0 是无穷小量，但是任意小的常数不是无穷小量；

② 无穷小量是对某一过程而言的，一定要说明自变量的变化趋势；

③ 有界函数与无穷小的乘积是无穷小；

④ 常数与无穷小的乘积是无穷小；

⑤ 有限个无穷小的和是无穷小；

⑥ 有限个无穷小的乘积是无穷小；

⑦ 无穷大与有限数的和仍为无穷大；

⑧ 两个无穷大的和不一定是无穷大，如当 $x \to +\infty$ 时，$f(x)=x, g(x)=-x$.

(2) 无穷小的比较

情形 1：比较在同一变化过程中两个无穷小量的阶，先计算这两个无穷小比值的极限，再根据极限的结果即可确定两者阶的高低，注意的是并非同一变化过程中的任何两个无穷小都可以比较其阶的高低，如：$x \to 0$ 时，x 与 $x\sin\dfrac{1}{x}$ 都是无穷小，但由于其比值当 $x \to 0$ 时的极限不存在，故无法比较它们阶的高低.

注：两个无穷小的比较，一般利用定义，常用洛必达法则和等价无穷小代换.

情形 2：三个或三个以上无穷小的比较，一般先利用等价无穷小代换化简，然后进行无穷小的比较，常用洛必达法则；若用洛必达法则时较复杂，特别是被比较的函数含变限积分，则可先求导，然后对导函数作等价无穷小代换，最后再比较.

注：只有乘除运算才可以作等价无穷小代换，加减运算不可以作等价无穷小代换. 也只有无穷小量才可以作等价无穷小代换.

(3) 确定无穷小的阶

一般利用 $\lim\limits_{x\to 0}\dfrac{f(x)}{x^n}$ 为有限数来确定 n，确定 n 时，常用洛必达法则和等价无穷小代换两种方法.

2. 典型题型

例 1　当 $x \to 0$ 时，下列函数哪些是无穷大？哪些是无穷小？并将无穷小与 x 相比较，哪些是高阶无穷小？哪些是同阶无穷小？哪些是等价无穷小？

(1) $\dfrac{\sin x}{1+\cos x}$；　　(2) $x+x^2\sin\dfrac{1}{x}$；

(3) $\dfrac{\cos x}{x^3}$；　　(4) $\mathrm{e}^{-x^2}-1$.

解　(1) 由 $\lim\limits_{x\to 0}\dfrac{\dfrac{\sin x}{1+\cos x}}{x}=\lim\limits_{x\to 0}\dfrac{\sin x}{x}\cdot\dfrac{1}{1+\cos x}=\dfrac{1}{2}$，知当 $x\to 0$ 时，$\dfrac{\sin x}{1+\cos x}$ 是一个与 x 同阶的无穷小量.

(2) 由$\lim\limits_{x\to 0}\dfrac{x+x^2\sin\dfrac{1}{x}}{x}=\lim\limits_{x\to 0}(1+x\sin\dfrac{1}{x})=1$,知当$x\to 0$时,$x+x^2\sin\dfrac{1}{x}$是一个与$x$等价的无穷小量.

(3) 因为$\lim\limits_{x\to 0}\cos x=1$,所以在0点附近非常小的范围内$\cos x\geqslant\dfrac{1}{2}$,于是$\lim\limits_{x\to 0}\dfrac{\cos x}{x^3}=\infty$,即当$x\to 0$时,$\dfrac{\cos x}{x^3}$为的无穷大量.

(4) 由$\lim\limits_{x\to 0}\dfrac{e^{-x^2}-1}{x}=\lim\limits_{x\to 0}\dfrac{e^{-x^2}-1}{-x^2}\cdot\dfrac{-x^2}{x}=0$,知当$x\to 0$时,$e^{-x^2}-1$是$x$的高阶无穷小量.

例 2 求下列函数极限:

(1) $\lim\limits_{x\to 0}x\sin\dfrac{2}{x}$;

(2) $\lim\limits_{x\to\infty}\dfrac{x\cos x}{x^2+1}$;

(3) $\lim\limits_{x\to 0}\dfrac{\arctan 3x}{\sin 4x}$;

(4) $\lim\limits_{x\to 0}\dfrac{\ln\sqrt{1+x}+2\sin x}{\tan x}$.

解 (1) 当$x\to 0$时,x是无穷小量,$\left|\sin\dfrac{2}{x}\right|\leqslant 1$,故$\lim\limits_{x\to 0}x\sin\dfrac{2}{x}=0$.

(2) $\lim\limits_{x\to\infty}\dfrac{x}{x^2+1}=0$,且$|\cos x|\leqslant 1$,故$\lim\limits_{x\to\infty}\dfrac{x\cos x}{x^2+1}=0$.

(3) $\lim\limits_{x\to 0}\dfrac{\arctan 3x}{\sin 4x}=\lim\limits_{x\to 0}\dfrac{3x}{4x}=\dfrac{3}{4}$.

(4) $\lim\limits_{x\to 0}\dfrac{\ln\sqrt{1+x}+2\sin x}{\tan x}=\dfrac{1}{2}\lim\limits_{x\to 0}\dfrac{\ln(1+x)}{\tan x}+2\lim\limits_{x\to 0}\dfrac{\sin x}{\tan x}=\dfrac{1}{2}\lim\limits_{x\to 0}\dfrac{x}{x}+2\lim\limits_{x\to 0}\dfrac{x}{x}=\dfrac{5}{2}$.

例 3 设$f(x)=2x-\sin x-\sin x\cos x$,当$x\to 0$时,$f(x)$是$x$的________阶无穷小.

解 $\lim\limits_{x\to 0}\dfrac{f(x)}{x^n}=\lim\limits_{x\to 0}\dfrac{2x-\sin x-\sin x\cos x}{x^n}=\lim\limits_{x\to 0}\dfrac{2x-\sin x-\dfrac{1}{2}\sin 2x}{x^n}=\lim\limits_{x\to 0}\dfrac{2-\cos x-\cos 2x}{nx^{n-1}}=\lim\limits_{x\to 0}\dfrac{\sin x+2\sin 2x}{n(n-1)x^{n-2}}=\lim\limits_{x\to 0}\dfrac{\cos x+4\cos 2x}{n(n-1)(n-2)x^{n-3}}$,最后一个极限式中,当$x\to 0$时,分子的极限为5,若此极限存在,则必须$n=3$.

六、(函数的极限)极限式中常数的确定

1. 考点解读

没有固定模式,需观察极限式,结合各类极限的求法和极限的运算法则进行计算.

如果是分式极限,则有以下结论:

① 若$\lim\dfrac{f(x)}{g(x)}=k$(k为常数),且$\lim g(x)=0$,则$\lim f(x)=0$.

② 若$\lim\dfrac{f(x)}{g(x)}=k\neq 0$($k$为常数),且$\lim f(x)=0(\infty)$,则$\lim g(x)=0(\infty)$.

2. 典型题型

例 1 已知$\lim\limits_{x\to\infty}(\dfrac{x^2+1}{x+1}-ax+b)=3$,求常数$a$、$b$.

解　$\lim\limits_{x\to\infty}(\dfrac{x^2+1}{x+1}-ax+b)=\lim\limits_{x\to\infty}\dfrac{(1-a)x^2+(b-a)x+1+b}{x+1}=3$，由抓大头准则可得 $1-a=0,b-a=3$，得 $a=1,b=4$.

例 2　当 $x\to 0$ 时，无穷小 $1-\cos x$ 与 mx^n 等价，试求常数 m 和 n 的值.

解　由等价无穷小的定义，有 $\lim\limits_{x\to 0}\dfrac{1-\cos x}{mx^n}=\lim\limits_{x\to 0}\dfrac{\frac{x^2}{2}}{mx^n}=\lim\limits_{x\to 0}\dfrac{x^{2-n}}{2m}=1$，必须 $n=2,m=\dfrac{1}{2}$.

例 3　已知 $\lim\limits_{x\to 0}\dfrac{\sqrt{1+\frac{1}{x}f(x)}-1}{x^2}=c$，且 $c\neq 0$，求常数 a,b，使得当 $x\to 0$ 时，$f(x)\sim ax^b$.

解　由极限式可得，$\lim\limits_{x\to 0}\dfrac{1}{x}f(x)=0$，故当 $x\to 0$ 时，$\sqrt{1+\dfrac{1}{x}f(x)}-1\sim\dfrac{1}{2}\cdot\dfrac{1}{x}f(x)$，则有 $\lim\limits_{x\to 0}\dfrac{\sqrt{1+\frac{1}{x}f(x)}-1}{x^2}=\lim\limits_{x\to 0}\dfrac{\frac{1}{2}\cdot\frac{1}{x}f(x)}{x^2}=c$，即 $\lim\limits_{x\to 0}\dfrac{f(x)}{2x^3}=c$，当 $x\to 0$ 时，$f(x)\sim 2cx^3$，故 $a=2c,b=3$.

例 4　设 $f(x)$ 是多项式，且 $\lim\limits_{x\to\infty}\dfrac{f(x)-8x^8}{2x^2+3x+1}=4,\lim\limits_{x\to 0}\dfrac{f(x)}{x}=8$，求 $f(x)$.

解　由 $\lim\limits_{x\to\infty}\dfrac{f(x)-8x^8}{2x^2+3x+1}=4$ 及抓大头准则可设 $f(x)=8x^8+8x^2+ax+b$，又 $\lim\limits_{x\to 0}\dfrac{f(x)}{x}=8$，则 $\lim\limits_{x\to 0}f(x)=0$ 知 $b=0$，$\lim\limits_{x\to 0}\dfrac{f(x)}{x}=\lim\limits_{x\to 0}\dfrac{8x^8+8x^2+ax}{x}=8$，可知 $a=8$. 故 $f(x)=8x^8+8x^2+8x$.

例 5　设函数 $f(x)$ 在 $x=0$ 的某领域内有一阶连续导数，且 $f(0)\neq 0,f'(0)\neq 0$，若有 $\lim\limits_{h\to 0}\dfrac{af(h)+bf(2h)-f(0)}{h}=0$，试确定 a、b 的值.

解　由已知 $\lim\limits_{h\to 0}\dfrac{af(h)+bf(2h)-f(0)}{h}=0$，且 $\lim\limits_{h\to 0}h=0$，得 $\lim\limits_{h\to 0}[af(h)+bf(2h)-f(0)]=0$，即 $af(0)+bf(0)-f(0)=0$，由于 $f(0)\neq 0$，于是 $a+b-1=0$　(1).

又由洛必达法则得 $\lim\limits_{h\to 0}\dfrac{af(h)+bf(2h)-f(0)}{h}=\lim\limits_{h\to 0}\dfrac{af'(h)+2bf'(2h)}{1}=af'(0)+2bf'(0)=0$，由于 $f'(0)\neq 0$，于是 $a+2b=0$　(2).

由式(1)、式(2) 得 $a=2,b=-1$.

第二节　实战演练与参考解析

1. 求 $\lim\limits_{n\to\infty}[\dfrac{1}{n+1}+\dfrac{1}{n+\sqrt{2}}+\cdots+\dfrac{1}{n+\sqrt{n}}]$.

2. 求 $\lim\limits_{n\to\infty}[\dfrac{1}{1\cdot 3}+\dfrac{1}{3\cdot 5}+\cdots+\dfrac{1}{(2n-1)(2n+1)}]$.

3. 求$\lim\limits_{n\to\infty}[\frac{1}{1\cdot 2}+\frac{1}{2\cdot 3}+\cdots+\frac{1}{n(n+1)}]^n$.

4. 求$\lim\limits_{n\to\infty}\frac{1+3+5+\cdots+(2n-1)}{(2n+3)(2n-3)}$.

5. 求$\lim\limits_{n\to\infty}\frac{(\sqrt{n^2+1}+n)^2}{n^2+4}$.

6. 求$\lim\limits_{n\to\infty}\frac{3^n+5^n}{3^{n+1}-5^{n+1}}$.

7. 求$\lim\limits_{n\to\infty}[\sqrt{1+2+\cdots+n}-\sqrt{1+2+\cdots+(n-1)}]$.

8. 设$x_1=1,x_n=\frac{x_{n-1}+3}{x_{n-1}+1}(n=1,2,\cdots)$，求$\lim\limits_{n\to\infty}x_n$.

9. 求下列函数的极限：

(1) $\lim\limits_{x\to\infty}x\sin\frac{1}{x}$；

(2) $\lim\limits_{x\to\pi}\frac{\tan x}{\sin 2x}$；

(3) $\lim\limits_{x\to 0}x^2\cos\frac{1}{x}$；

(4) $\lim\limits_{x\to 0}(1-3x)^{\frac{1}{2x}}$；

(5) $\lim\limits_{x\to\infty}(\frac{2x-1}{2x+1})^{2x}$；

(6) $\lim\limits_{x\to\infty}(\frac{x^2}{x^2-1})^x$；

(7) $\lim\limits_{x\to 0}\frac{\sin 5x}{2x}$；

(8) $\lim\limits_{x\to 0}\frac{\sin\alpha x}{\sin\beta x}(\alpha\neq 0,\beta\neq 0)$.

10. 求下列函数的极限：

(1) $\lim\limits_{x\to 0}\frac{\tan 2x}{\sin 5x}$；

(2) $\lim\limits_{n\to\infty}2^n\sin\frac{x}{2^n}$；

(3) $\lim\limits_{x\to 0}\frac{1+x\sin x-\cos 2x}{\sin^2 x}$；

(4) $\lim\limits_{x\to 0}\frac{\sqrt{1+\tan x}-\sqrt{1-\tan x}}{\sin x}$；

(5) $\lim\limits_{x\to 2}\frac{x^2+\sin x}{e^x\sqrt{1+x^2}}$；

(6) $\lim\limits_{x\to+\infty}\arcsin(\sqrt{x^2+x}-x)$.

11. 求下列函数的极限：

(1) $\lim\limits_{x\to\infty}(\frac{x-a}{x+a})^x$；

(2) $\lim\limits_{x\to\infty}(\frac{2x+3}{2x+1})^{x+1}$;

(3) $\lim\limits_{x\to 0}(\cos x)^{\frac{1}{x}}$;

(4) $\lim\limits_{x\to 0}\frac{x+\sin x}{\ln(1+x)}$.

12. 当 $x\to 0$ 时,下列函数哪个是比 x 高阶的无穷小?哪个是 x 的同阶无穷小?哪个是 x 的等价无穷小?

(1) $f(x)=3x^2+x^2\arctan\frac{1}{x}$;

(2) $g(x)=e^{3x}+\arcsin x-1$;

(3) $\delta(x)=3(1-\sqrt[3]{1-x})$.

13. 试确定 a、b 的值,使 $\lim\limits_{x\to 2}\frac{x^3+ax^2+b}{x-2}=8$.

14. 已知 a、b 为常数,$\lim\limits_{x\to 2}\frac{ax+b}{x-2}=2$,求 a、b 的值.

15. 若 $\lim\limits_{x\to 1}\frac{x^2+ax+b}{1-x}=5$,求 a、b 的值.

16. 设 $\lim\limits_{x\to\infty}(\frac{x+k}{x-k})^x=4$,求 k 的值.

[参考解析]

1. 利用夹逼定理,由于 $\frac{n}{n+\sqrt{n}}\leqslant\frac{1}{n+1}+\frac{1}{n+\sqrt{2}}+\cdots+\frac{1}{n+\sqrt{n}}\leqslant\frac{n}{n+1}$. 又因为 $\lim\limits_{n\to\infty}\frac{n}{n+\sqrt{n}}=\lim\limits_{n\to\infty}\frac{1}{1+\frac{1}{\sqrt{n}}}=1$,$\lim\limits_{n\to\infty}\frac{n}{n+1}=1$,所以原式等于 1.

2. 由于 $\frac{1}{(2k-1)(2k+1)}=\frac{1}{2}\frac{(2k+1)-(2k-1)}{(2k-1)(2k+1)}=\frac{1}{2}(\frac{1}{2k-1}-\frac{1}{2k+1})$,其中 $k=1,2,\cdots,n$. 所以,原式 $=\frac{1}{2}\lim\limits_{n\to\infty}(1-\frac{1}{2n+1})=\frac{1}{2}\cdot 1=\frac{1}{2}$.

3. $\frac{1}{1\cdot 2}+\frac{1}{2\cdot 3}+\cdots+\frac{1}{n(n+1)}=\frac{1}{1\cdot 2}+\frac{1}{2\cdot 3}+\cdots+\frac{1}{n(n+1)}=(1-\frac{1}{2})+\cdots+(\frac{1}{n}-\frac{1}{n+1})=1-\frac{1}{n+1}$ 故原式 $=\lim\limits_{n\to\infty}(1-\frac{1}{n+1})^n=e^{\lim\limits_{n\to\infty}\frac{-n}{n+1}}=e^{-1}$.

4. 分子 $1+3+5+\cdots+(2n-1)$ <u>等差</u> $\frac{(2n-1)+1}{2}n=\frac{2n^2}{2}=n^2$,所以,原式 $=\lim\limits_{n\to\infty}\frac{n^2}{4n^2-9}=\lim\limits_{n\to\infty}\frac{1}{4-\frac{9}{n^2}}=\frac{1}{4}$.

5. 原式 $=\lim\limits_{n\to\infty}\frac{n^2+1+n^2+2n\sqrt{n^2+1}}{n^2+4}=\lim\limits_{n\to\infty}\frac{2n^2+2n\sqrt{n^2+1}+1}{n^2+4}$,分子、分母同除

以 n^2,原式 $=\lim\limits_{n\to\infty}\dfrac{2+2\sqrt{1+\frac{1}{n^2}}+\frac{1}{n^2}}{1+\frac{4}{n^2}}=\dfrac{2+2}{1}=4$. 注:原式 $=\lim\limits_{n\to\infty}=\dfrac{(\sqrt{1+\frac{1}{n^2}}+1)^2}{1+\frac{4}{n^2}}=$ $\dfrac{(1+1)^2}{1+0}=4$.

6. $\lim\limits_{n\to\infty}\dfrac{3^n+5^n}{3^{n+1}-5^{n+1}}=-\lim\limits_{n\to\infty}\dfrac{5^n[1+(\frac{3}{5})^n]}{5^{n+1}[1-(\frac{3}{5})^{n+1}]}=-\dfrac{1}{5}$(因为$\lim\limits_{n\to\infty}(\dfrac{3}{5})^n=0$).

7. 原式 $=\lim\limits_{n\to\infty}[\sqrt{\dfrac{n(n+1)}{2}}-\sqrt{\dfrac{n(n-1)}{2}}]=\lim\limits_{n\to\infty}\sqrt{\dfrac{n}{2}}\dfrac{2}{\sqrt{n+1}+\sqrt{n-1}}=\dfrac{\sqrt{2}}{2}$.

8. 令 $f(x)=\dfrac{x+3}{x+1}=1+\dfrac{2}{x+1}(x>0)$,则 $f'(x)=-\dfrac{2}{(x+1)^2}<0$,所以 $f(x)$ 单调减少,可知数列 $\{x_n\}$ 单调减少. 又 $\lim\limits_{x\to+\infty}f(x)=\lim\limits_{x\to+\infty}\dfrac{x+3}{x+1}=1$,可知数列 $\{x_n\}$ 有下界.

综上可知,$\lim\limits_{n\to\infty}x_n$ 存在,设$\lim\limits_{n\to\infty}x_n=l$,于是 $l=\lim\limits_{n\to\infty}x_n=\lim\limits_{n\to\infty}\dfrac{x_{n-1}+3}{x_{n-1}+1}=\dfrac{l+3}{l+1}$,即 $l^2+l=l+3$,解得 $l=\sqrt{3}$,$l=-\sqrt{3}$(舍去). 所以$\lim\limits_{n\to\infty}x_n=\sqrt{3}$.

9. (1) 令 $y=\dfrac{1}{x}$,则$\lim\limits_{x\to\infty}x\sin\dfrac{1}{x}=\lim\limits_{y\to 0}\dfrac{\sin y}{y}=1$.

(2) $\lim\limits_{x\to\pi}\dfrac{\tan x}{\sin 2x}=\lim\limits_{x\to\pi}\dfrac{\sin x}{\cos x}\cdot\dfrac{1}{2\sin x\cos x}=\dfrac{1}{2}$.

(3) 由于$\lim\limits_{x\to 0}x^2=0$, $\left|\cos\dfrac{1}{x}\right|\leqslant 1$,故$\lim\limits_{x\to 0}x^2\cos\dfrac{1}{x}=0$.

(4) $\lim\limits_{x\to 0}(1-3x)^{\frac{1}{2x}}=\lim\limits_{x\to 0}[1+(-3x)]^{(-\frac{1}{3x})\cdot(-3x)\cdot\frac{1}{2x}}=e^{-\frac{3}{2}}$.

(5) $\lim\limits_{x\to\infty}(\dfrac{2x-1}{2x+1})^{2x}=\lim\limits_{x\to\infty}[1+(-\dfrac{2}{2x+1})]^{(-\frac{2x+1}{2})\cdot(-\frac{4x}{2x+1})}=e^{-2}$.

(6) $\lim\limits_{x\to\infty}(\dfrac{x^2}{x^2-1})^x=\lim\limits_{x\to\infty}(1+\dfrac{1}{x^2-1})^{(x^2-1)\cdot\frac{x}{x^2-1}}=e^0=1$.

(7) $\lim\limits_{x\to 0}\dfrac{\sin 5x}{2x}=\lim\limits_{x\to 0}\dfrac{\sin 5x}{5x}\cdot\dfrac{5x}{2x}=\lim\limits_{x\to 0}\dfrac{\sin 5x}{5x}\lim\limits_{x\to 0}\dfrac{5x}{2x}=\dfrac{5}{2}$.

(8) $\lim\limits_{x\to 0}\dfrac{\sin\alpha x}{\sin\beta x}=\lim\limits_{x\to 0}\dfrac{\sin\alpha x}{\alpha x}\cdot\dfrac{\beta x}{\sin\beta x}\cdot\dfrac{\alpha x}{\beta x}=1\cdot 1\cdot\dfrac{\alpha}{\beta}=\dfrac{\alpha}{\beta}(\alpha\neq 0,\beta\neq 0)$.

10. (1) $\lim\limits_{x\to 0}\dfrac{\tan 2x}{\sin 5x}=\lim\limits_{x\to 0}\dfrac{\sin 2x}{2x}\cdot\dfrac{2}{5}\cdot\dfrac{1}{\frac{\sin 5x}{5x}}\cdot\dfrac{1}{\cos 2x}=1\times\dfrac{2}{5}\times\dfrac{1}{1}\times\dfrac{1}{1}=\dfrac{2}{5}$.

(2) $\lim\limits_{n\to\infty}2^n\sin\dfrac{x}{2^n}=\lim\limits_{n\to\infty}\dfrac{\sin\frac{x}{2^n}}{\frac{x}{2^n}}\cdot x=1\cdot x=x$.

(3) $\lim\limits_{x\to 0}\dfrac{1+x\sin x-\cos 2x}{\sin^2 x}=\lim\limits_{x\to 0}(\dfrac{2\sin^2 x}{\sin^2 x}+\dfrac{x}{\sin x})=2+1=3$.

(4) $\lim\limits_{x\to 0}\dfrac{\sqrt{1+\tan x}-\sqrt{1-\tan x}}{\sin x}=\lim\limits_{x\to 0}\dfrac{2\tan x}{\sin x}\cdot\dfrac{1}{\sqrt{1+\tan x}+\sqrt{1-\tan x}}=\dfrac{2}{1}\times$

$\frac{1}{1+1}=1.$

(5) 因为$\frac{x^2+\sin x}{e^x\sqrt{1+x^2}}$是初等函数,在 $x=2$ 处有定义,则$\lim\limits_{x\to 2}\frac{x^2+\sin x}{e^x\sqrt{1+x^2}}=\frac{4+\sin 2}{e^2\sqrt{5}}$.

(6) $\lim\limits_{x\to+\infty}\arcsin(\sqrt{x^2+x}-x)=\lim\limits_{x\to+\infty}\arcsin\frac{1}{\sqrt{1+\frac{1}{x}}+1}=\arcsin\lim\limits_{x\to+\infty}\frac{1}{\sqrt{1+\frac{1}{x}}+1}=$

$\arcsin\frac{1}{2}=\frac{\pi}{6}$.

11. (1) $\lim\limits_{x\to\infty}(\frac{x-a}{x+a})^x=\lim\limits_{x\to\infty}\frac{[1+(-\frac{1}{x/a})]^{(-\frac{x}{a})\cdot(-a)}}{[1+\frac{1}{x/a}]^{\frac{x}{a}\cdot a}}=\frac{e^{-a}}{e^a}=e^{-2a}$.

(2) $\lim\limits_{x\to\infty}(\frac{2x+3}{2x+1})^{x+1}=\lim\limits_{x\to\infty}(1+\frac{1}{x+\frac{1}{2}})^{x+\frac{1}{2}}\cdot\sqrt{\frac{2x+3}{2x+1}}=e\cdot 1=e$.

(3) $\lim\limits_{x\to 0}(\cos x)^{\frac{1}{x}}=\lim\limits_{x\to 0}[1+(\cos x-1)]^{\frac{1}{\cos x-1}\cdot\frac{\cos x-1}{x}}=e^0=1$.

(4) $\lim\limits_{x\to 0}\frac{x+\sin x}{\ln(1+x)}=\lim\limits_{x\to 0}\frac{x+\sin x}{x}=\lim\limits_{x\to 0}(1+\frac{\sin x}{x})=1+1=2$.

12. (1) 因为$\lim\limits_{x\to 0}\frac{f(x)}{x}=\lim\limits_{x\to 0}\frac{3x^2+x^2\arctan\frac{1}{x}}{x}=\lim\limits_{x\to 0}3x+\lim\limits_{x\to 0}x\arctan\frac{1}{x}=0+0=0$,所以 $x\to 0$ 时,$f(x)$ 是比 x 高阶的无穷小,其中$\left|\arctan\frac{1}{x}\right|<\frac{\pi}{2}$为有界函数.

(2) 因为$\lim\limits_{x\to 0}\frac{g(x)}{x}=\lim\limits_{x\to 0}\frac{e^{3x}-1}{x}+\lim\limits_{x\to 0}\frac{\arcsin x}{x}=3+1=4$,所以当 $x\to 0$ 时,$g(x)$ 是与 x 同阶的无穷小,其中 $e^{3x}-1\sim 3x$,$\arcsin x\sim x$.

(3) 因为$\lim\limits_{x\to 0}\frac{\delta(x)}{x}=\lim\limits_{x\to 0}\frac{3(1-\sqrt[3]{1-x})}{x}=\lim\limits_{x\to 0}\frac{\sqrt[3]{1+(-x)}-1}{-x}=\lim\limits_{x\to 0}\frac{3\cdot\frac{1}{3}\cdot(-x)}{-x}=1$,所以当 $x\to 0$ 时,$\delta(x)$ 与 x 是等价无穷小,其中当$\sqrt[3]{1+(-x)}-1\sim\frac{1}{3}(-x)$.

13. 解法一:由假设该极限为定数,且当 $x\to 2$ 时极限式的分母为无穷小,故其分子必定是分母的同阶无穷小,因此可适当选择系数.

$x^3+ax^2+b=(x-2)[x^2+(a+2)x-\frac{b}{2}]$,当 $x\to 2$ 时,满足以下要求:

$\begin{cases}2^3+2^2a+b=0\\2^2+2(a+2)-\frac{b}{2}=8\end{cases}$,即$\begin{cases}4a+b=-8\\4a-b=0\end{cases}$,解得 $a=-1,b=-4$.

解法二:因为$\lim\limits_{x\to 2}\frac{x^3+ax^2+b}{x-2}=8$,所以$\lim\limits_{x\to 2}(x^3+ax^2+b)=0$,于是 $8+4a+b=0$ (1);

又由洛必达法则$\lim\limits_{x\to 2}\frac{x^3+ax^2+b}{x-2}=\lim\limits_{x\to 2}(3x^3+2ax)=8$,即 $12+4a=8$ (2);

联立方程(1)和(2)解得 $a=-1,b=-4$.

14. 因为 $\lim\limits_{x\to 2}\dfrac{ax+b}{x-2}=\lim\limits_{x\to 2}\dfrac{a(x+\frac{b}{a})}{x-2}=2$，所以 $a=2,\dfrac{b}{a}=-2$，因此 $a=2,b=-4$.

15. 设 $\lim\limits_{x\to 1}(x^2+ax+b)=a+b+1$，又 $\lim\limits_{x\to 1}(x^2+ax+b)=\lim\limits_{x\to 1}\dfrac{x^2+ax+b}{1-x}\cdot(1-x)=5\cdot 0=0$，则 $a+b+1=0$，代入原极限得 $\lim\limits_{x\to 1}\dfrac{x^2+(-b-1)x+b}{1-x}=\lim\limits_{x\to 1}\dfrac{(x-1)(x-b)}{1-x}=\lim\limits_{x\to 1}(b-x)=5$，即 $b-1=5$，得 $b=6,a=-7$.

16. 原等式整理 $\lim\limits_{x\to\infty}(\dfrac{x+k}{x-k})^x=\lim\limits_{x\to\infty}(\dfrac{1+\frac{k}{x}}{1-\frac{k}{x}})^x=\lim\limits_{x\to\infty}\dfrac{(1+\frac{k}{x})^{\frac{x}{k}\cdot k}}{(1-\frac{k}{x})^{\frac{x}{-k}\cdot(-k)}}=\dfrac{e^k}{e^{-k}}=e^{2k}=4$，解得 $k=\ln 2$.

第三章　连　　续

[考试大纲]

1. 理解函数在一点处连续的概念，函数在一点处连续与函数在该点处极限存在的关系. 会判断分段函数在分段点的连续性.

2. 理解函数在一点处间断的概念，会求函数的间断点，并会判断间断点的类型.

3. 理解“一切初等函数在其定义区间上都是连续的”，并会利用初等函数的连续性求函数的极限.

4. 掌握闭区间上连续函数的性质：最值定理（有界性定理），介值定理（零点存在定理）. 会运用介值定理推证一些简单命题.

第一节　考点解读与典型题型

一、函数连续性的讨论

1. *考点解读*

(1) 若函数 $f(x)$ 在 $x = x_0$ 的两侧表达式不相同，则 $f(x)$ 在 $x = x_0$ 处连续的充要条件为 $\lim\limits_{x\to x_0^-} f(x) = \lim\limits_{x\to x_0^+} f(x) = f(x_0)$；

(2) 若函数 $f(x)$ 在 $x = x_0$ 的两侧为同一表达式，则 $f(x)$ 在 $x = x_0$ 处连续的充要条件为 $\lim\limits_{x\to x_0} f(x) = f(x_0)$；

(3) 若函数中含绝对值符号，一般先去掉绝对值符号，将函数改写成分段函数，再讨论函数在分段点的连续性；

(4) 函数 $f(x)$ 在 x_0 处连续，隐含着函数 $f(x)$ 在 x_0 处具有以下三个条件：

① 函数 $y = f(x)$ 在点 x_0 处有定义，即 $f(x_0)$ 有意义；

② $\lim\limits_{x\to x_0} f(x)$ 存在；

③ 极限值即为函数 $f(x)$ 在点 x_0 处的函数值 $f(x_0)$.

所以，连续是特殊的极限，是对极限值有着特殊要求的极限，连续能保证极限存在，但反之不真.

因此，若函数 $y = f(x)$ 在 x_0 处连续，要计算函数在 x_0 处的极限值，则只需求出函数 $f(x)$ 在点 x_0 处的函数值即可.

(5) 基本初等函数在其定义域是连续的，而初等函数在其定义区间内是连续的.

2.典型题型

例 1 讨论函数 $f(x)=\begin{cases}x^2+1, & 0\leqslant x\leqslant 1\\ 3-x, & 1<x\leqslant 2\end{cases}$ 的连续性.

解 当 $0\leqslant x<1$ 或 $1<x\leqslant 2$ 时,函数 $f(x)$ 都是初等函数,是连续的.

又 $\lim\limits_{x\to1^-}f(x)=\lim\limits_{x\to1^-}(x^2+1)=2$;$\lim\limits_{x\to1^+}f(x)=\lim\limits_{x\to1^+}(3-x)=2$,$f(1)=2$,

所以 $\lim\limits_{x\to1^-}f(x)=\lim\limits_{x\to1^+}f(x)=f(1)$,即函数 $f(x)$ 在 $x=1$ 处是连续的,故函数在其定义域内是连续的.

例 2 讨论函数 $f(x)=\begin{cases}\dfrac{\sin x}{|x|}, & x\neq 0\\ 1, & x=0\end{cases}$ 在 $x=0$ 的连续性.

解 函数中含绝对值号,去掉绝对值号,函数为 $f(x)=\begin{cases}\dfrac{\sin x}{x}, & x>0\\ 1, & x=0\\ \dfrac{\sin x}{-x}, & x<0\end{cases}$

$\lim\limits_{x\to0^-}f(x)=\lim\limits_{x\to0^-}(\dfrac{\sin x}{-x})=-1$,$\lim\limits_{x\to0^+}f(x)=\lim\limits_{x\to0^+}\dfrac{\sin x}{x}=1$,$f(0)=1$,

因为 $\lim\limits_{x\to0^+}f(x)\neq\lim\limits_{x\to0^-}f(x)$,$\lim\limits_{x\to0^+}f(x)=f(0)$,故函数 $f(x)$ 在 $x=0$ 处不连续,仅右连续.

例 3 设 $f(x)=\lim\limits_{n\to\infty}\dfrac{\ln(e^n+x^n)}{n}(x>0)$,(1) 求 $f(x)$;(2) 讨论 $f(x)$ 的连续性.

解 (1) 当 $0<x<e$ 时,$f(x)=\lim\limits_{n\to\infty}\dfrac{\ln[e^n(1+(\frac{x}{e})^n]}{n}=1+\lim\limits_{n\to\infty}\dfrac{\ln[1+(\frac{x}{e})^n]}{n}=1$;

当 $x=e$ 时,$f(x)=\lim\limits_{n\to\infty}\dfrac{\ln(e^n+e^n)}{n}=\lim\limits_{n\to\infty}\dfrac{\ln(2e^n)}{n}=\lim\limits_{n\to\infty}\dfrac{\ln 2+n}{n}=1$;

当 $x>e$ 时,$f(x)=\lim\limits_{n\to\infty}\dfrac{\ln[x^n(1+(\frac{e}{x})^n]}{n}=\lim\limits_{n\to\infty}\dfrac{n\ln x+\ln[1+(\frac{e}{x})^n]}{n}=\ln x$;

故 $f(x)=\begin{cases}1, & 0<x\leqslant e\\ \ln x, & x>e\end{cases}$.

(2) 显然只需讨论分段点的 $x=e$,$\lim\limits_{x\to e^-}f(x)=1$,$\lim\limits_{x\to e^+}f(x)=\lim\limits_{x\to e^+}\ln x=1$,$\lim\limits_{x\to e}f(x)=f(e)=1$.所以 $f(x)$ 在 $x=e$ 处连续,从而 $f(x)$ 在 $(0,+\infty)$ 上连续.

例 4 设 $f(x)=\begin{cases}x^\alpha\sin\dfrac{1}{x}, & x\neq 0\\ 0, & x=0\end{cases}$,试问当 α 取何值时,函数 $f(x)$ 在点 $x=0$ 处:

(1) 连续;(2) 可导;(3) 导数连续;(4) 二阶导数存在.

解 (1) 当且仅当 $\lim\limits_{x\to0}f(x)=f(0)=0$,函数 $f(x)$ 在点 $x=0$ 处连续.由于当 $\alpha\leqslant 0$ 时 $\lim\limits_{x\to0}f(x)=\lim\limits_{x\to0}x^\alpha\sin\dfrac{1}{x}$(不存在),而当 $\alpha>0$ 时,$\lim\limits_{x\to0}f(x)=\lim\limits_{x\to0}x^\alpha\sin\dfrac{1}{x}=0$,由此可知,当且仅当 $\alpha>0$ 时 $f(x)$ 在点 $x=0$ 处连续.

(2) $\lim\limits_{x\to 0}\dfrac{f(x)-f(0)}{x-0}=\lim\limits_{x\to 0}\dfrac{x^{\alpha}\sin\dfrac{1}{x}}{x}=\lim\limits_{x\to 0}x^{\alpha-1}\sin\dfrac{1}{x}$，当 $\alpha-1\leqslant 0$，即 $\alpha\leqslant 1$ 时，该极限不存在；当 $\alpha-1>0$，即 $\alpha>1$ 时，该极限值为0. 由此可知，当 $\alpha>1$ 时，函数 $f(x)$ 在点 $x=0$ 处可导，且 $f'(0)=0$.

(3) 要使 $f'(x)$ 在点 $x=0$ 处连续，必须有 $f'(0)=0$ 存在，

并且 $\lim\limits_{x\to 0}f'(x)=f'(0)=0$，因当 $x\neq 0$ 时，$f'(x)=\alpha x^{\alpha-1}\sin\dfrac{1}{x}-x^{\alpha-2}\cos\dfrac{1}{x}$，

而当 $x=0$ 时，$f'(0)=\lim\limits_{x\to 0}\dfrac{f(x)-f(0)}{x-0}=\lim\limits_{x\to 0}x^{\alpha-1}\sin\dfrac{1}{x}=0(\alpha>1)$，

故 $\lim\limits_{x\to 0}f'(x)=\lim\limits_{x\to 0}(\alpha x^{\alpha-1}\sin\dfrac{1}{x}-x^{\alpha-2}\cos\dfrac{1}{x})$，

当 $\alpha\leqslant 2$ 时，该极限不存在；当 $\alpha>2$ 时，该极限值为0. 由此可见，当且仅当 $\alpha>2$ 时，导函数 $f'(x)$ 在 $x=0$ 处连续.

(4) 考察极限 $\lim\limits_{x\to 0}\dfrac{f'(x)-f'(0)}{x-0}=\lim\limits_{x\to 0}(\alpha x^{\alpha-2}\sin\dfrac{1}{x}-x^{\alpha-3}\cos\dfrac{1}{x})$，显然，当 $\alpha>3$ 时，函数二阶导数 $f''(0)$ 存在，且 $f''(0)=0$.

二、确定函数的间断点及其类型

1. *考点解读*

确定函数的间断点，可按以下步骤进行：

① 由于一切初等函数在其定义区间内皆连续，所以初等函数的间断点往往是无定义的点，找出 $f(x)$ 的定义域，若在 $x=x_0$ 无定义，则 $x=x_0$ 为间断点；若有定义，再检验下一步.

② 检查 $x=x_0$ 是否为初等函数定义区间内的点，若是，则 $x=x_0$ 为 $f(x)$ 的连续点，否则看 $\lim\limits_{x\to x_0}f(x)$ 是否存在. 若 $\lim\limits_{x\to x_0}f(x)$ 不存在，则 x_0 为 $f(x)$ 的间断点；若 $\lim\limits_{x\to x_0}f(x)$ 存在，则再检验下一步.

③ 若 $\lim\limits_{x\to x_0}f(x)=f(x_0)$，则 x_0 为 $f(x)$ 的连续点；若不相等，则 x_0 为间断点.

④ 最后根据定义，判断间断点的类型. 注：间断点的类型判别，是依据该点处的左、右极限的存在性进行判别的.

2. *典型题型*

例1 求下列函数的间断点：

(1) $f(x)=(1+x)^{\frac{1}{x}}$；　　(2) $f(x)=\lim\limits_{n\to\infty}\dfrac{1-x^{2n}}{1+x^{2n}}$；

(3) $f(x)=\dfrac{1}{\mathrm{e}-\mathrm{e}^{\frac{1}{x}}}$；　　(4) $f(x)=\dfrac{\ln|x|}{x^2+2x-3}$.

解 (1) 由于 $\lim\limits_{x\to 0}(1+x)^{\frac{1}{x}}=\mathrm{e}$，而 $f(x)$ 在 $x=0$ 处无定义，所以 $x=0$ 为 $f(x)$ 的间断点.

(2) 由于 $f(x)=\begin{cases}1, & |x|<1\\ 0, & |x|=1\\ -1, & |x|>1\end{cases}$，故 $x=\pm 1$ 为 $f(x)$ 的间断点.

(3) 因 $f(x)$ 为分式，分母等于零的点必然是函数无定义的点，也一定是间断点.

令 $e - e^{\frac{1}{x}} = 0$,得 $x = 1$,又分母中含有一个小分式$\frac{1}{x}$,故 $x = 0$ 点也是函数的无定义的点,从而也是间断点,总之,间断点有两个:$x = 0, x = 1$.

对于点 $x = 0$,$\lim\limits_{x \to 0^-} f(x) = \lim\limits_{x \to 0^-} \frac{1}{e - e^{\frac{1}{x}}} = \frac{1}{e}$(因为 $x \to 0^-$ 时,$\frac{1}{x} \to -\infty$,从而 $e^{\frac{1}{x}} \to 0$);

$\lim\limits_{x \to 0^+} f(x) = \lim\limits_{x \to 0^+} \frac{1}{e - e^{\frac{1}{x}}} = 0$(因为 $x \to 0^+$ 时,$\frac{1}{x} \to +\infty$,从而 $e^{\frac{1}{x}} \to +\infty$).

于是,由讨论知,$x = 0$ 点为 $f(x)$ 的跳跃间断点.

对于点 $x = 1$,$\lim\limits_{x \to 1} f(x) = \lim\limits_{x \to 1} \frac{1}{e - e^{\frac{1}{x}}} = \infty$,于是点 $x = 1$ 是 $f(x)$ 的第二类间断点.

例 2 求下列函数的间断点,并判断其类型:

(1) $f(x) = \frac{x}{\sin x}$;　　(2) $f(x) = \lim\limits_{n \to \infty} \frac{x^{n+2} - x^{-n}}{x^n + x^{-n-1}}$.

解 (1) $f(x) = \frac{x}{\sin x}$ 的间断点:$\sin x = 0$,即 $x = k\pi (k = 0, \pm 1, \pm 2, \cdots)$.

因为$\lim\limits_{x \to 0} \frac{x}{\sin x} = 1$,$\lim\limits_{x \to k\pi} \frac{x}{\sin x} = \infty (k = \pm 1, \pm 2, \cdots)$,所以 $x = 0$ 是可去型间断点;$x = k\pi (k = \pm 1, \pm 2, \cdots)$ 是无穷型间断点.

(2) 显然,$x \neq 0, x \neq -1$,$f(x) = \lim\limits_{n \to \infty} \frac{x^{n+2} - x^{-n}}{x^n + x^{-n-1}} = \begin{cases} -x, & |x| < 1 \\ 0, & x = 1 \\ x^2, & |x| > 1 \end{cases}$.

因为 $\lim\limits_{x \to 0^+} f(x) = \lim\limits_{x \to 0^-} f(x) = 0$;$\lim\limits_{x \to 1^+} f(x) = 1$,$\lim\limits_{x \to 1^-} f(x) = -1$;

$\lim\limits_{x \to -1^+} f(x) = \lim\limits_{x \to -1^-} f(x)$,但 $f(-1)$ 不存在;

所以 $x = 0, x = -1$ 是可去型间断点;$x = 1$ 为跳跃型间断点.

例 3 指出下列函数的间断点,若为可去间断点,则补充或修改函数的定义使其连续:

(1) $f(x) = \frac{x}{\tan x}$;　　(2) $f(x) = \frac{x^2 - 1}{x^2 - 3x + 2}$.

解 (1) 当 $x = k\pi + \frac{\pi}{2} (k \in \mathbf{Z})$ 时,$\tan x$ 无定义;当 $x = k\pi (k \in \mathbf{Z})$ 时,$\tan x = 0$,所以 $f(x) = \frac{x}{\tan x}$ 的间断点为 $x = \frac{k}{2}\pi (k \in \mathbf{Z})$.

因为 $\lim\limits_{x \to k\pi + \frac{\pi}{2}} \frac{x}{\tan x} = 0$,所以 $x = k\pi + \frac{\pi}{2} (k \in \mathbf{Z})$ 为可去间断点;

又 $\lim\limits_{x \to k\pi (k \neq 0)} \frac{x}{\tan x} = \infty$,故 $x = k\pi (k \neq 0)$ 为无穷间断点;而$\lim\limits_{x \to 0} \frac{x}{\tan x} = 1$,故 $x = 0$ 也是可去间断点.

综上讨论,重新定义函数 $f(x) = \begin{cases} 0, & x = k\pi + \frac{\pi}{2} (k \in \mathbf{Z}) \\ 1, & x = 0 \\ \frac{x}{\tan x}, & x \neq \frac{k\pi}{2} (k \in \mathbf{Z}) \end{cases}$,

在 $x=0$ 和 $x=k\pi+\dfrac{\pi}{2}(k\in\mathbf{Z})$ 处是连续的.

(2) 由初等函数的连续性知，初等函数的间断点必定是没有定义的点. 解方程 $x^2-3x+2=0$，得 $x_1=1,x_2=2$，故 $f(x)$ 的间断点为 1 和 2.

又 $\lim\limits_{x\to1}\dfrac{x^2-1}{x^2-3x+2}=\lim\limits_{x\to1}\dfrac{x+1}{x-2}=-2$，故 $x=1$ 是可去间断点，只需补充 $f(1)=-2$，$f(x)$ 在 $x=1$ 处即为连续；

$\lim\limits_{x\to2}\dfrac{x^2-1}{x^2-3x+2}=\lim\limits_{x\to2}\dfrac{x+1}{x-2}=\infty$，故 $x=2$ 是无穷间断点.

三、极限与连续的反问题

1. 考点解读

此类问题是指已知函数在某一点处极限存在或连续，确定函数表达式中的待定常数. 其解题思路是：根据所给条件，通过求极限或连续定义，得出含待定系数的方程(组)，再解方程(组) 即确定出了待定常数.

2. 典型题型

例 1　设 $\lim\limits_{x\to1}\dfrac{x^2+ax+b}{1-x}=5$，求 a、b 的值.

解　当 $x\to1$ 时，分母的极限为零，而所给函数极限存在，因此其分子的极限必定为零，即 $\lim\limits_{x\to1}(x^2+ax+b)=0$，亦即 $a+b+1=0$. 将 $b=-a-1$ 代入原极限，有 $\lim\limits_{x\to1}\dfrac{x^2+ax-a-1}{1-x}$ $=\lim\limits_{x\to1}\dfrac{(x-1)(x+1+a)}{1-x}=\lim\limits_{x\to1}(-x-1-a)=-2-a=5$，从而得 $a=-7,b=6$.

例 2　设 $\lim\limits_{x\to\infty}\left(\dfrac{x^2+1}{x+1}-ax-b\right)=0$，求 a、b 的值.

解　$\dfrac{x^2+1}{x+1}-ax-b=\dfrac{x^2+1-ax^2-ax-bx-b}{x+1}=\dfrac{(1-a)x^2-(a+b)x-(b-1)}{x+1}$，当 $x\to\infty$ 时，只有当分子的幂次低于分母的幂次时，极限才能为零，因此必有以下等式组成立 $\begin{cases}1-a=0\\-(a+b)=0\end{cases}$，解得 $a=1,b=-1$.

例 3　已知 $\lim\limits_{x\to+\infty}(\sqrt{3x^2+4x+1}-ax-b)=0$，求 a、b 的值.

解　将函数变形为积(或商) 的形式是关键的一步：

$\sqrt{3x^2+4x+1}-ax-b=x\left(\sqrt{3+\dfrac{4}{x}+\dfrac{1}{x^2}}-a-\dfrac{b}{x}\right)$，当 $x\to+\infty$ 时，极限存在，必有 $\lim\limits_{x\to+\infty}\left(\sqrt{3+\dfrac{4}{x}+\dfrac{1}{x^2}}-a-\dfrac{b}{x}\right)=0$，即 $\sqrt{3}-a=0$，得 $a=\sqrt{3}$. 将 $a=\sqrt{3}$ 代入原极限式，有 b $=\lim\limits_{x\to+\infty}(\sqrt{3x^2+4x+1}-\sqrt{3}x)=\lim\limits_{x\to+\infty}\dfrac{4x+1}{\sqrt{3x^2+4x+1}+\sqrt{3}x}=\dfrac{4}{2\sqrt{3}}=\dfrac{2\sqrt{3}}{3}$.

例 4　设函数 $f(x)=\begin{cases}\dfrac{\sin 4x}{x}, & x<0\\(x+k)^2, & x\geqslant0\end{cases}$，求 k 的值，使 $f(x)$ 在其定义区间内连续.

解 当 $x<0$ 或 $x>0$ 时，函数 $f(x)$ 是初等函数，是连续的，又

$$\lim_{x\to 0^-}f(x)=\lim_{x\to 0^-}\frac{\sin 4x}{x}=\lim_{x\to 0^-}\frac{\sin 4x}{4x}\cdot 4=4.$$

$\lim\limits_{x\to 0^+}f(x)=\lim\limits_{x\to 0^+}(x+k)^2=k^2$，$f(0)=k^2$，若函数 $f(x)$ 要在 $x=0$ 处连续，必须满足 $\lim\limits_{x\to 0^-}f(x)=\lim\limits_{x\to 0^+}f(x)=f(0)$，即 $4=k^2$，故 $k=\pm 2$ 时，函数 $f(x)$ 在其定义区间内连续.

例 5 当 α 为何值时，函数 $f(x)=\begin{cases}x^\alpha\sin\dfrac{1}{x}, & x\neq 0\\ 0, & x=0\end{cases}$ 在点 $x=0$ 处连续？

解 函数 $f(x)$ 在 $x=0$ 处连续，则 $\lim\limits_{x\to 0}f(x)=f(0)=0$，$\lim\limits_{x\to 0}f(x)=\lim\limits_{x\to 0}x^\alpha\sin\dfrac{1}{x}$，又 $-1\leqslant\sin\dfrac{1}{x}\leqslant 1$ 为有界变量，于是要求 $\alpha>0$ 时，$\lim\limits_{x\to 0}x^\alpha=0$，因而有 $\lim\limits_{x\to 0}x^\alpha\sin\dfrac{1}{x}=0$. 所以，当 $\alpha>0$ 时，函数 $f(x)$ 在 $x=0$ 处连续. 当 $\alpha\leqslant 0$ 时，$\lim\limits_{x\to 0}x^\alpha\sin\dfrac{1}{x}$ 不存在，所以，$\alpha\leqslant 0$ 时，函数 $f(x)$ 在 $x=0$ 处不连续，故 $\alpha>0$.

例 6 设函数 $f(x)=\begin{cases}x^2+1, & |x|\leqslant c\\ \dfrac{2}{|x|}, & |x|>c\end{cases}$ 在 $(-\infty,+\infty)$ 上连续，求 c 的值.

解 若 $c<0$，$|x|\leqslant c$ 是空集，而 $|x|>c$ 又包含点 $x=0$，此时 $f(x)=\dfrac{2}{|x|}$，显然在点 $x=0$ 处不连续，矛盾；

若 $c=0$，则函数为 $f(x)=\begin{cases}1, & x=0\\ \dfrac{2}{|x|}, & x\neq 0\end{cases}$，显然函数 $f(x)$ 在点 $x=0$ 处间断，矛盾；

因此只考虑 $c>0$. 要分别考虑分段点 $x=c$ 与 $x=-c$ 的连续性. 我们先考虑点 $x=c$，因为 $f(c)=c^2+1$，$\lim\limits_{x\to c^-}f(x)=\lim\limits_{x\to c^-}x^2+1=c^2+1$，$\lim\limits_{x\to c^+}f(x)=\lim\limits_{x\to c^+}\dfrac{2}{|x|}=\dfrac{2}{c}$，$\lim\limits_{x\to c^+}f(x)=\lim\limits_{x\to c^-}f(x)$，即 $c^2+1=\dfrac{2}{c}$，解得 $c=1$；同理考虑 $x=-c$ 时，解得 $c=1$. 所以所求 $c=1$.

四、用闭区间上连续函数的性质推证简单命题

1. 考点解读

主要利用最值性质和零点定理. 最常见的问题是证明方程根的存在性，而证明方程根的存在性关键是紧扣零点定理，找到符合题意和零点定理条件的函数. 这类题解答时，常依据下列几步进行：

① 构造一个闭区间 $[a,b]$，说明函数 $f(x)$ 在 $[a,b]$ 上连续；

② 计算 $f(a)$，$f(b)$，说明 $f(a)\cdot f(b)<0$；

③ 由上述条件即得出方程 $f(x)=0$ 在 (a,b) 内至少有一实根的结论.

这类题往往可以利用函数的单调性，说明方程根的具体个数.

在理解和应用零点定理时，注意以下四种说法是等价的：

① 在 (a,b) 内至少有一点 ε，使得 $f(\varepsilon)=0$；

② 方程 $f(x)=0$ 在 (a,b) 内至少有一个根；

③ 函数 $f(x)$ 在 (a,b) 内至少有一个零点；

④ 曲线 $y=f(x)$ 在 (a,b) 内与 x 轴至少有一个交点.

2.典型题型

例 1 证明方程 $x^3-x=3$ 至少有一个正根.

证明 令 $f(x)=x^3-x-3$，则 $f(x)$ 在 $(-\infty,+\infty)$ 内为连续函数，又 $f(0)=-3<0$，$f(2)=3>0$，由零点定理知，至少存在一点 $\varepsilon\in(0,2)$，使 $f(\varepsilon)=0$，即说给方程至少有一个实根在 $(0,2)$ 内，从而所给方程至少有一正根.

例 2 证明方程 $2^x x=1$ 至少有一个正根.

证明 令 $f(x)=2^x x-1$，则 $f(x)$ 在 $[0,1]$ 上为连续函数，又 $f(0)=-1<0$，$f(1)=1>0$，则由零点定理可知：在 $(0,1)$ 内至少存在一点 $\varepsilon\in(0,1)$，使 $f(\varepsilon)=0$，故方程 $2^x x=1$ 至少有一个正根.

例 3 证明方程 $x=a\sin x+b$，其中 $a>0,b>0$，至少有一正根，并且它不超过 $a+b$.

证明 （由题意知，只需证明方程 $x=a\sin x+b$ 在 $(0,a+b)$ 内至少有一根即可）

设 $f(x)=a\sin x+b-x$，则 $f(x)$ 在 $[0,a+b]$ 上连续，且 $f(0)=b>0$，$f(a+b)=a[\sin(a+b)-1]\leqslant 0$，若 $f(a+b)=0$，则 $x=a+b$ 即为原方程的一个正根；若 $f(a+b)<0$，而 $f(0)>0$，由零点定理可知，在 $(0,a+b)$ 内至少有一个 ε 存在，使 $f(\varepsilon)=0$，从而原方程至少有一个正根，且不超过 $a+b$.

例 4 如果函数 $f(x)$ 在闭区间 $[a,b]$ 上连续，$a<x_1<x_2<\cdots<x_n<b$，则在 $[x_1,x_n]$ 上必有一点 ε，使 $f(\varepsilon)=\dfrac{f(x_1)+f(x_2)+\cdots+f(x_x)}{n}$.

证明 因为 $f(x)$ 在闭区间 $[a,b]$ 上连续，而 $[x_1,x_n]\subset[a,b]$，所以 $f(x)$ 在 $[x_1,x_n]$ 上也连续.

设 M 与 m 分别为 $f(x)$ 在闭区间 $[x_1,x_n]$ 上的最大值与最小值，则 $m\leqslant f(x_i)\leqslant M(i=1,2,\cdots,n)$，于是 $m\leqslant\dfrac{f(x_1)+f(x_2)+\cdots+f(x_n)}{n}\leqslant M$. 由介值定理知，在 $[x_1,x_n]$ 上存在一点 ε，使得 $f(\varepsilon)=\dfrac{f(x_1)+f(x_2)+\cdots+f(x_x)}{n}$.

例 5 设 $f(x)=(x-a)(x-b)g(x)$，$g(x)$ 在 $[a,b]$ 上有一阶连续导数，且 $g(x)\neq 0$，证明存在 $\xi\in(a,b)$，使得 $f'(\xi)=0$.

证明 由于 $f'(x)=(x-a)'\cdot(x-b)\cdot g(x)+(x-a)\cdot(x-b)'\cdot g(x)+(x-a)\cdot(x-b)\cdot g'(x)=(x-b)g(x)+(x-a)g(x)+(x-a)(x-b)\cdot g'(x)$，

则 $f'(a)=(a-b)g(a)$，$f'(b)=(b-a)g(b)$，$f'(a)f'(b)=-(b-a)^2g(a)g(b)$.

又 $g(x)$ 在 $[a,b]$ 上连续，且 $g(x)\neq 0$，所以 $g(a)$ 与 $g(b)$ 同号（否则由零点定理知存在 $x_0\in(a,b)$ 使 $g(x_0)=0$，与已知矛盾）. 因此 $g(a)g(b)>0$，即 $f'(a)f'(b)<0$.

于是由 $g'(x)$ 在 $[a,b]$ 上连续，知 $f'(x)$ 在 $[a,b]$ 上连续，再结合零点定理知，存在 $\xi\in(a,b)$，使得 $f'(\xi)=0$.

第二节　实战演练与参考解析

1. 考察函数 $f(x)=\begin{cases} x+\dfrac{1}{2}, & x>0 \\ 1, & x=0 \\ \dfrac{1}{2-x}, & x<0 \end{cases}$ 在 $x=0$ 的连续性.

2. 讨论函数 $f(x)=\begin{cases} \dfrac{2(\sqrt{1+x}-1)}{x}, & x>0 \\ 1, & x=0 \\ \dfrac{\sin x}{x}, & x<0 \end{cases}$ 的连续性.

3. 设 $f(x)=\dfrac{\sin(x-1)}{x^2-1}$,则 $x=1$ 点是 $f(x)$ 的何种类型的间断点?

4. 求函数 $f(x)=\dfrac{x|x-2|}{(x^2-4)\sin x}$ 的间断点,并判别其类型.

5. 设函数 $f(x)=\begin{cases} \dfrac{\sin 2x+e^{2ax}-1}{x}, & x\neq 0 \\ a, & x=0 \end{cases}$ 在 $(-\infty,+\infty)$ 内连续,则 a 为何值?

6. 设函数 $f(x)=\begin{cases} ax^2+bx, & x<1 \\ 3, & x=1 \\ 2a-bx, & x>1 \end{cases}$,求 a、b 使 $f(x)$ 在 $x=1$ 处连续.

7. 设函数 $f(x)=\begin{cases} (1-kx)^{\frac{1}{x}}, & x\neq 0 \\ e, & x=0 \end{cases}$ 在 $x=0$ 点处连续,求 k 的值.

8. 设函数 $f(x)=\begin{cases} a-1, & x=0 \\ \dfrac{\sin 3x}{x}, & x<0 \\ x^2+b, & x>0 \end{cases}$,求 a、b 使 $f(x)$ 在定义域内连续.

9. 证明方程 $xe^x=1$ 至少有一个小于 1 的正根.

10. 设 $f(x)$ 在 $[a,b]$ 上连续,且 $f(a)<a$,$f(b)>b$,证明 $f(x)=x$ 在 (a,b) 内至少有一实根.

11. 设函数 $f(x)$ 在闭区间 $[a,b]$ 上连续,$a<x_1<x_2<\cdots<x_n<b$,$c_i>0$,$i=1,2,\cdots,n$,证明存一个 $\xi\in[a,b]$,使 $f(\xi)=\dfrac{c_1f(x_1)+c_2f(x_2)+\cdots+c_nf(x_n)}{c_1+c_2+\cdots+c_n}$.

12. 若 $f(x)$ 和 $g(x)$ 均在闭区间 $[a,b]$ 上连续,且 $f(a)<g(a)$,$f(b)>g(b)$,证明:在 (a,b) 内至少存在一点 ξ,使 $f(\xi)=g(\xi)$.

13. 证明方程 $x^3+x-1=0$ 在 $(0,1)$ 内只有一个实根.

14. 设 $f(x)$ 在 $[0,1]$ 上连续,且 $f(x)>0$,$f(1)<1$,证明至少存在一点 $x\in(0,1)$,使

$f(x)=x$.

15. 设函数 $f(x)$，$g(x)$ 在$[a,b]$上连续，且 $f(a)>g(a)$，$f(b)<g(b)$，证明在(a,b)内，曲线 $y=f(x)$ 与 $y=g(x)$ 至少有一个交点.

16. 设 $f(x)$ 在$[0,1]$上为非负连续函数，且 $f(0)=f(1)=0$，证明：对任意一个小于1的正数 $a(0<a<1)$，必有 $\xi\in(0,1)$，使得 $f(\xi)=f(\xi+a)$.

[参考解析]

1. $\lim\limits_{x\to0^-}f(x)=\lim\limits_{x\to0^-}\dfrac{1}{2-x}=\dfrac{1}{2}$，$\lim\limits_{x\to0^+}f(x)=\lim\limits_{x\to0^+}(x+\dfrac{1}{2})=\dfrac{1}{2}$，故$\lim\limits_{x\to0}f(x)=\dfrac{1}{2}$，但 $f(0)=1\neq\dfrac{1}{2}$，所以 $f(x)$ 在点 $x=0$ 处不连续.

2. 当 $x<0$ 时，$f(x)=\dfrac{\sin x}{x}$ 是初等函数，根据初等函数的连续性知 $f(x)$ 连续.

当 $x>0$ 时，$f(x)=\dfrac{2(\sqrt{1+x}-1)}{x}$ 也是初等函数，所以也是连续的.

又 $\lim\limits_{x\to0^-}f(x)=\lim\limits_{x\to0^-}\dfrac{\sin x}{x}=1$，$\lim\limits_{x\to0^+}f(x)=\lim\limits_{x\to0^+}\dfrac{2(\sqrt{1+x}-1)}{x}=1$，

$\lim\limits_{x\to0^-}f(x)=\lim\limits_{x\to0^+}f(x)=f(0)=1$，因此 $f(x)$ 在$(-\infty,+\infty)$上连续.

3. 由 $f(x)$ 的关系式知，$f(x)$ 在点 $x=1$ 处无定义，所以 $x=1$ 点是 $f(x)$ 的间断点，又 $\lim\limits_{x\to1}\dfrac{\sin(x-1)}{x^2-1}=\lim\limits_{x\to1}\dfrac{x-1}{x^2-1}=\lim\limits_{x\to1}\dfrac{1}{x+1}=\dfrac{1}{2}$，于是点 $x=1$ 是 $f(x)$ 的可去间断点.

4. 分析：先求间断点，再逐一判别其类型. 分母为零的点即为间断点.

令$(x^2-4)\sin x=0$，得间断点为 $x=\pm2$，$x=k\pi(k\in\mathbf{Z})$.

对于 $x=2$，由于两侧函数表达式不同，故考察函数在该点处的左、右极限，有

$\lim\limits_{x\to2^-}\dfrac{x(2-x)}{(x^2-4)\sin x}=\lim\limits_{x\to2^-}\dfrac{-x}{(x+2)\sin x}=\dfrac{-1}{2\sin 2}$，

$\lim\limits_{x\to2^+}\dfrac{x(x-2)}{(x^2-4)\sin x}=\lim\limits_{x\to2^-}\dfrac{x}{(x+2)\sin x}=\dfrac{1}{2\sin 2}$，$x=2$ 处的左、右极限都存在，但不相等，故 $x=2$ 是跳跃间断点.

对于 $x=-2$，有$\lim\limits_{x\to-2}f(x)=\lim\limits_{x\to-2}\dfrac{x(2-x)}{(x^2-4)\sin x}=\lim\limits_{x\to2^-}\dfrac{-x}{(x+2)\sin x}=\infty$，故 $x=-2$ 是无穷间断点.

对于 $x=k\pi(k\neq0$ 且 $k\in\mathbf{Z})$，有 $\lim\limits_{x\to k\pi(k\neq0)}f(x)=\lim\limits_{x\to k\pi(k\neq0)}\dfrac{x|x-2|}{(x^2-4)\sin x}=\infty$(因为当 $x=k\pi(k\neq0$ 且 $k\in\mathbf{Z})$ 时，分子恒不为零且极限也不会为零，而分母极限为零)，故 $x=k\pi$ $(k\neq0$ 且 $k\in\mathbf{Z})$ 是无穷间断点.

对于 $x=0$，有$\lim\limits_{x\to0}f(x)=\lim\limits_{x\to0}\dfrac{x(x-2)}{(x^2-4)\sin x}=\lim\limits_{x\to0}\dfrac{x}{(x+2)\sin x}=\dfrac{1}{2}$，故 $x=0$ 为可去间断点.

注：本题 $x=k\pi(k\in\mathbf{Z})$ 中当 $k=0$ 时，$x=0$ 的特殊情形.

5. 根据初等函数连续性的性质知，一切初等函数在其定义区间内皆连续.

因 $x \neq 0$ 时，$f(x) = \dfrac{\sin 2x + e^{2ax} - 1}{x}$，所以 $f(x)$ 在 $x \neq 0$ 时是处处连续的，要使 $f(x)$ 在 $(-\infty, +\infty)$ 内连续，只需使其在 $x = 0$ 处连续即可.

由已知题设必有：$\lim\limits_{x\to 0} f(x) = f(0)$，即 $\lim\limits_{x\to 0} \dfrac{\sin 2x + e^{2ax} - 1}{x} = f(0)$，

$\lim\limits_{x\to 0} \dfrac{\sin 2x + e^{2ax} - 1}{x} = \lim\limits_{x\to 0}(\dfrac{\sin 2x}{x} + \dfrac{e^{2ax} - 1}{x}) = \lim\limits_{x\to 0}(\dfrac{2x}{x} + \dfrac{2ax}{x}) = 2 + 2a$，而 $f(0) = a$，于是 $2 + 2a = a$，得 $a = -2$.

6. $\lim\limits_{x\to 1^-} f(x) = \lim\limits_{x\to 1^-}(ax^2 + bx) = a + b$，$\lim\limits_{x\to 1^+} f(x) = \lim\limits_{x\to 1^+}(2a - bx) = 2a - b$. 要使 $f(x)$ 在 $x = 1$ 处连续，必须有 $\lim\limits_{x\to 1^-} f(x) = \lim\limits_{x\to 1^+} f(x) = f(1) = 3$，即 $\begin{cases} a + b = 3 \\ 2a - b = 3 \end{cases}$，即 $a = 2, b = 1$.

7. $\lim\limits_{x\to 0} f(x) = \lim\limits_{x\to 0}(1 - kx)^{\frac{1}{x}} = \lim\limits_{x\to 0}[1 + (-kx)]^{(-\frac{1}{kx})\cdot(-k)} = e^{-k}$，因为 $f(x)$ 在 $x = 0$ 处连续，故 $\lim\limits_{x\to 0} f(x) = f(0)$，即 $e^{-k} = e$，得 $k = -1$.

8. $f(x)$ 的定义域为 $(-\infty, +\infty)$，根据初等函数的特性，$f(x)$ 只需在 $x = 0$ 处连续. $\lim\limits_{x\to 0^-} f(x) = \lim\limits_{x\to 0^-} \dfrac{\sin 3x}{x} = 3$，$\lim\limits_{x\to 0^+} f(x) = \lim\limits_{x\to 0^+}(x^2 + b) = b$，又 $f(0) = a - 1$，根据函数在一点连续的定义，有 $3 = b = a - 1$，从而 $a = 4, b = 3$.

9. 证明：令 $f(x) = xe^x - 1$，则 $f(0) = -1 < 0$，$f(1) = e - 1 > 0$，又 $f(x)$ 在 $(-\infty, +\infty)$ 上连续，有零点定理知，函数 $f(x)$ 在 $(0,1)$ 内至少有一点 ε，使 $f(\varepsilon) = 0$，即方程 $xe^x = 1$ 至少有一个小于 1 的正根.

10. 证明：设 $F(x) = f(x) - x$，则 $F(x)$ 在 $[a,b]$ 上连续，且 $F(a) = f(a) - a < 0$，同样 $F(b) = f(b) - b > 0$. 根据零点定理知，$F(x)$ 在 (a,b) 内至少有一点 ε，使 $F(\varepsilon) = 0$，即方程 $f(x) = x$ 在 (a,b) 内至少有一实根.

11. 证明：因为 $f(x)$ 在闭区间 $[a,b]$ 上连续，设 M 与 m 分别为 $f(x)$ 在闭区间 $[a,b]$ 上的最大值与最小值，则 $m \leqslant f(x_i) \leqslant M (i = 1,2,\cdots,n)$，又因为 $c_i > 0, i = 1,2,\cdots,n$，于是 $c_i m \leqslant c_i f(x_i) \leqslant c_i M, i = 1,2,\cdots,n$，所以 n 项累计求和并整理化简可得，$m \leqslant \dfrac{c_1 f(x_1) + c_2 f(x_2) + \cdots + c_n f(x_n)}{c_1 + c_2 + \cdots + c_n} \leqslant M$. 由介值定理知，至少存在一个 $\xi \in [a,b]$，使得 $f(\xi) = \dfrac{c_1 f(x_1) + c_2 f(x_2) + \cdots + c_n f(x_n)}{c_1 + c_2 + \cdots + c_n}$.

12. 证明：令 $F(x) = f(x) - g(x)$，由已知有 $F(x)$ 在 $[a,b]$ 上连续，且 $F(a) = f(a) - g(a) < 0$，$F(b) = f(b) - g(b) > 0$，则由零点定理可知，在 (a,b) 内至少存在一点 ξ，使 $F(\xi) = 0$，即 $f(\xi) = g(\xi)$.

13. 证明：令 $f(x) = x^3 + x - 1$，则 $f(x)$ 在闭区间 $[0,1]$ 上连续，且 $f(0) = -1 < 0$，$f(1) = 1 > 0$，所以，由零点定理知，函数 $f(x) = x^3 + x - 1$ 在区间 $(0,1)$ 内只有一个零点.

又根据幂函数 x^3，x 的单调性可知，函数 $f(x) = x^3 + x - 1$ 在区间 $(0,1)$ 内严格递增，所以函数 $f(x)$ 在区间 $(0,1)$ 内至多存在一个零点.

综上所述，函数 $f(x)$ 在区间 $(0,1)$ 内只有一个零点，即方程 $x^3 + x - 1 = 0$ 在 $(0,1)$ 内只有一个实根.

14. 证明：令 $F(x)=f(x)-x$，因为函数 $f(x)$ 在 $[0,1]$ 上连续，且 $0<f(x)<1$，所以，$F(x)=f(x)-x$ 在 $[0,1]$ 上连续，且 $F(0)=f(0)-0>0$，$F(1)=f(1)-1<0$，所以，$F(x)$ 在 $(0,1)$ 内至少存在一个零点. 即得证至少存在一点 $x\in(0,1)$，使 $f(x)=x$.

15. 证明：令 $F(x)=f(x)-g(x)$，因为函数 $f(x)$ 和 $g(x)$ 在 $[a,b]$ 上连续，且 $f(a)>g(a)$，$f(b)<g(b)$，所以，函数 $F(x)=f(x)-g(x)$ 在 $[a,b]$ 上连续，且有 $F(a)=f(a)-g(a)>0$，$F(b)=f(b)-g(b)<0$，所以，由零点存在定理知，在 (a,b) 内至少存在一点 x，使 $F(x)=0$，即 $f(x)=g(x)$，即在 (a,b) 内，曲线 $y=f(x)$ 与 $y=g(x)$ 至少有一个交点.

16. 证明：令 $F(x)=f(x)-f(x+a)$，为了保证 $f(x)$，$f(x+a)$ 都有定义，故 $F(x)$ 应定义在 $[0,1-a]$ 上，因为 $0<a<1$，所以 $[0,1-a]\subset[0,1]$，因为 $f(x)$ 在 $[0,1-a]$ 上连续，所以 $F(x)$ 在 $[0,1-a]$ 上也连续. 又因为 $F(0)=f(0)-f(a)=-f(a)\leqslant 0$，$F(1-a)=f(1-a)-f(1)=f(1-a)\geqslant 0$.

1) 若 $f(a)=0$ 或 $f(1-a)=0$，则结论成立.

2) 若 $f(a)>0$，$f(1-a)>0$，由定理知，存在一点 $\xi\in(0,1-a)\subset(0,1)$，使得 $F(\xi)=0$，即 $f(\xi)=f(\xi+a)$.

第四章 导数与微分

[考试大纲]

1. 理解导数的概念及其几何意义，了解左导数与右导数的定义，理解函数的可导性与连续性的关系，会用定义求函数在一点处的导数.

2. 会求曲线上一点处的切线方程与法线方程.

3. 熟记导数的基本公式，会运用函数的四则运算求导法则，复合函数求导法则和反函数求导法则求导数. 会求分段函数的导数.

4. 会求隐函数的导数. 掌握对数求导法与参数方程求导法.

5. 理解高阶导数的概念，会求一些简单的函数的 n 阶导数.

6. 理解函数微分的概念，掌握微分运算法则与一阶微分形式不变性，理解可微与可导的关系，会求函数的一阶微分.

第一节 考点解读与典型题型

一、函数的导数问题

1. 考点解读

函数 $f(x)$ 在 x_0 点的导数归纳为两种定义形式：

①$f'(x_0)=\lim\limits_{\Delta x\to 0}\dfrac{f(x+\Delta x)-f(x_0)}{\Delta x}$；　　②$f'(x_0)=\lim\limits_{\Delta x\to x_0}\dfrac{f(x)-f(x_0)}{x-x_0}$.

分母是自变量 x 与 x_0 处的增量，分子是相应的函数值增量，无论 Δx 或第二种定义形式中的 x 以什么字母或形式给出，当自变量增量趋于零时(第二种定义形式是 $x\to x_0$)，两者比值的极限就是 x_0 点的导数.

围绕导数概念主要有以下五个方面的问题：

① 用导数的定义求函数在某点 x_0 处的导数，即讨论 x_0 处的可导性. 如：分段函数在分段点处；$|f(x)|$ 在 $f(x)$ 的零点处，$f(x)$ 在 x_0 点连续，但 x_0 点处使 $f'(x)$ 无意义以及不符合求导法则条件的函数的导数等，必须用导数的定义讨论. 此时，往往用导数的第二种定义形式较为简捷.

② 导数的反问题，即已知 $f(x)$ 在 x_0 处可导，用导数的定义求 $f(x)$ 中的待定常数.

③ 用导数的定义形式求极限．将所给极限凑为某函数在某点处的导数的某种定义形式，从而求极限即转化为求该函数的导数．

④ 用导数的几何意义求曲线 $f(x)$ 在某点 x_0 的切线、法线问题．求解这类题，一方面需牢记导数的几何意义；另一方面要掌握平面直线方程的点斜式方程．

⑤ 导数、微分、连续、极限以及函数在 x_0 点有定义等几个概念的关系问题．除 $f(x)$ 在 x_0 点的极限外其他概念均要求在 x_0 点处有定义．如：可导必连续，连续不一定可导．

2．典型题型

例 1　利用导数的定义，求下列函数在指定点的导数：

(1) $f(x)=\ln|x|$，求 $f'(-1)$；

(2) $f(x)=x^2$，求 $f'(1)$；

(3) $f(x)=\dfrac{1}{2\sqrt{ab}}\ln\dfrac{\sqrt{a}+x\sqrt{b}}{\sqrt{a}-x\sqrt{b}}$，求 $f'(0)$；

(4) $f(x)=\log_a x\ (a>0,a\neq 1)$，求 $f'(1)$．

解　(1) 由于 $\lim\limits_{x\to-1}\dfrac{f(x)-f(-1)}{x+1}=\lim\limits_{x\to-1}\dfrac{\ln(-x)-\ln1}{x+1}=\lim\limits_{x\to-1}\dfrac{\ln[1-(1+x)]}{1+x}=\lim\limits_{x\to-1}\ln[1-(1+x)]^{\frac{1}{1+x}}=\ln e^{-1}=-1$，所以 $f'(-1)=-1$．

(2) 由于 $\lim\limits_{x\to1}\dfrac{f(x)-f(1)}{x-1}=\lim\limits_{x\to1}\dfrac{x^2-1}{x-1}=\lim\limits_{x\to1}(x+1)=2$，所以 $f'(1)=2$．

(3) 由于 $\lim\limits_{x\to0}\dfrac{f(x)-f(0)}{x-0}=\lim\limits_{x\to0}\dfrac{\dfrac{1}{2\sqrt{ab}}\ln\dfrac{\sqrt{a}+x\sqrt{b}}{\sqrt{a}-x\sqrt{b}}-\dfrac{1}{2\sqrt{ab}}\ln\dfrac{\sqrt{a}}{\sqrt{a}}}{x-0}=\dfrac{1}{2\sqrt{ab}}\lim\limits_{x\to0}[\ln(1+\sqrt{\dfrac{b}{a}}x)^{\frac{1}{x}}-\ln(1-\sqrt{\dfrac{b}{a}}x)^{\frac{1}{x}}]=\dfrac{1}{2\sqrt{ab}}[\sqrt{\dfrac{b}{a}}-(-\sqrt{\dfrac{b}{a}})]=\dfrac{1}{a}$，所以 $f'(0)=\dfrac{1}{a}$．

(4) 由于 $\lim\limits_{x\to1}\dfrac{f(x)-f(1)}{x-1}=\lim\limits_{x\to1}\dfrac{\log_a x-\log_a 1}{x-1}=\lim\limits_{x\to1}\dfrac{1}{x-1}\log_a x=\lim\limits_{x\to1}\log_a x^{\frac{1}{x-1}}=\log_a\lim\limits_{x\to1}[1+(x-1)]^{\frac{1}{x-1}}=\log_a e=\dfrac{1}{\ln a}$，所以，$f'(1)=\dfrac{1}{\ln a}$．

例 2　求下列函数在指定点处的导数：

(1) 设 $f(x)=\varphi(a+bx)-\varphi(a-bx)$，其中 $\varphi(x)$ 在 $x=a$ 处可导，求 $f'(0)$；

(2) 设函数 $f(x)$ 在 $x=0$ 处可导，且 $f'(0)=\dfrac{1}{2}$，又对任意的 x，有 $f(2+x)=2f(x)$，求 $f'(2)$．

解　(1) 由题设可知，$f(0)=\varphi(a)-\varphi(a)=0$，因为题中只说明 $\varphi(x)$ 在 $x=a$ 处可导，并没有说明 $\varphi(x)$ 在 $x=0$ 处是否可导，所以求 $f'(0)$ 时必须用导数的定义．

$$f'(0)=\lim_{x\to0}\frac{f(x)-f(0)}{x-0}=\lim_{x\to0}\frac{\varphi(a+bx)-\varphi(a-bx)}{x}=\lim_{x\to0}\frac{\varphi(a+bx)-\varphi(a)}{bx}\cdot b-\lim_{x\to0}\frac{\varphi(a-bx)-\varphi(a)}{-bx}\cdot(-b)=b\varphi'(a)+b\varphi'(a)=2b\varphi'(a).$$

(2) 题中并没有给出 $f(x)$ 的具体表达式，又没有说明 $f(x)$ 在 $x=2$ 处是否可导，所以求 $f'(2)$ 必须用导数的定义．

$$f'(2)=\lim_{\Delta x\to 0}\frac{f(2+\Delta x)-f(2)}{\Delta x}=\lim_{\Delta x\to 0}\frac{2f(\Delta x)-2f(0)}{\Delta x}=2f'(0).$$

例 3 用导数的定义讨论下列函数的可导性：

(1) $f(x)=\begin{cases}e^x-1, & x\geqslant 0\\ x, & x<0\end{cases}$；　　(2) $f(x)=\begin{cases}x^2, & x>1\\ x, & x\leqslant 1\end{cases}$；

(3) $f(x)=|ax+b|\ (a\neq 0)$；　　(4) $f(x)=|\sin 2x|$，$x=0$ 处.

解 (1) 当 $x>0$ 或 $x<0$ 时，$f(x)$ 均可导，对于分段点 $x=0$，易见是连续的，两侧 $f(x)$ 的表达式不同，须分别讨论：$f'_-(0)=\lim\limits_{x\to 0^-}\dfrac{f(x)-f(0)}{x-0}=\lim\limits_{x\to 0^-}\dfrac{x-0}{x-0}=1$，

$f'_+(0)=\lim\limits_{x\to 0^+}\dfrac{f(x)-f(0)}{x-0}=\lim\limits_{x\to 0^+}\dfrac{(e^x-1)-(e^0-1)}{x-0}=\lim\limits_{x\to 0^+}\dfrac{e^x-1}{x}=1$，所以，$f'(0)$ 存在且 $f'(0)=1$.

(2) 当 $x\neq 1$ 时，可导. $x=1$ 时，意见 $f(x)$ 连续，现考察 $x=1$ 处的左、右导数：

$f'_-(1)=\lim\limits_{x\to 1^-}\dfrac{f(x)-f(1)}{x-1}=\lim\limits_{x\to 1^-}\dfrac{x-1}{x-1}=1$，$f'_+(1)=\lim\limits_{x\to 1^+}\dfrac{f(x)-f(1)}{x-1}=\lim\limits_{x\to 1^+}\dfrac{x^2-1}{x-1}$ $=2$，因为 $f'_+(1)\neq f'_-(1)$，所以 $f(x)$ 在 $x=1$ 处不可导.

(3) 当 $ax+b\neq 0$ 时，即 $x\neq -\dfrac{b}{a}$ 时 $f(x)$ 的表达式为 $ax+b(x>-\dfrac{b}{a})$ 及 $-ax-b(x<-\dfrac{b}{a})$ 均可导. 对于 $x=-\dfrac{b}{a}$，由导数的定义

$f'(-\dfrac{b}{a})=\lim\limits_{x\to -\frac{b}{a}}\dfrac{f(x)-f(-\frac{b}{a})}{x-(-\frac{b}{a})}=\lim\limits_{x\to -\frac{b}{a}}\dfrac{|ax+b|}{x+\frac{b}{a}}=\lim\limits_{x\to -\frac{b}{a}}\dfrac{|a|\cdot\left|x+\frac{b}{a}\right|}{x+\frac{b}{a}}$，该极限左右极限不相等，所以该极限不存在. 故在 $x=-\dfrac{b}{a}$ 处 $|ax+b|$ 不可导.

(4) $f'(0)=\lim\limits_{x\to 0}\dfrac{f(x)-f(0)}{x-0}=\lim\limits_{x\to 0}\dfrac{|\sin 2x|}{x}$，该极限不存在. 故 $|\sin 2x|$ 在 $x=0$ 点不可导.

例 4 设 $f(x)=\begin{cases}x(x^2-4), & 0\leqslant x\leqslant 2\\ kx(x+2)(x+4), & -2\leqslant x<0\end{cases}$，问 k 为何值时，$f'(0)$ 存在？

解 因为 $f'_-(0)=\lim\limits_{x\to 0^-}\dfrac{f(x)-f(0)}{x-0}=\lim\limits_{x\to 0^-}\dfrac{kx(x+2)(x+4)-0}{x}=8k$；

$f'_+(0)=\lim\limits_{x\to 0^+}\dfrac{f(x)-f(0)}{x-0}=\lim\limits_{x\to 0^+}\dfrac{x(x^2-4)-0}{x}=-4$，要 $f'(0)$ 存在，则 $f'_+(0)=f'_-(0)$，即 $8k=-4$，得 $k=-\dfrac{1}{2}$. 故当 $k=-\dfrac{1}{2}$ 时，$f'(0)$ 存在.

例 5 讨论 $f(x)=\begin{cases}\dfrac{x}{1+e^{\frac{1}{x}}}, & x\neq 0\\ 0, & x=0\end{cases}$ 在 $x=0$ 的连续性与可导性.

解 (1) $\lim\limits_{x\to 0^-}\dfrac{x}{1+e^{\frac{1}{x}}}=\dfrac{0}{1+0}=0$，$\lim\limits_{x\to 0^+}\dfrac{x}{1+e^{\frac{1}{x}}}=\dfrac{0}{1+\infty}=0$，且 $f(0)=0$，所以 $f(x)$ 在 $x=0$ 连续.

(2) $\lim\limits_{x\to 0^-}f'(x)=\lim\limits_{x\to 0^-}\dfrac{\dfrac{x}{1+e^{\frac{1}{x}}}-0}{x}=\lim\limits_{x\to 0^-}\dfrac{1}{1+e^{\frac{1}{x}}}=1$，$\lim\limits_{x\to 0^+}f'(x)=\lim\limits_{x\to 0^+}\dfrac{\dfrac{x}{1+e^{\frac{1}{x}}}}{x}$

$=\lim\limits_{x\to 0^+}\dfrac{1}{1+e^{\frac{1}{x}}}=0$，所以 $f(x)$ 在 $x=0$ 处不可导.

例 6　设函数 $f(x)=\begin{cases}x^2, & x\leqslant 1\\ ax+b, & x>1\end{cases}$ 试确定 a,b 的值，使 $f(x)$ 在点 $x=1$ 处可导.

解　因为 $f(x)$ 在点 $x=1$ 处可导，所以 $f(x)$ 在点 $x=1$ 处连续.

由 $\lim\limits_{x\to 1^-}f(x)=\lim\limits_{x\to 1^-}x^2=1$，$\lim\limits_{x\to 1^+}f(x)=\lim\limits_{x\to 1^+}(ax+b)=a+b$，知 $a+b=1$，即 $b=1-a$，

又因为，$f'_+(1)=\lim\limits_{x\to 1^+}\dfrac{f(x)-f(1)}{x-1}=\lim\limits_{x\to 1^+}\dfrac{ax+b-1}{x-1}=\lim\limits_{x\to 1^+}\dfrac{ax+(1-a)-1}{x-1}=\lim\limits_{x\to 1^-}a$

$=a$，$f'_-(1)=\lim\limits_{x\to 1^-}\dfrac{f(x)-f(1)}{x-1}=\lim\limits_{x\to 1^-}\dfrac{x^2-1}{x-1}=\lim\limits_{x\to 1^-}(x+1)=2$，即 $a=2$，$b=-1$.

例 7　设 $f(x)$ 在 $(-\infty,+\infty)$ 内有定义，且对于任意 $x\in(-\infty,+\infty)$，$f(x)=kf(x+2)$，又 $x\in[0,2]$ 时，$f(x)=x(x^2-4)$.

(1) 求 $f(x)$ 在 $[-2,0)$ 处的表达式；

(2) 问 k 为何值时，$f'(0)$ 存在.

解　(1) 令 $-2\leqslant x<0$，则 $0\leqslant x+2<2$. 由题设 $x\in[0,2]$ 时，$f(x)=x(x^2-4)$，所以 $f(x+2)=(x+2)[(x+2)^2-4]=x(x+2)(x+4)$，又 $f(x)=kf(x+2)$，所以 $f(x)=kx(x+2)(x+4)$；

(2) $f'_-(0)=\lim\limits_{x\to 0^-}\dfrac{f(x)-f(0)}{x-0}=\lim\limits_{x\to 0^-}\dfrac{kx(x+2)(x+4)-0}{x}=8k$；

$f'_+(0)=\lim\limits_{x\to 0^+}\dfrac{f(x)-f(0)}{x-0}=\lim\limits_{x\to 0^+}\dfrac{x(x^2-4)-0}{x}=-4$，所以，$f'(0)$ 存在，则 $f'_+(0)=f'_-(0)$，即 $8k=-4$，得 $k=-\dfrac{1}{2}$，故当 $k=-\dfrac{1}{2}$ 时，$f'(0)$ 存在.

例 8　设函数 $f(x)=\begin{cases}e^x, & x<0\\ a+bx, & x\geqslant 0\end{cases}$，在 $x=0$ 处可导，(1) 确定 a、b 的值；(2) 写出曲线 $y=f(x)$ 在点 $x=0$ 处的切线和法线方程.

解　(1) 由 $f(x)$ 在 $x=0$ 处可导，知 $x=0$ 处连续，根据连续的定义可得关于 a、b 的第一个等式，再由导数的定义可得第二个等式，从而确定出 a、b 的值.

$\lim\limits_{x\to 0^+}f(x)=\lim\limits_{x\to 0^+}(a+bx)=a$；$\lim\limits_{x\to 0^-}f(x)=\lim\limits_{x\to 0^-}e^x=1$，因为 $f(x)$ 在 $x=0$ 处连续，所以 $\lim\limits_{x\to 0^+}f(x)=\lim\limits_{x\to 0^-}f(x)$，即 $a=1$.

又 $f'_+(0)=\lim\limits_{x\to 0^+}\dfrac{f(x)-f(0)}{x-0}=\lim\limits_{x\to 0^+}\dfrac{(1+bx)-1}{x}=b$；$f'_-(0)=\lim\limits_{x\to 0^-}\dfrac{f(x)-f(0)}{x-0}=$

$\lim\limits_{x\to 0^-}\dfrac{e^x-1}{x}=1$，因为 $f(x)$ 在 $x=0$ 处可导，故 $f'_+(0)=f'_-(0)$，即 $b=1$.

(2) 曲线 $y=f(x)$ 在点 $x=0$ 处斜率为 $f'(0)=1$，故在 $(0,1)$ 点的切线方程为 $y-1=1\cdot(x-0)$，即 $y=x+1$，法线方程为 $y-1=(-1)\cdot(x-0)$，即 $y=-x+1$.

例 9 求 $xy=a^2$ 上任一点切线与两坐标轴所围成的三角形面积.

解 由 $y=\frac{a^2}{x}$，且 $\lim\limits_{\Delta x\to 0}\frac{f(x+\Delta x)-f(x)}{\Delta x}=\lim\limits_{\Delta x\to 0}\frac{\frac{a^2}{x+\Delta x}-\frac{a^2}{x}}{\Delta x}=-\frac{a^2}{x^2}$，知 $y'=-\frac{a^2}{x^2}$，设 (x_0,y_0) 为曲线上任意一点，则 $x_0y_0=a^2$，过该点切线的斜率为 $-\frac{a^2}{x_0^2}$，切线方程为 $y-y_0=\left(-\frac{a^2}{x_0^2}\right)(x-x_0)$，即 $y-y_0=\left(-\frac{x_0y_0}{x_0^2}\right)(x-x_0)$，整理得 $\frac{x}{2x_0}+\frac{y}{2y_0}=1$，则该切线与两坐标轴的交点分别为 $(2x_0,0)$ 和 $(0,2y_0)$，于是所求面积为 $\frac{2x_0\cdot 2y_0}{2}=\frac{4x_0y_0}{2}=2a^2$.

二、函数的微分问题

1. *考点解读*

求函数的微分有以下两种方法：

(1) 先求导数 $f'(x)$，再乘以 $\mathrm{d}x$，即得 $\mathrm{d}y=f'(x)\mathrm{d}x$.

(2) 直接利用微分基本公式，四则运算法则及一阶微分形式不变性来求.

2. *典型题型*

例 1 求下列函数的一阶微分：

(1) $y=\sqrt{(a^2+x^2)^3}$； (2) $y=\ln(1+\mathrm{e}^{x^2})$；

(3) $y=x\ln x-x$； (4) $y=x^2\cos 2x$.

解 (1) $\mathrm{d}y=\frac{3}{2}\sqrt{a^2+x^2}\,\mathrm{d}(a^2+x^2)=3x\sqrt{a^2+x^2}\,\mathrm{d}x$.

(2) $\mathrm{d}y=\frac{1}{1+\mathrm{e}^{x^2}}\mathrm{d}(1+\mathrm{e}^{x^2})=\frac{\mathrm{e}^{x^2}}{1+\mathrm{e}^{x^2}}\mathrm{d}x^2=\frac{2x\mathrm{e}^{x^2}}{1+\mathrm{e}^{x^2}}\mathrm{d}x$.

(3) $\mathrm{d}y=(\ln x+x\cdot\frac{1}{x})\mathrm{d}x-\mathrm{d}x=\ln x\mathrm{d}x$.

(4) $\mathrm{d}y=(2x\cdot\cos 2x-x^2\cdot 2\sin 2x)\mathrm{d}x=2x(\cos 2x-x\sin 2x)\mathrm{d}x$.

例 2 若 $y=\ln\sin(x+1)^2$，求 $\mathrm{d}y$.

解 方法一：先求导，有

$$y'=\frac{1}{\sin(x+1)^2}[\sin(x+1)^2]'=\frac{1}{\sin(x+1)^2}\cos(x+1)^2[(x+1)^2]'$$

$$=\frac{1}{\sin(x+1)^2}\cos(x+1)^2\cdot 2(x+1)=2(x+1)\cot(x+1)^2,$$

故 $\mathrm{d}y=2(x+1)\cot(x+1)^2\mathrm{d}x$.

方法二：直接求微分，有

$$\mathrm{d}y=\mathrm{d}[\ln\sin(x+1)^2]=\frac{1}{\sin(x+1)^2}\mathrm{d}[\sin(x+1)^2]$$

$$=\frac{1}{\sin(x+1)^2}\cos(x+1)^2\mathrm{d}[(x+1)^2]=2(x+1)\cot(x+1)^2\mathrm{d}x.$$

例 3 设 $y=f(x)$ 是由 $y^3-3y+2ax=0$ 所确定的函数，求 $\mathrm{d}y$.

解 将所给方程两端关于 x 求导 $3y^2y'-3y'+2a=0$，

整理可得 $y' = \frac{2a}{3(1-y^2)}$，因此 $dy = \frac{2a}{3(1-y^2)}dx$.

例 4　设 $y = x\ln x$，求 $dy|_{x=e}$.

解　由于 $y' = \ln x + x \cdot \frac{1}{x} = 1 + \ln x$，因此 $y'|_{x=e} = 1 + \ln e = 2$

故 $dy|_{x=e} = 2dx$.

例 5　设 $y\ln x = x\ln y$ 确定 $y = f(x)$，求 dy.

解　所给函数为隐函数形式，先利用隐函数求导数方法求 y'.

将所给方程两端关于 x 求导 $y'\ln x + y \cdot \frac{1}{x} = \ln y + x \cdot \frac{1}{y}y'$，

整理可得 $y' = \frac{y(x\ln y - y)}{x(y\ln x - x)}$，所以 $dy = \frac{y(x\ln y - y)}{x(y\ln x - x)}dx$.

三、导数的运算问题

1. *考点解读*

导数的运算是高等数学中最重要也是最基本的问题，对于求导数的方法务必要融会贯通，熟练掌握. 由于函数的结构不同，求导方法也不尽相同，主要方法归纳如下：

(1) 用导数的定义求导(前面一部分已详细论述).

(2) 用导数的基本公式和四则运算法则求导.

(3) 用复合函数求导法则求导. 在复合函数求导法则的使用中，如何将一个函数看成几个简单函数的复合是关键，在解决这一过程后，复合函数的导数可通过外层函数的导数与内层函数的导数的运算来解决.

(4) 反函数的求导法则. 反函数的导数等于直接函数导数的倒数.

(5) 分段函数的导数(将在后面一部分作详细论述).

(6) 隐函数的求导法. 隐函数的求导法，实际是复合函数求导的进一步应用，该方法使用，应先确定因变量和自变量，然后可利用以下方法：

①(利用复合函数求导法则) 方程两边对自变量 x 求导，切记因变量 y 是 x 的函数，y 是 x 的复合函数；

②(利用一阶微分形式的不变性) 在方程两边求微分，得到含有 dx、dy 的一个方程，然后解出 $\frac{dy}{dx}$.(即对函数 $y = f(u)$ 而言，无论 u 是否为自变量，其一阶微分的形式都相同，均为 $dy = f'(u)du$，此性质称为一阶微分形式不变性)

(7) 对数求导法. 对于某些乘除运算函数或幂指函数，通过对表达式两边取对数，从而使得原来的乘除运算或幂指运算转为对数的加减运算和乘积运算，这时再对方程两边对 x 求导得出 y'，比直接对函数运用四则运算求导要方便和简单得多，运算过程也大为简洁.

(8) 参数方程的求导法. 若常数方程 $\begin{cases} x = \varphi(t) \\ y = \psi(t) \end{cases}$ 能确定 y 与 x 之间的函数关系，则称此函数关系所表达的函数为由参数方程 $\begin{cases} x = \varphi(t) \\ y = \psi(t) \end{cases}$ 所确定的函数. $\frac{dy}{dx} = \frac{\psi'(t)}{\varphi'(t)}$，$\frac{dx}{dy} = \frac{\varphi'(t)}{\psi'(t)}$. 注意：求二阶导数时千万不要忘记了乘以 $\frac{dt}{dx}$.

注意:先化简后求导数是求导数的重要原则.

2.典型题型

例1 设 $f(x)=\ln\frac{x+3}{3x}$,求 $f'(x)$.

解 因为 $f(x)=\ln\frac{x+3}{3x}=\ln(x+3)-\ln3-\ln x$,所以 $f'(x)=\frac{1}{x+3}-0-\frac{1}{x}=-\frac{3}{x(x+3)}$.

例2 已知函数 $y=x\ln x$,求y'.

解 $y'=x'\ln x+x(\ln x)'=\ln x+x\cdot\frac{1}{x}=\ln x+1$.

例3 已知函数 $y=\frac{\cos x}{1+\sin x}$,求$y'$.

解 $y'=\frac{(\cos x)'(1+\sin x)-\cos x(1+\sin x)'}{(1+\sin x)^2}=\frac{-\sin x(1+\sin x)-\cos x\cos x}{(1+\sin x)^2}=-\frac{1}{1+\sin x}$.

例4 求下列函数的导数:

(1)$y=\ln\sqrt{\frac{x}{2}}$;　　(2)$y=(\sqrt{x}+1)(\frac{1}{\sqrt{x}}-1)$;

(3)$y=xe^x(1+\ln x)$;　　(4)$y=x^2a^x$.

解 (1)$y'=(\frac{1}{2}\ln x-\frac{1}{2}\ln2)'=(\frac{1}{2}\ln x)'-(\frac{1}{2}\ln2)'=\frac{1}{2}\cdot\frac{1}{x}+0=\frac{1}{2x}$.

(2)$y'=(x^{-\frac{1}{2}}-x^{\frac{1}{2}})'=(x^{-\frac{1}{2}})'-(x^{\frac{1}{2}})'=-\frac{1}{2}x^{-\frac{3}{2}}-\frac{1}{2}x^{-\frac{1}{2}}$.

(3)$y'=x'\cdot e^x(1+\ln x)+x\cdot[e^x(1+\ln x)]'=e^x(1+\ln x)+x\cdot[(e^x)'\cdot(1+\ln x)+e^x\cdot(1+\ln x)']=e^x(1+\ln x)+x\cdot[e^x(1+\ln x)+e^x\cdot(0+\frac{1}{x})]=e^x(2+\ln x+x+x\ln x)$.

(4)$y'=(x^2)'a^x+x^2(a^x)'=2xa^x+x^2a^x\ln a=xa^x(2+x\ln a)$.

例5 求下列函数的导数:

(1)$y=\sin(nx)\cdot\sin^n x$;　　(2)$y=\arctan\frac{1+x}{1-x}$;

(3)$y=\ln(\sec x+\tan x)$;　　(4)$y=\sin(\cos^2x)\cdot\cos(\sin^2x)$.

解 (1)$y'=[\sin(nx)]'\cdot\sin^n x+\sin(nx)\cdot(\sin^n x)'=n\cos(nx)\cdot\sin^n x+\sin(nx)\cdot n\sin^{n-1}x\cos x$.

(2)$y'=\frac{1}{1+(\frac{1+x}{1-x})^2}\cdot(\frac{1+x}{1-x})'=\frac{(1-x)^2}{2(1+x^2)}\cdot\frac{2}{(1-x)^2}=\frac{1}{1+x^2}$.

(3)$y'=\frac{1}{\sec x+\tan x}\cdot(\sec x+\tan x)'=\frac{\sec x\cdot\tan x+\sec^2x}{\sec x+\tan x}=\sec x$.

(4)$y'=[\cos(\cos^2x)\cdot(\cos^2x)']\cdot\cos(\sin^2x)-\sin(\cos^2x)\cdot[\sin(\sin^2x)\cdot(\sin^2x)']$

$=\cos(\cos^2x)\cdot(-2\cos x\sin x)\cdot\cos(\sin^2x)-\sin(\cos^2x)\cdot\sin(\sin^2x)\cdot(2\sin x\cos x)$

$=-\sin 2x[\cos(\cos^2 x)\cdot\cos(\sin^2 x)+\sin(\cos^2 x)\cdot\sin(\sin^2 x)]$

$=-\sin 2x\cdot\cos(\cos^2 x-\sin^2 x)=-\sin 2x\cdot\cos(\cos 2x)$.

例 6　假设 $y=e^x+\ln x$，求 $\frac{dx}{dy}$，$\frac{d^2x}{dy^2}$.

解　$y'=e^x+\frac{1}{x}=\frac{xe^x+1}{x}$，则 $\frac{dx}{dy}=\frac{x}{xe^x+1}$；

$\frac{d^2x}{dy^2}=\frac{d}{dy}\left(\frac{x}{xe^x+1}\right)=\frac{d}{dx}\left(\frac{x}{xe^x+1}\right)\cdot\frac{dx}{dy}=\frac{xe^x+1-x(e^x+xe^x)}{(xe^x+1)^2}\cdot\frac{x}{xe^x+1}$

$=\frac{x(1-x^2e^x)}{(xe^x+1)^3}$.

例 7　设方程 $xy^2+e^y=\cos(x^2+y^2)$，求 y'.

解　方法一：两边对 x 求导得

$y^2+2xyy'+e^yy'=-\sin(x^2+y^2)(2x+2yy')$，则 $y'=-\frac{y^2+2x\sin(x^2+y^2)}{2xy+e^y+2y\sin(x^2+y^2)}$.

方法二：两边微分得

$d(xy^2+e^y)=d[\cos(x^2+y^2)]$

$\Rightarrow y^2dx+2xydy+e^ydy=-\sin(x^2+y^2)(2xdx+2ydy)$

$\Rightarrow y'=\frac{dy}{dx}=-\frac{y^2+2x\sin(x^2+y^2)}{2xy+e^y+2y\sin(x^2+y^2)}$.

例 8　设函数 $y=y(x)$ 由方程 $e^{x+y}+\cos(xy)=0$ 确定，求 $\frac{dy}{dx}$.

解　方法一：按复合函数求导法则求隐函数的导数.

方程两边同时对 x 求导，注意到 y 是 x 的函数，有 $e^{x+y}\cdot(1+y')-\sin(xy)\cdot(y+xy')=0$，于是有 $y'=\frac{y\sin(xy)-e^{x+y}}{e^{x+y}-x\sin(xy)}$.

方法二：利用一阶微分形式的不变性.

方程两边同时微分，得 $e^{x+y}\cdot d(x+y)-\sin(xy)\cdot d(xy)=0$，于是有

$e^{x+y}\cdot(dx+dy)-\sin(xy)\cdot(ydx+xdy)=0$，

所以 $dy=\frac{y\sin(xy)-e^{x+y}}{e^{x+y}-x\sin(xy)}dx$，故 $\frac{dy}{dx}=\frac{y\sin(xy)-e^{x+y}}{e^{x+y}-x\sin(xy)}$.

例 9　设方程 $\ln(x^2+y^2)=\arctan\frac{y}{x}$ 确定 y 是 x 的函数，求 dy.

解　方程两边对 x 求导，得 $\frac{2x+2yy'}{x^2+y^2}=\frac{1}{1+\left(\frac{y}{x}\right)^2}\cdot\frac{xy'-y}{x^2}\Rightarrow 2x+2yy'=xy'-y$

$\Rightarrow y'=\frac{2x+y}{x-2y}$，则 $dy=y'dx=\frac{2x+y}{x-2y}dx$.

例 10　求下列函数的导数：

(1) $y=\frac{(x+5)^2(x-4)^{\frac{1}{3}}}{(x+2)^5(x+4)^{\frac{1}{2}}}(x>4)$；　　(2) $y=x\sqrt{\frac{1-x}{1+x}}$；

(3) $x^y=y^x$；　　(4) $y=2x^{\sqrt{x}}$.

解　(1) 两边取对数得 $\ln y=2\ln(x+5)+\frac{1}{3}\ln(x-4)-5\ln(x+2)-\frac{1}{2}\ln(x+4)$，

两边对 x 求导得$\frac{1}{y}\cdot y'=\frac{2}{x+5}+\frac{1}{3(x-4)}-\frac{5}{x+2}-\frac{1}{2(x+4)}$，

于是 $y'=\frac{(x+5)^2(x-4)^{\frac{1}{3}}}{(x+2)^5(x+4)^{\frac{1}{2}}}[\frac{2}{x+5}+\frac{1}{3(x-4)}-\frac{5}{x+2}-\frac{1}{2(x+4)}]$.

(2) 两边取对数得 $\ln y=\ln x+\frac{1}{2}[\ln(1-x)-\ln(1+x)]$，

两边对 x 求导得$\frac{1}{y}\cdot y'=\frac{1}{x}+\frac{1}{2}(\frac{-1}{1-x}-\frac{1}{1+x})=\frac{1}{x}+\frac{1}{x^2-1}$，

于是 $y'=x\sqrt{\frac{1-x}{1+x}}(\frac{1}{x}+\frac{1}{x^2-1})=\frac{x^2+x-1}{x^2-1}\sqrt{\frac{1-x}{1+x}}$.

(3) 两边取对数得 $\ln x^y=\ln y^x$，即 $y\ln x=x\ln y$，

两边对 x 求导得 $y'\ln x+\frac{y}{x}=\ln y+\frac{x}{y}\cdot y'$，于是 $y'=\frac{\frac{y}{x}-\ln y}{\frac{x}{y}-\ln x}$.

(4) 两边取对数得 $\ln y=\ln 2x^{\sqrt{x}}$，即 $\ln y=\ln 2+\ln x^{\sqrt{x}}$，再展开 $\ln y=\ln 2+\sqrt{x}\ln x$，

两边对 x 求导得$\frac{1}{y}\cdot y'=0+\frac{1}{2\sqrt{x}}\cdot\ln x+\sqrt{x}\cdot\frac{1}{x}=\frac{2+\ln x}{2\sqrt{x}}$，

于是 $y'=2x^{\sqrt{x}}(\frac{2+\ln x}{2\sqrt{x}})$.

例 11 求由下列参数方程所确定的函数的导数$\frac{\mathrm{d}y}{\mathrm{d}x}$：

(1) $\begin{cases}x=\mathrm{e}^{2t}\sin^2 t\\ y=\mathrm{e}^{2t}\cos^2 t\end{cases}$； (2) $\begin{cases}x=a(\cos t+t\sin t)\\ y=a(\sin t-t\cos t)\end{cases}$.

解 (1) 由于$\frac{\mathrm{d}y}{\mathrm{d}t}=\mathrm{e}^{2t}\cdot 2\cdot\cos^2 t+\mathrm{e}^{2t}\cdot 2\cos t\cdot(-\sin t)=2\mathrm{e}^{2t}(\cos^2 t-\cos t\cdot\sin t)$，

$\frac{\mathrm{d}x}{\mathrm{d}t}=\mathrm{e}^{2t}\cdot 2\cdot\sin^2 t+\mathrm{e}^{2t}\cdot 2\sin t\cdot\cos t=2\mathrm{e}^{2t}(\sin^2 t+\cos t\cdot\sin t)$，

所以，$\frac{\mathrm{d}y}{\mathrm{d}x}=\frac{\frac{\mathrm{d}y}{\mathrm{d}t}}{\frac{\mathrm{d}x}{\mathrm{d}t}}=\frac{2\mathrm{e}^{2t}(\cos^2 t-\cos t\cdot\sin t)}{2\mathrm{e}^{2t}(\sin^2 t+\cos t\cdot\sin t)}=\frac{\cos^2 t-\cos t\cdot\sin t}{\sin^2 t+\cos t\cdot\sin t}$.

(2) 由于$\frac{\mathrm{d}y}{\mathrm{d}t}=a[\cos t-\cos t-t(-\sin t)]=at\sin t$，

$\frac{\mathrm{d}x}{\mathrm{d}t}=a[-\sin t+\sin t+t\cos t]=at\cos t$. 所以，$\frac{\mathrm{d}y}{\mathrm{d}x}=\frac{\frac{\mathrm{d}y}{\mathrm{d}t}}{\frac{\mathrm{d}x}{\mathrm{d}t}}=\frac{at\sin t}{at\cos t}=\tan t$.

例 12 求曲线$\begin{cases}x=a(\cos t+t\sin t)\\ y=a(\sin t-t\cos t)\end{cases}(a>0)$上任一点的法线到原点的距离.

解 设(x_0,y_0)为曲线上任一点，它所对应的参数为 t_0，即$\begin{cases}x_0=a(\cos t_0+t_0\sin t_0)\\ y_0=a(\sin t_0-t_0\cos t_0)\end{cases}$

由于$\frac{\mathrm{d}y}{\mathrm{d}t}=a(\cos t+t\sin t-\cos t)=at\sin t$，$\frac{\mathrm{d}x}{\mathrm{d}t}=a(-\sin t+t\cos t+\sin t)=at\cos t$，

所以$\dfrac{dy}{dx}=\dfrac{\frac{dy}{dt}}{\frac{dx}{dt}}=\tan t$. 故曲线在$(x_0,y_0)$处法线的斜率为$-\dfrac{1}{\tan t_0}=-\cot t_0$，曲线在$(x_0,y_0)$处的法线方程为$y-y_0=-\cot t_0(x-x_0)$，即$x\cos t_0+y\sin t_0=x_0\cos t_0+y_0\sin t_0=a(\cos t_0+t_0\sin t_0)\cdot\cos t_0+a(\sin t_0-t_0\cos t_0)\cdot\sin t_0=a$. 所以法线$x\cos t_0+y\sin t_0=a$到原点的距离为$d=\dfrac{|0\cdot\cos t_0+0\cdot\sin t_0-a|}{\sqrt{\cos^2 t_0+\sin^2 t_0}}=\dfrac{a}{1}=a$，即所求距离为$a$.

四、各种函数的导数或微分的解法

1. *考点解读*

(1) 幂指函数的导数或微分

幂指函数的形式为$y=u(x)^{v(x)}$，$u(x)>0$，且$u(x)\neq 1$. 求幂指函数的导数有两种方法：

① 利用对数恒等式将幂指函数写成$y=u(x)^{v(x)}=e^{v(x)\ln u(x)}$，再按复合函数求导法则求$\dfrac{dy}{dx}=e^{v(x)\ln u(x)}\left[v'(x)\cdot\ln u(x)+v(x)\cdot\dfrac{u'(x)}{u(x)}\right]=u(x)^{v(x)}\left[v'(x)\cdot\ln u(x)+v(x)\cdot\dfrac{u'(x)}{u(x)}\right]$.

② 两边取对数，得到隐函数$\ln y=v(x)\ln u(x)$的形式，然后按隐函数求导数的思路求$\dfrac{dy}{dx}$.

(2) 求函数表达式为若干因子连乘积、乘方、开方或商形式的函数的导数或微分

两边取对数，然后按隐函数求导法则做. 取完对数求导时切记y是x的函数.

(3) 求分段函数的导数或微分

第一步：各区间段内导数的求法和前面所讲的导数的求法无异，要注意的是分段点处的导数一定要用导数的定义求. 若分段函数在分段点两侧表达式不同，则要分别求其左右的导数，当且仅当左、右导数存在且相等时，函数在分段点的导数才存在.

① 若$f(x)$在$x=x_0$的两侧表达式相同，则$f'(x_0)=\lim\limits_{x\to x_0}\dfrac{f(x)-f(x_0)}{x-x_0}$；

② 若$f(x)$在$x=x_0$的两侧表达式不相同，则分别求出$x=x_0$处的左右导数：

$f_-'(x_0)=\lim\limits_{x\to x_0^-}\dfrac{f(x)-f(x_0)}{x-x_0}$，$f_+'(x_0)=\lim\limits_{x\to x_0^+}\dfrac{f(x)-f(x_0)}{x-x_0}$，然后验证$f_-'(x_0)$与$f_+'(x_0)$是否相等，从而得出$f'(x_0)$是否存在.

也可先检验$\lim\limits_{x\to x_0}f(x)=f(x_0)$是否成立，如果不成立，则$f(x)$在$x=x_0$处不连续，从而不可导.

千万不能这样做：

先求$x<x_0$(或$x>x_0$)时$f(x)$的导数$f'(x)$，再求$f'_-(x_0)=\lim\limits_{x\to x_0^-}f'(x)$(或$f_+'(x_0)=\lim\limits_{x\to x_0^+}f'(x)$)，因为导函数未必连续.

第二步：当$f(x)$在$x=x_0$处确定可导时，可通过解方程组$\begin{cases}\lim\limits_{x\to x_0}f(x)=f(x_0)\\ f_-'(x_0)=f_+'(x_0)\end{cases}$确定

$f(x)$ 表达式中包含的常数.

注意:含绝对值符号的函数,一般先去掉绝对值符号,然后再作判断或求解.

(4) 表达式中有某个式子多次出现的函数的导数或微分

为了使运算简单,通常设这个多次出现的式子为 u.

2. 典型题型

例 1 设 $y=(\sin\frac{x}{1+x})^{\ln(1+x)}$,求$y'$.

解 函数两边取对数,得 $\ln y=\ln(1+x)\cdot\ln\sin\frac{x}{1+x}$.

上式两边对 x 求导,得$\frac{1}{y}\cdot y'=\frac{1}{1+x}\cdot\ln\sin\frac{x}{1+x}+\ln(1+x)\cdot\frac{1}{\sin\frac{x}{1+x}}\cdot\cos\frac{x}{1+x}\cdot\frac{1+x-x}{(1+x)^2}$

即$\frac{y'}{y}=\frac{1}{1+x}\cdot\ln\sin\frac{x}{1+x}+\ln(1+x)\cdot\cot\frac{x}{1+x}\cdot\frac{1}{(1+x)^2}$,

故 $y'=(\sin\frac{x}{1+x})^{\ln(1+x)}[\frac{1}{1+x}\ln\sin\frac{x}{1+x}+\frac{\ln(1+x)}{(1+x)^2}\cdot\cot\frac{x}{1+x}]$.

例 2 设 $y=x\sin x\cdot\sqrt[3]{\frac{x-2}{\sqrt{x^2+2}\ln x}}$,求$y'$.

解 函数两边取对数,得 $\ln y=\ln x+\ln\sin x+\frac{1}{3}[\ln(x-2)-\ln\sqrt{x^2+2}-\ln\ln x]$,

化简得 $\ln y=\ln x+\ln\sin x+\frac{1}{3}\ln(x-2)-\frac{1}{6}\ln(x^2+2)-\frac{1}{3}\ln\ln x$,

上式两边对 x 求导得$\frac{1}{y}\cdot y'=\frac{1}{x}+\frac{1}{\sin x}\cdot\cos x+\frac{1}{3(x-2)}-\frac{1}{6(x^2+2)}\cdot 2x-\frac{1}{3}\cdot\frac{1}{\ln x}\cdot\frac{1}{x}$,

化简得

$$y'=y[\frac{1}{x}+\cot x+\frac{1}{3(x-2)}-\frac{x}{3(x^2+2)}-\frac{1}{3x\ln x}]$$

$$=x\sin x\cdot\sqrt[3]{\frac{x-2}{\sqrt{x^2+2}\ln x}}[\frac{1}{x}+\cot x+\frac{1}{3(x-2)}-\frac{x}{3(x^2+2)}-\frac{1}{3x\ln x}].$$

例 3 设 $f(x)=\begin{cases}\ln(1-2x), & x\leqslant 0\\ \frac{\cos 2x-1}{x}, & x>0\end{cases}$,求 $f'(x)$.

解 当 $x<0$ 时,$f'(x)=[\ln(1-2x)]'=-\frac{2}{1-2x}$;

当$x>0$时,$f'(x)=(\frac{\cos 2x-1}{x})'=\frac{-\sin 2x\cdot 2\cdot x-(\cos 2x-1)\cdot 1}{x^2}=\frac{-2x\sin 2x-\cos 2x+1}{x^2}$;

当 $x=0$ 时,$f_-'(0)=\lim\limits_{x\to 0^-}\frac{f(x)-f(0)}{x}=\lim\limits_{x\to 0^-}\frac{1}{x}\ln(1-2x)=\lim\limits_{x\to 0^-}\ln(1-2x)^{\frac{1}{-2x}\cdot(-2)}=-2$;

$$f_+'(0)=\lim_{x\to 0^+}\frac{f(x)-f(0)}{x}=\lim_{x\to 0^+}\frac{\frac{\cos 2x-1}{x}}{x}=\lim_{x\to 0^+}\frac{\cos 2x-1}{x^2}=\lim_{x\to 0^+}\frac{-2\sin^2 x}{x^2}=-2.$$

所以,$f'(0)=-2$.

$$\text{故 } f'(x)=\begin{cases}-\dfrac{2}{1-2x}, & x<0\\ -2, & x=0.\\ \dfrac{-2x\sin 2x-\cos 2x+1}{x^2}, & x>0\end{cases}$$

例 4　设 $f(x)=|\ln|x||$，求 $f'(x)$.

解　由 $f(x)=|\ln|x||$，有 $f(x)=\begin{cases}\ln x, & x\geqslant 1\\ -\ln x, & 0<x<1\\ -\ln(-x), & -1<x<0\\ \ln(-x), & x\leqslant -1\end{cases}$，

因为 $f_-'(1)=\lim\limits_{x\to 1^-}\dfrac{f(x)-f(1)}{x-1}=\lim\limits_{x\to 1^-}\dfrac{-\ln x-0}{x-1}=-\lim\limits_{x\to 1^-}\ln[1+(x-1)]^{\frac{1}{x-1}}=-1$，

$f_+'(1)=\lim\limits_{x\to 1^+}\dfrac{f(x)-f(1)}{x-1}=\lim\limits_{x\to 1^+}\dfrac{\ln x-0}{x-1}=\lim\limits_{x\to 1^+}\ln[1+(x-1)]^{\frac{1}{x-1}}=1$，所以 $f'(1)$ 不存在.

当 $x>1$ 时，$f'(x)=(\ln x)'=\dfrac{1}{x}$，当 $0<x<1$ 时，$f'(x)=(-\ln x)'=-\dfrac{1}{x}$，

显然，当 $x=0$ 时 $f(x)$ 无定义.

又因为 $f_-'(-1)=\lim\limits_{x\to -1^-}\dfrac{f(x)-f(-1)}{x-(-1)}=\lim\limits_{x\to -1^-}\dfrac{\ln(-x)-0}{x+1}$

$=\lim\limits_{x\to -1^-}\ln[1-(x+1)]^{\frac{1}{-(x+1)}\cdot(-1)}=-1$，

$f_+'(-1)=\lim\limits_{x\to -1^+}\dfrac{f(x)-f(-1)}{x-(-1)}=\lim\limits_{x\to -1^+}\dfrac{-\ln(-x)-0}{x+1}$

$=-\lim\limits_{x\to -1^+}\ln[1-(x+1)]^{\frac{1}{-(x+1)}\cdot(-1)}=1$，所以 $f'(-1)$ 不存在.

当 $-1<x<0$ 时，$f'(x)=[-\ln(-x)]'=-\dfrac{1}{x}$，当 $x<-1$ 时，$f'(x)=[\ln(-x)]'$ $=\dfrac{1}{x}$.

综上所述，有 $f'(x)=\begin{cases}\dfrac{1}{x}, & |x|>1\\ -\dfrac{1}{x}, & 0<|x|<1\end{cases}$.

例 5　求分段函数 $f(x)=\begin{cases}\ln(1+x), & x\geqslant 0\\ \dfrac{1}{x}\sin^2 x, & x<0\end{cases}$ 的导数 $f'(x)$.

解　当 $x>0$ 时，$f'(x)=\dfrac{1}{1+x}$.

当 $x<0$ 时，$f'(x)=-\dfrac{1}{x^2}\sin^2 x+\dfrac{1}{x}\cdot 2\sin x\cos x$.

当 $x=0$ 时，$f_+'(0)=\lim\limits_{x\to 0^+}\dfrac{f(x)-f(0)}{x-0}=\lim\limits_{x\to 0^+}\dfrac{\ln(1+x)-\ln(1+0)}{x}=\lim\limits_{x\to 0^+}\dfrac{\ln(1+x)}{x}$ $=1$，

$$f_-'(0)=\lim_{x\to 0^-}\frac{f(x)-f(0)}{x-0}=\lim_{x\to 0^-}\frac{\frac{1}{x}\sin^2 x-\ln(1+0)}{x}=\lim_{x\to 0^-}\frac{\sin^2 x}{x^2}=1,$$

所以 $f'(x)=\begin{cases}\dfrac{1}{1+x}, & x>0\\ 1, & x=0\\ \dfrac{\sin 2x}{x}-\dfrac{\sin^2 x}{x^2}, & x<0\end{cases}$，合并为 $f'(x)=\begin{cases}\dfrac{1}{1+x}, & x\geqslant 0\\ \dfrac{\sin 2x}{x}-\dfrac{\sin^2 x}{x^2}, & x<0\end{cases}$.

例 6　设 $y=\frac{3}{2}(1-\sqrt[3]{1+x^2})^2+3\ln(1+\sqrt[3]{1+x^2})$，求$y'$.

解　令 $\sqrt[3]{1+x^2}=u$，则$u'_x=\frac{1}{3}(1+x^2)^{-\frac{2}{3}}\cdot 2x=\frac{2x}{3u^2}$，$y=\frac{3}{2}(1-u)^2+3\ln(1+u)$，

$$y'_x=y'_u\cdot u'_x=[\frac{3}{2}\cdot 2(1-u)\cdot(-1)+3\cdot\frac{1}{1+u}\cdot 1]\cdot u'_x=3(u-1+\frac{1}{1+u})\cdot\frac{2x}{3u^2}$$

$$=\frac{2x}{1+u}=\frac{2x}{1+\sqrt[3]{1+x^2}}.$$

例 7　设 $y=\frac{1}{2}\arctan(\sqrt[4]{1+x^4})+\frac{1}{4}\ln\frac{\sqrt[4]{1+x^4}+1}{\sqrt[4]{1+x^4}-1}$，求$y'$.

解　令 $\sqrt[4]{1+x^4}=u$，则$u'_x=\frac{1}{4}\cdot(1+x^4)^{-\frac{3}{4}}\cdot 4x^3=\frac{x^3}{(\sqrt[4]{1+x^4})^3}=\frac{x^3}{u^3}$，

$$y=\frac{1}{2}\arctan u+\frac{1}{4}\ln\frac{u+1}{u-1}=\frac{1}{2}\arctan u+\frac{1}{4}[\ln(u+1)-\ln(u-1)],$$

所以$y'_x=y'_u\cdot u'_x=[\frac{1}{2}\cdot\frac{1}{1+u^2}\cdot 1+\frac{1}{4}\cdot(\frac{1}{u+1}-\frac{1}{u-1})]\cdot\frac{x^3}{u^3}=\frac{x^3}{(1-u^4)u^3}$

$$=-\frac{1}{x\sqrt[4]{(1+x^4)^3}}.$$

五、求简单函数的高阶导数

1. *考点解读*

计算简单函数 $f(x)$ 的高阶导数时，先设法将 $f(x)$ 表示成一些常用函数，如 x^m、a^x、$\frac{1}{(ax+b)^m}$、$\ln(ax+b)$、$\sin(ax+b)$、$\cos(ax+b)$ 等的线性组合，然后再利用常用函数的 n 阶导数求导.

常用函数的 n 阶导数公式：

①$(x^a)^{(n)}=a(a-1)(a-2)\cdots(a-n+1)x^{a-n}$，特别当 m 为正整数时，

有$(x^m)^{(n)}=\begin{cases}m(m-1)(m-2)\cdots(m-n+1)x^{m-n}, & n\leqslant m\\ 0, & n>m\end{cases}$；

②$(a^x)^{(n)}=a^x(\ln a)^n(a>0$ 且 $a\neq 1)$，特别地，$(e^x)^{(n)}=e^x$；

③$[\frac{1}{(ax+b)^m}]^{(n)}=\frac{(-1)^n m(m+1)(m+2)\cdots(m+n-1)a^n}{(ax+b)^{m+n}}(a\neq 0)$；

④$[\ln(ax+b)]^{(n)}=(-1)^{n-1}\frac{(n-1)!a^n}{(ax+b)^n}$，特别地，$[\ln(1+x)]^{(n)}=(-1)^{n-1}\cdot(n-1)!$

$\frac{1}{(1+x)^n}$；

⑤$[\sin(ax+b)]^{(n)}=a^n\sin(ax+b+n\cdot\frac{\pi}{2})$，特别地，$\sin^{(n)}x=\sin(\frac{n\pi}{2}+x)$

$[\cos(ax+b)]^{(n)}=a^n\cos(ax+b+n\cdot\frac{\pi}{2})$，特别地，$\cos^{(n)}x=\cos(\frac{n\pi}{2}+x)$.

(1) 有理分式函数的高阶导数

先将有理假分式函数通过多项式除法化为整式与有理真分式之和，再将有理真分式写成部分分式之和，最后仿照$(x^m)^{(n)}$的表达式写出所给定的有理函数的n阶导数，

即：$\underset{\text{假分式}}{\frac{P(x)}{Q(x)}}=\underset{\text{整式}}{W(x)}+\underset{\text{真分式}}{\frac{P_1(x)}{Q(x)}}=W(x)+$部分分式，

利用常用函数的n阶导数公式$[\frac{1}{(ax+b)^m}]^{(n)}=\frac{(-1)^n m(m+1)(m+2)\cdots(m+n-1)a^n}{(ax+b)^{m+n}}$ $(a\neq 0)$求出整式及各部分分式的高阶导数.

(2) 三角有理式的高阶导数

求带三角函数的高阶导数，特别是求由$\cos^n mx$，$\sin^n mx$（m,n为自然数）的和、差、积运算构成的函数的高阶导数的求法一般是利用三角函数中积化和差与倍角公式把函数的次数逐次降低，最后变为$\cos\alpha x$，$\sin\beta x$之和（差）的形式，最后利用常用函数的n阶导数公式$[\sin(ax+b)]^{(n)}=a^n\sin(ax+b+n\cdot\frac{\pi}{2})$；$[\cos(ax+b)]^{(n)}=a^n\cos(ax+b+n\cdot\frac{\pi}{2})$求出高阶导数.

三角函数的倍角公式：

$$\sin x\cos x=\frac{1}{2}\sin 2x,\ \sin^2 x=\frac{1}{2}(1-\cos 2x),\ \cos^2 x=\frac{1}{2}(1+\cos 2x)$$

积化和差公式：

$$\sin\alpha x\cdot\cos\beta x=\frac{1}{2}[\sin(\alpha-\beta)x+\sin(\alpha+\beta)x]$$

$$\cos\alpha x\cdot\cos\beta x=\frac{1}{2}[\cos(\alpha-\beta)x+\cos(\alpha+\beta)x]$$

$$\sin\alpha x\cdot\sin\beta x=\frac{1}{2}[\cos(\alpha-\beta)x-\cos(\alpha+\beta)x]$$

(3) 当$f(x)$不能表示成上述函数的线性组合时，先求出所给函数的$1\sim4$阶导数，分析规律性，然后得出n阶导数的表达式.

2. 典型题型

例1　求下列函数的二阶导数：

(1)$y=\frac{x}{2}[\sin(\ln x)-\cos(\ln x)]$；　　(2)$y=\frac{\ln x}{x}$；

(3)$y=\frac{e^x}{x}$；　　(4)$y=1+xe^y$.

解　(1) 由于$y'=\frac{1}{2}[\sin(\ln x)-\cos(\ln x)]+\frac{x}{2}[\cos(\ln x)\cdot\frac{1}{x}+\sin(\ln x)\cdot\frac{1}{x}]$

$$= \frac{1}{2}[\sin(\ln x) - \cos(\ln x)] + \frac{1}{2}[\cos(\ln x) + \sin(\ln x)] = \sin(\ln x),$$

所以，$y'' = (y')' = [\sin(\ln x)]' = \cos(\ln x) \cdot \frac{1}{x} = \frac{1}{x}\cos(\ln x)$.

(2) 由于 $y' = \dfrac{\frac{1}{x} \cdot x - \ln x \cdot 1}{x^2} = \dfrac{1 - \ln x}{x^2}$,

所以 $y'' = (y')' = \dfrac{-\frac{1}{x} \cdot x^2 - (1 - \ln x) \cdot 2x}{(x^2)^2} = \dfrac{-x - 2x + 2x \cdot \ln x}{x^4} = \dfrac{-3 + 2\ln x}{x^3}$.

(3) 由于 $y' = \dfrac{e^x \cdot x - e^x}{x^2} = e^x(\dfrac{1}{x} - \dfrac{1}{x^2})$,

所以 $y'' = (y')' = e^x(\dfrac{1}{x} - \dfrac{1}{x^2}) + e^x(-\dfrac{1}{x^2} + 2 \cdot \dfrac{1}{x^3}) = e^x(\dfrac{1}{x} - \dfrac{2}{x^2} + \dfrac{2}{x^3})$.

(4) 两边对 x 求导得 $y' = e^y + xe^y y'$，则 $y' = \dfrac{e^y}{1 - xe^y}$.

于是 $y'' = (y')' = (\dfrac{1}{e^{-y} - x})' = \dfrac{0 \cdot (e^{-y} - x) - 1 \cdot (e^{-y} - x)'}{(e^{-y} - x)^2} = \dfrac{-[e^{-y} \cdot (-y)' - 1]}{(e^{-y} - x)^2}$

$$= \frac{e^{-y} \cdot y' + 1}{(e^{-y} - x)^2} = \frac{e^{-y} \cdot \frac{e^y}{1 - xe^y} + 1}{(e^{-y} - x)^2} = \frac{2 - xe^y}{(1 - xe^y)(x - e^{-y})^2} = \frac{2e^{2y} - xe^{3y}}{(1 - xe^y)^3}.$$

例 2 设 $y = x(2x+3)^2(3x-1)^3$，求 $y^{(6)}$.

解 $y = 2^2 3^3 x^6 + P_5(x)$，如果求导次数超过多项式的最高次幂，则结果为零，即 $[P_5(x)]^{(6)} = 0$，所以 $y^{(6)} = 2^2 3^3 6!$.

例 3 设 $f(x) = \dfrac{x^2}{x-1}$，求 $f^{(n)}(x)$.

解 $f(x) = \dfrac{x^2 - 1 + 1}{x - 1} = x + 1 + \dfrac{1}{x-1}$，则有 $f'(x) = 1 - \dfrac{1}{(x-1)^2}$，$f''(x) = (-1)^2 \dfrac{2!}{(x-1)^3}$，…，所以 $f^{(n)}(x) = (x+1)^{(n)} + (\dfrac{1}{x-1})^{(n)} = (-1)^n \dfrac{n!}{(x-1)^{n+1}} (n \geqslant 2)$.

例 4 设函数 $y = y(x)$ 由方程组 $\begin{cases} x = 3t^2 + 2t + 3 \\ e^y \sin t - y + 1 = 0 \end{cases}$ 所确定，试求 $\left.\dfrac{d^2 y}{dx^2}\right|_{t=0}$.

解 对方程组两边分别取微分，得 $\begin{cases} dx = (6t+2)dt \\ e^y dy \sin t + e^y \cos t dt - dy = 0 \end{cases}$，

则 $\dfrac{dx}{dt} = 6t + 2$，$\dfrac{dy}{dt} = \dfrac{e^y \cos t}{1 - e^y \sin t}$，且 $y = e^y \sin t + 1$，

$$\frac{dy}{dx} = \frac{dy}{dt} \cdot \frac{dt}{dx} = \frac{e^y \cos t}{1 - e^y \sin t} \cdot \frac{1}{6t+2} = \frac{e^y \cos t}{(2-y)(6t+2)},$$

$$\frac{d^2 y}{dx^2} = \frac{dy}{dx}(\frac{dy}{dx}) = \frac{d}{dt}[\frac{e^y \cos t}{(2-y)(6t+2)}]\frac{dt}{dx}$$

$$= \frac{(e^y \cdot y'_t \cdot \cos t - e^y \sin t)(2-y)(6t+2) - e^y \cos t \cdot (12 - 6y - 6t \cdot y'_t - 2 \cdot y'_t)}{(2-y)^2(6t+2)^2} \cdot \frac{1}{6t+2}.$$

由于 $y'_t|_{t=0} = \left.\dfrac{dy}{dt}\right|_{t=0} = e$，$y|_{t=0} = 1$，代入上式，得

$$\left.\frac{d^2y}{dx^2}\right|_{t=0}=\frac{[e^1\cdot e\cdot 1+e^1\cdot 0](2-1)(0+2)-e^1\cdot 1\cdot(12-6-0\cdot e-2\cdot e)}{(2-1)^2(0+2)^2}\cdot\frac{1}{0+2}$$

$$=\frac{2e^2-e(12-6-2e)}{8}=\frac{2e^2-3e}{4}.$$

例 5　设函数 $y=\dfrac{1}{(x-1)^2(x+2)^2}$，求 $y^{(n)}$.

解　先将 y 化成易于计算的 n 阶导数的形式，即

$$y=\left[\frac{1}{(x-1)(x+2)}\right]^2=\left[\frac{1}{3}\left(\frac{1}{x-1}-\frac{1}{x+2}\right)\right]^2=\frac{1}{9}\left[\frac{1}{(x-1)^2}+\frac{1}{(x+2)^2}-\frac{2}{(x-1)(x+2)}\right]$$

$$=\frac{1}{9}\left[\frac{1}{(x-1)^2}+\frac{1}{(x+2)^2}-\frac{2}{3}\left(\frac{1}{x-1}-\frac{1}{x+2}\right)\right]$$

$$=\frac{1}{9(x-1)^2}+\frac{1}{9(x+2)^2}-\frac{2}{27(x-1)}+\frac{2}{27(x+2)},$$

所以，$y^{(n)}=\left[\dfrac{1}{9(x-1)^2}\right]^{(n)}+\left[\dfrac{1}{9(x+2)^2}\right]^{(n)}-\left[\dfrac{2}{27(x-1)}\right]^{(n)}+\left[\dfrac{2}{27(x+2)}\right]^{(n)}$

$$=(-1)^n\frac{2\cdot 3\cdot\cdots\cdot(n+1)}{9(x-1)^{n+2}}+(-1)^n\frac{2\cdot 3\cdot\cdots\cdot(n+1)}{9(x+2)^{n+2}}-(-1)^n\frac{2\cdot 1\cdot 2\cdot 3\cdot\cdots\cdot n}{27(x-1)^{n+1}}$$

$$+(-1)^n\frac{2\cdot 1\cdot 2\cdot 3\cdot\cdots\cdot n}{27(x+2)^{n+1}}$$

$$=(-1)^n\left[\frac{(n+1)!}{9(x-1)^{n+2}}+\frac{(n+1)!}{9(x+2)^{n+2}}-\frac{2\cdot n!}{27(x-1)^{n+1}}+\frac{2\cdot n!}{27(x+2)^{n+1}}\right].$$

例 6　求下列函数的高阶导数：

(1) $f(x)=\sin\dfrac{x}{2}+\cos 2x$，求 $f^{(100)}(\pi)$；

(2) $f(x)=\sin x\cdot\cos x\cdot\cos 2x\cdot\cos 4x\cdot\cos 8x$，求 $f^{(n)}(x)$；

(3) $f(x)=\sin x\cdot\sin 2x\cdot\sin 3x$，求 $f^{(n)}(x)$.

解　(1) 因为 $f^{(n)}(x)=\left(\dfrac{1}{2}\right)^n\sin\left(\dfrac{x}{2}+n\cdot\dfrac{\pi}{2}\right)+2^n\cos\left(2x+n\cdot\dfrac{\pi}{2}\right)$，

所以 $f^{(100)}(\pi)=\left(\dfrac{1}{2}\right)^{100}\sin\left(\dfrac{\pi}{2}+100\cdot\dfrac{\pi}{2}\right)+2^{100}\cos\left(2\pi+100\cdot\dfrac{\pi}{2}\right)$

$$=\frac{1}{2^{100}}\sin\left(\frac{\pi}{2}+50\pi\right)+2^{100}\cos(2\pi+50\pi)=\frac{1}{2^{100}}+2^{100}.$$

(2) 因为 $f(x)=\dfrac{1}{2}\sin 2x\cdot\cos 2x\cdot\cos 4x\cdot\cos 8x=\dfrac{1}{4}\sin 4x\cdot\cos 4x\cdot\cos 8x$

$$=\frac{1}{8}\sin 8x\cdot\cos 8x=\frac{1}{16}\sin 16x,$$

所以 $f^{(n)}(x)=\dfrac{1}{16}(16)^n\sin\left(16x+n\cdot\dfrac{\pi}{2}\right)=(16)^{n-1}\sin\left(16x+n\cdot\dfrac{\pi}{2}\right)$.

(3) 因为 $f(x)=\sin 2x\cdot\dfrac{1}{2}(\cos 2x-\cos 4x)=\dfrac{1}{4}\sin 4x-\dfrac{1}{2}\sin 2x\cos 4x$

$$=\frac{1}{4}\sin 4x-\frac{1}{4}(\sin 6x-\sin 2x)=\frac{1}{4}(\sin 2x+\sin 4x-\sin 6x),$$

所以 $f^{(n)}(x)=\dfrac{1}{4}[(\sin 2x)^{(n)}+(\sin 4x)^{(n)}-(\sin 6x)^{(n)}]$

$$=\frac{1}{4}[2^n\sin(2x+\frac{n\pi}{2})+4^n\sin(4x+\frac{n\pi}{2})-6^n\sin(6x+\frac{n\pi}{2})]$$

$$=2^{n-2}\sin(2x+\frac{n\pi}{2})+4^{n-1}\sin(4x+\frac{n\pi}{2})-9\cdot 6^{n-2}\sin(6x+\frac{n\pi}{2}).$$

例 7 设 $y=e^x\sin x$,求 $y^{(n)}$.

解 本题中的 y 不能化成一些常用函数的代数和,因此逐一计算 y 的各阶导数,并从中找出规律,得到 $y^{(n)}$.

$$y'=e^x\sin x+e^x\cos x=e^x(\sin x+\cos x)=e^x\cdot\sqrt{2}\sin(x+\frac{\pi}{4}),$$

$$y''=\sqrt{2}e^x\cdot\sin(x+\frac{\pi}{4})+\sqrt{2}e^x\cdot\cos(x+\frac{\pi}{4})=(\sqrt{2})^2\cdot e^x\cdot\sin x(x+\frac{2\pi}{4}),$$

$$y'''=(\sqrt{2})^3\cdot e^x\cdot\sin x(x+\frac{3\pi}{4}),$$

……

依次类推得 $y^{(n)}=(\sqrt{2})^n\cdot e^x\cdot\sin x(x+\frac{n\pi}{4})$.

第二节 实战演练与参考解析

1. 设函数 $y=f(x)$ 在点 x_0 处可导,求下列极限:

(1) $\lim\limits_{\Delta x\to 0}\dfrac{f(x_0-\Delta x)-f(x_0)}{\Delta x}$;

(2) $\lim\limits_{\Delta x\to 0}\dfrac{f(x_0+\frac{1}{2}\Delta x)-f(x_0)}{\Delta x}$;

(3) $\lim\limits_{h\to 0}\dfrac{f(x_0+h)-f(x_0-h)}{h}$;

(4) $\lim\limits_{x\to x_0}\dfrac{x_0f(x)-xf(x_0)}{x-x_0}$.

2. 设函数 $\varphi(x)$ 在 $x=a$ 处连续,求 $f(x)=(x-a)\cdot\varphi(x)$ 在 $x=a$ 处的导数.

3. 试确定 a 的值,使两曲线 $y=ax^2$ 与 $y=\ln x$ 相切,并求切点坐标.

4. 设函数 $f(x)=\begin{cases}0, & x=0\\ x^\alpha\sin\dfrac{1}{x}, & x\neq 0\end{cases}$($\alpha$ 为实数),试问 α 在什么范围时,函数 $f(x)$ 在 $x=0$ 处可导,并求它的导数.

5. 设定义在 $(0,+\infty)$ 上的函数 $f(x)$ 在 $x=1$ 处可导,且对任意 $x>0,y>0$,有 $f(xy)=xf(y)+yf(x)$. 求 $f'(x)$.

6. 问 a、b 满足什么关系时,函数 $f(x)$ 处处连续且可导.

(1) $f(x)=\begin{cases}x^2, & x\leqslant 3\\ ax+b, & x>3\end{cases}$;

(2) $f(x)=\begin{cases}\dfrac{2}{1+x^2}, & x\leqslant 1\\ ax+b, & x>1\end{cases}$.

7. 求曲线 $y=\dfrac{x^2-3x+6}{x^2}$ 在 $x=3$ 处的切线和法线方程.

8. 求解下列各题：

(1) 求曲线 $y=x^3+x-2$ 上平行于 $y=4x-1$ 的切线和切点；

(2) 求曲线 $y=x^2-2x+8$ 上平行于 x 轴和与 x 轴正向夹角为 45° 的切线方程与切点坐标；

(3) 求曲线 $y=x^{\frac{3}{2}}$ 上过点(5,11) 的切线方程；

(4) 求垂直于直线 $2x-6y+1=0$ 且与曲线 $y=x^3+3x^2-5$ 相切的直线方程.

9. 求下列函数的一阶微分：

(1) $y=[\ln(1-x)]^2$；

(2) $y=\arctan \mathrm{e}^x$；

(3) $y=\dfrac{\cos x}{1-x^2}$；

(4) $xy=\mathrm{e}^y$；

(5) $y=2^{-\frac{1}{\cos x}}$；

(6) $y=x^2\ln(1+x^2)-\dfrac{1}{\sqrt{1-x^2}}$.

10. 求下列函数的导数：

(1) $y=\sqrt{x}(x-\cot x)\cos x$；

(2) $y=\dfrac{\sin x-\cos x}{\sin x+\cos x}$；

(3) $y=\dfrac{\tan x}{1+x^2}$；

(4) $y=\dfrac{x^2+2x}{\ln x}$.

11. 求下列函数的导数：

(1) $y=\dfrac{1}{\sqrt{1+x^2}(x+\sqrt{1+x^2})}$；

(2) $y=\mathrm{e}^x+\mathrm{e}^{\mathrm{e}^x}+\mathrm{e}^{\mathrm{e}^{\mathrm{e}^x}}$；

(3) $y=\sin\dfrac{1}{x}\cdot \mathrm{e}^{\tan\frac{1}{x}}$；

(4) $y=\ln\dfrac{x+a}{\sqrt{x^2+b^2}}+\dfrac{a}{b}\arctan\dfrac{x}{b}$；

(5) $y=\ln(1+\sin^2 x)-2\sin x\cdot\arctan(\sin x)$.

(6) $y=\ln(\arcsin x)^2$；

(7) $y=\dfrac{x^2}{2}+\dfrac{x\sqrt{x^2+1}}{2}+\ln\sqrt{x+\sqrt{x^2+1}}$；

(8) $y=\sin^n \dfrac{x^n}{n}$；

(9) $y=\arccos\sqrt{1-x^2}+\arctan\dfrac{1+x}{1-x}$；

(10) $y=\dfrac{\sin^2 x}{1+\cot x}+\dfrac{\cos^2 x}{1+\tan x}$；

(11) $y=\cos(x^2)\cdot\sin^2\dfrac{1}{x}$；

(12) $y=\dfrac{x}{2}\cdot\sqrt{x^2+a^2}+\dfrac{a^2}{2}\cdot\ln(x+\sqrt{x^2+a^2}),(a>0)$.

12. 求下列方程所确定的隐函数的导数：

(1) $e^y+xy-e=0$；

(2) $y^2\cos x=a^2\sin 3x$；

(3) $x^2+y^3-1=0$；

(4) $e^{xy}+\sin(x^2y)=y$；

(5) $y\sin x-\cos(x-y)=0$；

(6) $y=x+\ln y$

(7) $y=1-xe^y$；

(8) $xy^2-e^{xy}+2=0$.

13. 求方程 $e^y+2xy=e$ 所确定的隐函数 $y=y(x)$ 在 $x=0$ 处的导数.

14. 求 $x^{\frac{1}{2}}+y^{\frac{1}{2}}=a^{\frac{1}{2}}$ 上任一点处的切线截两坐标轴所得截距之和.

15. 设函数 $y=y(x)$ 由方程 $\ln(x^2+y+1)=x^3y+\sin x$ 确定.

(1) 求曲线 $y=y(x)$ 在点 $(0,y(0))$ 处的切线方程；

(2) 求极限 $\lim\limits_{n\to\infty}ny(\dfrac{2}{n})$.

16. 求下列函数的导数：

(1) $y=(\ln x)^x$；

(2) $y=(1+\dfrac{1}{x})^x$；

(3) $y=(\dfrac{b}{a})^x(\dfrac{x}{b})^a(\dfrac{a}{x})^b$；

(4) $y=(\sin x)^{\cos x}+(\cos x)^{\sin x}$；

(5) $y=x^x$；

(6) $y=\sqrt{\dfrac{(x-1)(x-2)}{(x-3)(x-4)}}$.

17. 求由下列参数方程所确定的函数的导数 $\dfrac{dy}{dx}$：

(1) $\begin{cases} x=\dfrac{1}{2}(t+\dfrac{1}{t}) \\ y=\dfrac{1}{2}(t-\dfrac{1}{t}) \end{cases}$；

(2) $\begin{cases} x = a(t - \sin t) \\ y = a(1 - \cos t) \end{cases}$;

(3) $\begin{cases} x = v_1(t) \\ y = v_2(t) - \dfrac{1}{2}gt^2 \end{cases}$;

(4) $\begin{cases} x = \dfrac{1-t^2}{1+t^2} \\ y = \dfrac{2t}{1+t^2} \end{cases}$.

18. 已知参数方程 $\begin{cases} x = \arctan t \\ y = 1 - \ln(1+t^2) \end{cases}$，求 $\left.\dfrac{dy}{dx}\right|_{t=1}$，$\dfrac{d^2y}{dx^2}$.

19. 设函数 $y = y(x)$ 是由参数方程：$\begin{cases} x = a\left(\ln\tan\dfrac{t}{2} + \cos t\right) \\ y = a\sin t \end{cases}$ $(a > 0, 0 < t < \pi)$ 所确定的函数，求 $\dfrac{dy}{dx}$.

20. 设 $y = x^{5^x} + x^x + f(\cos^2 x)$，$f$ 可导，求 y'.

21. 设 $f(x)$ 在 $(-\infty, +\infty)$ 内有定义，且对于任意 $x \in (-\infty, +\infty)$，$f(x+1) = 2f(x)$，又 $x \in [0,1]$ 时，$f(x) = x(1-x^2)$，试讨论 $f(x)$ 在点 $x = 0$ 处的可导性.

22. 设 $\varphi(x) = \begin{cases} x^2\sin\dfrac{1}{x}, & x \neq 0 \\ 0, & x = 0 \end{cases}$，$f(x)$ 在 $x = 0$ 处可导，令 $F(x) = f[\varphi(x)]$，求 $F'(0)$.

23. 设 $f(x) = \lim\limits_{n\to\infty}\dfrac{x^2 e^{n(x-1)} + ax + b}{1 + e^{n(x-1)}}$ 处处可导，试确定 a、b 的值.

24. 求函数 $y = \begin{cases} \dfrac{x}{1+e^{\frac{1}{x}}}, & x \neq 0 \\ 0, & x = 0 \end{cases}$ 的导数.

25. 设 $y = \dfrac{1}{2\sqrt{2}}\arctan\dfrac{\sqrt{2}x}{\sqrt{1+x^4}} - \dfrac{1}{4\sqrt{2}}\ln\dfrac{\sqrt{1+x^4} - \sqrt{2}x}{\sqrt{1+x^4} + \sqrt{2}x}$，求 y'.

26. 求下列函数的二阶倒数：

(1) $\begin{cases} x = e^t\cos t \\ y = e^t\sin t \end{cases}$;

(2) $\begin{cases} x = 1 + e^{at} \\ y = at + e^{-at} \end{cases}$;

(3) $y = \sin x\sin 2x\sin 3x$;

(4) $y = \arcsin(a\sin x)$;

(5) $y = x^x$;

(6) $x + \arctan y = y$.

27. 求下列函数的 n 阶导数：

(1) $y = x^n + a_1x^{n-1} + \cdots + a_{n-1}x + a_n$;

(2) $y=\dfrac{1}{x^2-3x+2}$；

(3) $y=e^{ax}\sin(bx+c)$；

(4) $y=\dfrac{x^n}{1+x}$；

(5) $y=\dfrac{x^3}{x^2-3x+2}$；

(6) $y=\dfrac{x}{\sqrt[3]{1+x}}$.

[参考解析]

1. (1) $\lim\limits_{\Delta x\to 0}\dfrac{f(x_0-\Delta x)-f(x_0)}{\Delta x}=\lim\limits_{(-\Delta x)\to 0}-\dfrac{f[x_0+(-\Delta x)]-f(x_0)}{(-\Delta x)}=-f'(x_0)$.

(2) $\lim\limits_{\Delta x\to 0}\dfrac{f(x_0+\frac{1}{2}\Delta x)-f(x_0)}{\Delta x}=\lim\limits_{\Delta x\to 0}\dfrac{1}{2}\cdot\dfrac{f(x_0+\frac{1}{2}\Delta x)-f(x_0)}{\frac{1}{2}\Delta x}=\dfrac{1}{2}f'(x_0)$.

(3) $\lim\limits_{h\to 0}\dfrac{f(x_0+h)-f(x_0-h)}{h}=\lim\limits_{h\to 0}\dfrac{[f(x_0+h)-f(x_0)]+[f(x_0)-f(x_0-h)]}{h}=$ $f'(x_0)+f'(x_0)=2f'(x_0)$.

(4) $\lim\limits_{x\to x_0}\dfrac{x_0f(x)-xf(x_0)}{x-x_0}=\lim\limits_{x\to x_0}\dfrac{x_0[f(x)-f(x_0)]-(x-x_0)f(x_0)}{x-x_0}=x_0f'(x_0)$ $-f(x_0)$.

2. 由于 $\varphi(x)$ 在 $x=a$ 处连续，故 $\lim\limits_{x\to a}\varphi(x)=\varphi(a)$，于是

$\lim\limits_{x\to a}\dfrac{f(x)-f(a)}{x-a}=\lim\limits_{x\to a}\dfrac{(x-a)\varphi(x)-(a-a)\varphi(a)}{x-a}=\lim\limits_{x\to a}\varphi(x)=\varphi(a)$，所以 $f'(a)=$ $\varphi(a)$.

3. 两曲线相切包含两层含义，一是切点处两曲线的纵横坐标相等；二是切点处，两曲线的斜率相同，因此，有 $\begin{cases}ax^2=\ln x\\ 2ax=\dfrac{1}{x}\end{cases}$，解得 $x=\sqrt{e}$，$a=\dfrac{1}{2e}$，切点为 $(\sqrt{e},\dfrac{1}{2})$.

4. 因为 $f'(0)=\lim\limits_{x\to 0}\dfrac{f(x)-f(0)}{x-0}=\lim\limits_{x\to 0}\dfrac{x^\alpha\sin\frac{1}{x}-0}{x-0}=\lim\limits_{x\to 0}x^{\alpha-1}\sin\dfrac{1}{x}$，由于当 $x\to 0$ 时，只有当 $x^{\alpha-1}$ 为无穷小量时，它与有界变量 $\sin\dfrac{1}{x}$ 的乘积的极限才存在，所以当 $\alpha-1>0$，即 $\alpha>1$ 时，$\lim\limits_{x\to 0}x^{\alpha-1}\sin\dfrac{1}{x}=0$，此时函数 $f(x)$ 在 $x=0$ 处可导，且 $f'(0)=0$.

5. 由于 $f(x)$ 在 $x=1$ 处可导，所以 $\lim\limits_{\Delta x\to 0}\dfrac{f(1+\Delta x)-f(1)}{\Delta x}=f'(1)$.

因为 $f'(x)=\lim\limits_{\Delta x\to 0}\dfrac{f(x+\Delta x)-f(x)}{\Delta x}=\lim\limits_{\Delta x\to 0}\dfrac{f[x(1+\frac{\Delta x}{x})]-f(x)}{\Delta x}$，

因为当 $x>0, y>0$ 时，有 $f(xy)=xf(y)+yf(x)$ 成立，

所以 $f'(x)=\lim\limits_{\Delta x\to 0}\dfrac{xf(1+\frac{\Delta x}{x})+(1+\frac{\Delta x}{x})f(x)-f(x)}{\Delta x}=\lim\limits_{\Delta x\to 0}\left[\dfrac{f(x)}{x}+\dfrac{f(1+\frac{\Delta x}{x})}{\frac{\Delta x}{x}}\right].$

同理，当 $y=1$ 时，有 $f(x)=xf(1)+f(x)$，即 $xf(1)=0$，所以 $f(1)=0$. 因此

$$f'(x)=\lim_{\Delta x\to 0}\left[\frac{f(x)}{x}+\frac{f(1+\frac{\Delta x}{x})}{\frac{\Delta x}{x}}\right]=\lim_{\Delta x\to 0}\left[\frac{f(x)}{x}+\frac{f(1+\frac{\Delta x}{x})-f(1)}{\frac{\Delta x}{x}}\right]=\frac{f(x)}{x}+f'(1).$$

即 $f'(x)=\dfrac{f(x)}{x}+f'(1)$.

6. (1) 由 $x=3$ 处连续，有左右极限相等：$\lim\limits_{x\to 3^-}f(x)=\lim\limits_{x\to 3^-}x^2=9$，$\lim\limits_{x\to 3^+}f(x)=\lim\limits_{x\to 3^+}(ax+b)=3a+b$，即 $9=3a+b$　(1)

又由 $x=3$ 处可导，左右导数相等：

$\lim\limits_{x\to 3^-}f'(x)=\lim\limits_{x\to 3^-}\dfrac{f(x)-f(3)}{x-3}=\lim\limits_{x\to 3^-}\dfrac{x^2-9}{x-3}=\lim\limits_{x\to 3^-}(x+3)=6$，$\lim\limits_{x\to 3^+}f'(x)=\lim\limits_{x\to 3^+}\dfrac{f(x)-f(3)}{x-3}=\lim\limits_{x\to 3^+}\dfrac{ax+b-9}{x-3}=a+\lim\limits_{x\to 3^+}\dfrac{b-9+3a}{x-3}$，则 $a=6, b-9+3a=0$　(2) 联立(1) 和(2) 式解得：$a=6, b=-9$.

(2) 由 $x=1$ 处连续，有左右极限相等：$\lim\limits_{x\to 1^-}f(x)=\lim\limits_{x\to 1^-}\dfrac{2}{1+x^2}=1$，$\lim\limits_{x\to 1^+}f(x)=\lim\limits_{x\to 1^+}(ax+b)=a+b$，即 $1=a+b$　(1)

又由 $x=1$ 处可导，左右导数相等：

$\lim\limits_{x\to 1^-}f'(x)=\lim\limits_{x\to 1^-}\dfrac{f(x)-f(1)}{x-1}=\lim\limits_{x\to 1^-}\dfrac{\frac{2}{1+x^2}-1}{x-1}=\lim\limits_{x\to 1^-}\dfrac{-x-1}{x^2+1}=-1$，

$\lim\limits_{x\to 1^+}f'(x)=\lim\limits_{x\to 1^+}\dfrac{ax+b-1}{x-1}=\lim\limits_{x\to 1^+}\dfrac{a+b-1}{x-1}=a+\lim\limits_{x\to 1^+}\dfrac{a+b-1}{x-1}$，则 $a=-1, a+b-1=0$　(2) 联立(1) 和(2) 式解得：$a=-1, b=2$.

7. 由于 $\lim\limits_{x\to 3}\dfrac{f(x)-f(3)}{x-3}=\lim\limits_{x\to 3}\dfrac{(1-\frac{3}{x}+\frac{6}{x^2})-(1-\frac{3}{3}+\frac{6}{3^2})}{x-3}=\lim\limits_{x\to 3}\dfrac{x-6}{3x^2}=-\dfrac{1}{9}$，即 $f'(3)=-\dfrac{1}{9}$. 又因为 $x=3$ 时，$y=\dfrac{2}{3}$，于是切线方程为 $y-\dfrac{2}{3}=-\dfrac{1}{9}(x-3)$，即为 $x+9y-9=0$；法线方程为 $y-\dfrac{2}{3}=9(x-3)$，即 $9x-y-\dfrac{79}{3}=0$.

8. (1) 由于 $\lim\limits_{\Delta x\to 0}\dfrac{f(x+\Delta x)-f(x)}{\Delta x}=\lim\limits_{\Delta x\to 0}\dfrac{[(x+\Delta x)^3+(x+\Delta x)-2]-(x^3+x-2)}{\Delta x}$
$=\lim\limits_{\Delta x\to 0}\dfrac{[(x+\Delta x)^2+x(x+\Delta x)+x^2]\Delta x+\Delta x}{\Delta x}=1+3x^2$，

故 $f'(x)=3x^2+1$，而 $y=4x-1$ 的斜率为 4，于是 $3x^2+1=4$，得 $x=\pm 1$，代入原方程得 $f(1)=1^3+1-2=0$，$f(-1)=(-1)^3+(-1)-2=-4$，所以切点为(1,0)

和$(-1,-4)$.

过切点$(1,0)$的切线方程为 $y-0=4(x-1)$，即 $4x-y-4=0$；

过切点$(-1,-4)$的切线方程为 $y-(-4)=4[x-(-1)]$，即 $4x-y=0$.

(2) 由于$\lim\limits_{\Delta x\to 0}\dfrac{f(x+\Delta x)-f(x)}{\Delta x}=\lim\limits_{\Delta x\to 0}\dfrac{[(x+\Delta x)^2-2(x+\Delta x)+8]-(x^2-2x+8)}{\Delta x}$

$=\lim\limits_{\Delta x\to 0}\dfrac{2x\Delta x-2\Delta x+\Delta x^2}{\Delta x}=2x-2$，即 $f'(x)=2x-2$. 于是由 $f'(x)=0$ 知 $x=1$.

故 $f(1)=1^2-2\times1+8=7$，所以切点坐标为$(1,7)$，切线方程为 $y=7$.

同理，由 $f'(x)=\tan 45^\circ=1$，即 $2x-2=1$，得 $x=\dfrac{3}{2}$.

故 $f(\dfrac{3}{2})=(\dfrac{3}{2})^2-2\times\dfrac{3}{2}+8=\dfrac{29}{4}$，所以切点坐标为$(\dfrac{3}{2},\dfrac{29}{4})$，切线方程 $y-\dfrac{29}{4}=1(x-\dfrac{3}{2})$，即 $x-y+\dfrac{23}{4}=0$.

(3) 由于$\lim\limits_{\Delta x\to 0}\dfrac{f(x+\Delta x)-f(x)}{\Delta x}=\lim\limits_{\Delta x\to 0}\dfrac{(x+\Delta x)\sqrt{x+\Delta x}-x\sqrt{x}}{\Delta x}=$

$\lim\limits_{\Delta x\to 0}\dfrac{(x+\Delta x)(\sqrt{x+\Delta x}-\sqrt{x})+\Delta x\sqrt{x}}{\Delta x}=\lim\limits_{\Delta x\to 0}[\dfrac{(x+\Delta x)\cdot\Delta x}{\Delta x(\sqrt{x+\Delta x}+\sqrt{x})}+\sqrt{x}]=\dfrac{\sqrt{x}}{2}+\sqrt{x}=\dfrac{3}{2}\sqrt{x}$，即 $f'(x)=\dfrac{3}{2}\sqrt{x}$，设切点坐标为$(x_0,x_0^{\frac{3}{2}})$，则切线方程为 $y-x_0^{\frac{3}{2}}=\dfrac{3}{2}\sqrt{x_0}(x-x_0)$，且切线过点$(5,11)$，故 $11-x_0^{\frac{3}{2}}=\dfrac{3}{2}\sqrt{x_0}(5-x_0)$，即$(\sqrt{x_0})^3-15\sqrt{x_0}+22=0$，解得 $\sqrt{x_0}=2$，$\sqrt{x_0}=-1+2\sqrt{3}$，$\sqrt{x_0}=-1-2\sqrt{3}$(舍去)，于是 $f(2^2)=8$，$f[(-1+2\sqrt{3})^2]=(-1+2\sqrt{3})^3=30\sqrt{3}-37$.

所以切线方程为 $y-8=\dfrac{3}{2}\cdot 2(x-4)$，即 $3x-y-4=0$；$y-(30\sqrt{3}-37)$

$=\dfrac{3}{2}\cdot(2\sqrt{3}-1)[x-(2\sqrt{3}-1)^2]$，即$(6\sqrt{3}-3)x-2y+(37-30\sqrt{3})=0$.

(4) 由于$\lim\limits_{\Delta x\to 0}\dfrac{f(x+\Delta x)-f(x)}{\Delta x}$

$=\lim\limits_{\Delta x\to 0}\dfrac{[(x+\Delta x)^3+3(x+\Delta x)^2-5]-(x^3+3x^2-5)}{\Delta x}=$

$\lim\limits_{\Delta x\to 0}\dfrac{3x^2\Delta x+3x\Delta x^2+\Delta x^3+6x\Delta x+3\Delta x^2}{\Delta x}=3x^2+6x$，即 $f'(x)=3x^2+6x$.

而直线 $2x-6y+1=0$ 斜率为$\dfrac{1}{3}$，由切线与该直线垂直知切线斜率为-3. 即 $3x^2+6x=-3$，解得 $x=-1$，因此 $f(-1)=(-1)^3+3\times(-1)^2-5=-3$，所以切点坐标为$(-1,-3)$，切线方程为 $y-(-3)=(-3)[x-(-1)]$，即 $3x+y+6=0$.

9. (1) $\mathrm{d}y=2\ln(1-x)\mathrm{d}[\ln(1-x)]=\dfrac{2}{x-1}\ln(1-x)\mathrm{d}x$.

(2) $\mathrm{d}y=\dfrac{1}{1+(\mathrm{e}^x)^2}\mathrm{d}\mathrm{e}^x=\dfrac{\mathrm{e}^x}{1+\mathrm{e}^{2x}}\mathrm{d}x$.

(3) $dy = \frac{-\sin x \cdot (1-x^2) - \cos x \cdot (-2x)}{(1-x^2)^2}dx = \frac{2x\cos x - (1-x^2)\sin x}{(1-x^2)^2}dx.$

(4) 两边求微分 $d(xy) = de^y$，即 $dx \cdot y + x \cdot dy = e^y dy$，得 $dy = \frac{y}{e^y - x}dx.$

(5) $dy = 2^{-\frac{1}{\cos x}}\ln 2 d(-\frac{1}{\cos x}) = -2^{-\frac{1}{\cos x}}\sec x \cdot \tan x \cdot \ln 2 dx.$

(6) $dy = d[x^2\ln(1+x^2)] - d\frac{1}{\sqrt{1-x^2}} = [2x\ln(1+x^2) + \frac{2x^3}{1+x^2} - \frac{x}{\sqrt{(1-x^2)^3}}]dx.$

10. (1) $y' = (\sqrt{x})'(x-\cot x)\cos x + \sqrt{x} \cdot [(x-\cot x)\cos x]' = \frac{(x-\cot x)\cos x}{2\sqrt{x}} +$ $\sqrt{x}(1+\csc^2 x)\cos x + \sqrt{x}(\cot x - x)\sin x.$

(2) $y' = \frac{(\sin x - \cos x)'(\sin x + \cos x) - (\sin x - \cos x)(\sin x + \cos x)'}{(\sin x + \cos x)^2} = \frac{2}{(\sin x + \cos x)^2}.$

(3) $y' = \frac{(\tan x)'(1+x^2) - \tan x \cdot (1+x^2)'}{(1+x^2)^2} = \frac{\sec^2 x(1+x^2) - 2x\tan x}{(1+x^2)^2}.$

(4) $y' = \frac{(2x+2)\ln x - (x^2+2x)\frac{1}{x}}{\ln^2 x} = \frac{2(x+1)\ln x - (x+2)}{\ln^2 x}.$

11. (1) $y' = [\frac{x-\sqrt{1+x^2}}{\sqrt{1+x^2} \cdot (-1)}]' = (-\frac{x}{\sqrt{1+x^2}} + 1)' = (\frac{-x}{\sqrt{1+x^2}})' =$ $\frac{(-1)\sqrt{1+x^2} - (-x) \cdot (\sqrt{1+x^2})'}{1+x^2} = \frac{(-1)\sqrt{1+x^2} - (-x) \cdot \frac{2x}{2\sqrt{1+x^2}}}{1+x^2} = \frac{-1}{\sqrt{(1+x^2)^3}}.$

(2) $y' = (e^x)' + (e^{e^x})' + (e^{e^{e^x}})' = e^x + e^{e^x} \cdot (e^x) + e^{e^{e^x}} \cdot (e^{e^x}) \cdot (e^x) = e^x(1 + e^{e^x} + e^{e^x} \cdot e^{e^{e^x}}).$

(3) $y' = [\cos\frac{1}{x} \cdot (\frac{1}{x})'] \cdot e^{\tan\frac{1}{x}} + \sin\frac{1}{x} \cdot [e^{\tan\frac{1}{x}} \cdot (\tan\frac{1}{x})']$

$= \cos\frac{1}{x} \cdot \frac{(-1)}{x^2} \cdot e^{\tan\frac{1}{x}} + \sin\frac{1}{x} \cdot e^{\tan\frac{1}{x}} \cdot \sec^2\frac{1}{x} \cdot \frac{(-1)}{x^2}$

$= -\frac{1}{x^2} \cdot (\cos\frac{1}{x} \cdot e^{\tan\frac{1}{x}} + \sin\frac{1}{x} \cdot e^{\tan\frac{1}{x}} \cdot \sec^2\frac{1}{x}).$

(4) $y' = [\ln(x+a) - \frac{1}{2}\ln(x^2+b^2)]' + \frac{a}{b}(\arctan\frac{x}{b})' = \frac{1}{x+a} - \frac{1}{2} \cdot \frac{1}{x^2+b^2} \cdot (2x+0)$ $+ \frac{a}{b} \cdot \frac{1}{1+(\frac{x}{b})^2} \cdot (\frac{1}{b}) = \frac{x^2+b^2-x^2-ax}{(x+a)(x^2+b^2)} + \frac{a}{x^2+b^2} = \frac{a^2+b^2}{(x+a)(x^2+b^2)}.$

(5) $y' = \frac{1}{1+\sin^2 x} \cdot (2\sin x\cos x) - [2\cos x \cdot \arctan(\sin x) + 2\sin x \cdot \frac{1}{1+\sin^2 x} \cdot \cos x]$

$= -2\cos x \cdot \arctan(\sin x).$

(6) $y' = \frac{1}{(\arcsin x)^2} \cdot 2\arcsin x \cdot \frac{1}{\sqrt{1-x^2}} = \frac{2}{\sqrt{1-x^2}\arcsin x}.$

(7) $y' = x + \frac{1}{2}[(\sqrt{x^2+1}) + x \cdot \frac{1}{2}\frac{2x}{\sqrt{x^2+1}}] + \frac{1}{\sqrt{x+\sqrt{x^2+1}}} \cdot \frac{1}{2}\frac{1}{\sqrt{x+\sqrt{x^2+1}}}(1$

$+\frac{1}{2}\frac{2x}{\sqrt{x^2+1}})$

$=x+\frac{2x^2+1}{2\sqrt{x^2+1}}+\frac{x+\sqrt{x^2+1}}{2(x+\sqrt{x^2+1})\sqrt{x^2+1}}=x+\sqrt{x^2+1}.$

(8) $y'=n\cdot\sin^{n-1}\frac{x^n}{n}\cdot\cos\frac{x^n}{n}\cdot\frac{1}{n}nx^{n-1}=nx^{n-1}\sin^{n-1}\frac{x^n}{n}\cdot\cos\frac{x^n}{n}.$

(9) $y'=-\frac{1}{\sqrt{1-(1-x^2)}}\cdot\frac{1}{2}\frac{1}{\sqrt{1-x^2}}\cdot(-2x)+\frac{1}{1+(\frac{1+x}{1-x})^2}\cdot\frac{1\cdot(1-x)-(1+x)\cdot(-1)}{(1-x)^2}$

$=\frac{1}{\sqrt{1-x^2}}+\frac{1}{1+x^2}.$

(10) $y'=(\frac{\sin^3 x}{\sin x+\cos x}+\frac{\cos^3 x}{\sin x+\cos x})'=(\frac{\sin^3 x+\cos^3 x}{\sin x+\cos x})'=(\sin^2 x-\sin x\cos x+\cos^2 x)'=(1-\sin x\cos x)'=(1-\frac{1}{2}\sin 2x)'=-\cos 2x.$

(11) $y'=[-\sin(x^2)\cdot 2x]\cdot\sin^2\frac{1}{x}+\cos(x^2)\cdot[2\sin\frac{1}{x}\cdot\cos\frac{1}{x}\cdot(-\frac{1}{x^2})]$

$=-2x\sin(x^2)\sin^2\frac{1}{x}-\frac{1}{x^2}\sin\frac{2}{x}\cos(x^2).$

(12) $y'=\frac{1}{2}\cdot\sqrt{x^2+a^2}+\frac{x}{2}\cdot\frac{1}{2\sqrt{x^2+a^2}}\cdot 2x+\frac{a^2}{2}\cdot\frac{1}{x+\sqrt{x^2+a^2}}\cdot(1+\frac{1}{2\sqrt{x^2+a^2}}\cdot 2x)$

$=\frac{1}{2}\sqrt{x^2+a^2}+\frac{x^2}{2\sqrt{x^2+a^2}}+\frac{a^2}{2\sqrt{x^2+a^2}}=\sqrt{x^2+a^2}.$

12.(1) 方程两边对 x 求导可得 $e^y\cdot y'+y+xy'-0=0$，于是 $y'=-\frac{y}{x+e^y}$.

(2) 方程两边对 x 求导可得 $2yy'\cos x+y^2(-\sin x)=3a^2\cos 3x$，于是 $y'=\frac{3a^2\cos 3x+y^2\sin x}{2y\cos x}$.

(3) 方程两边对 x 求导可得 $2x+3y^2\cdot y'-0=0$，于是 $y'=-\frac{2x}{3y^2}$.

(4) 方程两边对 x 求导可得 $e^{xy}(y+xy')+\cos(x^2y)\cdot(2xy+x^2y')=y'$，于是 $y'=\frac{ye^{xy}+2xy\cos(x^2y)}{1-xe^{xy}-x^2\cos(x^2y)}$.

(5) 方程两边对 x 求导可得 $y'\sin x+y\cos x+\sin(x-y)\cdot(1-y')=0$，于是 $y'=\frac{y\cos x+\sin(x-y)}{\sin(x-y)-\sin x}$.

(6) 方程两边对 x 求导可得 $y'=1+\frac{1}{y}\cdot y'$，于是 $y'=\frac{y}{y-1}$.

(7) 方程两边对 x 求导可得 $y'=0-e^y-xe^y\cdot y'$，于是 $y'=-\frac{e^y}{1+xe^y}$.

(8) 方程两边对 x 求导可得 $y^2+2xyy'-e^{xy}(y+xy')+0=0$，于是 $y'=\frac{ye^{xy}-y^2}{2xy-xe^{xy}}$.

13. 将方程两边同时对 x 求导，得 $e^y \cdot y' + 2y + 2xy' = 0$，从而 $y' = -\frac{2y}{e^y + 2x}$. 由于当 $x = 0$ 时，由所给方程求得 $y = 1$，所以 $y'\big|_{x=0} = -\frac{2y}{e^y + 2x}\bigg|_{x=0,y=1} = -\frac{2}{e}$.

14. 设 (x_0, y_0) 为 $x^{\frac{1}{2}} + y^{\frac{1}{2}} = a^{\frac{1}{2}}$ 上任意一点. 由 $x^{\frac{1}{2}} + y^{\frac{1}{2}} = a^{\frac{1}{2}}$，两边对 x 求导可得 $\frac{1}{2}x^{-\frac{1}{2}} + \frac{1}{2}y^{-\frac{1}{2}} \cdot y' = 0$，于是 $y' = -\sqrt{\frac{y}{x}}$，所以过点 (x_0, y_0) 的切线的斜率为 $-\sqrt{\frac{y_0}{x_0}}$.

切线方程为 $y - y_0 = -\sqrt{\frac{y_0}{x_0}}(x - x_0)$，因此 $\frac{x}{\sqrt{x_0}} + \frac{y}{\sqrt{y_0}} = \sqrt{x_0} + \sqrt{y_0}$，

即 $\frac{x}{\sqrt{x_0}(\sqrt{x_0} + \sqrt{y_0})} + \frac{y}{\sqrt{y_0}(\sqrt{x_0} + \sqrt{y_0})} = 1$，

所以，切线在两坐标轴上截距之和为

$\sqrt{x_0}(\sqrt{x_0} + \sqrt{y_0}) + \sqrt{y_0}(\sqrt{x_0} + \sqrt{y_0}) = (\sqrt{x_0} + \sqrt{y_0})^2 = (\sqrt{a})^2 = a$.

15. (1) 将 $x = 0$ 代入原方程等式中，解得 $y = 0$，我们将原方程等式两边对 x 求导得 $\frac{1}{x^2 + y + 1} \cdot (2x + y') = x^3 \cdot y' + 3x^2 y + \cos x$，代入 $x = 0, y = 0$，解得 $y'(0) = 1$，因此，曲线 $y = y(x)$ 在点 $(0, y(0))$ 处的切线方程为 $y = x$.

(2) $\lim\limits_{n\to\infty} ny\left(\frac{2}{n}\right) = \lim\limits_{n\to\infty} \frac{y\left(\frac{2}{n}\right) - y(0)}{\frac{2}{n}} \cdot 2 = 2\lim\limits_{n\to\infty} \frac{y\left(0 + \frac{2}{n}\right) - y(0)}{\frac{2}{n}} = 2y'(0) = 2$.

16. (1) 两边取对数得 $\ln y = \ln(\ln x)^x$，即 $\ln y = x\ln(\ln x)$，

两边对 x 求导得 $\frac{1}{y} \cdot y' = \ln(\ln x) + x \cdot \frac{1}{\ln x} \cdot \frac{1}{x} = \ln(\ln x) + \frac{1}{\ln x}$，

于是 $y' = (\ln x)^x \ln(\ln x) + (\ln x)^{x-1}$.

(2) 两边取对数得 $\ln y = \ln\left(1 + \frac{1}{x}\right)^x$，即 $\ln y = x[\ln(x+1) - \ln x]$，

两边对 x 求导得 $\frac{1}{y} \cdot y' = [\ln(x+1) - \ln x] + x\left(\frac{1}{x+1} - \frac{1}{x}\right) = \ln\frac{x+1}{x} - \frac{1}{x+1}$，

于是 $y' = \left(1 + \frac{1}{x}\right)^x \left[\ln\frac{x+1}{x} - \frac{1}{x+1}\right]$.

(3) 两边取对数得 $\ln y = \ln\left[\left(\frac{b}{a}\right)^x \left(\frac{x}{b}\right)^a \left(\frac{a}{x}\right)^b\right]$，即 $\ln y = x\ln\frac{b}{a} + a(\ln x - \ln b) + b(\ln a - \ln x)$，两边对 x 求导得 $\frac{1}{y} \cdot y' = \ln\frac{b}{a} + \frac{a}{x} - \frac{b}{x}$，

于是 $y' = \left(\frac{b}{a}\right)^x \left(\frac{x}{b}\right)^a \left(\frac{a}{x}\right)^b \left(\frac{a-b}{x} + \ln\frac{b}{a}\right)$.

(4) 由于 $y = e^{\cos x \cdot \ln(\sin x)} + e^{\sin x \cdot \ln(\cos x)}$，

两边对 x 求导得 $y' = e^{\cos x \cdot \ln(\sin x)}\left[-\sin x \cdot \ln(\sin x) + \cos x \cdot \frac{1}{\sin x} \cdot \cos x\right] + e^{\sin x \cdot \ln(\cos x)} \cdot \left[\cos x \cdot \ln(\cos x) - \sin x \cdot \frac{1}{\cos x} \cdot \sin x\right]$，于是 $y' = (\sin x)^{\cos x}\left[\frac{\cos^2 x}{\sin x} - \sin x \cdot \ln(\sin x)\right]$

$+(\cos x)^{\sin x}[\cos x \cdot \ln(\cos x)-\dfrac{\sin^2 x}{\cos x}]$.

(5) 两边取对数得 $\ln y = x\ln x$,两边对 x 求导得$\dfrac{1}{y}\cdot y' = \ln x + x\cdot\dfrac{1}{x} = \ln x + 1$,于是 $y' = x^x(\ln x + 1)$.

(6) 两边取对数得 $\ln y = \dfrac{1}{2}[\ln(x-1)+\ln(x-2)-\ln(x-3)-\ln(x-4)]$,

两边对 x 求导得$\dfrac{1}{y}\cdot y' = \dfrac{1}{2}(\dfrac{1}{x-1}+\dfrac{1}{x-2}-\dfrac{1}{x-3}-\dfrac{1}{x-4})$,

于是 $y' = \dfrac{1}{2}(\dfrac{1}{x-1}+\dfrac{1}{x-2}-\dfrac{1}{x-3}-\dfrac{1}{x-4})\sqrt{\dfrac{(x-1)(x-2)}{(x-3)(x-4)}}$.

17. (1) 由于$\dfrac{dy}{dt}=\dfrac{1}{2}(1+\dfrac{1}{t^2})$,$\dfrac{dx}{dt}=\dfrac{1}{2}(1-\dfrac{1}{t^2})$,

所以,$\dfrac{dy}{dx}=\dfrac{\frac{dy}{dt}}{\frac{dx}{dt}}=\dfrac{\frac{1}{2}(1+\frac{1}{t^2})}{\frac{1}{2}(1-\frac{1}{t^2})}=\dfrac{t^2+1}{t^2-1}$.

(2) 由于$\dfrac{dy}{dt}=a\sin t$,$\dfrac{dx}{dt}=a(1-\cos t)$,

所以,$\dfrac{dy}{dx}=\dfrac{\frac{dy}{dt}}{\frac{dx}{dt}}=\dfrac{a\sin t}{a(1-\cos t)}=\dfrac{\sin t}{1-\cos t}$.

(3) 由于$\dfrac{dy}{dt}=v'_2(t)-gt$,$\dfrac{dx}{dt}=v'_1(t)$,

所以,$\dfrac{dy}{dx}=\dfrac{\frac{dy}{dt}}{\frac{dx}{dt}}=\dfrac{v'_2(t)-gt}{v'_1(t)}$.

(4) 由于$\dfrac{dy}{dt}=\dfrac{2\cdot(1+t^2)-2t\cdot(2t)}{(1+t^2)^2}=\dfrac{2-2t^2}{(1+t^2)^2}$,$\dfrac{dx}{dt}=a(1-\cos t)$,

所以,$\dfrac{dy}{dx}=\dfrac{\frac{dy}{dt}}{\frac{dx}{dt}}=\dfrac{a\sin t}{a(1-\cos t)}=\dfrac{\sin t}{1-\cos t}$.

18. (1) $\dfrac{dy}{dx}=\dfrac{\frac{dy}{dt}}{\frac{dx}{dt}}=\dfrac{-\frac{2t}{1+t^2}}{\frac{1}{1+t^2}}=-2t$,所以$\left.\dfrac{dy}{dx}\right|_{t=1}=-2$.

(2) $\dfrac{d^2y}{dx^2}=\dfrac{d}{dx}(\dfrac{dy}{dx})=\dfrac{\frac{d}{dt}(-2t)}{\frac{dx}{dt}}=\dfrac{-2}{\frac{1}{1+t^2}}=-2(1+t^2)$.

19. 因$\dfrac{dx}{dt}=a[\dfrac{1}{\tan\frac{t}{2}}\cdot\sec^2\dfrac{t}{2}\cdot\dfrac{1}{2}-\sin t]=a(\dfrac{1}{\sin t}-\sin t)=a\dfrac{\cos^2 t}{\sin t}$,又$\dfrac{dy}{dt}=a\cos t$,

于是$\frac{dy}{dx}=\frac{\frac{dy}{dt}}{\frac{dx}{dt}}=\frac{a\cos t}{a\frac{\cos^2 t}{\sin t}}=\tan t$.

20. $y=e^{\ln x^{5^x}}+e^{\ln x^x}+f(\cos^2 x)=e^{5^x\ln x}+e^{x\ln x}+f(\cos^2 x)$,

$y'=e^{5^x\ln x}(5^x\ln 5\cdot\ln x+5^x\cdot\frac{1}{x})+e^{x\ln x}(\ln x+x\cdot\frac{1}{x})-f'(\cos^2 x)\cdot 2\cos x\cdot\sin x$,

化简得 $y'=x^{5^x}5^x(\ln 5\ln x+\frac{1}{x})+x^x(\ln x+1)-f'(\cos^2 x)\sin 2x$.

21. 先判断连续性：

令$-1\leqslant x<0$,则$0\leqslant x+1<1$,由题设$0\leqslant x\leqslant 1$时,$f(x)=x(1-x^2)$,

所以$f(x+1)=(x+1)[1-(x+1)^2]=-x(x+1)(x+2)$,又$f(x)=\frac{1}{2}f(x+1)$,

所以$f(x)=-\frac{1}{2}x(x+1)(x+2)$,即$f(x)=\begin{cases}-\frac{1}{2}x(x+1)(x+2), & -1\leqslant x<0\\ x(1-x^2), & 0\leqslant x\leqslant 1\end{cases}$,

于是$\lim\limits_{x\to 0^-}f(x)=\lim\limits_{x\to 0^+}f(x)=f(0)=0$,所以$f(x)$在点$x=0$处连续.

下面再检验$f'_-(0)=f'_+(0)$是否成立判断可导性：

$$f'_-(0)=\lim_{x\to 0^-}\frac{f(x)-f(0)}{x-0}=\lim_{x\to 0^-}\frac{-\frac{1}{2}x(x+1)(x+2)-0}{x-0}=-1,$$

$f'_+(0)=\lim\limits_{x\to 0^+}\frac{f(x)-f(0)}{x-0}=\lim\limits_{x\to 0^+}\frac{x(1-x^2)-0}{x-0}=1$,即$f'_-(0)\neq f'_+(0)$,所以$f(x)$在点$x=0$处不可导.

22. $F(x)=f[\varphi(x)]=\begin{cases}f(x^2\sin\frac{1}{x}), & x\neq 0\\ f(0), & x=0\end{cases}$,

所以$F'(0)=\lim\limits_{x\to 0}\frac{F(x)-F(0)}{x-0}=\lim\limits_{x\to 0}\frac{f(x^2\sin\frac{1}{x})-f(0)}{x-0}$

$$=\lim_{x\to 0}\frac{f(x^2\sin\frac{1}{x})-f(0)}{x^2\sin\frac{1}{x}}\cdot\frac{x^2\sin\frac{1}{x}}{x}=f'(0)\cdot 0=0.$$

23. $f(x)=\lim\limits_{n\to\infty}\frac{x^2e^{n(x-1)}+ax+b}{1+e^{n(x-1)}}=\begin{cases}ax+b, & x<1\\ \frac{1}{2}(1+a+b), & x=1,\\ x^2, & x>1\end{cases}$

① 因为$f(x)$处处连续(可导必连续),所以$\lim\limits_{x\to 1^-}f(x)=\lim\limits_{x\to 1^+}f(x)=f(1)$,即

$a+b=1=\frac{1}{2}(1+a+b)$,得$a+b=1$……(1)

② 因为$f(x)$处处可导,所以$f'_-(1)=f'_+(1)$,

$$f'_{-}(1)=\lim_{x\to1^-}\frac{f(x)-f(1)}{x-1}=\lim_{x\to1^-}\frac{ax+b-(a+b)}{x-1}=a,$$

$$f'_{+}(1)=\lim_{x\to1^+}\frac{f(x)-f(1)}{x-1}=\lim_{x\to1^+}\frac{x^2-1}{x-1}=2,$$ 即 $a=2$，代入(1)式得 $b=-1$.

24. 由于 $x\neq0$ 时，$y=\dfrac{x}{1+e^{\frac{1}{x}}}$，

故 $x\neq0$ 时，$y'=\dfrac{1+e^{\frac{1}{x}}-x[e^{\frac{1}{x}}(-\frac{1}{x^2})]}{(1+e^{\frac{1}{x}})^2}=\dfrac{1+e^{\frac{1}{x}}+\frac{1}{x}e^{\frac{1}{x}}}{(1+e^{\frac{1}{x}})^2}$.

而 $\lim\limits_{x\to0^-}\dfrac{f(x)-f(0)}{x-0}=\lim\limits_{x\to0^-}\dfrac{\frac{x}{1+e^{\frac{1}{x}}}-0}{x}=\lim\limits_{x\to0^-}\dfrac{1}{1+e^{\frac{1}{x}}}=\dfrac{1}{1+0}=1$,

$\lim\limits_{x\to0^+}\dfrac{f(x)-f(0)}{x-0}=\lim\limits_{x\to0^+}\dfrac{\frac{x}{1+e^{\frac{1}{x}}}-0}{x}=\lim\limits_{x\to0^+}\dfrac{1}{1+e^{\frac{1}{x}}}=0$，即 $f'_{-}(0)=1\neq f'_{+}(0)=0$，所以 $f'(0)$ 不存在.

于是 $y'=\begin{cases}\dfrac{1+e^{\frac{1}{x}}+\frac{1}{x}e^{\frac{1}{x}}}{(1+e^{\frac{1}{x}})^2}, & x\neq0\\ \text{不存在}, & x=0\end{cases}$.

25. 令 $\sqrt{1+x^4}=u$，则 $u'_x=\dfrac{1}{2}\cdot(1+x^4)^{-\frac{1}{2}}\cdot4x^3=\dfrac{2x^3}{\sqrt{1+x^4}}=\dfrac{2x^3}{u}$,

则 $y=\dfrac{1}{2\sqrt{2}}\arctan\dfrac{\sqrt{2}x}{u}-\dfrac{1}{4\sqrt{2}}\ln\dfrac{u-\sqrt{2}x}{u+\sqrt{2}x}$,

$$y'_x=y'_u\cdot u'_x=\left[\frac{1}{2\sqrt{2}}\cdot\frac{1}{1+(\frac{\sqrt{2}x}{u})^2}\cdot\frac{\sqrt{2}u-\sqrt{2}x}{u^2}+\frac{1}{4\sqrt{2}}\cdot\left(\frac{-\sqrt{2}}{u-\sqrt{2}x}-\frac{\sqrt{2}}{u+\sqrt{2}x}\right)\right]\cdot\frac{2x^3}{u}$$

$$=\frac{u}{1-x^4}=\frac{\sqrt{1+x^4}}{1-x^4}.$$

26. (1) 由于 $y'=\dfrac{\frac{dy}{dt}}{\frac{dx}{dt}}=\dfrac{e^t\sin t+e^t\cos t}{e^t\cos t-e^t\sin t}=\dfrac{\sin t+\cos t}{\cos t-\sin t}$,

所以 $y''=(y')'=\dfrac{\frac{dy'}{dt}}{\frac{dx}{dt}}=\dfrac{\dfrac{(\sin t+\cos t)'\cdot(\cos t-\sin t)-(\sin t+\cos t)\cdot(\cos t-\sin t)'}{(\cos t-\sin t)^2}}{(e^t\cos t-e^t\sin t)}$

$$=\frac{(\cos t-\sin t)^2+(\cos t+\sin t)^2}{e^t(\cos t-\sin t)^3}=\frac{2}{e^t(\cos t-\sin t)^3}.$$

(2) 由于 $y'=\dfrac{\frac{dy}{dt}}{\frac{dx}{dt}}=\dfrac{a+e^{-at}\cdot(-a)}{0+e^{at}\cdot a}=e^{-at}(1-e^{-at})$；

所以 $y''=(y')'=\dfrac{\frac{dy'}{dt}}{\frac{dx}{dt}}=\dfrac{e^{-at}\cdot(-a)\cdot(1-e^{-at})+e^{-at}\cdot[0-e^{-at}\cdot(-a)]}{0+e^{at}\cdot a}$

$=e^{-2at}(2e^{-at}-1)$.

(3) 由于 $y=-\dfrac{1}{2}(\cos 4x-\cos 2x)\sin 2x=\dfrac{1}{2}(\sin 2x\cdot\cos 2x-\cos 4x\cdot\sin 2x)$

$=\dfrac{1}{4}(\sin 4x-\sin 6x+\sin 2x)$

于是 $y'=\dfrac{1}{4}(\cos 4x\cdot 4-\cos 6x\cdot 6+\cos 2x\cdot 2)$，所以 $y''=(y')'=\dfrac{1}{4}(-\sin 4x\cdot 4^2+\sin 6x\cdot 6^2-\sin 2x\cdot 2^2)=9\sin 6x-4\sin 4x-\sin 2x$.

(4) 由于 $\sin y=a\sin x$，将方程两边对 x 求导得 $\cos y\cdot y'=a\cos x$，得 $y'=\dfrac{a\cos x}{\cos y}$.

对 $\cos y\cdot y'=a\cos x$ 两边求导得 $-\sin y\cdot y'\cdot y'+\cos y\cdot y''=-a\sin x$，代入$y'$ 值化简得 $y''=\dfrac{1}{\cos y}[(\dfrac{a\cos x}{\cos y})^2\cdot\sin y-a\sin x]=a^2\dfrac{\cos^2 x\cdot\sin y}{\cos^3 y}-a\dfrac{\sin x}{\cos y}$.

(5) 由于 $y'=(e^{x\ln x})'=e^{x\ln x}(1\cdot\ln x+x\cdot\dfrac{1}{x})=e^{x\ln x}(1+\ln x)$，

所以 $y''=(y')'=(e^{x\ln x})'\cdot(1+\ln x)+e^{x\ln x}\cdot(1+\ln x)'$

$=e^{x\ln x}(1+\ln x)^2+e^{x\ln x}\cdot\dfrac{1}{x}=x^x(1+\ln x)^2+x^{x-1}$.

(6) 两边对 x 求导得 $1+\dfrac{1}{1+y^2}\cdot y'=y'$，即 $y'=1+y^{-2}$，

故 $y''=(y')'=(1+y^{-2})'=-2\cdot y^{-3}\cdot y'=-2y^{-3}(1+y^{-2})=-\dfrac{2(1+y^2)}{y^5}$.

27. (1) 由于 $y'=nx^{n-1}+(n-1)a_1x^{n-2}+\cdots+a_{n-1}$，

$y''=n(n-1)x^{n-2}+(n-1)(n-2)a_1x^{n-3}+\cdots+2!a_{n-2}$，

依此规律可知该函数的 n 阶导数 $y^{(n)}=n!$.

(2) 由于 $y=\dfrac{1}{(x-1)(x-2)}=\dfrac{1}{x-2}-\dfrac{1}{x-1}$，

$y'=(-1)\cdot\dfrac{1}{(x-2)^2}-(-1)\cdot\dfrac{1}{(x-1)^2}$，

$y''=(-1)\cdot(-2)\cdot\dfrac{1}{(x-2)^3}-(-1)\cdot(-2)\cdot\dfrac{1}{(x-1)^3}$，

所以，依此规律可知该函数的 n 阶导数 $y^{(n)}=\dfrac{(-1)^n n!}{(x-2)^{n+1}}-\dfrac{(-1)^n n!}{(x-1)^{n+1}}$.

(3) $y'=e^{ax}a\sin(bx+c)+e^{ax}\cos(bx+c)b=\sqrt{a^2+b^2}\,e^{ax}\sin(bx+c+\arctan\dfrac{b}{a})$

$y''=\sqrt{a^2+b^2}[e^{ax}a\sin(bx+c+\arctan\dfrac{b}{a})+e^{ax}b\cos(bx+c+\arctan\dfrac{b}{a})]$

$=(\sqrt{a^2+b^2})^2e^{ax}\sin(bx+c+\arctan\dfrac{b}{a}+\arctan\dfrac{b}{a})$，

所以,依此规律可知该函数的 n 阶导数 $y^{(n)}=(\sqrt{a^2+b^2})^n e^{ax}\sin(bx+c+n\arctan\frac{b}{a})$.

(4) 由于 $y=\frac{x^n}{1+x}=x^{n-1}-x^{n-2}+\cdots+(-1)^{n-1}+\frac{(-1)^n}{x+1}$,

所以 $y^{(n)}=[x^{n-1}-x^{n-2}+\cdots+(-1)^{n-1}]^{(n)}+[\frac{(-1)^n}{x+1}]^{(n)}=0+\frac{(-1)^n(-1)^n n!}{(x+1)^{n+1}}$

$=\frac{n!}{(x+1)^{n+1}}$.

(5) 由于 $y=x+3+\frac{7x-6}{(x-2)(x-1)}=x+3+\frac{8}{x-2}-\frac{1}{x-1}$,

所以 $y^{(n)}=(x+3)^{(n)}+8[(x-2)^{-1}]^{(n)}-[(x-1)^{-1}]^{(n)}$

$=(-1)^n\cdot 8\cdot n!(x-2)^{-1-n}-(-1)^n n!(x-1)^{-1-n}$

$=(-1)^n n![\frac{8}{(x-2)^{n+1}}-\frac{1}{(x-1)^{n+1}}]$.

(6) 由于 $y=(1+x)^{\frac{2}{3}}-(1+x)^{-\frac{1}{3}}$,

所以 $y^{(n)}=\frac{2}{3}(\frac{2}{3}-1)(\frac{2}{3}-2)\cdots(\frac{2}{3}-n+1)(1+x)^{\frac{2}{3}-n}-(-\frac{1}{3})(-\frac{1}{3}-1)\cdots(-\frac{1}{3}$

$-n+1)(1+x)^{-\frac{1}{3}-n}$

$=\frac{2}{3}(-\frac{1}{3})(-\frac{4}{3})\cdots(-\frac{3n-5}{3})(1+x)^{\frac{2}{3}-n}-(-\frac{1}{3})(-\frac{4}{3})\cdots(-\frac{3n-2}{3})(1+x)^{-\frac{1}{3}-n}$

$=(-1)^{n-1}\frac{1\times4\times7\times\cdots\times(3n-5)(3n+2x)}{3n(1+x)^{n+\frac{1}{3}}}$.

第五章　中值定理及导数的应用

[考试大纲]

1. 理解罗尔(Rolle)中值定理、拉格朗日(Lagrange)中值定理及它们的几何意义，理解柯西(Cauchy)中值定理、泰勒(Taylor)中值定理. 会用罗尔中值定理证明方程根的存在性. 会用拉格朗日中值定理证明一些简单的不等式.

2. 掌握洛必达(L'Hospital)法则，会用洛必达法则求“$\frac{0}{0}$”，“$\frac{\infty}{\infty}$”，“$0\cdot\infty$”，“$\infty-\infty$”，“1^{∞}”，“0^{0}”和“∞^{0}”型未定式的极限.

3. 会利用导数判定函数的单调性，会求函数的单调区间，会利用函数的单调性证明一些简单的不等式.

4. 理解函数极值的概念，会求函数的极值和最值，会解决一些简单的应用问题.

5. 会判定曲线的凹凸性，会求曲线的拐点.

6. 会求曲线的渐近线(水平渐近线、垂直渐近线和斜渐近线).

7. 会描绘一些简单的函数的图形.

第一节　考点解读与题型分析

一、微分中值定理及证明问题

1. *考点解读*

对于罗尔、拉格朗日、柯西和泰勒四个微分中值定理，首先弄清楚定理的条件和结论，通过几何解释了解其特性，知道三者的关系. 围绕中值定理，主要有如下几个方面的问题：

(1) 验证 $f(x)$ 满足中值定理的条件，并求中值定理中的 ε.

(2) 用罗尔定理证明方程 $f'(x)=0$ 根的存在性. 须构造合适的 $f(x)$.

(3) 证明恒等式. 验证 $f'(x)\equiv 0$，即得 $f(x)=C$(常数).

(4) 用拉格朗日中值定理证明不等式. 先将欲证的不等式通过拼凑同解变形为含有形如 $\frac{f(b)-f(a)}{b-a}$ 的不等式. 对于 $f(x)$，在合适的区间上用拉格朗日中值定理的结论，不等式会变为含 $f'(\varepsilon)$ 的形式，最后由 ε 的范围不难证明含 $f'(\varepsilon)$ 的不等式成立，进而原不等式得证.

(5) 用中值定理证明简单命题. 此类问题的解决关键在于寻找到合适的满足中值定理条件的辅助函数.

2. 典型题型

例 1 下列函数在给定区间上是否满足罗尔定理的条件，如果满足条件，试求出适合条件的 ε 的值：

(1) $y=|x|, x\in[-2,2]$； (2) $y=x\sqrt{2-x}, x\in[0,2]$；

(3) $y=\ln\sin x, x\in[\frac{\pi}{6},\frac{5\pi}{6}]$.

解 (1) $y=|x|$ 在 $[-2,2]$ 上连续，但 $y=|x|$ 在 $x=0$ 处不可导，所以不满足罗尔定理的条件.

(2) 显然 $y=x\sqrt{2-x}$ 在 $[0,2]$ 上连续，又 $y'=\sqrt{2-x}+x\cdot\frac{-1}{2\sqrt{2-x}}=\frac{4-3x}{2\sqrt{2-x}}$ 是初等函数，定义域为 $(-\infty,2)$，则 $y=x\sqrt{2-x}$ 在 $(0,2)$ 内可导，而且 $y|_{x=0}=y|_{x=2}=0$，故 $y=x\sqrt{2-x}$ 在 $[0,2]$ 上满足罗尔定理的条件，即存在 $\varepsilon\in(0,2)$，使得 $y'|_{x=\varepsilon}=0$.

令 $y'=\frac{4-3x}{2\sqrt{2-x}}=0$ 得 $x=\frac{4}{3}$，则满足条件的 $\varepsilon=\frac{4}{3}$.

(3) 显然 $y=\ln\sin x$ 在 $[\frac{\pi}{6},\frac{5\pi}{6}]$ 上连续，又 $y'=\frac{\cos x}{\sin x}=\cot x$ 是初等函数，定义域为 $x\neq k\pi, k\in\mathbf{Z}$，则 $y=\ln\sin x$ 在 $(\frac{\pi}{6},\frac{5\pi}{6})$ 内可导，而且 $y|_{x=\frac{\pi}{6}}=y|_{x=\frac{5\pi}{6}}=-\ln 2$，故 $y=\ln\sin x$ 在 $[\frac{\pi}{6},\frac{5\pi}{6}]$ 上满足罗尔定理的条件，即存在 $\varepsilon\in(\frac{\pi}{6},\frac{5\pi}{6})$，使得 $y'|_{x=\varepsilon}=0$.

令 $y'=\cot x=0$ 得 $x=\frac{\pi}{2}$，则满足条件的 $\varepsilon=\frac{\pi}{2}$.

例 2 验证以下函数是否满足拉格朗日中值定理的条件，如果满足，求出适合条件的 ε 的值：

(1) $f(x)=x^2, x\in[1,2]$； (2) $f(x)=\begin{cases}\frac{3-x^2}{2}, & 0\leqslant x\leqslant 1\\ \frac{1}{x}, & 1<x\leqslant 2\end{cases}$.

解 (1) 显然 $f(x)=x^2$ 在 $[1,2]$ 上连续，在 $(1,2)$ 内可导.

所以 $f(x)=x^2$ 在 $[1,2]$ 上满足拉格朗日中值定理的条件，

则有 $\frac{f(2)-f(1)}{2-1}=3=f'(\varepsilon)$，又 $f'(x)=2x$，所以 $2\varepsilon=3, \varepsilon=\frac{3}{2}$.

(2)① 显然 $\frac{3-x^2}{2}, \frac{1}{x}$ 分别在 $[0,1)$ 和 $(1,2]$ 上连续，又 $f_-(1)=\lim\limits_{x\to1^-}\frac{3-x^2}{2}=1, f_+(1)=\lim\limits_{x\to1^+}\frac{1}{x}=1, f_+(1)=f_-(1)$，所以 $f(x)$ 在 $x=1$ 处连续，因此 $f(x)$ 在 $[0,2]$ 上连续.

② 当 $x<1$ 时，$f'(x)=(\frac{3-x^2}{2})'=-x$；

当 $x>1$ 时，$f'(x)=(\frac{1}{x})'=-\frac{1}{x^2}$.

又 $f_-'(1)=\lim\limits_{x\to1^-}\frac{f(x)-f(1)}{x-1}=\lim\limits_{x\to1^-}\frac{1-x^2}{2(x-1)}=-1$，

$$f_+'(1)=\lim_{x\to1^+}\frac{f(x)-f(1)}{x-1}=\lim_{x\to1^+}\frac{1-x}{x(x-1)}=-1,$$

所以 $f'(1)=-1$,即 $f(x)$ 在 $x=1$ 处可导,因此 $f(x)$ 在 $(0,2)$ 内可导,

且 $f'(x)=\begin{cases}-x, & 0<x\leqslant 1\\ -\dfrac{1}{x^2}, & 1<x<2\end{cases}$,

故由 ① 和 ② 可知 $f(x)$ 在 $[0,2]$ 上满足拉格朗日中值定理的条件.

因而存在 $\varepsilon\in(0,2)$,使 $\dfrac{f(2)-f(0)}{2-0}=f'(\varepsilon)$,即 $f'(\varepsilon)=-\dfrac{1}{2}$.

当 $0<\varepsilon\leqslant 1$ 时,$f'(\varepsilon)=-\varepsilon=-\dfrac{1}{2}$,得 $\varepsilon=\dfrac{1}{2}$.

当 $1<\varepsilon<2$ 时,$f'(\varepsilon)=-\dfrac{1}{\varepsilon^2}=-\dfrac{1}{2}$,得 $\varepsilon=\sqrt{2}$.

故取 $\varepsilon=\dfrac{1}{2}$ 或 $\sqrt{2}$ 均满足定理要求.

例 3　对 $f(x)=x^2,g(x)=x^3$ 在 $[0,1]$ 上用柯西中值定理计算相应的 ε.

解　显然 $f(x)$、$g(x)$ 在 $[0,1]$ 上满足柯西中值定理的条件,

则 $\dfrac{f'(\varepsilon)}{g'(\varepsilon)}=\dfrac{f(1)-f(0)}{g(1)-g(0)}=1$,即 $\dfrac{2\varepsilon}{3\varepsilon^2}=1$,得 $\varepsilon=\dfrac{2}{3}$.

例 4　设 $a_0+\dfrac{a_1}{2}+\cdots+\dfrac{a_n}{n+1}=0$,证明方程 $a_0+a_1x+\cdots+a_nx^n=0$ 在 $(0,1)$ 内至少有一实根.

证明　用零点定理显然不行,因为不能判断端点的函数值是否异号,考虑用罗尔定理.本题与罗尔定理的结论相比较,发现欲构造的 $f'(x)=a_0+a_1x+\cdots+a_nx^n$.

因此考察函数 $f(x)=a_0x+\dfrac{a_1}{2}x+\cdots+\dfrac{a_n}{n+1}x^{n+1}$,显然,$f(x)$ 在 $[0,1]$ 上连续,在 $(0,1)$ 内可导.又 $f(0)=0$,$f(1)=a_0+\dfrac{a_1}{2}+\cdots+\dfrac{a_n}{n+1}=0$,故 $f(0)=f(1)$.从而 $f(x)$ 在 $[0,1]$ 上满足罗尔定理条件,根据罗尔定理,在 $(0,1)$ 内至少有一个 ε,使 $f'(\varepsilon)=0$,即方程 $f'(x)=0$ 在 $(0,1)$ 内至少有一个实根,结论得证.

例 5　证明当 $|x|<\dfrac{1}{2}$ 时,$3\arccos x-\arccos(3x-4x^3)=\pi$.

证明　令 $f(x)=3\arccos x-\arccos(3x-4x^3)$,

则 $f'(x)=3\cdot\left(-\dfrac{1}{\sqrt{1-x^2}}\right)-\left(-\dfrac{1}{\sqrt{1-(3x-4x^3)^2}}\right)\cdot(3-12x^2)$

$$=-\frac{3}{\sqrt{1-x^2}}+\frac{3\cdot(1-4x^2)}{\sqrt{1-9x^2+24x^4-16x^6}}$$

$$=-\frac{3}{\sqrt{1-x^2}}+\frac{3\cdot(1-4x^2)}{\sqrt{(1-x^2)(1-4x^2)^2}}.$$

因为 $|x|<\dfrac{1}{2}$,所以 $0<1-4x^2\leqslant 1$,则上式 $f'(x)=-\dfrac{3}{\sqrt{1-x^2}}+\dfrac{3}{\sqrt{1-x^2}}=0$,

所以 $f(x)=C$,令 $x=0$,得 $C=\pi$.故得证 $3\arccos x-\arccos(3x-4x^3)=\pi$.

例 6 证明：$x>0$ 时，$\frac{x}{1+x}<\ln(1+x)<x$.

证明 因为 $x>0$，不等式可同解变形为$\frac{1}{1+x}<\frac{\ln(1+x)-\ln(1+0)}{x-0}<1$ (1)

对照拉格朗日中值定理的条件，根据定理，有$\frac{\ln(1+x)-\ln(1+0)}{x-0}=f'(\varepsilon),0<\varepsilon<x$

又 $f'(\varepsilon)=[\ln(1+x)]'|_{x=\varepsilon}=\frac{1}{1+\varepsilon}$，故(1)式同解变形为$\frac{1}{1+x}<\frac{1}{1+\varepsilon}<1$.

由于 $0<\varepsilon<x$，该不等式的成立是显然的，由此原不等式得证.

例 7 设 $f(x)$ 在$[a,b]$上连续，在(a,b)内可导，$b>a>0$，证明：存在 $\varepsilon,\eta\in(a,b)$，使得 $f'(\varepsilon)=(a^2+ab+b^2)\frac{f'(\eta)}{3\eta^2}$.

证明 （分析：$f'(\varepsilon)=(a^2+ab+b^2)\frac{f'(\eta)}{3\eta^2}$ 中 $3\eta^2=(x^3)'|_{x=\eta}$，可取 $g(x)=x^3$）

设 $g(x)=x^3$，则 $g'(x)\neq 0,x\in[a,b]$，所以 $f(x),g(x)$ 在$[a,b]$上满足柯西中值定理的条件，故存在 $\eta\in(a,b)$，使得$\frac{f(b)-f(a)}{g(b)-g(a)}=\frac{f'(\eta)}{g'(\mu)}$，即$\frac{f(b)-f(a)}{b^3-a^3}=\frac{f'(\eta)}{3\eta^2}$，于是

$\frac{f(b)-f(a)}{b-a}=(a^2+ab+b^2)\frac{f'(\eta)}{3\eta^2}$ (1)

又由拉格朗日中值定理知，至少存在一点 $\varepsilon\in(a,b)$，使得$\frac{f(b)-f(a)}{b-a}=f'(\varepsilon)$ 本式代入式(1)得 $f'(\varepsilon)=(a^2+ab+b^2)\frac{f'(\eta)}{3\eta^2}$.

二、利用洛必达法则求未定型的极限问题

1. 考点解读

洛必达法则是求未定型极限的有效工具，在理解和使用洛必达法则时，应注意以下几点：

(1) 在洛必达法则前两个条件都满足的前提下，第三个条件即 $\lim\limits_{x\to x_0或\infty}\frac{f'(x)}{g'(x)}$ 存在（或为∞），是 $\lim\limits_{x\to x_0或\infty}\frac{f(x)}{g(x)}$ 存在（或为∞）的充分条件. 换言之，即使 $\lim\limits_{x\to x_0或\infty}\frac{f'(x)}{g'(x)}$ 不存在也不能断言 $\lim\limits_{x\to x_0或\infty}\frac{f(x)}{g(x)}$ 不存在，需另行判断.

如$\lim\limits_{x\to 0}\frac{x^2\sin\frac{1}{x}}{\sin x}\overset{\frac{0}{0}}{=}\lim\limits_{x\to 0}\frac{2x\sin\frac{1}{x}-\cos\frac{1}{x}}{\cos x}$，因为$\lim\limits_{x\to 0}\cos\frac{1}{x}$ 不存在，从而等式右端的极限不存在也不是 ∞，因此不能使用洛必达法则求该极限. 事实上，$\lim\limits_{x\to 0}\frac{x^2\sin\frac{1}{x}}{\sin x}=\lim\limits_{x\to 0}\frac{x}{\sin x}\cdot x\sin\frac{1}{x}=0$ 极限存在.

有时$\frac{f'(x)}{g'(x)}$ 与$\frac{f(x)}{g(x)}$ 形式相近，也不能使用洛必达法则求极限，如 $\lim\limits_{x\to+\infty}\frac{e^x-e^{-x}}{e^x+e^{-x}}\overset{\frac{\infty}{\infty}}{=}$

$\lim\limits_{x\to+\infty}\dfrac{e^x+e^{-x}}{e^x-e^{-x}}$，事实上，通过分子、分母同除以 e^x，易得极限为 1.

(2) 只有 $\dfrac{0}{0}$ 和 $\dfrac{\infty}{\infty}$ 两种未定型才可能用洛必达法则，其他未定型，如 $0\cdot\infty$，$\infty-\infty$，0^0，1^∞，∞^0 等，必须经过恒等变形化为分式结构的 $\dfrac{0}{0}$ 和 $\dfrac{\infty}{\infty}$ 型后，再用洛必达法则求极限.

说明：当 $x\to0$ 时，分子或分母中含 $\sin\dfrac{1}{x}$，$\cos\dfrac{1}{x}$，$e^{\frac{1}{x}}$ 或当 $x\to\infty$ 时，分子或分母中含 $\sin x$，$\cos x$ 不能使用洛必达法则.

① 对 $\infty-\infty$ 型未定式一般通过通分或根式有理化或倒代换 $x=\dfrac{1}{t}$ 将其化为 $\dfrac{0}{0}$ 或 $\dfrac{\infty}{\infty}$ 型.

② 对 $0\cdot\infty$ 型未定式可将其中之一下放到分母的位置，使其变为 $\dfrac{0}{0}$ 或 $\dfrac{\infty}{\infty}$ 型，但要注意对数函数和反三角函数不下放. 注意：一般将简单函数下放，复杂函数不下放！

③ 对 0^0，∞^0 型未定式可通过对数化处理：对数恒等式 $x=e^{\ln x}$，化为 $0\cdot\infty$ 型.

④ 对 1^∞ 型未定式，一般有两种情形：

1) 设 $\lim f(x)=0$，$\lim g(x)=\infty$，则有 $\lim[1\pm f(x)]^{g(x)}\overset{1^\infty}{=}e^{\lim g(x)\ln[1\pm f(x)]}=e^{\pm\lim f(x)g(x)}$.

注：$\ln[1\pm f(x)]\sim\pm f(x)$.

2) 设 $\lim f(x)=1$，$\lim g(x)=\infty$，则有 $\lim f(x)^{g(x)}\overset{1^\infty}{=}e^{\lim g(x)\ln\{1+[f(x)-1]\}}=e^{\lim[f(x)-1]g(x)}$.

(3) 在求未定型极限的过程中，先利用根式有理化或因式分解消去使分母为零的因子，未定型中的零因子可以用等价无穷小替换化简，非零因子的极限可以先求出来，然后再利用洛必达法则，以简化运算. 注意：没用完一次洛必达法则，要将式子整理化简.

注：所谓根式有理化，是指极限式中含有 $\sqrt{a}\pm\sqrt{b}$（或 $a\pm\sqrt{b}$），在求极限之前先用它们的共轭根式 $\sqrt{a}\mp\sqrt{b}$（或 $a\mp\sqrt{b}$）分别乘以分子、分母，使其"0"因子呈现出来的一种运算.

(4) 对数函数 $\ln x$，幂函数 $x^a(a>0)$，指数函数 $a^x(a>1)$ 均为当 $x\to+\infty$ 时无穷大，但这三个函数增大的"速度"是很不一样的，幂函数增大的"速度"比对数函数快得多，而指数函数增大的"速度"又比幂函数快得多. 请记住以下结论：

① 当 $x\to+\infty$ 时，以下各函数趋于 $+\infty$ 的速度由慢到快为

$\ln x$，$x^a(a>0)$，$a^x(a>1)$，x^x.

② 当 $n\to\infty$ 时，通项趋于 $+\infty$ 的速度由慢到快为

$\ln n$，$n^a(a>0)$，$a^n(a>1)$，$n!$，n^n.

(5) 当 $\dfrac{0}{0}$ 型未定式呈现 $\dfrac{f_1(x)-g_1(x)}{f_2(x)-g_2(x)}$ 或 $\dfrac{x^k}{f_2(x)-g_2(x)}$ 或 $\dfrac{f_1(x)-g_1(x)}{x^k}$ 的形式，且用洛必达法则求解较复杂或不可用时，则考虑用泰勒公式求解. 一般用泰勒公式展开到相互抵消后的一项.

注：等价无穷小代换可简化求极限的过程，但是用得不得法可出大错. 一般讲，乘除运算时尽管用；加减运算时不宜用，此时常改用泰勒公式.

注：七个常见的泰勒展开公式如下(熟记)

①$e^u = 1 + u + \frac{1}{2!}u^2 + \cdots + \frac{1}{n!}u^n + o(u^n)$；

②$\sin u = u - \frac{u^3}{3!} + \cdots + (-1)^n \frac{u^{2n+1}}{(2n+1)!} + o(u^{2n+2})$；

③$\cos u = 1 - \frac{u^2}{2!} + \cdots + (-1)^n \frac{u^{2n}}{(2n)!} + o(u^{2n+1})$；

④$\ln(1+u) = u - \frac{u^2}{2} + \frac{u^3}{3} - \cdots + (-1)^{n-1} \frac{u^n}{n} + o(u^n)$；

⑤$\frac{1}{1-u} = 1 + u + u^2 + \cdots + u^n + o(u^n)$；

⑥$\frac{1}{1+u} = 1 - u + u^2 - \cdots + (-1)^n u^n + o(u^n)$；

⑦$(1+u)^a = 1 + au + \frac{a(a-1)}{2!}u^2 + \cdots + \frac{a(a-1)\cdots(a-n+1)}{n!}u^n + o(u^n)$.

2. 典型题型

例 1 求下列极限：(注：下列各题都不适合使用洛必达法制，但极限都存在)

(1) $\lim\limits_{x\to\infty} \frac{x - \sin x}{x + \sin x}$；　　(2) $\lim\limits_{x\to\infty} \frac{x + \sin x}{x}$；

(3) $\lim\limits_{x\to\infty} \frac{e^x - e^{-x}}{e^x + e^{-x}}$；　　(4) $\lim\limits_{x\to 0} \frac{x^2 \sin \frac{1}{x}}{\sin x}$.

解 (1) $\lim\limits_{x\to\infty} \frac{x - \sin x}{x + \sin x} = \lim\limits_{x\to\infty} \frac{1 - \frac{\sin x}{x}}{1 + \frac{\sin x}{x}} = 1$.

(2) $\lim\limits_{x\to\infty} \frac{x + \sin x}{x} = \lim\limits_{x\to\infty}(1 + \frac{\sin x}{x}) = 1$.

(3) $\lim\limits_{x\to\infty} \frac{e^x - e^{-x}}{e^x + e^{-x}} = \lim\limits_{x\to\infty} \frac{1 - e^{-2x}}{1 + e^{-2x}} = 1$.

(4) $\lim\limits_{x\to 0} \frac{x^2 \sin \frac{1}{x}}{\sin x} = \lim\limits_{x\to 0} \frac{x}{\sin x} \cdot (x\sin \cos \frac{1}{x}) = 1 \cdot 0 = 0$.

例 2 求下列极限：($\frac{0}{0}$ 型)

(1) $\lim\limits_{x\to 0} \frac{e^x + e^{-x} - 2}{1 - \cos x}$；　　(2) $\lim\limits_{x\to +\infty} \frac{\frac{\pi}{2} - \arctan x}{\frac{1}{x}}$；

(3) $\lim\limits_{x\to 0^+} \frac{1 - \sqrt{\cos x}}{x(1 - \cos\sqrt{x})}$；　　(4) $\lim\limits_{x\to 1^+} \frac{\ln(1 + \sqrt[3]{x-1})}{\arcsin \sqrt[3]{x-1}}$.

解 (1) $\lim\limits_{x\to 0} \frac{e^x + e^{-x} - 2}{1 - \cos x} = \lim\limits_{x\to 0} \frac{e^x - e^{-x}}{\sin x} = \lim\limits_{x\to 0} \frac{e^x + e^{-x}}{\cos x} = 2$.

(2) $\lim\limits_{x\to+\infty}\dfrac{\dfrac{\pi}{2}-\arctan x}{\dfrac{1}{x}}=\lim\limits_{x\to+\infty}\dfrac{-\dfrac{1}{1+x^2}}{-\dfrac{1}{x^2}}=\lim\limits_{x\to+\infty}\dfrac{x^2}{1+x^2}=1.$

(3) $\lim\limits_{x\to0^+}\dfrac{1-\sqrt{\cos x}}{x(1-\cos\sqrt{x})}=\lim\limits_{x\to0^+}\dfrac{(1-\sqrt{\cos x})(1+\sqrt{\cos x})}{x(1-\cos\sqrt{x})(1+\sqrt{\cos x})}$（根式有理化）

$=\lim\limits_{x\to0^+}\dfrac{1-\cos x}{x(1-\cos\sqrt{x})(1+1)}=\dfrac{1}{2}\lim\limits_{x\to0^+}\dfrac{1-\cos x}{x(1-\cos\sqrt{x})}=\dfrac{1}{2}\lim\limits_{x\to0^+}\dfrac{\dfrac{1}{2}x^2}{x\cdot\dfrac{1}{2}(\sqrt{x})^2}=\dfrac{1}{2}$（等

价无穷小代换,当 $x\to0$ 时,$1-\cos x\sim\dfrac{1}{2}x^2$）.

(4) 因为当 $x\to1$ 时,$\sqrt[3]{x-1}\to0$,

所以 $\ln(1+\sqrt[3]{x-1})\sim\sqrt[3]{x-1}$,$\arcsin\sqrt[3]{x-1}\sim\sqrt[3]{x-1}$,

故 $\lim\limits_{x\to1^+}\dfrac{\ln(1+\sqrt[3]{x-1})}{\arcsin\sqrt[3]{x-1}}=\lim\limits_{x\to1^+}\dfrac{\sqrt[3]{x-1}}{\sqrt[3]{x-1}}=1.$

例 3 求下列极限:$(\dfrac{\infty}{\infty}$ 型$)$

(1) $\lim\limits_{x\to\pi}\dfrac{\cot x}{\cot 2x}$;

(2) $\lim\limits_{x\to+\infty}\dfrac{e^x+x}{x^2}$;

(3) $\lim\limits_{x\to+\infty}\dfrac{\ln x}{x^n}(n>0)$;

(4) $\lim\limits_{x\to+\infty}\dfrac{x^n}{e^{\lambda x}}(n$ 为正整数,$\lambda>0).$

解 (1) $\lim\limits_{x\to\pi}\dfrac{\cot x}{\cot 2x}=\lim\limits_{x\to\pi}\dfrac{\csc^2 x}{2\csc^2(2x)}=\dfrac{1}{2}\lim\limits_{x\to\pi}\dfrac{\sin^2(2x)}{\sin^2 x}$

$=\dfrac{1}{2}\lim\limits_{x\to\pi}\dfrac{2\sin(2x)\cos(2x)\cdot2}{2\sin x\cos x}\lim\limits_{x\to\pi}\dfrac{\sin 4x}{\sin 2x}=\lim\limits_{x\to\pi}\dfrac{4\cos 4x}{2\cos 2x}=2.$

(2) $\lim\limits_{x\to+\infty}\dfrac{e^x+x}{x^2}=\lim\limits_{x\to+\infty}\dfrac{e^x+1}{2x}=\lim\limits_{x\to+\infty}\dfrac{e^x}{2}=+\infty$,故原极限不存在.

(3) $\lim\limits_{x\to+\infty}\dfrac{\ln x}{x^n}=\lim\limits_{x\to+\infty}\dfrac{\dfrac{1}{x}}{nx^{n-1}}=\lim\limits_{x\to+\infty}\dfrac{1}{nx^n}=0.$

(4) $\lim\limits_{x\to+\infty}\dfrac{x^n}{e^{\lambda x}}=\lim\limits_{x\to+\infty}\dfrac{nx^{n-1}}{\lambda e^{\lambda x}}=\lim\limits_{x\to+\infty}\dfrac{n(n-1)x^{n-2}}{\lambda^2 e^{\lambda x}}=\cdots=\lim\limits_{x\to+\infty}\dfrac{n!}{\lambda^n e^{\lambda x}}=0.$

例 4 求下列极限:$(\infty-\infty,0\cdot\infty,0^0,1^\infty,\infty^0$ 型$)$

(1) $\lim\limits_{x\to0}(\dfrac{1}{x}-\dfrac{1}{\tan x})$;

(2) $\lim\limits_{x\to+\infty}\left[(x^3+x^2+2)^{\frac{1}{3}}-x\right]$;

(3) $\lim\limits_{x\to\infty}(\dfrac{\pi}{2}-\arctan 4x^2)\cdot x^2$;

(4) $\lim\limits_{x\to+\infty}x^{\frac{3}{2}}(\sqrt{x+2}-2\sqrt{x+1}+\sqrt{x})$;

(5) $\lim\limits_{x\to0}[\ln(1+x^2)]^{e^{x^2}}-1$;

(6) $\lim\limits_{x\to\infty}(x+\sqrt{1+x^2})^{\frac{1}{x}}$;

(7) $\lim\limits_{x\to0}(1-\sin 3x)^{\frac{1}{\tan x}}$;

(8) $\lim\limits_{x\to0}(\cos x)^{\frac{1}{\ln(1+x^2)}}.$

解 (1) $\lim\limits_{x\to0}(\dfrac{1}{x}-\dfrac{1}{\tan x})=\lim\limits_{x\to0}\dfrac{\tan x-x}{x\tan x}=\lim\limits_{x\to0}\dfrac{\tan x-x}{x^2}=\lim\limits_{x\to0}\dfrac{\sec^2 x-1}{2x}=\lim\limits_{x\to0}\dfrac{\tan^2 x}{2x}$

$$=\lim_{x\to 0}\frac{x^2}{2x}=0.$$（使用了 $x\to 0$ 时，$\tan x\sim x$ 和洛必达法则）

(2) $\lim\limits_{x\to+\infty}[(x^3+x^2+2)^{\frac{1}{3}}-x]\overset{x=\frac{1}{t}}{=}\lim\limits_{t\to 0^+}\dfrac{(2t^3+t+1)^{\frac{1}{3}}-1}{t}=\lim\limits_{t\to 0^+}\dfrac{\frac{1}{3}(2t^3+t+1)^{-\frac{2}{3}}(1+6t^2)}{1}$

$=\dfrac{1}{3}.$

(3) $\lim\limits_{x\to\infty}(\dfrac{\pi}{2}-\arctan 4x^2)\cdot x^2=\lim\limits_{x\to\infty}\dfrac{\frac{\pi}{2}-\arctan 4x^2}{x^{-2}}\overset{\frac{0}{0}}{=}\lim\limits_{x\to\infty}\dfrac{-\frac{8x}{1+(4x^2)^2}}{-2x^{-3}}=\lim\limits_{x\to\infty}\dfrac{4x^4}{1+16x^4}$

$\xlongequal{\text{抓大头}}\dfrac{1}{4}.$

(4) $\lim\limits_{x\to+\infty}x^{\frac{3}{2}}(\sqrt{x+2}-2\sqrt{x+1}+\sqrt{x})=\lim\limits_{x\to+\infty}x^{\frac{3}{2}}[(\sqrt{x+2}-\sqrt{x+1})-(\sqrt{x+1}-\sqrt{x})]$

$=\lim\limits_{x\to+\infty}x^{\frac{3}{2}}[\dfrac{1}{\sqrt{x+2}+\sqrt{x+1}}-\dfrac{1}{\sqrt{x+1}+\sqrt{x}}]=\lim\limits_{x\to+\infty}x^{\frac{3}{2}}\cdot\dfrac{\sqrt{x}-\sqrt{x+2}}{(\sqrt{x+2}+\sqrt{x+1})(\sqrt{x+1}+\sqrt{x})}$

$=\lim\limits_{x\to+\infty}x^{\frac{3}{2}}\cdot\dfrac{-2}{(\sqrt{x+2}+\sqrt{x+1})(\sqrt{x+1}+\sqrt{x})(\sqrt{x}+\sqrt{x+2})}$

$=\lim\limits_{x\to+\infty}x^{\frac{3}{2}}\cdot\dfrac{-2}{(\sqrt{1+\frac{2}{x}}+\sqrt{1+\frac{1}{x}})(\sqrt{1+\frac{1}{x}}+\sqrt{1})(\sqrt{1}+\sqrt{1+\frac{2}{x}})}=-\dfrac{1}{4}.$

(5) $\lim\limits_{x\to 0}[\ln(1+x^2)]^{e^{x^2}}-1=e^{\lim\limits_{x\to 0}(e^{x^2}-1)\ln[\ln(1+x^2)]}=e^{\lim\limits_{x\to 0}x^2\ln(x^2)}=e^{\lim\limits_{x\to 0}\frac{\ln(x^2)}{x^{-2}}}=e^{\lim\limits_{x\to 0}\frac{\frac{1}{x^2}(2x)}{-2x^{-3}}}=$

$e^{-\lim\limits_{x\to 0}x^2}=e^0=1$（当 $x\to 0$ 时，$e^{x^2}-1\sim x^2$，$\ln(1+x^2)\sim x^2$）.

(6) $\lim\limits_{x\to\infty}(x+\sqrt{1+x^2})^{\frac{1}{x}}=e^{\lim\limits_{x\to\infty}\frac{1}{x}\ln(x+\sqrt{1+x^2})}=e^{\lim\limits_{x\to\infty}\frac{1}{\sqrt{1+x^2}}}=e^0=1.$

(7) $\lim\limits_{x\to 0}(1-\sin 3x)^{\frac{1}{\tan x}}=e^{\lim\limits_{x\to 0}\frac{1}{\tan x}\ln(1-\sin 3x)}\overset{\ln(1-\sin 3x\sim-\sin 3x)}{=}e^{\lim\limits_{x\to 0}\frac{1}{\tan x}(-\sin 3x)}\overset{\tan x\sim x,\sin 3x\sim 3x}{=}e^{\lim\limits_{x\to 0}\frac{1}{x}(-3x)}$

$=e^{-3}.$

(8) $\lim\limits_{x\to 0}(\cos x)^{\frac{1}{\ln(1+x^2)}}=e^{\lim\limits_{x\to 0}\frac{1}{\ln(1+x^2)}\ln\cos x}=e^{\lim\limits_{x\to 0}\frac{1}{\ln(1+x^2)}\ln[1+(\cos x-1)]}\overset{\ln(1+x^2)\sim x^2,\cos x-1\sim-\frac{1}{2}x^2}{=}e^{\lim\limits_{x\to 0}\frac{1}{x^2}(-\frac{1}{2}x^2)}$

$=e^{-\frac{1}{2}}.$

例 5 求下列极限：（泰勒公式）

(1) $\lim\limits_{x\to 0}\dfrac{\sqrt{1+x}+\sqrt{1-x}-2}{x^2}$；　　(2) $\lim\limits_{x\to 0^+}\dfrac{e^x-1-x}{\sqrt{1-x}-\cos\sqrt{x}}$.

解 (1) $\sqrt{1+x}=1+\dfrac{1}{2}x+\dfrac{\frac{1}{2}(\frac{1}{2}-1)}{2!}x^2+o(x^2)$，$\sqrt{1-x}=1+\dfrac{1}{2}(-x)+$

$\dfrac{\frac{1}{2}(\frac{1}{2}-1)}{2!}(-x)^2+o(x^2)$，$\lim\limits_{x\to 0}\dfrac{\sqrt{1+x}+\sqrt{1-x}-2}{x^2}=\lim\limits_{x\to 0}\dfrac{-\frac{1}{4}x^2+o(x^2)}{x^2}=-\dfrac{1}{4}.$

(2) $e^x=1+x+\dfrac{1}{2!}x^2+o(x^2)$，$\sqrt{1-x}=1+\dfrac{1}{2}(-x)+\dfrac{\frac{1}{2}(\frac{1}{2}-1)}{2!}(-x)^2+o(x^2)$，

$\cos\sqrt{x}=1-\frac{1}{2}x+\frac{1}{4!}x^2+o(x^2)$.

所以 $\lim\limits_{x\to0^+}\dfrac{e^x-1-x}{\sqrt{1-x}-\cos\sqrt{x}}=\lim\limits_{x\to0^+}\dfrac{\frac{1}{2}x^2+o(x^2)}{-\frac{1}{8}x^2-\frac{1}{4!}x^2+o(x^2)}=\lim\limits_{x\to0^+}\dfrac{\frac{1}{2}+\frac{o(x^2)}{x^2}}{-\frac{1}{8}-\frac{1}{4!}+\frac{o(x^2)}{x^2}}$

$=-3$.

例 6　求下列极限：

(1) $\lim\limits_{x\to0}\dfrac{\sqrt{1+\tan x}-\sqrt{1+\sin x}}{x\ln(1+x)-x^2}$；

(2) $\lim\limits_{x\to0}\dfrac{\int_0^x(3\sin t+t^2\cos\frac{1}{t})dt}{(1+\cos x)\int_0^x\ln(1+t)dt}$；

(3) $\lim\limits_{x\to+\infty}\dfrac{\int_0^x t^2e^{t^2}dt}{xe^{x^2}}$；

(4) $\lim\limits_{x\to+\infty}\dfrac{e^{2x}+e^{-x}}{3e^x+2e^{2x}}$；

(5) $\lim\limits_{x\to\infty}[x-x^2\ln(1+\frac{1}{x})]$；

(6) $\lim\limits_{x\to\infty}(x^3\ln\frac{x+1}{x-1}-2x^2)$.

解　(1) $\lim\limits_{x\to0}\dfrac{\sqrt{1+\tan x}-\sqrt{1+\sin x}}{x\ln(1+x)-x^2}=\lim\limits_{x\to0}\dfrac{\tan x-\sin x}{[x\ln(1+x)-x^2](\sqrt{1+\tan x}+\sqrt{1+\sin x})}$

$=\frac{1}{2}\lim\limits_{x\to0}\dfrac{\tan x}{x}\cdot\lim\limits_{x\to0}\dfrac{1-\cos x}{\ln(1+x)-x}\overset{\frac{0}{0}}{=}\frac{1}{2}\lim\limits_{x\to0}\dfrac{\sin x}{\frac{1}{1+x}-1}=-\frac{1}{2}\lim\limits_{x\to0}\dfrac{\sin x}{x}\cdot(1+x)=-\frac{1}{2}$.

(2) $\lim\limits_{x\to0}\dfrac{\int_0^x(3\sin t+t^2\cos\frac{1}{t})dt}{(1+\cos x)\int_0^x\ln(1+t)dt}=\frac{1}{2}\lim\limits_{x\to0}\dfrac{\int_0^x(3\sin t+t^2\cos\frac{1}{t})dt}{\int_0^x\ln(1+t)dt}=\frac{1}{2}\lim\limits_{x\to0}\dfrac{3\sin x+x^2\cos\frac{1}{x}}{\ln(1+x)}$

$\overset{\ln(1+x)\sim x}{=}\frac{1}{2}\lim\limits_{x\to0}\dfrac{3\sin x+x^2\cos\frac{1}{x}}{x}=\frac{1}{2}\lim\limits_{x\to0}(\dfrac{3\sin x}{x}+x\cos\frac{1}{x})=\frac{1}{2}\cdot(3+0)=\frac{3}{2}$.

(3) $\lim\limits_{x\to+\infty}\dfrac{\int_0^x t^2e^{t^2}dt}{xe^{x^2}}\overset{\frac{\infty}{\infty}}{=}\lim\limits_{x\to+\infty}\dfrac{x^2e^{x^2}}{e^{x^2}+2x^2e^{x^2}}=\lim\limits_{x\to+\infty}\dfrac{x^2}{1+2x^2}=\frac{1}{2}$.

(4) 若一直用洛必达法则会越来越复杂，得不出结果. 经观察，当 $x\to+\infty$ 时，分子、分母同除以 e^{2x}，可得：

$$\lim_{x\to+\infty}\frac{e^{2x}+e^{-x}}{3e^x+2e^{2x}}=\lim_{x\to+\infty}\frac{1+e^{-3x}}{3e^{-x}+2}=\frac{\lim\limits_{x\to+\infty}(1+e^{-3x})}{\lim\limits_{x\to+\infty}(3e^{-x}+2)}=\frac{1}{2}.$$

(5) 遇到题中含有 $\frac{1}{x}$ 时，要想到倒代换. 令 $\frac{1}{x}=t$，当 $x\to\infty$ 时，$t\to0$，则

$$\lim_{x\to\infty}[x-x^2\ln(1+\frac{1}{x})]=\lim_{t\to0}[\frac{1}{t}-\frac{1}{t^2}\ln(1+t)]=\lim_{t\to0}[\frac{t-\ln(1+t)}{t^2}]\overset{\frac{0}{0}}{=}\lim_{t\to0}\frac{1-\frac{1}{1+t}}{2t}$$

$=\lim\limits_{t\to0}\dfrac{t}{2t}\cdot\dfrac{1}{1+t}=\frac{1}{2}$.

(6) $\lim\limits_{x\to\infty}(x^3\ln\frac{x+1}{x-1}-2x^2)=\lim\limits_{x\to\infty}x^3(\ln\frac{x+1}{x-1}-\frac{2}{x})\xlongequal{t=\frac{1}{x}}\lim\limits_{t\to 0}\frac{\ln(1+t)-\ln(1-t)-2t}{t^3}$

$\xlongequal{\frac{0}{0}}\lim\limits_{t\to 0}\frac{\frac{1}{1+t}+\frac{1}{1-t}-2}{3t^2}=\lim\limits_{t\to 0}\frac{2t^2}{3t^2(1-t^2)}=\frac{2}{3}.$

三、函数单调性的判定与极值、最值问题

1. 考点解读

(1) 判断函数单调性与求函数极值是密切相关的两个问题,统一的步骤如下:

① 求出函数 $y=f(x)$ 的定义域.

② 求出 $f'(x)$ 在函数的定义域内,导数不存在的点及函数的驻点(即一阶导数为零的点)(统称为函数极值的可疑点).

③ 判定可疑点两侧导数的符号,利用极值的第一充分条件判定其是否为函数的极值点.如果可疑点不止一个,可用可疑点分割定义域为若干小区间,列表讨论每个小区间上导数的符号,从而判断出每个可疑点是否为极值点,同时也可确定出单调区间.

④ 如果驻点处函数的二阶导数易求或驻点两侧的导数符号不易判断,可用第二充分条件判定其极值类型.

(2) 函数的最值问题按最值问题的给出方式可分为求已知函数在指定区间上的最值和最值应用题两种类型.前一类型按指定区间的不同又分为如下四种情形:

① 连续函数 $f(x)$ 在闭区间$[a,b]$上的最值.此时,最值只能在驻点、导数不存在的点或端点处达到,因此只需比较这些点处函数值的大小,即可求出最值.

② 若连续函数 $f(x)$ 在区间 I(可以不是闭区间)上有唯一极值,则极大值就是最大值,极小值就是最小值.

③ 连续函数 $f(x)$ 在区间 I(一定不是闭区间)上极值不止一个,则须考察函数在此开区间两端的变化趋势,再与极值和端点处的函数值比较大小,从而判断有无最值,进而找出最值.

④ 连续单调函数的最大值及最小值必在端点处达到(若包含端点).

(3) 对于实际问题的最值,若由实际问题本身的性质可以判定目标函数确有最大(小)值,且一定在区间内部达到,又区间内目标函数仅有一个驻点 x_0,则在 x_0 处目标函数一定取得最大(小)值.

要注意函数 $f(x)$ 在某区间内的极值与最值的异同.

(4) 利用函数的单调性来证明不等式.

证题的步骤:

① 移项(有时需要再作其他简单变形),使不等式一端为 0,而另一端则为 $f(x)$;

② 求 $f'(x)$ 并验证 $f(x)$ 在指定区间的增、减性;

③) 求出区间端点的函数值(或极限值),作比较即得所证.

(5) 利用函数的极值和最值来证明不等式.

适用范围也是在某区间上成立的不等式.证明的方法基本上与利用函数的单调增、减性相似,不过这里与所作的辅助函数 $f(x)$ 比较的不是函数的端点值,而是极值(或最值).

注：常见的几个不等式：

①$a^2+b^2\geqslant 2ab$，　$a,b\in\mathbf{R}$；

②$a^3+b^3+c^3\geqslant 3abc$，　$a,b,c\in\mathbf{R}^+$；

③ $\frac{1}{a}+\frac{1}{b}>\frac{4}{a+b}$，　$a,b>0,a\neq b$；

④ $\frac{b}{a}+\frac{a}{b}\geqslant 2$，　a,b 同号；

⑤ $\frac{a_1+a_2+\cdots+a_n}{n}\geqslant\sqrt[n]{a_1a_2\cdots a_n}$，　$a_1,a_2,\cdots,a_n\in\mathbf{R}^+$；

⑥$(a_1+a_2+\cdots+a_n)(\frac{1}{a_1}+\frac{1}{a_2}+\cdots+\frac{1}{a_n})\geqslant n^2$，　$a_1,a_2,\cdots,a_n\in\mathbf{R}^+$；

⑦$n!<(\frac{n+1}{2})^n$，　$(n>1)$.

2.典型题型

例 1　确定下列函数的单调区间：

(1)$y=2x+\frac{8}{x}$；　　(2)$y=\frac{x}{\ln x}$；

(3)$y=\frac{x}{1+x^2}$；　　(4)$y=x^2\ln x$.

解　(1) 由于 $x\neq 0$，故函数的定义域为$(-\infty,0)\cup(0,+\infty)$，且 $y'=2-\frac{8}{x^2}$，令 $y'=0$，得 $x=\pm 2$. 故当 $x\in(-\infty,-2)$ 时，由 $y'>0$ 知$(-\infty,-2)$ 为单调递增区间；

当 $x\in(-2,0)$ 时，由 $y'<0$ 知$(-2,0)$ 为单调递减区间；

当 $x\in(0,2)$ 时，由 $y'<0$ 知$(0,2)$ 为单调递减区间；

当 $x\in(2,+\infty)$ 时，由 $y'>0$ 知$(2,+\infty)$ 为单调递增区间.

(2) 由于 $\ln x\neq 0$，故函数的定义域为$(0,1)\cup(1,+\infty)$，且 $y'=\frac{\ln x-x\cdot\frac{1}{x}}{\ln^2 x}$. 令 $y'=0$，得 $x=\mathrm{e}$. 故当 $x\in(0,1)$ 时，由 $y'<0$ 知$(0,1)$ 为单调递减区间；

当 $x\in(1,\mathrm{e})$ 时，由 $y'<0$ 知$(1,\mathrm{e})$ 为单调递减区间；

当 $x\in(\mathrm{e},+\infty)$ 时，由 $y'>0$ 知$(\mathrm{e},+\infty)$ 为单调递增区间.

(3) 由于函数的定义域为$(-\infty,+\infty)$，且 $y'=\frac{1+x^2-x\cdot 2x}{(1+x^2)^2}=\frac{1-x^2}{(1+x^2)^2}$. 令 $y'=0$，得 $x=\pm 1$. 故当 $x\in(-\infty,-1)$ 时，由 $y'<0$ 知$(-\infty,-1)$ 为单调递减区间；

当 $x\in(-1,1)$ 时，由 $y'>0$ 知$(-1,1)$ 为单调递增区间；

当 $x\in(1,+\infty)$ 时，由 $y'<0$ 知$(1,+\infty)$ 为单调递减区间.

(4) 由于函数的定义域为$(0,+\infty)$，且 $y'=2x\ln x+x^2\cdot\frac{1}{x}=2x\ln x+x$. 令 $y'=0$，得 $x=\mathrm{e}^{-\frac{1}{2}}$. 故当 $x\in(0,\mathrm{e}^{-\frac{1}{2}})$ 时，由 $y'<0$ 知$(0,\mathrm{e}^{-\frac{1}{2}})$ 为单调递减区间；

当 $x\in(\mathrm{e}^{-\frac{1}{2}},+\infty)$ 时，由 $y'>0$ 知$(\mathrm{e}^{-\frac{1}{2}},+\infty)$ 为单调递增区间.

例 2 证明下列不等式：

(1)$2\sqrt{x} > 3-\frac{1}{x}(x>1)$； (2)$x-\frac{x^2}{2} < \ln(1+x) < x(x>0)$；

(3)$2^x > x^2(x>4)$； (4)$\ln x > \frac{2(x-1)}{x+1}(x>1)$.

解 (1) 令 $f(x)=2\sqrt{x}-3+\frac{1}{x}$，则 $f'(x)=\frac{1}{\sqrt{x}}-\frac{1}{x^2}=\frac{\sqrt{x^3}-1}{x^2}$，令 $f'(x)=0$，得 $x=1$. 当 $x>1$ 时，$f'(x)>0$，知 $f(x)$ 在 $(1,+\infty)$ 上单调递增，从而有 $f(x)>f(1)(x>1)$，即 $2\sqrt{x}-3+\frac{1}{x}>2-3+1=0(x>1)$，所以 $2\sqrt{x}>3-\frac{1}{x}(x>1)$.

(2) 令 $f(x)=\ln(1+x)-x$，则 $f'(x)=\frac{1}{1+x}-1$，令 $f'(x)=0$，得 $x=0$.
当 $x>0$ 时，$f'(x)<0$，则 $f(x)$ 在 $(0,+\infty)$ 上单调递减，即 $f(x)<f(0)(x>0)$.
所以 $\ln(1+x)-x<\ln(1+0)-0=0(x>0)$，即 $\ln(1+x)<x(x>0)$.
令 $g(x)=\ln(1+x)-x+\frac{x^2}{2}$，则 $g'(x)=\frac{1}{1+x}-1+x=\frac{x^2}{1+x}$，令 $g'(x)=0$，得 $x=0$.
当 $x>0$ 时，$g'(x)>0$，则 $g(x)$ 在 $(0,+\infty)$ 上单调递增，即 $g(x)>g(0)(x>0)$，
所以 $\ln(1+x)-x+\frac{x^2}{2}>\ln(1+0)-0+0=0(x>0)$，即 $x-\frac{x^2}{2}<\ln(1+x)(x>0)$.
综上所述，有 $x-\frac{x^2}{2}<\ln(1+x)<x(x>0)$.

(3) 令 $f(x)=\frac{2^x}{x^2}$，则 $f'(x)=\frac{2^x\ln2\cdot x^2-2^x\cdot 2x}{x^4}=\frac{2^x}{x^3}(x\ln2-2)$，令 $f'(x)=0$，得 $x=\frac{2}{\ln2}$.

当 $x>\frac{2}{\ln2}$ 时，$f'(x)>0$，而 $\frac{2}{\ln2}<4$，故当 $x>4$ 时，$f'(x)>0$. 于是 $f(x)$ 在 $(4,+\infty)$ 上单调递增，即 $f(x)>f(4)=\frac{2^4}{4^2}=1(x>4)$，所以 $\frac{2^x}{x^2}>1(x>4)$，即 $2^x>x^2(x>4)$.

(4) 令 $f(x)=(1+x)\ln x-2(x-1)$，则 $f'(x)=\ln x+(1+x)\cdot\frac{1}{x}-2=\ln x+\frac{1}{x}-1$，令 $f'(x)=0$，得 $x=1$. $f''(x)=\frac{1}{x}-\frac{1}{x^2}=\frac{x-1}{x^2}$，当 $x>1$ 时，$f''(x)>0$，于是 $f'(x)$ 在 $(1,+\infty)$ 上单调递增，即有 $x>1$ 时，$f'(x)>f'(1)=0$，于是 $f(x)$ 在 $(1,+\infty)$ 上单调递增，即有 $x>1$ 时，$f(x)>f(1)=0$，故 $(1+x)\ln x-2(x-1)>0(x>1)$，所以 $\ln x>\frac{2(x-1)}{x+1}(x>1)$.

例 3 设 $0\leqslant x\leqslant 1$，$p>1$，证明不等式：$\frac{1}{2^{p-1}}\leqslant x^p+(1-x)^p\leqslant 1$.

证明 令 $F(x)=x^p+(1-x)^p$，有 $F'(x)=px^{p-1}+p(1-x)^{p-1}\cdot(-1)=p[x^{p-1}-(1-x)^{p-1}]$，

$F''(x)=p(p-1)x^{p-2}+p(p-1)(1-x)^{p-2}$，令 $F'(x)=0$，得 $x=\frac{1}{2}$.

因为 $F''(\frac{1}{2}) = p(p-1)[(\frac{1}{2})^{p-2} + (\frac{1}{2})^{p-2}] > 0$（因为 $p > 1$），故 $F(x)$ 在 $x = \frac{1}{2}$ 处取得极小值.

因为 $F(1) = F(0) = 1, F(\frac{1}{2}) = \frac{1}{2^{p-1}}$，所以 $F(x)$ 在 $[0,1]$ 上最大值为 1，最小值为 $\frac{1}{2^{p-1}}$.

因此 $\frac{1}{2^{p-1}} \leqslant x^p + (1-x)^p \leqslant 1$.

例 4　求下列函数的极值：

(1) $y = 2x^3 - 6x^2 - 18x + 7$；　　(2) $y = \frac{2x}{1+x^2}$；

(3) $y = x^x$；　　(4) $y = |x(x^2-1)|$.

解　(1) 函数定义域为 $(-\infty, +\infty)$. 由 $y' = 6x^2 - 12x - 18 = 6(x+1)(x-3)$，知 $x = -1, x = 3$ 为驻点. 列表如下：

x	$(-\infty, -1)$	-1	$(-1, 3)$	3	$(3, +\infty)$
y'	$+$	0	$-$	0	$+$

所以，极大值为 $y|_{x=-1} = 17$，极小值为 $y|_{x=3} = -47$.

(2) 函数定义域为 $(-\infty, +\infty)$. 由 $y' = \frac{2(1+x^2) - 2x \cdot (2x)}{(1+x^2)^2} = \frac{2(1-x^2)}{(1+x^2)^2}$，知 $x = -1, x = 1$ 为驻点. 列表如下：

x	$(-\infty, -1)$	-1	$(-1, 1)$	1	$(1, +\infty)$
y'	$-$	0	$+$	0	$-$

所以，极大值为 $y|_{x=1} = 1$，极小值为 $y|_{x=-1} = -1$.

(3) 函数定义域为 $(0, +\infty)$. 由 $y' = e^{x\ln x}(\ln x + x \cdot \frac{1}{x}) = e^{x\ln x}(\ln x + 1)$，知 $x = e^{-1}$ 为驻点. 列表如下：

x	$(0, e^{-1})$	e^{-1}	$(e^{-1}, +\infty)$
y'	$-$	0	$+$

所以，y 无极大值，极小值为 $y|_{x=e^{-1}} = e^{-\frac{1}{e}}$.

(4) 函数定义域为 $(-\infty, +\infty)$.

由 $y = \begin{cases} x - x^3, & x < -1 \\ x^3 - x, & -1 < x < 0 \\ x - x^3, & 0 < x < 1 \\ x^3 - x, & x > 1 \end{cases}$，得 $y' = \begin{cases} 1 - 3x^2, & x < -1 \\ 3x^2 - 1, & -1 < x < 0 \\ 1 - 3x^2, & 0 < x < 1 \\ 3x^2 - 1, & x > 1 \end{cases}$，令 $y' = 0$，得 $x = \pm\frac{\sqrt{3}}{3}$.

又 $\lim\limits_{x \to -1^-} \frac{(x - x^3) - 0}{x - (-1)} = \lim\limits_{x \to -1^-} x(1-x) = -2$，$\lim\limits_{x \to -1^+} \frac{(x^3 - x) - 0}{x - (-1)} = \lim\limits_{x \to -1^+} x(x-1) = 2$，

$\lim\limits_{x \to 0^-} \frac{(x^3 - x) - 0}{x - 0} = \lim\limits_{x \to 0^-}(x^2 - 1) = -1$，$\lim\limits_{x \to 0^+} \frac{(x - x^3) - 0}{x - 0} = \lim\limits_{x \to 0^+}(1 - x^2) = 1$，

$\lim\limits_{x\to1^-}\dfrac{(x-x^3)-0}{x-1}=\lim\limits_{x\to1^-}-x(x+1)=-2,\lim\limits_{x\to1^+}\dfrac{(x^3-x)-0}{x-1}=\lim\limits_{x\to1^+}x(x+1)=2.$

故 $x=-\dfrac{\sqrt3}{3},x=\dfrac{\sqrt3}{3}$ 为驻点，$x=-1,x=0,x=1$ 为不可导点. 列表如下：

x	$(-\infty,-1)$	-1	$(-1,-\frac{\sqrt3}{3})$	$-\frac{\sqrt3}{3}$	$(-\frac{\sqrt3}{3},0)$	0	$(0,\frac{\sqrt3}{3})$	$\frac{\sqrt3}{3}$	$(\frac{\sqrt3}{3},1)$	1	$(1,+\infty)$
y'	$-$	不存在	$+$	0	$-$	不存在	$+$	0	$-$	不存在	$+$

所以，极大值为 $y|_{x=-\frac{\sqrt3}{3}}=\dfrac{2}{9}\sqrt3,y|_{x=\frac{\sqrt3}{3}}=\dfrac{2}{9}\sqrt3$；极小值为 $y|_{x=-1}=0,y|_{x=0}=0,y|_{x=1}=0.$

例 5　试确定 a,b 的值，使得 $y=a\ln x+bx^2+x$ 在 $x=1,x=2$ 处均取得极值，并求出该极值.

解　定义域为 $(-\infty,+\infty)$，由 $y'=\dfrac{a}{x}+2bx+1$ 知，$x=1,x=2$ 均为导数存在的点，

又 $x=1,x=2$ 为极值点，故 $\begin{cases}a+2b+1=0\\ \dfrac{a}{2}+4b+1=0\end{cases}$，得 $\begin{cases}a=-\dfrac{2}{3}\\ b=-\dfrac{1}{6}\end{cases}$，即 $y=-\dfrac{2}{3}\ln x-\dfrac{x^2}{6}+x.$

又 $y''=\dfrac{2}{3x^2}-\dfrac{1}{3},y''|_{x=1}=\dfrac{2}{3}-\dfrac{1}{3}=\dfrac{1}{3}>0,y''|_{x=2}=\dfrac{1}{6}-\dfrac{1}{3}=-\dfrac{1}{6}<0,$

所以 $x=1$ 为极小值点，极小值为 $y|_{x=1}=\dfrac{5}{6}$，$x=2$ 为极大值点，极大值为 $y|_{x=2}$ $=-\dfrac{2}{3}\ln2+\dfrac{4}{3}.$

例 6　求下列函数在给定区间上的最大值和最小值：

(1) $y=\sqrt{x}\ln x,(0,+\infty)$；　　(2) $y=e^{-2x}+2e^x,[-1,1]$；

(3) $y=x^{\frac23}-(x^2-1)^{\frac13},x\in[0,2]$；　　(4) $y=\sqrt[3]{2x^2(x-6)},x\in[-1,5].$

解　(1) 由 $y'=\dfrac{\ln x}{2\sqrt{x}}+\sqrt{x}\cdot\dfrac{1}{x}=\dfrac{\ln x+2}{2\sqrt{x}}$，知 $x=e^{-2}$ 为 y 在 $(0,+\infty)$ 上的驻点，

而 $y''=\dfrac{1}{2}\cdot\dfrac{\dfrac{1}{x}\cdot\sqrt{x}-(\ln x+2)\cdot\dfrac{1}{2\sqrt{x}}}{(\sqrt{x})^2}=-\dfrac{\ln x}{4x\sqrt{x}}$，则 $y''|_{x=e^{-2}}=-\dfrac{2}{e}>0,$

故 $x=e^{-2}$ 为极小值点，极小值为 $y|_{x=e^{-2}}=-\dfrac{2}{e}.$

而 $\lim\limits_{x\to0^+}y=0,\lim\limits_{x\to+\infty}y=+\infty$，所以 y 在 $(0,+\infty)$ 上极小值就为最小值.

故此函数在 $(0,+\infty)$ 上的最小值为 $y|_{x=e^{-2}}=-\dfrac{2}{e}$，$y$ 在 $(0,+\infty)$ 上无最大值.

(2) 由 $y'=-2e^{-2x}+2e^x=2e^x(1-e^{-3x})$，知 $x=0$ 为 y 在 $[-1,1]$ 上的驻点，

且当 $-1<x<0$ 时，$y'<0$；当 $0<x<1$ 时，$y'>0$，

所以，$x=0$ 为极小值点，极小值为 $y|_{x=0}=3.$

于是由 $y|_{x=-1}=e^2+2e^{-1},y|_{x=1}=e^{-2}+2e,y|_{x=0}=3,$

知 y 在 $[-1,1]$ 上的最大值为 $y|_{x=-1}=e^2+2e^{-1}$，最小值为 $y|_{x=0}=3$

(3) 由 $y'=\frac{2}{3}x^{-\frac{1}{3}}-\frac{2}{3}x(x^2-1)^{-\frac{2}{3}}=\frac{2}{3}\cdot\frac{(x^2-1)^{\frac{2}{3}}-x^{\frac{4}{3}}}{x^{\frac{1}{3}}(x^2-1)^{\frac{2}{3}}}$.

令 $y'=0$，得 $(x^2-1)^{\frac{2}{3}}-x^{\frac{4}{3}}=0$，即 $(x^2-1)^2=x^4$，得 $x=\frac{1}{\sqrt{2}}$，$x=-\frac{1}{\sqrt{2}}$(舍去).

又当 $x=1$ 时，y' 不存在. 而 $y|_{x=\frac{1}{\sqrt{2}}}=\sqrt[3]{4}$，$y|_{x=1}=1$，$y|_{x=0}=1$，$y|_{x=2}=\sqrt[3]{4}-\sqrt[3]{3}$，比较这几个函数值，可知 y 在 $[0,2]$ 上的最大值为 $y|_{x=\frac{1}{\sqrt{2}}}=\sqrt[3]{4}$，最小值为 $y|_{x=2}=\sqrt[3]{4}-\sqrt[3]{3}$.

(4) 求 $y=\sqrt[3]{2x^2(x-6)}$ 在 $[-1,5]$ 上的最值，只需求 $g(x)=2x^2(x-6)$ 在 $[-1,5]$ 上的最值.

由 $g'(x)=4x(x-6)+2x^2=6x(x-4)$，令 $g'(x)=0$，得 $x=0$，$x=4$. 且 $g(0)=0$，$g(4)=-64$，$g(-1)=-14$，$g(5)=-50$.

比较这几个函数值，可知 $g(x)$ 在 $[-1,5]$ 上的最大值为 $g(0)=0$，最小值为 $g(4)=-64$.

故 $y=\sqrt[3]{2x^2(x-6)}$ 在 $[-1,5]$ 上的最大值为 0，最小值为 $\sqrt[3]{-64}=-4$.

例 7　设椭圆 $\frac{x^2}{a^2}+\frac{y^2}{b^2}=1$ 上点的切线交 x 轴于 A 点，交 y 轴于 B 点.

(1) 求线段 AB 的最小值；

(2) 求线段 AB 与坐标轴所围三角形面积的最小值.

解　设点 $(a\cos\theta,b\sin\theta)$ 为椭圆上任一点. 则对 $\frac{x^2}{a^2}+\frac{y^2}{b^2}=1$ 两边的 x 求导数得 $\frac{2x}{a^2}+\frac{2yy'}{b^2}=0$，于是 $y'=-\frac{b^2x}{a^2y}$. 从而可得过点 $(a\cos\theta,b\sin\theta)$ 的切线方程的斜率为 $y'|_{x=a\cos\theta,y=b\sin\theta}=-\frac{b^2(a\cos\theta)}{a^2(b\sin\theta)}=-\frac{b}{a}\cot\theta$，过该点切线方程 $y-b\sin\theta=-\frac{b}{a}\cot\theta(x-a\cos\theta)$，即 $y+\frac{b}{a}\cot\theta x=b\cot\theta\cos\theta+b\sin\theta$，两边同除以 $\frac{b}{\sin\theta}$，则 $\frac{x}{\frac{a}{\cos\theta}}+\frac{y}{\frac{b}{\sin\theta}}=\cos^2\theta+\sin^2\theta=1$.

(1) 于是 $AB^2=(\frac{a}{\cos\theta})^2+(\frac{b}{\sin\theta})^2$，令 $f(\theta)=\frac{a^2}{\cos^2\theta}+\frac{b^2}{\sin^2\theta}=a^2\cdot(\cos\theta)^{-2}+b^2\cdot(\sin\theta)^{-2}$，则 $f'(\theta)=a^2\cdot(-2)(\cos\theta)^{-3}\cdot(-\sin\theta)+b^2\cdot(-2)(\sin\theta)^{-3}\cos\theta=2a^2\frac{\sin\theta}{\cos^3\theta}-2b^2\frac{\cos\theta}{\sin^3\theta}$.

令 $f'(\theta)=0$，即 $2a^2\frac{\sin\theta}{\cos^3\theta}-2b^2\frac{\cos\theta}{\sin^3\theta}=0$，解得 $\tan^2\theta=\frac{b}{a}$.

所以 $AB^2|_{\min}=a^2\frac{\cos^2\theta+\sin^2\theta}{\cos^2\theta}+b^2\frac{\cos^2\theta+\sin^2\theta}{\sin^2\theta}=a^2(1+\tan^2\theta)+b^2(\cot^2\theta+1)$

$=a^2(1+\frac{b}{a})+b^2(\frac{a}{b}+1)=a^2+2ab+b^2=(a+b)^2$. 即线段 AB 的最小值为 $a+b$.

(2) 由 $\frac{x}{\frac{a}{\cos\theta}}+\frac{y}{\frac{b}{\sin\theta}}=1$，知 $S=\frac{1}{2}\cdot\left|\frac{a}{\cos\theta}\right|\cdot\left|\frac{b}{\sin\theta}\right|=\frac{1}{2}\left|\frac{ab}{\cos\theta\sin\theta}\right|=\left|\frac{ab}{\sin(2\theta)}\right|$，

故线段 AB 与两坐标轴所围三角形面积的最小值为 ab.

四、函数凹凸性的判定与拐点的求法问题

1. *考点解读*

函数凹凸性的判定和求拐点可统一按如下步骤进行：

(1) 求出函数 $f(x)$ 的定义域；

(2) 求出该函数的二阶导数 $f''(x)$，求出使 $f''(x)=0$ 和 $f''(x)$ 不存在的点；

(3) 以上述各点为分点，将函数的定义区间分为若干个子区间，讨论 $f''(x)$ 在各子区间内的符号，确定曲线的凹凸区间并求出拐点. 拐点的简单判别方法：若经过某一点时二阶导数 $f''(x)$ 变号，则该点为函数的拐点.

2. *典型题型*

例 1 求曲线 $y=\frac{x}{1+x^2}$ 的凹凸区间和拐点.

解 函数的定义域为 $(-\infty,+\infty)$

$$y'=\frac{1+x^2-2x^2}{(1+x^2)^2}=\frac{1-x^2}{(1+x^2)^2},$$

$$y''=\frac{-2x\cdot(1+x^2)^2-(1-x^2)\cdot 2(1+x^2)\cdot 2x}{(1+x^2)^4}=\frac{2x(x^2-3)}{(1+x^2)^3}.$$

令 $y''=0$，得 $x=-\sqrt{3}$，$x=\sqrt{3}$，$x=0$，这三个点将函数的定义域分成四个部分，现列表如下：

x	$(-\infty,-\sqrt{3})$	$-\sqrt{3}$	$(-\sqrt{3},0)$	0	$(0,\sqrt{3})$	$\sqrt{3}$	$(\sqrt{3},+\infty)$
y''	$-$	0	$+$	0	$-$	0	$+$
y	凸	$-\frac{\sqrt{3}}{4}$ 拐点	凹	0 拐点	凸	$\frac{\sqrt{3}}{4}$ 拐点	凹

由表可知，曲线的凹区间为 $(-\sqrt{3},0)$ 和 $(\sqrt{3},+\infty)$；曲线的凸区间为 $(-\infty,-\sqrt{3})$ 和 $(0,\sqrt{3})$；拐点为 $(-\sqrt{3},-\frac{\sqrt{3}}{4})$，$(0,0)$，$(\sqrt{3},\frac{\sqrt{3}}{4})$.

例 2 求曲线 $y=\ln(1+x^2)$ 的凹凸区间和拐点.

解 函数的定义域为 $(-\infty,+\infty)$

$$y'=\frac{2x}{1+x^2},\ y''=\frac{2(1+x^2)-4x^2}{(1+x^2)^2}=\frac{2(1-x^2)}{(1+x^2)^2},$$

令 $y''=0$，得 $x=\pm 1$，现列表如下：

x	$(-\infty,-1)$	-1	$(-1,1)$	1	$(1,+\infty)$
y''	$-$	0	$+$	0	$-$
y	凸	ln2 拐点	凹	ln2 拐点	凸

因此，曲线的凹区间为$(-1,1)$；曲线的凸区间为$(-\infty,-1)$和$(1,+\infty)$；

拐点为$(-1,\ln 2)$和$(1,\ln 2)$.

例 3　已知曲线 $y=ax^3+bx^2+cx$ 上点$(1,2)$处有水平切线，且原点为该曲线的拐点，求 a、b、c 的值，并写出此曲线方程.

解　由题意知点$(1,2)$在曲线上，因此有 $2=a+b+c\cdots\cdots(1)$

由于曲线在点$(1,2)$处有水平切线，从而

$y'|_{x=1}=(3ax^2+2bx+c)|_{x=1}=3a+2b+c=0\cdots\cdots(2)$

又 $y''=6ax+2b$ 在$(-\infty,+\infty)$存在，坐标原点为曲线的拐点，必有

$y'|_{x=1}=(6ax+2b)|_{x=0}=2b=0\cdots\cdots(3)$，联立(1)(2)(3)解得 $a=-1,b=0,c=3$.

五、曲线的渐近线与作图问题

1. 考点解读

曲线 $y=f(x)$ 的水平渐近线和垂直渐近线实质是函数 $f(x)$ 极限的一种几何上的表现，其求法只需按相应方法进行，并不困难.

综合使用上述用导数研究函数变化性态(增减性，凹凸性)等的方法，可以描绘出简单初等函数的图形，具体步骤如下：

(1) 确定函数的定义域.

(2) 判定函数的奇偶性.(若存在奇偶性，根据奇偶函数的对称性只需描出一半定义域上的函数图形，另一半定义域上的图形可对称地描出.)

(3) 求出函数的一阶导数，进而求出可疑点，以便确定函数的增减性、极值.

(4) 求出函数的二阶导数，进而求出 $y''=0$ 的点及二阶导数不存在的点，以便确定曲线的凹凸性、拐点.

(5) 确定曲线的水平与垂直渐近线，斜渐近线以及其他变化趋势.

(6) 用上述各点分割定义域为若干小区间，列表讨论每个小区间上一、二阶导数的符号，以便观察函数图形的大概性态，然后逐段描绘成图，必要时添加一些辅助点(如与坐标轴的交点等)，这样更准确些.

2. 典型题型

例 1　下列函数有无水平或垂直渐近线?若有，求出来.

(1)$y=\dfrac{1}{x^2+x}$；　　(2)$y=\dfrac{\ln x}{x}$；

(3)$y=1+\dfrac{x}{(x-1)^2}$；　　(4)$y=1+e^{\frac{1}{x}}$.

解　(1) $\lim\limits_{x\to\infty}\dfrac{1}{x^2+x}=0$，故 $y=0$ 是它的一条水平渐近线.

$\lim\limits_{x\to 0}\dfrac{1}{x^2+x}=\infty$，$\lim\limits_{x\to -1}\dfrac{1}{x^2+x}=+\infty$，故 $x=0$ 和 $x=-1$ 都是所给曲线的垂直渐近线.

(2) $\lim\limits_{x\to+\infty}\dfrac{\ln x}{x}\overset{\frac{\infty}{\infty}}{=}\lim\limits_{x\to+\infty}\dfrac{\frac{1}{x}}{1}=0$，故 $y=0$ 是所给曲线的水平渐近线.

$\lim\limits_{x\to0^{+}}\dfrac{\ln x}{x}=\infty$，故 $x=0$ 是它的垂直渐近线.

(3) $\lim\limits_{x\to\infty}[1+\dfrac{x}{(x-1)^{2}}]=1$，故 $y=1$ 是所给曲线的水平渐近线.

$\lim\limits_{x\to1}[1+\dfrac{x}{(x-1)^{2}}]=+\infty$，故 $x=1$ 是它的垂直渐近线.

(4) $\lim\limits_{x\to\infty}(1+e^{\frac{1}{x}})=2$，故 $y=2$ 是所给曲线的水平渐近线.

$\lim\limits_{x\to0^{+}}(1+e^{\frac{1}{x}})=+\infty$，故 $y=1$ 是它的垂直渐近线.

例 2　描绘函数 $y=\dfrac{(x+1)^{3}}{(x-1)^{2}}$ 的图形.

解　函数的定义域为 $(-\infty,1)\cup(1,+\infty)$，该函数不具有周期性和对称性；与坐标轴的交点为 $(-1,0)$，$x=1$ 为其间断点；

$$y'=\frac{[3(x+1)^{2}\cdot1]\cdot(x-1)^{2}-(x+1)^{3}\cdot[2(x-1)\cdot1]}{(x-1)^{4}}=\frac{(x+1)^{2}(x-5)}{(x-1)^{3}}$$，令 $y'=0$，得 $x=-1$，$x=5$，且在 $x=1$ 处 y' 不存在；

$$y''=\frac{[2(x+1)(x-5)+(x+1)^{2}\cdot1]\cdot(x-1)-3(x+1)^{2}(x-5)}{(x-1)^{4}}=\frac{24(x+1)}{(x-1)^{4}}$$，

令 $y''=0$，得 $x=-1$，且在 $x=1$ 处 y'' 不存在. 列表如下：

x	$(-\infty,-1)$	-1	$(-1,1)$	1	$(1,5)$	5	$(5,+\infty)$
y'	+		+		−		+
y''	−		+		+		+
y		$(-1,0)$ 拐点		$x=1$ 垂直渐近线		$f(5)=\dfrac{27}{2}$ 极小值	

因为 $\lim\limits_{x\to1}\dfrac{(x+1)^{3}}{(x-1)^{2}}=\infty$，所以 $x=1$ 为垂直渐近线；

$$a=\lim_{x\to\infty}\frac{f(x)}{x}=\lim_{x\to\infty}\frac{(x+1)^{3}}{x(x-1)^{2}}=1,\ b=\lim_{x\to\infty}[f(x)-ax]=\lim_{x\to\infty}[\frac{(x+1)^{3}}{(x-1)^{2}}-x]=\lim_{x\to\infty}\frac{5x^{2}+2x+1}{x^{2}-2x+1}=5.$$

所以，函数的斜渐近线为 $y=x+5$. 作图如下：

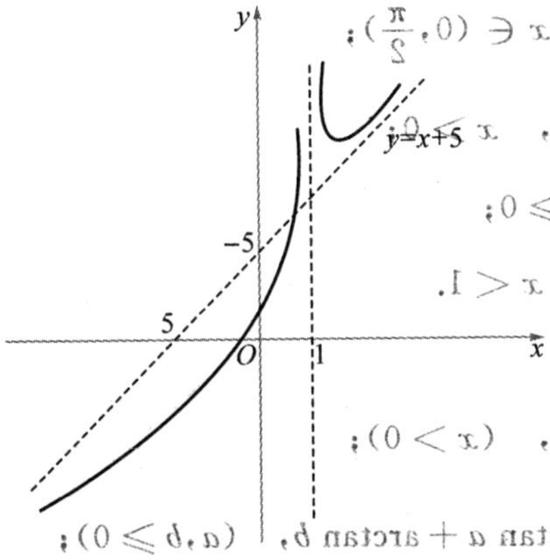

第二节 实战演练与参考解析

1. 设 $f(x)=\begin{cases}x^3\sin\dfrac{1}{x}, & x\neq 0\\ 0, & x=0\end{cases}$，验证罗尔定理在$\left[-\dfrac{\pi}{2},\dfrac{\pi}{2}\right]$上的正确性.

2. 验证拉格朗日中值定理对于函数 $f(x)=\arctan x$ 在区间$[0,1]$上的正确性.

3. 验证柯西中值定理对函数 $f(x)=\sin x$ 及 $g(x)=x+\cos x$ 在区间$\left[0,\dfrac{\pi}{2}\right]$上的正确性.

4. 验证柯西中值定理对函数 $f(x)=\begin{cases}x, & x<0\\ \ln(1+x), & x\geqslant 0\end{cases}$ 及 $g(x)=(1+x)^2$ 在$[-1,1]$上的正确性.

5. 验证函数 $f(x)=x^2\sqrt{5-x}$ 在区间$[0,5]$上满足罗尔定理的条件，并求 ε.

6. 已知函数 $f(x)$ 在闭区间$[0,1]$上连续，在开区间$(0,1)$内可导，且 $f(1)=0$. 试证：在开区间$(0,1)$内至少存在一点 ε，使得 $f'(\varepsilon)=-\dfrac{1}{\varepsilon}f(\varepsilon)$，$\varepsilon\in(0,1)$.

7. 证明方程 $x^3-3x^2+1=0$ 在区间$[0,1]$内不可能有两个不同的实根.

8. 若 $f(x)$ 在(a,b)内具有二阶导数，且 $f(x_1)=f(x_2)=f(x_3)$，其中 $a<x_1<x_2<x_3<b$，证明：至少存在一点 $\varepsilon\in(x_1,x_3)$，使得 $f''(\varepsilon)=0$.

9. 若函数 $f(x)$ 可导，证明方程 $f(x)=0$ 的相邻二实根之间必有方程 $f'(x)=0$ 的一个实根；若 $f(x)=(x^2-a^2)(x^2-b^2)$，$(a>b>0)$，不用求导数，利用上述事实指出 $f'(x)=0$ 的根所在的区间.

10. 证明下列不等式：

(1)$e^x>e\cdot x, x>1$；

(2)$|\arctan x-\arctan y|\leqslant|x-y|$；

(3)$nb^{n-1}(a-b)<a^n-b^n<na^{n-1}(a-b)$，　$(a>b>0, n>1)$；

(4)$e^x>1+(1+x)\ln(1+x)$，　$x>0$；

(5) $\cos x > 1 - \frac{x^2}{2}$， $x \in (0, \frac{\pi}{2})$；

(6) $1 + \frac{1}{2}x > \sqrt{1+x}$， $x > 0$；

(7) $\arctan x \leqslant x$， $x \geqslant 0$；

(8) $e^{2x} < \frac{1+x}{1-x}$， $0 < x < 1$.

11.证明下列不等式：

(1) $\arctan x + \frac{1}{x} > \frac{\pi}{2}$， $(x > 0)$；

(2) $2\arctan \frac{a+b}{2} \geqslant \arctan a + \arctan b$， $(a, b \geqslant 0)$；

(3) $\frac{x}{y} < \frac{\sin x}{\sin y}$， $(x < y, x, y \in (0, \frac{\pi}{2}))$；

(4) $\frac{2}{\pi}x < \sin x < x$， $(0 < x < \frac{\pi}{2})$；

(5) $\frac{x}{1+x} < \ln(1+x) < x$， $(x > 0)$；

(6) $2\arctan x - \arctan \frac{2x}{1-x^2} = 0$， $|x| < 1$.

12.求下列极限：

(1) $\lim\limits_{x \to 0^+} x^n \ln x$， $(n > 0)$；

(2) $\lim\limits_{x \to 0}[\frac{1}{x} - \frac{1}{\ln(1+x)}]$；

(3) $\lim\limits_{x \to 1} x^{\frac{1}{1-x}}$；

(4) $\lim\limits_{x \to 0^+} (\cot x)^{\sin x}$；

(5) $\lim\limits_{x \to 0} \frac{\tan(ax)}{\sin(bx)}$；

(6) $\lim\limits_{x \to 0} \frac{\sin(\sin x)}{x}$；

(7) $\lim\limits_{x \to \frac{\pi}{4}} \frac{\sin x - \cos x}{\tan^2 x - 1}$；

(8) $\lim\limits_{x \to 0} \frac{\ln(1+x^2)}{\sec x - \cos x}$；

(9) $\lim\limits_{x \to \infty} x(\cos \frac{1}{x} - 1)$；

(10) $\lim\limits_{x \to 0}(\frac{1}{x} - \frac{1}{e^x - 1})$.

13.求下列极限：

(1) $\lim\limits_{x \to 0} \frac{x - \arcsin x}{\tan^3 x}$；

(2) $\lim\limits_{x \to 0} \frac{\sqrt{\cos x} - \sqrt[3]{\cos x}}{(\arcsin x)^2}$.

14. 求下列极限：

(1) $\lim\limits_{x\to\infty}\dfrac{(4x-1)(2x+1)}{5x^3+2x}$；

(2) $\lim\limits_{x\to+\infty}\dfrac{x^2+\sqrt{x^2+3}}{2x-\sqrt{2x^4-1}}$；

(3) $\lim\limits_{x\to 0}(\dfrac{1}{x^2}-\cot^2 x)$；

(4) $\lim\limits_{x\to+\infty}(\sqrt{x^2+3x-1}-\sqrt{x^2-3x-1})$；

(5) $\lim\limits_{x\to 0}[\ln(1+x^2)]^{e^{x^2}-1}$；

(6) $\lim\limits_{x\to\infty}(x+\sqrt{1+x^2})^{\frac{1}{x}}$.

15. 求下列函数的极值：

(1) $y=\dfrac{x(x^2+1)}{x^4-x^2+1}$；

(2) $x^2+2xy+y^2-4x+2y-2=0$；

(3) $f(x)=\dfrac{1}{2}\cos 2x+\sin x$，　$(0\leqslant x\leqslant\pi)$.

16. 求 $y=\sqrt[3]{(2x-x^2)^2}$ 的单调区间和极值.

17. 若函数 $f(x)=x^3+ax^2+bx$ 在点 $x=1$ 处取得极值 -2，确定 a、b 的值.

18. 求下列函数在给定区间上的最大值与最小值：

(1) $y=\dfrac{x}{1+x^2}$，　$(-\infty,+\infty)$；

(2) $y=xe^{-x}$，　$(-\infty,+\infty)$；

(3) $y=\dfrac{(x-3)^2}{4(x-1)}$，　$[2,4]$；

(4) $y=\arctan\dfrac{1-x}{1+x}$，　$[0,2]$；

(5) $y=\dfrac{a^2}{x}+\dfrac{b^2}{1-x}(a>0,b>0)$，　$(0,1)$.

19. 求曲线 $xy=1$ 在第一象限内的切线方程，使该切线在两坐标轴上的截距之和最小.

20. 在椭圆 $4x^2+y^2=4$ 上任意点 $M(x,y)$（在第一象限）处的切线与 x 轴、y 轴分别交于 A 点和 B 点.

(1) 试将该切线与两坐标轴围成的三角形面积 S 表示成 x 的函数；

(2) 问 x 为何值时，该三角形面积 S 最小，并求出此最小面积.

21. 求下列曲线的凹凸区间与拐点：

(1) $y=xe^{-x}$；

(2) $y=x^2+\dfrac{1}{x}$；

(3) $y=\dfrac{(x-3)^2}{4(x-1)}$；

(4) $y=x^x$；

(5)$y=(x-1)\sqrt[3]{x^2}$.

22.设 $y=y(x)$，由 $2y^3-2y^2+2xy-x^2=1$ 所确定，试求 $y=y(x)$ 的驻点，并判断其驻点处是否取得极值.

23.已知点(2,4)是曲线 $y=x^3+ax^2+bx+c$ 的拐点，且在点 $x=3$ 取得极值，求 a、b、c.

24.求 a 的值，使曲线 $y=a(x^2-3)^2$ 上拐点处的法线过原点.

25.求曲线 $y=\dfrac{x}{2+x}$ 的铅直渐近线.

26.求曲线 $y=\dfrac{(x-1)^2}{(x+1)^3}$ 的渐近线.

27.求曲线 $y=\dfrac{3x^2+2}{1-x^2}$ 的水平渐近线和铅直渐近线.

28.描绘函数 $y=\dfrac{3x}{(x+1)^2}-2$ 的图形.

[参考解析]

1.因为 $x^3\sin\dfrac{1}{x}$ 在 $x\neq 0$ 时连续，在 $x=0$ 处有 $\lim x^3\sin\dfrac{1}{x}=0=f(0)$，

可见当 $x=0$ 时该函数也连续，故 $f(x)$ 在 $[-\dfrac{\pi}{2},\dfrac{\pi}{2}]$ 上连续；

且当 $x\neq 0$ 时 $f'(x)=3x^2\sin\dfrac{1}{x}-x\cos\dfrac{1}{x}$，

又 $f'(0)=\lim\limits_{x\to 0}\dfrac{f(x)-f(0)}{x-0}=\lim\limits_{x\to 0}x^2\sin\dfrac{1}{x}=0$，

可知 $f(x)$ 在 $[-\dfrac{\pi}{2},\dfrac{\pi}{2}]$ 内可导；由于 $f(-\dfrac{\pi}{2})=f(\dfrac{\pi}{2})=(\dfrac{2}{\pi})^3$，

于是，该函数在 $[-\dfrac{\pi}{2},\dfrac{\pi}{2}]$ 上满足罗尔定理的条件.

令 $f'(x)=x(3x\sin\dfrac{1}{x}-\cos\dfrac{1}{x})=0$，解得 $x=0$，取 $\varepsilon=0$ 就可满足定理的要求.

2.初等函数 $\arctan x$ 在定义域 $(-\infty,+\infty)$ 内连续，因而 $f(x)=\arctan x$ 在 $[0,1]$ 上连续.

又 $f'(x)=\dfrac{1}{1+x^2}$ 在 $(0,1)$ 内处处存在，可知该函数在 $[0,1]$ 上满足拉格朗日中值定理的条件，以下验证确有这样的 $\varepsilon\in(0,1)$，使 $\dfrac{f(1)-f(0)}{1}=f'(\varepsilon)$.

令 $\dfrac{\arctan 1-\arctan 0}{1-0}=\dfrac{1}{1+\varepsilon^2}$，得 $\varepsilon=\sqrt{\dfrac{4-\pi}{\pi}}$，由于 $0<\varepsilon<1$，此 ε 就可以满足定理的要求.

3.显然 $f(x)=\sin x$ 及 $g(x)=x+\cos x$ 在 $[0,\dfrac{\pi}{2}]$ 上连续.

$f'(x)=\cos x$，$g'(x)=1-\sin x$ 在 $(0,\dfrac{\pi}{2})$ 内均存在，并且 $g'(x)\neq 0$，$(0\leq x<\dfrac{\pi}{2})$.

可见 $f(x)$ 和 $g(x)$ 在 $[0,\frac{\pi}{2}]$ 上满足柯西中值定理的条件，故存在点 $\varepsilon\in(0,\frac{\pi}{2})$，

使 $\dfrac{f(\frac{\pi}{2})-f(0)}{g(\frac{\pi}{2})-g(0)}=\dfrac{f'(\varepsilon)}{g'(\varepsilon)}$，

即 $\dfrac{1}{\frac{\pi}{2}-1}=\dfrac{\cos\varepsilon}{1-\sin\varepsilon}=\dfrac{\cos^2\frac{\varepsilon}{2}-\sin^2\frac{\varepsilon}{2}}{(\cos\frac{\varepsilon}{2}-\sin\frac{\varepsilon}{2})^2}=\dfrac{1+\tan\frac{\varepsilon}{2}}{1-\tan\frac{\varepsilon}{2}}$，解之，可得 $\tan\dfrac{\varepsilon}{2}=\dfrac{4-\pi}{\pi}$，

取 $\varepsilon=2\arctan\dfrac{4-\pi}{\pi}\in(0,\dfrac{\pi}{2})$ 就可满足定理的要求.

4. $f_-(0)=\lim\limits_{x\to0^-}x=0$，$f_+(0)=\lim\limits_{x\to0^+}\ln(1+x)=0$，$f_+(0)=f_-(0)$，由此可知 $f(x)$ 在 $x=0$ 处连续，在 $[-1,1]$ 上也连续，$g(x)$ 在该区间上也连续.

$f'_-(0)=\lim\limits_{x\to0^-}\dfrac{f(x)-f(0)}{x-0}=\lim\limits_{x\to0^-}\dfrac{x}{x}=1$，

$f'_+(0)=\lim\limits_{x\to0^+}\dfrac{f(x)-f(0)}{x-0}=\lim\limits_{x\to0^+}\dfrac{\ln(1+x)}{x}=1$，

故 $f(x)$ 在 $x=0$ 处可导，显然 $f(x)$ 在 $(-1,1)$ 内可导.

又 $g'(x)=2(1+x)$ 在 $(-1,1)$ 内存在，且 $g'(x)\neq0$，可知满足柯西中值定理的条件.

故存在点 $\varepsilon\in(-1,1)$，使 $\dfrac{f(1)-f(-1)}{g(1)-g(-1)}=\dfrac{f'(\varepsilon)}{g'(\varepsilon)}$，即 $\dfrac{\ln2+1}{4}=\dfrac{f'(\varepsilon)}{2(1+\varepsilon)}$，

当 $\varepsilon<0$ 时，$f'(\varepsilon)=1$，$\dfrac{\ln2+1}{4}=\dfrac{1}{2(1+\varepsilon)}$，$\varepsilon=\dfrac{1-\ln2}{1+\ln2}$，

当 $\varepsilon>0$ 时，$f'(\varepsilon)=\dfrac{1}{1+\varepsilon}$，$\dfrac{\ln2+1}{4}=\dfrac{\frac{1}{1+\varepsilon}}{2(1+\varepsilon)}$，$\varepsilon=\sqrt{\dfrac{2}{1+\ln2}}-1$.

由于 $\varepsilon\in(-1,1)$，故两个 ε 均满足定理的要求.

5. $f(x)=x^2\sqrt{5-x}$ 在 $[0,5]$ 上连续，在 $(0,5)$ 内有 $f'(x)=2x\sqrt{5-x}-\dfrac{x^2}{2\sqrt{5-x}}$

$=\dfrac{x(20-5x)}{2\sqrt{5-x}}$，$f'(x)$ 在 $(0,5)$ 内有意义，即 $f(x)$ 在 $(0,5)$ 内可导.

又显然 $f(0)=f(5)=0$. 故 $f(x)$ 在 $[0,5]$ 上满足罗尔定理条件.

令 $f'(x)=\dfrac{x(20-5x)}{2\sqrt{5-x}}=0$，得 $x=0$，$x=4$，又 $x=0$ 为区间端点，故在 $(0,5)$ 内仅有 $\varepsilon=4$.

6. 证明：待证结论可改为 $f(\varepsilon)+\varepsilon f'(\varepsilon)=0$，又由于 $[xf(x)]'|_{x=\varepsilon}=f(\varepsilon)+\varepsilon f'(\varepsilon)$，可见，若令 $F(x)=xf(x)$，则 $F(x)$ 在 $[0,1]$ 上连续，在 $(0,1)$ 内可导，且 $F(0)=F(1)=0$，即 $F(x)$ 满足罗尔定理的全部条件.

于是在 $(0,1)$ 内至少存在一点 ε，使得 $F'(\varepsilon)=f(\varepsilon)+\varepsilon f'(\varepsilon)=0$，$\varepsilon\in(0,1)$，即 $f'(\varepsilon)=-\dfrac{1}{\varepsilon}f(\varepsilon)$，$\varepsilon\in(0,1)$.

7. 证明：（反证法）假设方程在区间 $[0,1]$ 内有两个不同的实根 a,b，且 $a<b$，则函数

$f(x)=x^3-3x^2+1$ 在闭区间$[a,b]$上满足罗尔定理的全部条件，于是，在(a,b)内至少存在一点 ε，使得 $f'(\varepsilon)=3\varepsilon^2-6\varepsilon=0$，此时 ε 只能取 0 或 2，矛盾.

8. 证明：显然 $f(x)$ 在$[x_1,x_2]$，$[x_2,x_3]$上满足罗尔定理条件，从而至少存在 $\varepsilon_1\in[x_1,x_2]$，$\varepsilon_2\in[x_2,x_3]$，使得 $f'(\varepsilon_1)=0$，$f'(\varepsilon_2)=0$. 因为 $f(x)$ 在(a,b)内具有二阶导数，且 $a<x_1<x_2<x_3<b$.

所以 $f'(x)$ 在$[\varepsilon_1,\varepsilon_2]$上连续且可导，因此 $f'(x)$ 在$[\varepsilon_1,\varepsilon_2]$上满足罗尔定理的条件，则至少存在一点 $\delta\in(\varepsilon_1,\varepsilon_2)\subset(x_1,x_3)$，使得 $f''(\delta)=0$.

9. 证明：设 x_1,x_2 为方程 $f(x)=0$ 的相邻二实根且 $x_1<x_2$. $f(x)$ 在$[x_1,x_2]$上可导且 $f(x_1)=f(x_2)=0$. 由罗尔定理知，存在 $\varepsilon\in(x_1,x_2)$，使 $f'(\varepsilon)=0$，即 ε 为方程 $f'(x)=0$ 的一个实根，并且 $x_1<\varepsilon<x_2$.

若 $f(x)=(x^2-a^2)(x^2-b^2)$，$(a>b>0)$，则四次方程 $f(x)=0$ 的四个实根依次为 $x_1=-a$，$x_2=-b$，$x_3=b$，$x_4=a$. 故三次方程 $f'(\varepsilon)=0$ 的三个根分别位于区间$(-a,-b)$，$(-b,b)$，(b,a)内.

10. 证明：(1) 考察函数 $f(t)=e^t$，$1\leqslant t\leqslant x$. 根据拉格朗日中值定理，$e^x-e^1=f'(\varepsilon)\cdot(x-1)=e^{\varepsilon}(x-1)$，$1<\varepsilon<x$，由于 $1<\varepsilon<x$，则 $e^{\varepsilon}(x-1)>e(x-1)$，所以 $e^x-e>e(x-1)$，即 $e^x>e\cdot x$.

(2) 当 $x=y$ 时，不等式显然成立.

当 $x\neq y$ 时，不妨设 $y>x$. 考察函数 $f(t)=\arctan t$，$x\leqslant t\leqslant y$，根据拉格朗日中值定理，有 $\arctan y-\arctan x=f'(\varepsilon)\cdot(y-x)=\dfrac{1}{1+\varepsilon^2}(y-x)$，其中 $x<\varepsilon<y$.

显然 $\dfrac{1}{1+\varepsilon^2}\leqslant 1$，从而 $\dfrac{1}{1+\varepsilon^2}\cdot|y-x|\leqslant|y-x|$，所以 $|\arctan y-\arctan x|\leqslant|y-x|$，得证.

(3) 令 $f(x)=x^n$，则 $f(x)$ 在$[b,a]$上连续，在(b,a)内可导.

于是，由拉格朗日中值定理知：存在 $\varepsilon\in(b,a)$，使得 $f(a)-f(b)=f'(\varepsilon)(a-b)$，

即 $a^n-b^n=n\varepsilon^{n-1}(a-b)$. 而 $a>b>0$，$n>1$，故有 $nb^{n-1}<n\varepsilon^{n-1}<na^{n-1}$，

所以 $nb^{n-1}(a-b)<a^n-b^n<na^{n-1}(a-b)$ 成立.

(4) 令 $f(x)=e^x-1-(1+x)\ln(1+x)$，则 $f(x)$ 在$[0,x]$上连续，在$(0,x)$内可导.

于是，由拉格朗日中值定理知：存在 $\varepsilon\in(0,x)$，使得 $f(x)-f(0)=f'(\varepsilon)x$ 成立，

又因 $f'(x)=e^x-1-\ln(1+x)$，即等式为 $e^x-1-(1+x)\ln(1+x)=[e^{\varepsilon}-1-\ln(1+\varepsilon)]x$，而 $\ln(1+\varepsilon)=\ln(1+\varepsilon)-\ln 1=\dfrac{1}{1+\eta}\varepsilon<\varepsilon$， $0<\eta<\varepsilon$；即 $-\ln(1+\varepsilon)>-\varepsilon$

$e^{\varepsilon}-1=e^{\varepsilon}-e^0=e^{\lambda}\varepsilon>\varepsilon$， $0<\lambda<\varepsilon$，所以 $e^x-1-(1+x)\ln(1+x)>(\varepsilon-\varepsilon)x=0$，即得证 $e^x>1+(1+x)\ln(1+x)$， $(x>0)$.

(5) 令 $f(x)=\cos x-(1-\dfrac{x^2}{2})$，则 $f(x)$ 在$[0,\dfrac{\pi}{2}]$上连续，在$(0,\dfrac{\pi}{2})$内可导.

于是由拉格朗日中值定理知：存在 $\varepsilon\in(0,\dfrac{\pi}{2})$，使得 $f(x)-f(0)=f'(\varepsilon)(x-0)$ 成立，

即 $\cos x-(1-\dfrac{x^2}{2})=(-\sin\varepsilon+\varepsilon)\cdot x$，而 $\sin\varepsilon<\varepsilon$， $\varepsilon\in(0,\dfrac{\pi}{2})$，

所以 $\cos x-(1-\frac{x^2}{2})>(-\varepsilon+\varepsilon)\cdot x=0$，即 $\cos x>1-\frac{x^2}{2}$，得证.

(6) 设 $f(x)=1+\frac{1}{2}x-\sqrt{1+x}$，$x\geqslant 0$，$f(0)=0$，$f'(x)=\frac{1}{2}-\frac{1}{2\sqrt{1+x}}=\frac{1}{2}\frac{\sqrt{1+x}-1}{\sqrt{1+x}}$，当 $x>0$ 时，$f'(x)>0$ 且在 $[0,+\infty)$ 上 $f(x)$ 连续，因此在 $[0,+\infty)$ 上 $f(x)$ 单调增加，从而当 $x>0$ 时，$f(x)>f(0)=0$，即 $1+\frac{1}{2}x-\sqrt{1+x}>0$，得证 $1+\frac{1}{2}x>\sqrt{1+x}$.

(7) 设 $f(x)=\arctan x-x$，当 $x>0$ 时，$f'(x)=\frac{1}{1+x^2}-1=-\frac{x^2}{1+x^2}<0$，且 $f(x)$ 在 $[0,+\infty)$ 上连续，因此在 $[0,+\infty)$ 上单调减少，从而当 $x>0$ 时，$f(x)<f(0)=0$，即 $\arctan x-x<0$，所以当 $x\geqslant 0$ 时，有 $\arctan x\leqslant x$.

(8) 当 $0<x<1$ 时，$1-x>0$，原不等式可变形为 $e^{2x}(1-x)-1-x<0$，

故设 $f(x)=e^{2x}(1-x)-1-x$，　$0<x<1$.

$f'(x)=e^{2x}\cdot 2\cdot(1-x)+e^{2x}(-1)-1=e^{2x}(1-2x)-1$，其符号不好判定.

而 $f''(x)=e^{2x}\cdot 2\cdot(1-2x)+e^{2x}\cdot(-2)=-4xe^{2x}<0$，且 $f'(x)$ 在 $[0,1]$ 上连续，故 $f'(x)$ 在 $[0,1]$ 内单调减少，从而当 $0<x<1$ 时，$f'(x)<f'(0)=0$

又 $f(x)$ 在 $[0,1]$ 上连续，故 $f(x)$ 在 $[0,1]$ 上单调减少，从而 $f(x)<f(0)=0$，即 $e^{2x}(1-x)-1-x<0$，所以 $e^{2x}<\frac{1+x}{1-x}$.

11. 证明：(1) 设 $f(x)=\arctan x+\frac{1}{x}-\frac{\pi}{2}$，因为 $f'(x)=\frac{1}{1+x^2}-\frac{1}{x^2}<0$，所以 $f(x)$ 在 $(0,+\infty)$ 上单调递减，又 $\lim\limits_{x\to+\infty}f(x)=0$，故当 $x>0$ 时，$f(x)>\lim\limits_{x\to+\infty}f(x)=0$，即 $\arctan x+\frac{1}{x}-\frac{\pi}{2}>0$，所以 $\arctan x+\frac{1}{x}>\frac{\pi}{2}$，$(x>0)$.

(2) 令 $f(x)=\arctan(x+\frac{b-a}{2})-\arctan x$，则 $f'(x)=\frac{1}{1+(x+\frac{b-a}{2})^2}-\frac{1}{1+x^2}$. 由于 $a,b\geqslant 0$，故当 $b>a$ 时，$f'(x)<0$，则 $f(x)$ 在 $(a,\frac{a+b}{2})$ 内单调递减，故有 $f(a)>f(\frac{a+b}{2})$，即 $\arctan\frac{a+b}{2}-\arctan a>\arctan b-\arctan\frac{a+b}{2}$，所以 $2\arctan\frac{a+b}{2}>\arctan a+\arctan b$.

当 $a>b$ 时，$f'(x)>0$，则 $f(x)$ 在 $(\frac{a+b}{2},a)$ 内单调递增，故有 $f(a)>f(\frac{a+b}{2})$，

即 $\arctan\frac{a+b}{2}-\arctan a>\arctan b-\arctan\frac{a+b}{2}$，所以 $2\arctan\frac{a+b}{2}>\arctan a+\arctan b$.

当 $a=b$ 时，$2\arctan\frac{a+b}{2}=\arctan a+\arctan b$.

综上所述，恒有 $2\arctan\frac{a+b}{2}\geqslant\arctan a+\arctan b$，$(a,b\geqslant 0)$.

(3) 令 $f(t)=\frac{t}{\sin t}$，则 $f'(t)=\frac{\sin t-t\cos t}{\sin^2 t}=\frac{\cos t(\tan t-t)}{\sin^2 t}$，

由于 $t\in(0,\frac{\pi}{2})$ 时，$\tan t>t$，故有 $f'(t)>0$，所以 $f(t)$ 在 $(0,\frac{\pi}{2})$ 内单调递增.

于是，由 $x<y$ 知 $f(x)<f(y)$，即 $\frac{x}{\sin x}<\frac{y}{\sin y}$，所以有 $\frac{x}{y}<\frac{\sin x}{\sin y}$，$(x<y,x,y\in(0,\frac{\pi}{2}))$.

(4) 令 $f(x)=x-\sin x$，$f'(x)=1-\cos x$，当 $x\in(0,\frac{\pi}{2})$ 时，$f'(x)>0$，所以 $f(x)$ 在 $(0,\frac{\pi}{2})$ 内单调递增，又 $f(0)=0-\sin 0=0$，故 $f(x)>f(0)=0$，即 $x-\sin x>0$，得 $\sin x<x$.

令 $g(x)=\frac{\sin x}{x}-\frac{2}{\pi}$，则 $g'(x)=\frac{x\cos x-\sin x}{x^2}=\frac{\cos x}{x^2}(x-\tan x)<0$（因为 $x\in(0,\frac{\pi}{2})$ 时，$\cos x>0$，$\tan x>x$），所以 $f(x)$ 在 $(0,\frac{\pi}{2})$ 内单调递减，故 $g(x)>g(\frac{\pi}{2})=0$，即 $\frac{\sin x}{x}-\frac{2}{\pi}>0$，所以 $\frac{2}{\pi}x<\sin x$.

综上所述，有 $\frac{2}{\pi}x<\sin x<x$，$(0<x<\frac{\pi}{2})$.

(5) 因 $x>0$，整理知题设证明 $\frac{1}{1+x}<\frac{\ln(1+x)}{x}<1$，$(x>0)$ 成立.

由于 $\frac{\ln(1+x)}{x}=\frac{\ln(1+x)-\ln 1}{x-0}$，所以设 $f(x)=\ln(1+x)$，显然 $f(x)$ 在 $[0,x]$ 上满足拉格朗日中值定理的条件，从而至少存在 $\varepsilon\in(0,x)$，使得 $f(x)-f(0)=f'(\varepsilon)(x-0)$，即 $\ln(1+x)=\frac{x}{1+\varepsilon}$，又因为 $\varepsilon\in(0,x)$，故有 $\frac{x}{1+x}<\frac{x}{1+\varepsilon}<x$，于是得证 $\frac{x}{1+x}<\ln(1+x)<x$，$(x>0)$.

(6) 利用拉格朗日中值定理的推论：若在区间 I 内函数 $f(x)$ 可导且有 $f'(x)\equiv 0$，则在开区间内 $f(x)\equiv C$（常数）. 因此，可令 $f(x)=2\arctan x-\arctan\frac{2x}{1-x^2}$，显然 $f(x)$ 在 $(-1,1)$ 内可导，且 $f'(x)=\frac{2}{1+x^2}-\frac{1}{1+(\frac{2x}{1-x^2})^2}\cdot\frac{2(1-x^2)-2x\cdot(-2)x}{(1-x^2)^2}\equiv 0$，故当 $-1<x<1$ 时，$f(x)\equiv C$（常数）. 又 $f(0)=0$，所以 $f(x)\equiv 0$，$|x|<1$，结论得证.

12. (1) $\lim\limits_{x\to0^+}\frac{\ln x}{\frac{1}{x^n}}\overset{\frac{\infty}{\infty}}{=}\lim\limits_{x\to0^+}\frac{\frac{1}{x}}{-\frac{n}{x^{n+1}}}=\lim\limits_{x\to0^+}(-\frac{x^n}{n})=0.$

(2) $\lim\limits_{x\to0}[\frac{1}{x}-\frac{1}{\ln(1+x)}]=\lim\limits_{x\to0}\frac{\ln(1+x)-x}{x^2}\overset{\frac{0}{0}}{=}\lim\limits_{x\to0}\frac{\frac{1}{1+x}-1}{2x}=\lim\limits_{x\to0}\frac{-1}{2(1+x)}=-\frac{1}{2}.$

(3) $\lim\limits_{x\to1}x^{\frac{1}{1-x}}=\lim\limits_{x\to1}e^{\frac{\ln x}{1-x}}=e^{\lim\limits_{x\to1}\frac{\ln x}{1-x}}\overset{\frac{0}{0}}{=}e^{\lim\limits_{x\to1}\frac{\frac{1}{x}}{-1}}=e^{-1}.$

也可以用第二个重要极限：$\lim\limits_{x\to1}x^{\frac{1}{1-x}}=\lim\limits_{x\to1}[1+(x-1)]^{\frac{1}{x-1}\cdot(-1)}=e^{-1}.$

(4) 因为 $(\cot x)^{\sin x} = e^{\sin x \ln\cot x}$，

而 $\lim\limits_{x\to 0^+}\sin x\ln\cot x = \lim\limits_{x\to 0^+}\dfrac{\ln\cot x}{\csc x} \overset{\frac{\infty}{\infty}}{=} \lim\limits_{x\to 0^+}\dfrac{\frac{1}{\cot x}\cdot(-\csc^2 x)}{-\csc x\cdot\cot x} = \lim\limits_{x\to 0^+}\dfrac{\sin x}{\cos^2 x} = 0$，

所以 $\lim\limits_{x\to 0^+}(\cot x)^{\sin x} = e^{\lim\limits_{x\to 0^+}\sin x\ln\cot x} = e^0 = 1$.

(5) $\lim\limits_{x\to 0}\dfrac{\tan(ax)}{\sin(bx)} \overset{\frac{0}{0}}{=} \lim\limits_{x\to 0}\dfrac{\sec^2(ax)\cdot a}{\cos(bx)\cdot b} = \dfrac{a}{b}$.

(6) $\lim\limits_{x\to 0}\dfrac{\sin(\sin x)}{x} \overset{\frac{0}{0}}{=} \lim\limits_{x\to 0}\dfrac{\cos(\sin x)\cdot\cos x}{1} = 1\times 1 = 1$.

(7) $\lim\limits_{x\to\frac{\pi}{4}}\dfrac{\sin x-\cos x}{\tan^2 x-1} \overset{\frac{0}{0}}{=} \lim\limits_{x\to\frac{\pi}{4}}\dfrac{\cos x+\sin x}{2\tan x\cdot\sec^2 x} = \dfrac{\frac{\sqrt{2}}{2}+\frac{\sqrt{2}}{2}}{2\times 1\times 2} = \dfrac{\sqrt{2}}{4}$.

(8) $\lim\limits_{x\to 0}\dfrac{\ln(1+x^2)}{\sec x-\cos x} \overset{\frac{0}{0}}{=} \lim\limits_{x\to 0}\dfrac{\frac{2x}{1+x^2}}{\sec x\cdot\tan x+\sin x} = \lim\limits_{x\to 0}\dfrac{2}{1+x^2}\cdot\dfrac{1}{\sec^2 x\cdot\frac{\sin x}{x}+\frac{\sin x}{x}}$

$= \dfrac{2}{1+0}\cdot\dfrac{1}{1^2\times 1+1} = 1$.

(9) $\lim\limits_{x\to\infty}x(\cos\dfrac{1}{x}-1) = \lim\limits_{x\to\infty}\dfrac{(\cos\frac{1}{x}-1)}{\frac{1}{x}} \overset{令 x=\frac{1}{t}}{=} \lim\limits_{t\to 0}\dfrac{\cos t-1}{t} = \lim\limits_{t\to 0}(-\sin t) = 0$.

(10) $\lim\limits_{x\to 0}(\dfrac{1}{x}-\dfrac{1}{e^x-1}) = \lim\limits_{x\to 0}\dfrac{e^x-1-x}{x(e^x-1)} \overset{\frac{0}{0}}{=} \lim\limits_{x\to 0}\dfrac{e^x-1}{e^x-1+xe^x} \overset{\frac{0}{0}}{=} \lim\limits_{x\to 0}\dfrac{e^x}{2e^x+xe^x} = \dfrac{1}{2}$.

13. (1) $\lim\limits_{x\to 0}\dfrac{x-\arcsin x}{\tan^3 x} \overset{\frac{0}{0}}{=} \lim\limits_{x\to 0}\dfrac{1-\frac{1}{\sqrt{1-x^2}}}{3x^2} = \lim\limits_{x\to 0}\dfrac{1}{3\sqrt{1-x^2}}\cdot\dfrac{\sqrt{1-x^2}-1}{x^2}$

$= \dfrac{1}{3}\lim\limits_{x\to 0}\dfrac{\sqrt{1-x^2}-1}{x^2} \overset{\frac{0}{0}}{=} \dfrac{1}{3}\lim\limits_{x\to 0}\dfrac{\frac{-x}{\sqrt{1-x^2}}}{2x} = -\dfrac{1}{6}\lim\limits_{x\to 0}\dfrac{1}{\sqrt{1-x^2}} = -\dfrac{1}{6}$.

(2) 当 $x\to 0$ 时，$\sqrt{\cos x} = \sqrt{1-(1-\cos x)} \sim 1-\dfrac{1}{2}(1-\cos x) \sim 1-\dfrac{x^2}{4}$，

$\sqrt[3]{\cos x} \sim 1-\dfrac{1}{3}(1-\cos x) \sim 1-\dfrac{x^2}{6}$，$\arcsin x \sim x$，

所以 $\lim\limits_{x\to 0}\dfrac{\sqrt{\cos x}-\sqrt[3]{\cos x}}{(\arcsin x)^2} = \lim\limits_{x\to 0}\dfrac{1-\frac{x^2}{4}-(1-\frac{x^2}{6})}{x^2} = -\dfrac{1}{12}$.

14. (1) $\lim\limits_{x\to\infty}\dfrac{(4x-1)(2x+1)}{5x^3+2x} = \lim\limits_{x\to\infty}\dfrac{8x^2}{5x^3} = 0$.（抓大头）

(2) $\lim\limits_{x\to+\infty}\dfrac{x^2+\sqrt{x^2+3}}{2x-\sqrt{2x^4-1}} = \lim\limits_{x\to+\infty}\dfrac{1+\sqrt{\frac{1}{x^2}+\frac{3}{x^4}}}{\frac{2}{x}-\sqrt{2-\frac{1}{x^4}}} = -\dfrac{\sqrt{2}}{2}$.

(3) 遇到 $\tan x$ 或 $\cot x$ 时，一般先将它们化为正、余弦的形式.

$$\lim_{x\to 0}\left(\frac{1}{x^2}-\cot^2 x\right)=\lim_{x\to 0}\frac{\sin^2 x-x^2\cos^2 x}{x^2\sin^2 x}\overset{\sin x\sim x}{=}\lim_{x\to 0}\frac{\sin^2 x-x^2\cos^2 x}{x^4}$$

$=\lim\limits_{x\to 0}\dfrac{\sin x+x\cos x}{x}\cdot\dfrac{\sin x-x\cos x}{x^3}=\lim\limits_{x\to 0}\left(\dfrac{\sin x}{x}+\cos x\right)\cdot\dfrac{\sin x-x\cos x}{x^3}$(因式分解降幂简化计算)

$$=2\lim_{x\to 0}\frac{\sin x-x\cos x}{x^3}\overset{\frac{0}{0}}{=}2\lim_{x\to 0}\frac{\cos x-\cos x+x\sin x}{3x^2}=\frac{2}{3}\lim_{x\to 0}\frac{\sin x}{x}=\frac{2}{3}.$$

(4) $\lim\limits_{x\to+\infty}\left(\sqrt{x^2+3x-1}-\sqrt{x^2-3x-1}\right)=\lim\limits_{x\to+\infty}\dfrac{6x}{\sqrt{x^2+3x-1}+\sqrt{x^2-3x-1}}$

$=\lim\limits_{x\to+\infty}\dfrac{6x}{x+x}=3$(抓大头).

(5) $\lim\limits_{x\to 0}[\ln(1+x^2)]^{e^{x^2}-1}=e^{\lim\limits_{x\to 0}(e^{x^2}-1)\ln[\ln(1+x^2)]}\overset{e^{x^2}-1\sim x^2,\ln(1+x^2)\sim x^2}{=}e^{\lim\limits_{x\to 0}x^2\ln x^2}=e^{\lim\limits_{x\to 0}\frac{\ln x^2}{x^{-2}}}\overset{\frac{0}{0}}{=}e^{\lim\limits_{x\to 0}\frac{\frac{1}{x^2}\cdot 2x}{-2x^{-3}}}$

$=e^{\lim\limits_{x\to 0}-x^2}=e^0=1.$

(6) $\lim\limits_{x\to\infty}\left(x+\sqrt{1+x^2}\right)^{\frac{1}{x}}=e^{\lim\limits_{x\to\infty}\frac{1}{x}\ln(x+\sqrt{1+x^2})}\overset{\frac{\infty}{\infty}}{=}e^{\lim\limits_{x\to\infty}\frac{1}{1}\cdot\frac{1}{x+\sqrt{1+x^2}}\cdot(1+\frac{1}{2\sqrt{1+x^2}}\cdot 2x)}=e^{\lim\limits_{x\to\infty}\frac{1}{\sqrt{1+x^2}}}=e^0$

$=1.$

15.(1) 函数的定义域为$(-\infty,+\infty)$.

由 $y'=\dfrac{(3x^2+1)(x^4-x^2+1)-(x^3+x)(4x^3-2x)}{(x^4-x^2+1)^2}=\dfrac{-x^6-4x^4+4x^2+1}{(x^4-x^2+1)^2}$

$=\dfrac{(1-x^2)(1+5x^2+x^4)}{(x^4-x^2+1)^2}$,

知 $x=-1,x=1$ 为驻点.

列表如下：

x	$(-\infty,-1)$	-1	$(-1,1)$	1	$(1,+\infty)$
y'	$-$	0	$+$	0	$-$

所以，极大值为$y|_{x=1}=2$，极小值为$y|_{x=-1}=-2$.

(2) 方程两边对 x 求导得 $2x+2y+2xy'+2yy'-4+2y'=0$，于是 $y'=\dfrac{2-x-y}{x+y+1}$.

由$\begin{cases}2-x-y=0\\x^2+2xy+y^2-4x+2y-2=0\end{cases}$，知$\begin{cases}x=1\\y=1\end{cases}$，即 $x=1$ 为驻点.

而 $y''=\dfrac{(-1-y')(x+y+1)-(2-x-y)(1+y')}{(x+y+1)^2}$，$y''|_{x=1}=-\dfrac{3}{9}<0$.

列表如下：

x	$(-\infty,1)$	1	$(1,+\infty)$
y'	$+$	0	$-$

所以，y 极大值为$y|_{x=1}=1$，y 无极小值.

(3) $f'(x)=\frac{1}{2}\cdot(-\sin 2x)\cdot 2+\cos x=-2\sin x\cos x+\cos x=\cos x(1-2\sin x)$,

$f''(x)=[(-\sin 2x)+\cos x]'=-\cos 2x\cdot 2-\sin x$,

令 $f'(x)=0$,在 $0\leqslant x\leqslant\pi$ 上函数 $f(x)$ 有三个驻点 $x_1=\frac{\pi}{6},x_2=\frac{\pi}{2},x_3=\frac{5\pi}{6}$,且 $f''(\frac{\pi}{6})=f''(\frac{5\pi}{6})=-\frac{3}{2}<0,f''(\frac{\pi}{2})=1>0$.

由极值的判定定理得,$f(\frac{\pi}{6})=\frac{3}{4}$ 和 $f(\frac{5\pi}{6})=\frac{3}{4}$ 是函数的极大值,而 $f(\frac{\pi}{2})=\frac{1}{2}$ 是函数的极小值.

16. 该函数的定义域为 $(-\infty,+\infty)$. 求导数 $y'=\frac{2}{3}\cdot(2x-x^2)^{-\frac{1}{3}}\cdot(2-2x)=\frac{4}{3}\cdot\frac{1-x}{\sqrt[3]{2x-x^2}}=\frac{4}{3}\cdot\frac{1-x}{\sqrt[3]{x(2-x)}}$(分解因式,以便判断 y' 的符号).

令 $y'=0$,得驻点 $x=1$,又 $x=0$ 和 $x=2$ 是使 y' 不存在的点.

列表如下:

x	$(-\infty,0)$	0	$(0,1)$	1	$(1,2)$	2	$(2,+\infty)$
y'	$-$	不存在	$+$	0	$-$	不存在	$+$
y	↘	极小	↗	极大	↘	极小	↗

由表可见,函数的单调增加区间为 $(0,1)\cup(2,+\infty)$,单调减少区间是 $(-\infty,0)\cup(1,2)$.

当 $x=0$ 时,取得极小值,极小值为 $y|_{x=0}=0$;

当 $x=2$ 时,也取得极小值,极小值为 $y|_{x=2}=0$;

当 $x=1$ 时,取得极大值,极大值为 $y|_{x=1}=1$.

17. $f(x)$ 在 $(-\infty,+\infty)$ 上可导 $f'(x)=3x^2+2ax+b$,由极值存在的必要条件,有 $f'(1)=0$,即 $3+2a+b=0$. 又 $f(1)=-2$,得 $a+b=-3$. 所以 $a=0,b=-3$.

18. (1) 由 $y'=\frac{1-x^2}{(1+x^2)^2}$,知 $x=-1,x=1$ 为 y 在 $(-\infty,+\infty)$ 上的驻点,考察驻点两侧 y' 的符号知,$x=-1$ 处取得极小值 $-\frac{1}{2}$,$x=1$ 处取得极大值 $\frac{1}{2}$. 此时尚不能确定函数有无最值,需要讨论 $x\to+\infty$ 及 $x\to-\infty$ 时,函数的变化趋势.

由于 $\lim\limits_{x\to+\infty}\frac{x}{1+x^2}=\lim\limits_{x\to-\infty}\frac{x}{1+x^2}=0$,比较端点处的极限值和两个极值 $-\frac{1}{2}$ 和 $\frac{1}{2}$,则函数在 $x=-1$ 处取得最小值 $-\frac{1}{2}$,在 $x=1$ 处取得最大值 $\frac{1}{2}$.

(2) 由 $y'=1\cdot e^{-x}+x\cdot e^{-x}\cdot(-1)=e^{-x}(1-x)$,令 $y'=0$,知 y 在 $(-\infty,+\infty)$ 上的驻点为 $x=1$.

当 $x<1$ 时,$y'>0$;当 $x>1$ 时,$y'<0$,所以 $y|_{x=1}=e^{-1}=\frac{1}{e}$ 为函数 y 的最大值.

又因为 $\lim\limits_{x\to-\infty}y=\lim\limits_{x\to-\infty}x\cdot e^{-x}=-\infty$, $\lim\limits_{x\to+\infty}y=\lim\limits_{x\to+\infty}x\cdot e^{-x}=\lim\limits_{x\to+\infty}\frac{x}{e^x}\overset{\frac{\infty}{\infty}}{=}\lim\limits_{x\to+\infty}\frac{1}{e^x}=0$,于是,

函数在$(-\infty,+\infty)$上无最小值.

(3) 由 $y'=\dfrac{2(x-3)(x-1)-(x-3)^2}{4(x-1)^2}=\dfrac{(x-3)(x+1)}{4(x-1)^2}$，知 $x=-1,x=3$ 中在$[2,4]$上的驻点为 $x=3$. 又 $2<x<3$ 时，$y'<0$；$3\leqslant x\leqslant 4$ 时，$y'>0$，所以 $x=3$ 为极小值点，极小值为$y|_{x=3}=0$，于是由$y|_{x=2}=\dfrac{1}{4}$，$y|_{x=4}=\dfrac{1}{12}$，$y|_{x=3}=0$，知 y 在$[2,4]$上最大值为$y|_{x=2}=\dfrac{1}{4}$，最小值为$y|_{x=3}=0$.

(4) 由 $y'=\dfrac{1}{1+(\dfrac{1-x}{1+x})^2}\cdot[-\dfrac{2}{(1+x)^2}]=-\dfrac{1}{1+x^2}<0$，知 y 在$[0,2]$上单调递减，于是 y 在$[0,2]$上的最大值为$y|_{x=0}=\arctan 1=\dfrac{\pi}{4}$，最小值为$y|_{x=2}=\arctan(-\dfrac{1}{3})=-\arctan\dfrac{1}{3}$.

(5) 由 $y'=-\dfrac{a^2}{x^2}+\dfrac{b^2}{(1-x)^2}=(\dfrac{b}{1-x}+\dfrac{a}{x})(\dfrac{b}{1-x}-\dfrac{a}{x})$，知 $x=\dfrac{a}{a+b}$，$x=\dfrac{a}{b-a}$ 中在$(0,1)$内的驻点为 $x=\dfrac{a}{a+b}$. 而 $y''=\dfrac{2a^2}{x^3}+\dfrac{2b^2}{(1-x)^3}$，$y''|_{x=\frac{a}{a+b}}>0$，所以 $x=\dfrac{a}{a+b}$ 为极小值点.

又因为 $\lim\limits_{x\to0^+}y=+\infty$，$\lim\limits_{x\to1^-}y=+\infty$，$y$ 在$(0,1)$内无最大值.

所以 y 在$(0,1)$内最小值为$y|_{x=\frac{a}{a+b}}=a(a+b)+b(a+b)=(a+b)^2$.

19. 设(x,y)为曲线 $xy=1$ 上任意一点，因为 $y'=-\dfrac{1}{x^2}$，故点(x,y)处的切线方程为 $Y-y=-\dfrac{1}{x^2}(X-x)$，其中(X,Y)为切线上的任意一点，$y=\dfrac{1}{x}$.

令 $X=0$，得切线在纵轴上的截距$\dfrac{2}{x}$，令 $Y=0$，得切线在横轴上的截距$2x$. 设L表示切线在两坐标轴上的截距之和，则 $L=2x+\dfrac{2}{x}(x>0)$，$L'=2-\dfrac{2}{x^2}$，$L''=\dfrac{4}{x^3}$.

令$L'=0$，得$x=1$，又$L''|_{x=1}=4>0$，故当 $x=1$ 时，取得极小值，因为是唯一的极小值，从而 L 在 $x=1$ 处取得最小值，并且切点坐标为$(1,1)$，切线斜率为$y'|_{x=1}=(-\dfrac{1}{x^2})\Big|_{x=1}=-1$，因此所求切线方程为 $y-1=-1\cdot(x-1)$，即 $y=-x+2$.

20. 等式 $4x^2+y^2=4$ 两边同时对 x 求导，有 $8x+2y\cdot y'=0$，得斜率 $y'=-\dfrac{4x}{y}$.

设(x,y)为切线上任意一点，切线方程为$Y-y=-\dfrac{4x}{y}(X-x)$，上式中令$Y=0$，得切线在x轴上的截距$X_A=\dfrac{1}{x}$，令$X=0$，得切线在 y 轴上的截距 $Y_B=\dfrac{4}{y}$.

故所求三角形面积为 $S(x)=\dfrac{1}{2}X_AY_B=\dfrac{2}{xy}=\dfrac{1}{x\sqrt{1-x^2}}(0<x<1)$.

(2) $S'(x)=\dfrac{0-1\cdot(1\cdot\sqrt{1-x^2}+x\cdot\dfrac{-2x}{2\sqrt{1-x^2}})}{(x\sqrt{1-x^2})^2}=\dfrac{2x^2-1}{x^2(1-x^2)^{\frac{3}{2}}}$，令$S'(x)=0$，解

得 $x=\frac{\sqrt{2}}{2}$（$x=-\frac{\sqrt{2}}{2}$ 舍去）. 由 $S(x)$ 的可导性及驻点唯一性可知，$x=\frac{\sqrt{2}}{2}$ 是 $S(x)$ 的最小值点，所以所求的最小面积为 $S(\frac{\sqrt{2}}{2})=2$.

21.（1）函数定义域为 $(-\infty,+\infty)$，

由于 $y'=e^{-x}-xe^{-x}=(1-x)e^{-x}$，$y''=-e^{-x}-(1-x)e^{-x}=(x-2)e^{-x}$，

令 $y''=0$，得 $x=2$.

列表如下：

x	$(-\infty,2)$	2	$(2,+\infty)$
y''		0	$+$
y	凸	$\frac{2}{e^2}$　拐点	凹

由表可见，函数凹区间为 $(2,+\infty)$、凸区间为 $(-\infty,2)$；拐点为 $(2,\frac{2}{e^2})$.

（2）函数定义域为 $(-\infty,0)\cup(0,+\infty)$，

由于 $y'=2x-\frac{1}{x^2}$，$y''=2+\frac{2}{x^3}$，令 $y''=0$，得 $x=-1$.

列表如下：

x	$(-\infty,-1)$	-1	$(-1,0)$	0	$(0,+\infty)$
y''	$-$	0	$+$	不存在	$+$
y	凸	0　拐点	凹	不存在	凹

由表可见，函数凹区间为 $(-1,0)$ 和 $(0,+\infty)$，凸区间为 $(-\infty,-1)$；拐点为 $(-1,0)$.

（3）函数定义域为 $(-\infty,1)\cup(1,+\infty)$，

由于 $y'=\frac{2(x-3)(x-1)-(x-3)^2}{4(x-1)^2}=\frac{x^2-2x-3}{4(x-1)^2}$，

$y''=\frac{(2x-2)(x-1)^2-(x^2-2x-3)\cdot 2(x-1)}{4(x-1)^4}=\frac{8x-8}{4(x-1)^4}=\frac{2}{(x-1)^3}$，

列表如下：

x	$(-\infty,1)$	1	$(1,+\infty)$
y''	$-$	不存在	$+$
y	凸	不存在	凹

由表可见，函数凹区间为 $(1,+\infty)$、凸区间为 $(-\infty,1)$；拐点不存在.

（4）函数定义域为 $(0,+\infty)$，

$y'=(e^{x\ln x})'=e^{x\ln x}\cdot(1\cdot\ln x+x\cdot\frac{1}{x})=x^x(\ln x+1)$，$y''=x^x(\ln x+1)^2+x^x\cdot\frac{1}{x}>0$，所以，函数凹区间为 $(0,+\infty)$，无凸区间，也无拐点.

(5) 函数 $y = x^{\frac{5}{3}} - x^{\frac{2}{3}}$ 定义域为$(-\infty, +\infty)$.

$y' = \frac{5}{3}x^{\frac{2}{3}} - \frac{2}{3}x^{-\frac{1}{3}}, y'' = \frac{10}{9}x^{-\frac{1}{3}} + \frac{2}{9}x^{-\frac{4}{3}} = \frac{2(5x+1)}{9x\sqrt[3]{x}}$.

当 $x_1 = -\frac{1}{5}$ 时,$y'' = 0$;当 $x_2 = 0$ 时,y'' 不存在.

列表讨论如下:

x	$(-\infty, -\frac{1}{5})$	$-\frac{1}{5}$	$(-\frac{1}{5}, 0)$	0	$(0, +\infty)$
y''	$-$	0	$+$	不存在	$+$
y	凸	$-\frac{6}{5}\sqrt[3]{\frac{1}{25}}$ 拐点	凹	无拐点	凹

所以,函数凹区间为$(-\frac{1}{5}, 0)$、$(0, +\infty)$、凸区间为$(-\infty, -\frac{1}{5})$;

拐点为$(-\frac{1}{5}, -\frac{6}{5}\sqrt[3]{\frac{1}{25}})$.

22. 方程两边对 x 求导,有 $3y^2y' - 2yy' + (y + xy') - x = 0$……(1)

上式中令 $y' = 0$,得 $x = y$,将 $x = y$ 代入原方程得 $2x^3 - x^2 - 1 = 0$,解得驻点 $x = 1$.

就(1)两边再对 x 求导,有$(3 \cdot 2yy' \cdot y' + 3y^2 \cdot y'') - (2yy' \cdot y' + 2y \cdot y'') + [y' + (y' + xy'')] - 1 = 0$.

化简$(6y - 2)(y')^2 + 2y' + (3y^2 - 2y + x)y'' - 1 = 0$,式中令 $x = y = 1, y' = 0$,

得 $y''(1) = \frac{1}{2} > 0$,故 $x = 1$ 是 $y = y(x)$ 的极小值点,

即函数 $y = y(x)$ 在 $x = 1$ 处取得极小值 $y = 1$.

23. 由于(2,4)是曲线的拐点,故(2,4)在曲线上,即$y|_{x=2} = 4$,且$y''|_{x=2} = 0$.

又 $x = 3$ 是函数的极值点,所以$y'|_{x=3} = 0$.

而 $y' = 3x^2 + 2ax + b, y'' = 6x + 2a$,故$\begin{cases} 8 + 4a + 2b + c = 4 \\ 27 + 6a + b = 0 \\ 12 + 2a = 0 \end{cases}$,解得$\begin{cases} a = -6 \\ b = 9 \\ c = 2 \end{cases}$.

24. 函数定义域$(-\infty, +\infty)$

由于 $y' = 2a(x^2 - 3)(2x), y'' = 2a(2x)(2x) + 2a(x^2 - 3) \cdot 2 = 12ax^2 - 12a = 12a(x^2 - 1)$,

令 $y'' = 0$,得 $x = \pm 1$.

列表如下:

x	$(-\infty, -1)$	-1	$(-1, 1)$	1	$(1, +\infty)$
y''	$+$	0	$-$	0	$+$
y	凹	$4a$ 拐点	凸	$4a$ 拐点	凹

由表可见,函数凹区间为$(-\infty, -1)$ 和$(1, +\infty)$;凸区间为$(-1, 1)$;

拐点为$(-1, 4a)$,$(1, 4a)$.

而点$(-1,4a)$处切线斜率为$y'|_{x=-1}=2a(x^3-3)(2x)|_{x=-1}=8a$；
点$(1,4a)$处切线斜率为$y'|_{x=1}=2a(x^2-3)(2x)|_{x=1}=-8a$.
于是$(-1,4a)$处法线方程为$y-4a=-\dfrac{1}{8a}(x+1)$，即$x+8ay-32a^2+1=0$.

要使得该法线过原点，只需$-32a^2+1=0$，即$a=\pm\sqrt{\dfrac{1}{32}}=\pm\dfrac{\sqrt{2}}{8}$.

同理，$(1,4a)$处法线方程为$y-4a=\dfrac{1}{8a}(x-1)$，即$x-8ay+32a^2-1=0$.

要使得该法线过原点，只需$32a^2-1=0$，即$a=\pm\sqrt{\dfrac{1}{32}}=\pm\dfrac{\sqrt{2}}{8}$.

所以，曲线$y=\pm\dfrac{\sqrt{2}}{8}(x^2-3)^2$上拐点处法线是通过原点的.

25. 由于题目只求铅直渐近线，所给出表达式为分式，可知$\lim\limits_{x\to-2}\dfrac{x}{2+x}=\infty$，所以，所给曲线的铅直渐近线为$x=-2$.

26. 先考察所给曲线的强制渐近线，不难看出$\lim\limits_{x\to-1}\dfrac{(x-1)^2}{(x+1)^3}=\infty$，因此，$x=-1$为所给曲线的铅直渐近线.

再考察曲线的水平渐近线，由于$\lim\limits_{x\to\infty}\dfrac{(x-1)^2}{(x+1)^3}=0$，所以$y=0$为所给曲线的水平渐近线.

27. 因为$\lim\limits_{x\to\infty}\dfrac{3x^2+2}{1-x^2}=-3$，所以$y=-3$为曲线的水平渐近线；
又因为$x=\pm1$为$y=\dfrac{3x^2+2}{1-x^2}$的间断点，且$\lim\limits_{x\to1}\dfrac{3x^2+2}{1-x^2}=\infty$，$\lim\limits_{x\to-1}\dfrac{3x^2+2}{1-x^2}=\infty$，
所以$x=1$和$x=-1$为曲线的铅直渐近线.
28. 函数定义域为$(-\infty,-1)\cup(-1,+\infty)$.
由于$y'=\dfrac{3\cdot(x+1)^2-3x\cdot2(x+1)}{(x+1)^4}=\dfrac{3(1-x)}{(x+1)^3}$，令$y'=0$，得$x=1$.
又$y''=\dfrac{-3(x+1)^3-3(1-x)\cdot3(x+1)^2}{(x+1)^6}=\dfrac{6(x-2)}{(x+1)^4}$，令$y''=0$，得$x=2$.

列表讨论如下：

x	$(-\infty,-1)$	$(-1,1)$	1	$(1,2)$	2	$(2,+\infty)$
y'	$-$	$+$	0	$-$	$-$	$-$
y''	$-$	$-$	$-$	$-$	0	$+$
y	↘	↗	极大值$-\frac{5}{4}$	↘	拐点$(2,-\frac{4}{3})$	↘

$\lim\limits_{x\to\infty}[\dfrac{3x}{(x+1)^2}-2]=-2$，$y=-2$为水平渐近线.

$\lim\limits_{x\to-1}[\dfrac{3x}{(x+1)^2}-2]=\infty$，$x=-1$为垂直渐近线.

曲线过点(0，－2).

作图如下：

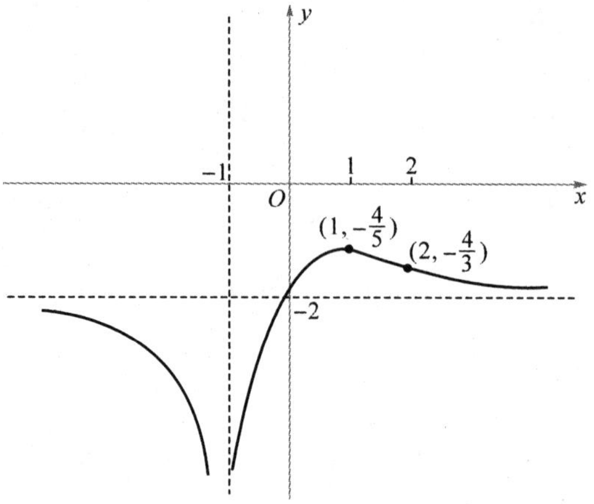

第六章　不定积分

[考试大纲]

1. 理解原函数与不定积分的概念及其关系，理解原函数存在定理，掌握不定积分的性质.

2. 熟记基本不定积分公式.

3. 掌握不定积分的第一类换元法（"凑"微分法），第二类换元法（限于三角换元与一些简单的根式换元）.

4. 掌握不定积分的分部积分法.

5. 会求一些简单的有理函数的不定积分.

第一节　考点解读与典型题型

一、原函数与不定积分

1. *考点解读*

(1) 连续函数必有原函数，一个函数的任意两个不同的原函数之间只差一个常数.

$\int f(x)\mathrm{d}x = F(x) + C$（常数），不定积分是原函数的全体.

$[\int f(x)\mathrm{d}x]' = [F(x)+C]' = F'(x) = f(x)$，$\int F'(x)\mathrm{d}x = \int \mathrm{d}F(x) = F(x) + C$，不定积分运算和求导（微分）运算是互逆的运算，对一个函数先求积分再微分，结果两种运算互相抵消；如果先微分再积分，其结果只差一个常数.

(2) 若函数 $f(x)$，$g(x)$ 的不定积分存在，则 $[f(x) \pm g(x)]$ 的不定积分也存在，且 $\int [f(x) \pm g(x)]\mathrm{d}x = \int f(x)\mathrm{d}x \pm \int g(x)\mathrm{d}x$，即和、差的不定积分等于不定积分的和、差.

若函数 $f(x)$ 的不定积分存在，则 $kf(x)$ 的不定积分也存在，且 $\int kf(x)\mathrm{d}x = k\int f(x)\mathrm{d}x$，即常数可以从不定积分符号内提出来.

(3) 计算不定积分常用的方法有三大类：直接积分法、换元积分法和分部积分法. 本部分只讨论直接积分法，剩余两类积分法下面部分作详细论述.

直接积分法是直接运用基本积分公式或(2)中的两个基本积分性质来计算不定积分.这是一类较简单的不定积分问题,关键是首先将被积函数作恒等变形,使之成为能套公式积分的形式.直接积分法常用的变形方法有:

1)代数方法:

① 乘积展开;② 根式指数化;③ 根据分式的分母特点,分子进行配项后,分式分项积分.

2)三角公式:(常用公式)

① 基本公式:$\cos^2\alpha+\sin^2\alpha=1$,$1+\tan^2\alpha=\sec^2\alpha$,$1+\cot^2\alpha=\csc^2\alpha$,$\tan\alpha=\dfrac{\sin\alpha}{\cos\alpha}$,$\cot\alpha=\dfrac{\cos\alpha}{\sin\alpha}$,$\tan\alpha=\dfrac{1}{\cot\alpha}$,$\sec\alpha=\dfrac{1}{\cos\alpha}$,$\csc\alpha=\dfrac{1}{\sin\alpha}$.

② 倍角与半角公式:$\tan 2\alpha=\dfrac{2\tan\alpha}{1-\tan^2\alpha}$,$\cot 2\alpha=\dfrac{\cot^2\alpha-1}{2\cot\alpha}$,$\sin 2\alpha=2\sin\alpha\cos\alpha$,$\cos 2\alpha=\cos^2\alpha-\sin^2\alpha=1-2\sin^2\alpha=2\cos^2\alpha-1$,$\sin\dfrac{\alpha}{2}=\pm\sqrt{\dfrac{1-\cos\alpha}{2}}$,$\cos\dfrac{\alpha}{2}=\pm\sqrt{\dfrac{1+\cos\alpha}{2}}$,$\tan\dfrac{\alpha}{2}=\pm\sqrt{\dfrac{1-\cos\alpha}{1+\cos\alpha}}$,$\cot\dfrac{\alpha}{2}=\pm\sqrt{\dfrac{1+\cos\alpha}{1-\cos\alpha}}$.

③ 降幂公式:$\sin^2\alpha=\dfrac{1}{2}(1-\cos 2\alpha)$,$\cos^2\alpha=\dfrac{1}{2}(1+\cos 2\alpha)$,$\sin^3\alpha=\dfrac{1}{4}(3\sin\alpha-\sin 3\alpha)$,$\cos^3\alpha=\dfrac{1}{4}(3\cos\alpha+\cos 3\alpha)$.

④ 诱导公式:$\sin(-\alpha)=-\sin\alpha$,$\cos(-\alpha)=\cos\alpha$,$\sin(\dfrac{\pi}{2}\pm\alpha)=\cos\alpha$,$\cos(\dfrac{\pi}{2}\pm\alpha)=\mp\sin\alpha$,$\sin(\pi\pm\alpha)=\mp\sin\alpha$,$\cos(\pi\pm\alpha)=-\cos\alpha$.

2. 典型题型

例 1 求满足下列条件的函数:

(1) 过点$(e^2,3)$,切线斜率为该点横坐标的倒数;

(2) 过点$(1,\dfrac{3\pi}{2})$,切线斜率为$\dfrac{1}{\sqrt{1-x^2}}$.

解 (1) 设 $f(x)$ 为所求函数,依题意有 $f'(x)=\dfrac{1}{x}$,

故由$(\ln x)'=\dfrac{1}{x}$知,$f(x)=\ln x+C$,而 $f(x)$ 过点$(e^2,3)$,即 $3=\ln e^2+C=2+C$.

所以,$C=1$,故函数为 $y=\ln x+1$.

(2) 设 $f(x)$ 为所求函数,依题意有 $f'(x)=\dfrac{1}{\sqrt{1-x^2}}$,

故由$(\arcsin x)'=\dfrac{1}{\sqrt{1-x^2}}$知,$f(x)=\arcsin x+C$,

而 $f(x)$ 过点$(1,\dfrac{3\pi}{2})$,有$\dfrac{3\pi}{2}=\arcsin 1+C=\dfrac{\pi}{2}+C$.

所以,$C=\pi$,于是可得所求函数为 $y=\arcsin x+\pi$.

例 2 验证函数 $y=\dfrac{1}{2}\sin^2 x$ 和 $y=-\dfrac{1}{4}\cos 2x$ 为同一个函数的原函数.

解 1　只需验证这两个函数有相同的导函数.

因为$(\frac{1}{2}\sin^2 x)'=\frac{1}{2}\cdot 2\sin x\cdot\cos x=\frac{1}{2}\sin 2x$，$(-\frac{1}{4}\cos 2x)'=-\frac{1}{4}\cdot(-\sin 2x)\cdot 2=\frac{1}{2}\sin 2x$，故函数 $y=\frac{1}{2}\sin^2 x$ 和 $y=-\frac{1}{4}\cos 2x$ 为同一个函数的原函数.

解 2　由于一个函数的任意两个原函数之间只相差一个常数，所以通过恒等变形，将其中一个函数化为另一个函数与某个常数之和即可.

$\frac{1}{2}\sin^2 x=\frac{1}{2}\cdot\frac{1-\cos 2x}{2}=\frac{1}{4}-\frac{1}{4}\cos 2x$ 与 $-\frac{1}{4}\cos 2x$ 只相差一个常数$\frac{1}{4}$，故它们是同一个函数的原函数.

例 3　设$\int xf(x)\mathrm{d}x=\arcsin x+C$，求$\frac{1}{f(x)}$.

解　对积分式两边同时求导，得$xf(x)=\frac{1}{\sqrt{1-x^2}}$，故$f(x)=\frac{1}{x\sqrt{1-x^2}}$，因此$\frac{1}{f(x)}=x\sqrt{1-x^2}$.

例 4　求下列不定积分：

(1)$\int\frac{\sin x}{\cos^2 x}\mathrm{d}x$；　　(2)$\int\frac{\sqrt{x}}{x^3}\mathrm{d}x$；

(3)$\int(10^x+3\sin x+\sqrt{x})\mathrm{d}x$；　　(4)$\int\frac{x^4+1}{x^2+1}\mathrm{d}x$.

解　(1)$\int\frac{\sin x}{\cos^2 x}\mathrm{d}x=\int\sec x\tan x\mathrm{d}x=\sec x+C$.

(2)$\int\frac{\sqrt{x}}{x^3}\mathrm{d}x=\int x^{-\frac{5}{2}}\mathrm{d}x=\frac{1}{-\frac{5}{2}+1}x^{-\frac{5}{2}+1}+C=-\frac{2}{3}x^{-\frac{3}{2}}+C$.

(3)$\int(10^x+3\sin x+\sqrt{x})\mathrm{d}x=\int 10^x\mathrm{d}x+\int 3\sin x\mathrm{d}x+\int\sqrt{x}\mathrm{d}x=\frac{10^x}{\ln 10}-3\cos x+\frac{2}{3}x^{\frac{3}{2}}+C$.

(4)$\int\frac{x^4+1}{x^2+1}\mathrm{d}x=\int\frac{x^4-1+2}{x^2+1}\mathrm{d}x=\int(x^2-1+\frac{2}{x^2+1})\mathrm{d}x=\int x^2\mathrm{d}x-\int\mathrm{d}x+\int\frac{2}{x^2+1}\mathrm{d}x=\frac{1}{3}x^3-x+2\arctan x+C$.

例 5　计算下列不定积分：

(1)$\int(3-x^2)^3\mathrm{d}x$；　　(2)$\int(2^x+3^x)^2\mathrm{d}x$；

(3)$\int\frac{x^2}{3(1+x^2)}\mathrm{d}x$；　　(4)$\int\sin^2\frac{x}{2}\mathrm{d}x$.

解　(1)$\int(3-x^2)^3\mathrm{d}x=\int(3^3-3\times 3^2x^2+3\times 3x^4-x^6)\mathrm{d}x=27x-9x^3+\frac{9}{5}x^5-\frac{1}{7}x^7+C$.

(2)$\int(2^x+3^x)^2\mathrm{d}x=\int(2^{2x}+2\times 6^x+3^{2x})\mathrm{d}x=\frac{4^x}{2\ln 2}+2\frac{6^x}{\ln 6}+\frac{9^x}{2\ln 3}+C$.

(3)$\int\frac{x^2}{3(1+x^2)}\mathrm{d}x=\int\frac{1+x^2-1}{3(1+x^2)}\mathrm{d}x=\int\frac{1}{3}\mathrm{d}x-\frac{1}{3}\int\frac{1}{1+x^2}\mathrm{d}x=\frac{1}{3}(x-\arctan x)+C$.

(4) $\int \sin^2 \frac{x}{2} dx = \int \frac{1}{2}(1-\cos x)dx = \frac{1}{2}(\int dx - \int \cos x dx) = \frac{1}{2}(x - \sin x) + C.$

二、不定积分的计算之换元积分法

1. *考点解读*

(1) 第一类换元积分法("凑"微分法)

定理:若函数 $f(u)$ 有原函数 $F(u)$,且 $u=\varphi(x)$ 可导,则函数 $f[\varphi(x)]\varphi'(x)$ 有原函数 $F[\varphi(x)]$,即 $\int f[\varphi(x)]\varphi'(x)dx = F[\varphi(x)]+C$.

该定理表明:若不定积分中的被积函数 $f[\varphi(x)]\varphi'(x)$ 可看成一个有原函数 $F(u)$ 的函数 $f(u)$ 与某个可导函数 $\varphi(x)$ 的复合 $f[\varphi(x)]$,再乘以可导函数的导函数 $\varphi'(x)$,则该不定积分就为该函数的原函数 $F(u)$ 与可导函数 $\varphi(x)$ 的复合 $F[\varphi(x)]$、再加上积分常数 C.

至于如何将不定积分中的被积函数看成满足上述要求的函数形式,则是依据基本积分公式,将不定积分中的被积函数凑成一个通过变量代换,可使原来不定积分恒等变换成一个在新的积分变量下,能比较方便地利用基本积分公式易于计算的不定积分.

根据上述定理,我们总结第一类换元法的求解四个步骤:

① 首先将 $\int g(x)dx$ 拆成 $\int f[\varphi(x)]\varphi'(x)dx$;

② 然后将 $\int f[\varphi(x)]\varphi'(x)dx$ 凑微分为 $\int f[\varphi(x)]d\varphi(x)$;

③ 作变换换元,令 $u=\varphi(x)$ 代入,有 $\int f(u)du$,计算积分得 $F(u)+C$;

④ 变量还原,将 $\varphi(x)=u$ 回代,得 $F[\varphi(x)]+C$.

对于积分第一类换元法,关键是引入变换 $u=\varphi(x)$,如果在运算中不写出 $u=\varphi(x)$,而是把 $\varphi(x)$ 看作是一个整体,将被积表达式变为标准形式,常称之为凑微分法.常见的凑微分形式有(a,b,k 为常数,$a\neq 0,k\neq 0$):

① $dx = \frac{1}{a}d(ax)$,$dx=\frac{1}{a}d(ax+b)$;

② $xdx = \frac{1}{2}d(x^2) = \frac{1}{2a}d(ax^2+b)$,$x^n dx = \frac{1}{(n+1)a}d(ax^{n+1}+b)$;

③ $(ax+b)dx = \frac{1}{a}d(ax+b)$,$(ax^k+b)x^{k-1}dx = \frac{1}{ka}d(ax^k+b)$;

④ $\frac{1}{\sqrt{x}}dx = 2d(\sqrt{x})$,$\frac{1}{x}dx = d(\ln|x|)$,$\frac{1}{x^2}dx = -d(\frac{1}{x})$,$\frac{1}{x^3}dx = -\frac{1}{2}d(\frac{1}{x^2})$;

⑤ $e^x dx = d(e^x)$,$a^x dx = \frac{1}{\ln a}d(a^x)(a>0,a\neq 1)$;

⑥ $\cos x dx = d(\sin x)$,$\sin x dx = -d(\cos x)$,$\cot x dx = d(\ln|\sin x|)$,$\tan x dx = d(-\ln|\cos x|)$;

⑦ $\csc x dx = d(\ln|\csc x - \cot x|)$,$\csc^2 x dx = -d(\cot x)$,$\sec x dx = d(\ln|\sec x + \tan x|)$,$\sec^2 x dx = d(\tan x)$,$\sec x\tan x dx = d(\sec x)$,$\csc x\cot x dx = -d(\csc x)$;

⑧ $\frac{1}{1+x^2}dx = d(\arctan x)$,$\frac{1}{1-x^2}dx = \frac{1}{2}d(\ln\frac{1+x}{1-x})$,$\frac{1}{a^2+x^2}dx = d(\frac{1}{a}\arctan\frac{x}{a})$,

$\frac{1}{x^2-a^2}\mathrm{d}x = \mathrm{d}(\frac{1}{2a}\ln\left|\frac{x-a}{x+a}\right|)$；

⑨ $\frac{1}{\sqrt{1-x^2}}\mathrm{d}x = \mathrm{d}(\arcsin x)$，$\frac{1}{\sqrt{x^2\pm1}}\mathrm{d}x = \mathrm{d}[\ln(x+\sqrt{x^2\pm1})]$，$\frac{1}{\sqrt{a^2-x^2}}\mathrm{d}x = \mathrm{d}(\arcsin\frac{x}{a})$；

⑩ $(1\pm\frac{1}{x^2})\mathrm{d}x = \mathrm{d}(x\mp\frac{1}{x})$.

(2) 第二类换元积分法(变量代换法)(限于三角换元与一些简单的根式换元)

定理：设 $x=\psi(t)$ 是单调的、可导的函数，并且 $x=\psi'(t)\neq0$. 又设 $f[\psi(t)]\psi'(t)$ 具有原函数，则有换元公式 $\int f(x)\mathrm{d}x = [\int f[\psi(t)]\psi'(t)\mathrm{d}t]_{t=\psi^{-1}(x)}$，其中 $\psi^{-1}(x)$ 是 $x=\psi(t)$ 的反函数.

注：第二类换元法是通过了变量代换 $x=\psi(t)$ 将一个不易求解的不定积分 $\int f(x)\mathrm{d}x$ 转换为另一个易于求解的不定积分 $\int f[\psi(t)]\psi'(t)\mathrm{d}t$，所以也称为变量代换法. 最后结果应为 x 的函数，因此积分后应将变量 t 还原为 x.

根据上述定理，我们总结第一类换元法的求解三个步骤：

① 首先作变换 $x=\psi(t)$ 代入换元，得 $\int f(x)\mathrm{d}x = \int f[\psi(t)]\psi'(t)\mathrm{d}t$；

② 然后计算不定积分，得 $\int f[\psi(t)]\psi'(t)\mathrm{d}t = F(t)+C$；

③ 变量还原，解得 $t=\psi^{-1}(x)$，回代得 $F(t)+C = F[\psi^{-1}(x)]+C$.

第二类换元积分法常用于被积函数中含有根式的情况，常用的变量替换总结如下(a,b 为常数)：

① 被积函数中含 $\sqrt[n]{ax+b}\,(a\neq0)$ 时，令 $t=\sqrt[n]{ax+b}$，$x=\frac{t^n-b}{a}$；

② 被积函数中含 $\sqrt[n_1]{x}$，$\sqrt[n_2]{x}$ 时，令 $t=\sqrt[n]{x}$，其中 n 为 n_1 和 n_2 的最小公倍数；

③ 被积函数中含 $\sqrt{a^2-x^2}\,(a>0)$ 时，令 $x=a\sin t$，$0<t<\frac{\pi}{2}$，示意图如图(a)；

④ 被积函数中含 $\sqrt{x^2-a^2}\,(a>0)$ 时，令 $x=a\sec t$，$0<t<\frac{\pi}{2}$，示意图如图(b)；

⑤ 被积函数中含 $\sqrt{x^2+a^2}\,(a>0)$ 时，令 $x=a\tan t$，$0<t<\frac{\pi}{2}$，示意图如图(c).

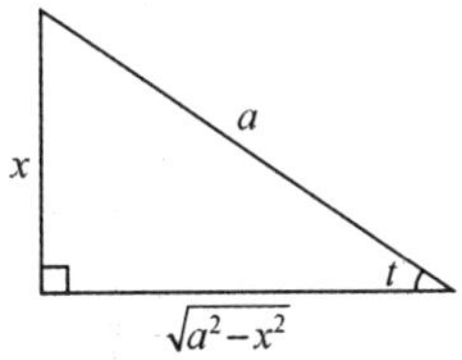

(a)

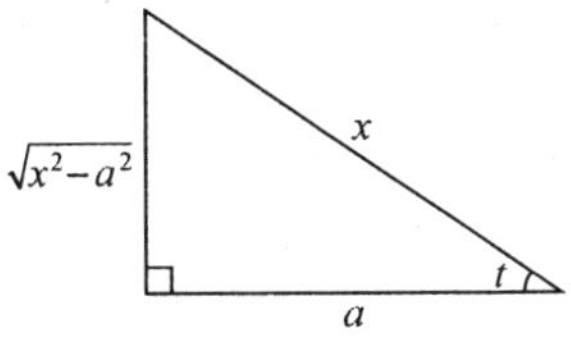

(b)

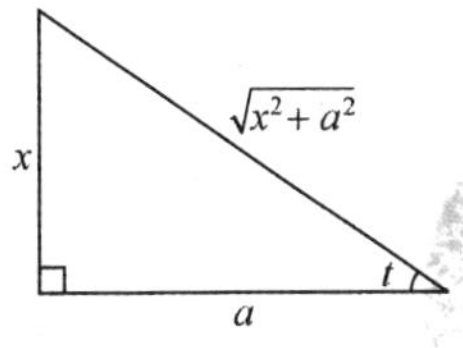

(c)

2.典型题型

例1 求下列不定积分:(第一类换元法)

(1)$\int(1+x)^n\mathrm{d}x$;　　(2)$\int\sec^4 x\mathrm{d}x$;

(3)$\int\dfrac{\mathrm{d}x}{\mathrm{e}^x+\mathrm{e}^{-x}}$;　　(4)$\int\dfrac{\mathrm{d}x}{x(2+3\ln x)}$;

(5)$\int\dfrac{\operatorname{arccot}\sqrt{x}}{\sqrt{x}+\sqrt{x^3}}\mathrm{d}x$;　　(6)$\int\dfrac{\arctan\sqrt{x}}{\sqrt{x}(1+x)}\mathrm{d}x$;

(7)$\int\dfrac{\mathrm{d}x}{\sqrt{x(1-x)}}$;　　(8)$\int\dfrac{\mathrm{d}x}{x\sqrt{x^3-1}}$;

(9)$\int\dfrac{\mathrm{d}x}{\sin^2(2x+\frac{\pi}{4})}$;　　(10)$\int\dfrac{1}{\sin^2 x+2\cos^2 x}\mathrm{d}x$;

(11)$\int\dfrac{1}{x(1+x^6)}\mathrm{d}x$;　　(12)$\int\dfrac{1}{x^4+x^2+1}\mathrm{d}x$;

(13)$\int\dfrac{1-x^8}{x(1+x^8)}\mathrm{d}x$;　　(14)$\int\dfrac{1}{1+x+x^2}\mathrm{d}x$;

(15)$\int\dfrac{x^4}{1+x^2}\mathrm{d}x$;　　(16)$\int\dfrac{1}{\sin^2 x\cos^2 x}\mathrm{d}x$.

解 (1)$\int(1+x)^n\mathrm{d}x=\int(1+x)^n(1+x)'\mathrm{d}x=\dfrac{(1+x)^{n+1}}{n+1}+C.$

(2)$\int\sec^4 x\mathrm{d}x=\int\sec^2 x\cdot\sec^2 x\mathrm{d}x=\int\sec^2 x\mathrm{d}(\tan x)=\int(1+\tan^2 x)\mathrm{d}(\tan x)=\tan x+\dfrac{1}{3}\tan^3 x+C.$

(3)$\int\dfrac{\mathrm{d}x}{\mathrm{e}^x+\mathrm{e}^{-x}}=\int\dfrac{\mathrm{e}^x\mathrm{d}x}{1+(\mathrm{e}^x)^2}=\int\dfrac{\mathrm{d}(\mathrm{e}^x)}{1+(\mathrm{e}^x)^2}=\arctan\mathrm{e}^x+C.$

(4)$\int\dfrac{\mathrm{d}x}{x(2+3\ln x)}=\dfrac{1}{3}\int\dfrac{\mathrm{d}(2+3\ln x)}{2+3\ln x}=\dfrac{1}{3}\ln|2+3\ln x|+C.$

(5)$\int\dfrac{\operatorname{arccot}\sqrt{x}}{\sqrt{x}+\sqrt{x^3}}\mathrm{d}x=2\int\dfrac{\operatorname{arccot}\sqrt{x}}{(1+\sqrt{x^2})}(\dfrac{1}{2\sqrt{x}})\mathrm{d}x=2\int\dfrac{\operatorname{arccot}\sqrt{x}}{(1+\sqrt{x^2})}\mathrm{d}(\sqrt{x})$

$=-2\int\operatorname{arccot}\sqrt{x}\,\mathrm{d}(\operatorname{arccot}\sqrt{x})=-(\operatorname{arccot}\sqrt{x})^2+C.$

(6)$\int\dfrac{\arctan\sqrt{x}}{\sqrt{x}(1+x)}\mathrm{d}x=2\int\dfrac{\arctan\sqrt{x}}{1+(\sqrt{x})^2}\mathrm{d}\sqrt{x}=2\int\arctan\sqrt{x}\,\mathrm{d}(\arctan\sqrt{x})=(\arctan\sqrt{x})^2+C.$

(7)$\int\dfrac{\mathrm{d}x}{\sqrt{x(1-x)}}=2\int\dfrac{\mathrm{d}(\sqrt{x})}{\sqrt{1-(\sqrt{x})^2}}=2\arcsin\sqrt{x}+C.$

(8)$\int\dfrac{\mathrm{d}x}{x\sqrt{x^3-1}}=\dfrac{1}{3}\int\dfrac{3x^2\mathrm{d}x}{x^3\sqrt{x^3-1}}=\dfrac{1}{3}\int\dfrac{\mathrm{d}(x^3-1)}{x^3\sqrt{x^3-1}}=\dfrac{1}{3}\int\dfrac{1}{x^3}\cdot2\mathrm{d}(\sqrt{x^3-1})$

$=\dfrac{2}{3}\int\dfrac{\mathrm{d}(\sqrt{x^3-1})}{1+(\sqrt{x^3-1})^2}=\dfrac{2}{3}\arctan\sqrt{x^3-1}+C.$

$$(9)\int \frac{dx}{\sin^2(2x+\frac{\pi}{4})}=\frac{1}{2}\int \csc^2(2x+\frac{\pi}{4})\cdot 2dx=\frac{1}{2}\int \csc^2(2x+\frac{\pi}{4})d(2x+\frac{\pi}{4})$$

$$=-\frac{1}{2}\cot(2x+\frac{\pi}{4})+C.$$

$$(10)\int \frac{1}{\sin^2 x+2\cos^2 x}dx=\int \frac{1}{(\tan^2 x+2)\cos^2 x}dx=\int \frac{d(\tan x)}{2+\tan^2 x}=\frac{\sqrt{2}}{2}\arctan(\frac{\tan x}{\sqrt{2}})+C.$$

$$(11)\int \frac{1}{x(1+x^6)}dx=\int \frac{x^5}{x^6(1+x^6)}dx=\frac{1}{6}\int [\frac{1}{x^6}-\frac{1}{x^6+1}]d(x^6)=\ln|x|-\frac{1}{6}\ln(1+x^6)+C.$$

$$(12)\int \frac{1}{x^4+x^2+1}dx=\frac{1}{2}\int \frac{(x^2+1)-(x^2-1)}{x^4+x^2+1}dx=\frac{1}{2}\int \frac{x^2+1}{x^4+x^2+1}dx-\frac{1}{2}\int \frac{x^2-1}{x^4+x^2+1}dx$$

$$=\frac{1}{2}\int \frac{1+\frac{1}{x^2}}{x^2+1+\frac{1}{x^2}}dx-\frac{1}{2}\int \frac{1-\frac{1}{x^2}}{x^2+1+\frac{1}{x^2}}dx=\frac{1}{2}\int \frac{d(x-\frac{1}{x})}{(x-\frac{1}{x})^2+3}-\frac{1}{2}\int \frac{d(x+\frac{1}{x})}{(x+\frac{1}{x})^2-1}$$

$$=\frac{1}{2\sqrt{3}}\arctan\frac{x^2-1}{\sqrt{3}x}-\frac{1}{4}\ln\left|\frac{x^2-x+1}{x^2+x+1}\right|+C.$$

$$(13)\int \frac{1-x^8}{x(1+x^8)}dx=\int \frac{x^7(1-x^8)}{x^8(1+x^8)}dx=\frac{1}{8}\int \frac{1-x^8}{x^8(1+x^8)}d(x^8)=\frac{1}{8}\int \frac{(1+x^8)-2x^8}{x^8(1+x^8)}d(x^8)$$

$$=\frac{1}{8}[\int \frac{1}{x^8}d(x^8)-\int \frac{2}{1+x^8}d(1+x^8)]=\frac{1}{8}[\ln x^8-2\ln(1+x^8)]+C.$$

$$(14)\int \frac{1}{1+x+x^2}dx=\int \frac{1}{\frac{3}{4}+(x+\frac{1}{2})^2}dx=\frac{2\sqrt{3}}{3}\arctan\frac{2x+1}{\sqrt{3}}+C.$$

$$(15)\int \frac{x^4}{1+x^2}dx=\int \frac{x^4-1+1}{1+x^2}dx=\int (x^2-1+\frac{1}{1+x^2})dx=\frac{1}{3}x^3-x+\arctan x+C.$$

$$(16)\int \frac{1}{\sin^2 x\cos^2 x}dx=\int \frac{\sin^2 x+\cos^2 x}{\sin^2 x\cos^2 x}dx=\int (\frac{1}{\sin^2 x}+\frac{1}{\cos^2 x})dx=\int (\csc^2 x+\sec^2 x)dx$$

$$=\tan x-\cot x+C.$$

例 2　求过点(0,0) 的积分曲线 $y=\int \sin^2\frac{x}{2}dx$ 的方程.

解　$y=\int \sin^2\frac{x}{2}dx=\int \frac{1-\cos x}{2}dx=\frac{1}{2}(x-\sin x)+C$ 把(0,0)代入积分曲线方程，得 $C=0$,故所求曲线方程为 $y=\frac{1}{2}(x-\sin x)$.

例 3　求下列不定积分:(第二类换元法)

(1)$\int \frac{1}{1+\sqrt{x+1}}dx$;　　(2)$\int \frac{x+1}{\sqrt[3]{3x+1}}dx$;

(3)$\int \frac{e^{3\sqrt{x}}}{\sqrt{x}}dx$;　　(4)$\int \frac{e^{2x}}{\sqrt{e^x+1}}dx$.

解　(1) 令 $t=\sqrt{x+1}$,则 $x=t^2-1$,$dx=2tdt$,有

$$\int \frac{1}{1+\sqrt{x+1}}dx=\int \frac{2t}{1+t}dt=2\int \frac{t+1-1}{1+t}dt=2\int (1-\frac{1}{1+t})dt=2(t-\ln|1+t|)+C$$

$= 2\sqrt{x+1} - 2\ln(1+\sqrt{x+1}) + C.$

(2) 令 $t = \sqrt[3]{3x+1}$，则 $x = \frac{1}{3}(t^3-1)$，$dx = \frac{1}{3}\cdot 3t^2 dt = t^2 dt$，有

$$\int \frac{x+1}{\sqrt[3]{3x+1}}dx = \int \frac{\frac{t^3}{3}-\frac{1}{3}+1}{t}\cdot t^2 dt = \frac{1}{3}\int (t^4+2t)dt = \frac{1}{15}t^5 + \frac{1}{3}t^2 + C = \frac{1}{15}(3x+1)^{\frac{5}{3}} + \frac{1}{3}(3x+1)^{\frac{2}{3}} + C.$$

(3) 令 $t = \sqrt{x}$，则 $x = t^2$，$dx = 2tdt$，有

$$\int \frac{e^{3\sqrt{x}}}{\sqrt{x}}dx = \int \frac{e^{3t}}{t}\cdot 2tdt = 2\int e^{3t}dt = \frac{2}{3}\int e^{3t}d(3t) = \frac{2}{3}e^{3t} + C = \frac{2}{3}e^{3\sqrt{x}} + C.$$

(4) 令 $t = \sqrt{e^x+1}$，则 $x = \ln(t^2-1)$，$dx = \frac{2t}{t^2-1}dt$，有

$$\int \frac{e^{2x}}{\sqrt{e^x+1}}dx = \int \frac{(t^2-1)^2}{t}\cdot\frac{2t}{t^2-1}dt = 2\int (t^2-1)dt = 2(\frac{1}{3}t^3 - t) + C = \frac{2}{3}(e^x+1)^{\frac{3}{2}} - 2(e^x+1)^{\frac{1}{2}} + C.$$

例 4 求下列不定积分：(第二类换元法)

(1) $\int \frac{dx}{x+\sqrt{1-x^2}}$；　　(2) $\int \frac{\sqrt{x^2-a^2}}{x}dx$；

(3) $\int \frac{1}{x\sqrt{x^2-4}}dx$；　　(4) $\int \sqrt{a^2-x^2}dx\ (a>0)$.

解 (1) 令 $x = \sin t$，则 $dx = \cos t dt$，$\int \frac{dx}{x+\sqrt{1-x^2}} = \int \frac{\cos t dt}{\sin t + \sqrt{1-\sin^2 t}}$

$$= \frac{1}{2}\int \frac{\cos t - \sin t}{\sin t + \cos t}dt + \frac{1}{2}\int \frac{\cos t + \sin t}{\sin t + \cos t}dt = \frac{1}{2}\int \frac{d(\cos t + \sin t)}{\sin t + \cos t} + \frac{1}{2}\int dt$$

$$= \frac{1}{2}\ln|\sin t + \cos t| + \frac{1}{2}t + C.$$

由 $x = \sin t$ 作辅助图，如图(a) 所示：$\sin t = x$，$\cos t = \sqrt{1-x^2}$，$t = \arcsin x$，

故 $\int \frac{dx}{x+\sqrt{1-x^2}} = \frac{1}{2}\ln\left|x+\sqrt{1-x^2}\right| + \frac{1}{2}\arcsin x + C.$

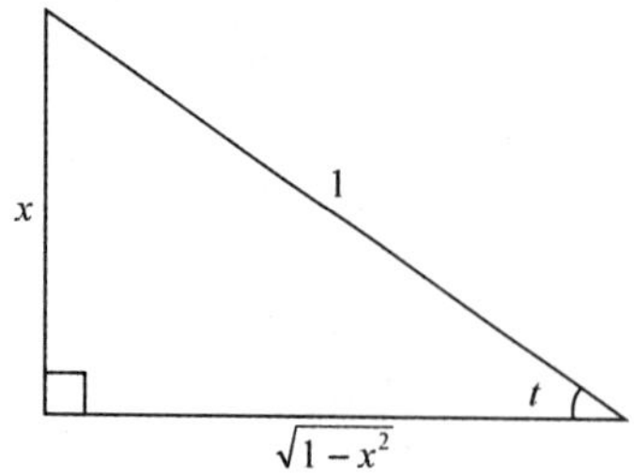

(a)

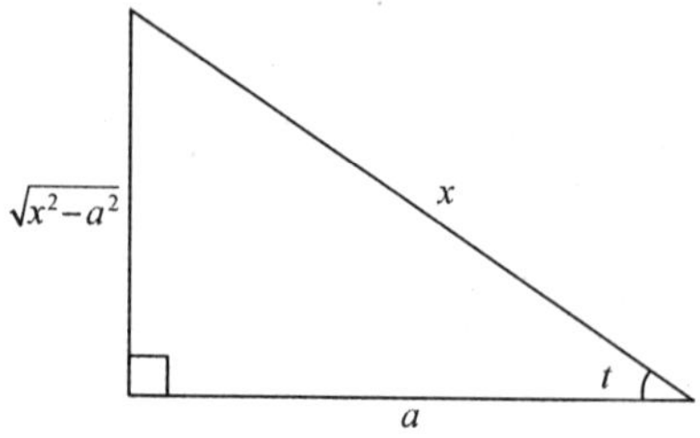

(b)

(2) 令 $x = a\sec t = \frac{a}{\cos t}$，则 $dx = \frac{0 - a\sin t}{\cos^2 t}dt = \frac{a}{\cos t}\cdot\frac{\sin t}{\cos t}dt = a\sec t\cdot\tan t dt$，

$$\int \frac{\sqrt{x^2-a^2}}{x}dx=\int \frac{a\tan t}{a\sec t}\cdot a\sec t\tan t dt=\int a\tan^2 t dt=a\int(\sec^2 t-1)dt=a\tan t-at+C,$$

由 $x=a\sec t$ 作辅助图，如图(b) 所示：$\tan t=\frac{\sqrt{x^2-a^2}}{a}$，$t=\arccos\frac{a}{x}$，

故 $\int\frac{\sqrt{x^2-a^2}}{x}dx=a\cdot\frac{\sqrt{x^2-a^2}}{a}-a\cdot\arccos\frac{a}{x}+C=\sqrt{x^2-a^2}-a\arccos\frac{a}{x}+C.$

(3) 令 $x=2\sec t=\frac{2}{\cos t}$，$(0<t<\frac{\pi}{2})$，则 $dx=d(\frac{2}{\cos t})=\frac{0-2\sin t}{\cos^2 t}dt=\frac{2}{\cos t}\cdot\frac{\sin t}{\cos t}dt$

$=2\sec t\cdot\tan t dt$，$\int\frac{1}{x\sqrt{x^2-4}}dx=\int\frac{2\sec t\cdot\tan t}{2\sec t\cdot\sqrt{4\sec^2 t-4}}dt=\frac{1}{2}\int dt=\frac{1}{2}t+C.$

由 $x=2\sec t$，$(0<t<\frac{\pi}{2})$ 作辅助图，如图(c) 所示：$\tan t=\frac{\sqrt{x^2-4}}{2}$，

$t=\arctan\frac{\sqrt{x^2-4}}{2}$，故 $\int\frac{1}{x\sqrt{x^2-4}}dx=\frac{1}{2}\arctan\frac{\sqrt{x^2-4}}{2}+C.$

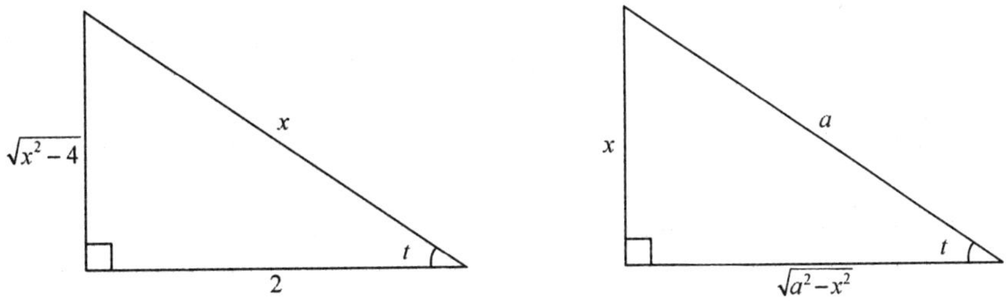

(c)　　　　(d)

(4) 令 $x=a\sin t$，$(0<t<\frac{\pi}{2})$，则 $dx=a\cos t dt$，$\int\sqrt{a^2-x^2}dx=\int a^2\cos^2 t dt=a^2\int$

$\frac{1+\cos 2t}{2}dt=\frac{a^2}{2}(t+\frac{1}{2}\sin 2t)+C=\frac{a^2}{2}(t+\sin t\cdot\cos t)+C.$

由 $x=a\sin t$，$(0<t<\frac{\pi}{2})$ 作辅助图，如图(d)，得 $\sin t=\frac{x}{a}$，$\cos t=\frac{\sqrt{a^2-x^2}}{a}$，$t=$

$\arcsin\frac{x}{a}$.

故 $\int\sqrt{a^2-x^2}dx=\frac{a^2}{2}[\arcsin\frac{x}{a}+\frac{x}{a}\cdot\frac{\sqrt{a^2-x^2}}{a}]+C=\frac{a^2}{2}\arcsin\frac{x}{a}+\frac{x}{2}\sqrt{a^2-x^2}+C.$

三、不定积分的计算之分部积分法

1. *考点解读*

(1) 分部积分法主要用于解决两类不同函数乘积的积分.

分解被积式的原则：$f(x)dx=u(x)\cdot v'(x)dx=u(x)dv$.

基本的思想：根据公式 $\int udv=uv-\int vdu$，把较难的积分转化为较易计算的积分. 其中，运用分部积分法的关键是 u 的选取和 v 的求出. 选取的原则是 v 容易求出（v 的求出，实际上是要作一个简单的不定积分，以及 $\int vdu$ 比 $\int udv$ 容易积出）.

(2) 一般来说，当被积式的乘积因子有对数函数、三角函数、反三角函数以及指数函数时可考虑用分部积分法；利用所给积分法求递推公式，通常也采用分部积分法.具体方法如下：

① 若被积函数是幂函数与三角函数(或指数函数) 乘积时，通常选幂函数为 u；

如：$\int x^k \sin ax\mathrm{d}x$，选 $u = x^k$；$\int x^k a^x \mathrm{d}x$，选 $u = x^k$.

② 若被积函数是对数函数(或反三角函数) 与幂函数乘积时，通常选前者为 u；

如：$\int x^k \log_a^m x\mathrm{d}x(a > 0, a \neq 1)$，选 $u = \log_a^m x$；$\int x^k \arctan ax\mathrm{d}x$，选 $u = \arctan ax$.

③ 若被积函数是对数函数(或反三角函数) 时，以被积函数本身为 u；

④ 若被积函数是指数函数与三角函数乘积时，无论以哪一个为 u 均可.这时，通常会出现与所求积分式相同的式子(叫同型再现)，通过移项，得到结果.

(3) 分部积分法的几种常见题型及 u 和 $\mathrm{d}v$ 的选取方法：(a,b,k 均为常数，$P_n(x)$ 为 x 的 n 次多项式)

①$\int P_n(x)\mathrm{e}^{kx}\mathrm{d}x$，设 $u = P_n(x)$，$\mathrm{d}v = \mathrm{e}^{kx}\mathrm{d}x$；

②$\int P_n(x)\sin(ax+b)\mathrm{d}x$，设 $u = P_n(x)$，$\mathrm{d}v = \sin(ax+b)\mathrm{d}x$；

③$\int P_n(x)\cos(ax+b)\mathrm{d}x$，设 $u = P_n(x)$，$\mathrm{d}v = \cos(ax+b)\mathrm{d}x$；

④$\int P_n(x)\ln x\mathrm{d}x$，设 $u = \ln x$，$\mathrm{d}v = P_n(x)\mathrm{d}x$；

⑤$\int P_n(x)\arcsin(ax+b)\mathrm{d}x$，设 $u = \arcsin(ax+b)$，$\mathrm{d}v = P_n(x)\mathrm{d}x$；

⑥$\int P_n(x)\arccos(ax+b)\mathrm{d}x$，设 $u = \arccos(ax+b)$，$\mathrm{d}v = P_n(x)\mathrm{d}x$；

⑦$\int P_n(x)\arctan(ax+b)\mathrm{d}x$，设 $u = \arctan(ax+b)$，$\mathrm{d}v = P_n(x)\mathrm{d}x$；

⑧$\int \mathrm{e}^{kx}\sin(ax+b)\mathrm{d}x$，$u$ 和 $\mathrm{d}v$ 的选择较灵活；

⑨$\int \mathrm{e}^{kx}\cos(ax+b)\mathrm{d}x$，$u$ 和 $\mathrm{d}v$ 的选择较灵活.

(4) 一般来说，以下几种类型的不定积分，只能使用分部积分法才能求出结论：

①$\int x^n \ln^m x\mathrm{d}x$，对其使用分部积分法，以达到去掉对数函数的目的；

②$\int x^n \mathrm{e}^{ax}\mathrm{d}x$，$\int x^n \sin(ax)\mathrm{d}x$，$\int x^n \cos(bx)\mathrm{d}x$，对其使用分部积分法，以达到降低幂函数的幂次的目的；

③$\int x^n \arctan x\mathrm{d}x$，对其使用分部积分法，以达到去掉反正切函数的目的；

④$\int x^n \arcsin x\mathrm{d}x$，对其使用分部积分法，以达到去掉反正弦函数的目的；

⑤$\int \mathrm{e}^{ax}\sin(bx)\mathrm{d}x$，$\int \mathrm{e}^{ax}\cos(bx)\mathrm{d}x$，对其使用分部积分法，以达到可以使用积分还原这一技巧的目的.

在求不定积分的过程中，各种积分方法（凑微分法、代入换元法、分部积分法等）往往是兼用的，使用这些方法的最终目的是能够使用基本积分公式求解不定积分. 而这一过程中，所应用的各种技巧是在大量的运算实践中逐步积累起来的.

2. 典型题型

例 1　求下列不定积分：

(1) $\int xe^x\mathrm{d}x$；　　(2) $\int x\sin 2x\mathrm{d}x$；

(3) $\int x\arctan x\mathrm{d}x$；　　(4) $\int e^x\cos x\mathrm{d}x$；

(5) $\int \frac{\arcsin x}{x^2}\mathrm{d}x$；　　(6) $\int \frac{\ln x}{x^3}\mathrm{d}x$；

(7) $\int \sin(\ln x)\mathrm{d}x$；　　(8) $\int x\cos^2 x\mathrm{d}x$；

(9) $\int \frac{\ln x}{(1-x)^2}\mathrm{d}x\quad(x>0, x\neq 1)$；　　(10) $\int \frac{xe^x}{\sqrt{e^x-2}}\mathrm{d}x\quad(x>1)$；

(11) $\int x^n\ln x\mathrm{d}x$；　　(12) $\int \sin x\ln(\tan x)\mathrm{d}x$.

解　(1) $\int xe^x\mathrm{d}x=\int x\mathrm{d}e^x=xe^x-\int e^x\mathrm{d}x=xe^x-e^x+C$.

(2) $\int x\sin 2x\mathrm{d}x=-\frac{1}{2}\int x\mathrm{d}\cos 2x=-\frac{1}{2}x\cos 2x+\frac{1}{2}\int\cos 2x\mathrm{d}x=-\frac{1}{2}x\cos 2x+\frac{1}{4}\sin 2x+C$.

(3) $\int x\arctan x\mathrm{d}x=\frac{1}{2}\int\arctan x\mathrm{d}x^2=\frac{1}{2}x^2\arctan x-\frac{1}{2}\int\frac{x^2+1-1}{x^2+1}\mathrm{d}x=\frac{1}{2}x^2\arctan x-\frac{1}{2}x+\frac{1}{2}\arctan x+C$.

(4) $\int e^x\cos x\mathrm{d}x=\int\cos x\mathrm{d}e^x=e^x\cos x+\int e^x\sin x\mathrm{d}x=e^x\cos x+\int\sin x\mathrm{d}e^x=e^x\cos x+e^x\sin x-\int e^x\cos x\mathrm{d}x$，故 $\int e^x\cos x\mathrm{d}x=\frac{1}{2}e^x(\sin x+\cos x)+C$.

(5) $\int\frac{\arcsin x}{x^2}\mathrm{d}x=-\int\arcsin x\mathrm{d}(\frac{1}{x})=-\frac{\arcsin x}{x}+\int\frac{1}{x}\cdot\frac{1}{\sqrt{1-x^2}}\mathrm{d}x$. 令 $t=\frac{1}{x}, t>0$，

而 $\int\frac{1}{x\sqrt{1-x^2}}\mathrm{d}x=\int\frac{1}{\frac{1}{t}\sqrt{1-\frac{1}{t^2}}}\mathrm{d}\frac{1}{t}=\int\frac{t^2}{\sqrt{t^2-1}}(-\frac{1}{t^2})\mathrm{d}t=-\int\frac{\mathrm{d}t}{\sqrt{t^2-1}}=$

$-\ln\left|t+\sqrt{t^2-1}\right|+C=\ln\left|\frac{1+\sqrt{1-x^2}}{x}\right|+C$，故 $\int\frac{\arcsin x}{x^2}\mathrm{d}x=-\frac{\arcsin x}{x}+\ln\left|\frac{1+\sqrt{1-x^2}}{x}\right|+C$.

(6) $\int\frac{\ln x}{x^3}\mathrm{d}x=-\frac{1}{2}\int\ln x\mathrm{d}(\frac{1}{x^2})=-\frac{1}{2}\cdot\frac{\ln x}{x^2}+\frac{1}{2}\int\frac{1}{x^2}\cdot\frac{1}{x}\mathrm{d}x=-\frac{\ln x}{2x^2}-\frac{1}{4x^2}+C$.

(7) $\int\sin(\ln x)\mathrm{d}x=x\sin(\ln x)-\int x\cos(\ln x)\frac{1}{x}\mathrm{d}x=x\sin(\ln x)-\int\cos(\ln x)\mathrm{d}x=x\sin(\ln x)-x\cos(\ln x)-\int\sin(\ln x)\mathrm{d}x$. 故 $\int\sin(\ln x)\mathrm{d}x=\frac{1}{2}x[\sin(\ln x)-\cos(\ln x)]+C$.

(8) $\int x\cos^2 x\mathrm{d}x = \int x\cdot\frac{1+\cos 2x}{2}\mathrm{d}x = \frac{1}{2}\int x\mathrm{d}x + \frac{1}{2}\int x\cos 2x\mathrm{d}x = \frac{1}{4}x^2 + \frac{1}{4}\int x\mathrm{d}(\sin 2x)$

$= x^2 + \frac{1}{4}(x\sin 2x - \int \sin 2x\mathrm{d}x) = \frac{1}{4}x^2 + \frac{1}{4}x\sin 2x + \frac{1}{8}\cos 2x + C.$

(9) $\int \frac{\ln x}{(1-x)^2}\mathrm{d}x = \int \ln x\mathrm{d}(\frac{1}{1-x}) = \frac{\ln x}{1-x} - \int \frac{\mathrm{d}x}{x(1-x)} = \frac{\ln x}{1-x} - \int(\frac{1}{x}+\frac{1}{1-x})\mathrm{d}x =$ $\frac{\ln x}{1-x} - \ln x + \ln|1-x| + C.$

(10) 令 $t=\sqrt{\mathrm{e}^x-2}$,则 $\mathrm{e}^x = t^2+2, x = \ln\mathrm{e}^x = \ln(t^2+2), \mathrm{d}x = \frac{2t}{t^2+2}\mathrm{d}t$,

$\int \frac{x\mathrm{e}^x}{\sqrt{\mathrm{e}^x-2}}\mathrm{d}x = \int \frac{\ln(t^2+2)\cdot(t^2+2)}{t}\cdot\frac{2t}{t^2+2}\mathrm{d}t = 2\int\ln(t^2+2)\mathrm{d}t = 2t\ln(t^2+2) - 4\int\frac{t^2}{t^2+2}\mathrm{d}t$

$= 2t\ln(t^2+2) - 4\int(1-\frac{2}{t^2+2})\mathrm{d}t = 2t\ln(t^2+2) - 4t + \frac{8}{\sqrt{2}}\arctan\frac{t}{\sqrt{2}} + C = 2(x-2)$ $\sqrt{\mathrm{e}^x-2} + 4\sqrt{2}\arctan\sqrt{\frac{\mathrm{e}^x-2}{2}} + C.$

(11) $\int x^n\ln x\mathrm{d}x = \frac{1}{n+1}\int\ln x\mathrm{d}(x^{n+1}) = \frac{1}{n+1}[x^{n+1}\ln x - \int x^{n+1}\mathrm{d}(\ln x)] = \frac{x^{n+1}}{n+1}\ln x -$ $\frac{1}{n+1}\int x^{n+1}\cdot\frac{1}{x}\mathrm{d}x = \frac{x^{n+1}}{n+1}\ln x - \frac{1}{n+1}\int x^n\mathrm{d}x = \frac{x^{n+1}}{n+1}\ln x - \frac{x^{n+1}}{(n+1)^2} + C.$

(12) $\int\sin x\ln(\tan x)\mathrm{d}x = \int\ln(\tan x)\mathrm{d}(-\cos x) = -\cos x\cdot\ln(\tan x) + \int\cos x\mathrm{d}[\ln(\tan x)]$

$= -\cos x\cdot\ln(\tan x) + \int\cos x\cdot\frac{1}{\tan x}\cdot\sec^2 x\mathrm{d}x = -\cos x\cdot\ln(\tan x) + \int\csc x\mathrm{d}x$

$= -\cos x\cdot\ln(\tan x) + \ln|\csc x - \cot x| + C.$

例 2 设 $f(\ln x) = \frac{\ln(1+x)}{x}$,计算 $\int f(x)\mathrm{d}x$.

解 令 $x=\ln t$,则 $t=\mathrm{e}^x, \mathrm{d}x = \frac{1}{t}\mathrm{d}t$.

$\int f(x)\mathrm{d}x = \int f(\ln t)\cdot\frac{1}{t}\mathrm{d}t = \int\frac{\ln(1+t)}{t}\cdot\frac{1}{t}\mathrm{d}t = -\int\ln(1+t)\mathrm{d}(\frac{1}{t}) = -\frac{\ln(1+t)}{t} + \int\frac{1}{t}\cdot\frac{1}{t+1}\mathrm{d}t$

$= -\frac{\ln(1+t)}{t} + \int(\frac{1}{t}-\frac{1}{t+1})\mathrm{d}t = -\frac{\ln(1+t)}{t} + \ln t - \ln(1+t) + C = -\frac{\ln(1+\mathrm{e}^x)}{\mathrm{e}^x} +$ $x - \ln(1+\mathrm{e}^x) + C.$

四、简单有理函数的不定积分

1. *考点解读*

(1) 我们所说的简单有理函数,是指如下的分式有理函数,它可以直接写成两个分式之和或者通过分子加减一项之后,很容易将其写成一个整式与一个分式之和或两个分式之和,然后再利用前面所介绍的办法求出其不定积分.

具体来说,要求读者掌握以下几种类型:

① $\frac{a}{(x+p_1)(x+p_2)}, \frac{ax+b}{(x+p_1)(x+p_2)}$,这里 a、b、p_1、p_2 为常数;

② $\dfrac{ax+b}{(x+p_1)(x+p_2)(x+p_3)}$，$\dfrac{ax+b}{(x+p_1)(x^2+p_2x+p_3)}$，这里 a、b、p_1、p_2、p_3 为常数，$x^2+p_2x+p_3$ 为质因式；

③ $\dfrac{P(x)}{Q(x)}$，其中 $P(x)$ 为 x 的 n 次多项式，$Q(x)$ 为 x 的 m 次多项式，且 $n\geqslant m$.

通常我们把 ①、② 型叫做有理真分式，把 ③ 型叫做有理假分式.

利用待定系数法，可以将有理真分式 ①、② 型，分解成两个或多个分式之和.

(2) 设 $P(x)$、$Q(x)$ 为多项式，则积分 $\int\dfrac{P(x)}{Q(x)}\mathrm{d}x$ 称为有理函数的积分. 解题步骤：

① 考虑能否用换元法求该不定积分

例如：$\int\dfrac{2x-2}{x^2-2x+4}\mathrm{d}x=\int\dfrac{\mathrm{d}(x^2-2x+4)}{x^2-2x+4}=\ln(x^2-2x+4)+C$.

② 若简单有理函数的不定积分不能用换元法求之，则将简单有理函数分解成两个真分式之和，或用多项式除法（或通过将分子加减一项作除法）把被积函数化为一个整式与一个真分式之和，即假分式 $\dfrac{P(x)}{Q(x)}=W(x)+\dfrac{P_1(x)}{Q(x)}$（整式＋真分式）.

③ 把真分式分解成部分分式之和. 所谓部分分式是指：分母为质因式或一质因式的若干次幂，而分子的次数低于分母的次数，

即假分式 $\dfrac{P(x)}{Q(x)}=W(x)+\dfrac{P_1(x)}{Q(x)}$（整式＋真分式）$=W(x)+$ 部分分式（或最简分式）.

④ 求出每一个的整式和部分分式的不定积分. 实际上是求如下四种形式的积分：

a. $\int\dfrac{1}{x-a}\mathrm{d}x=\ln|x-a|+C$；

b. $\int\dfrac{1}{(x-a)^n}\mathrm{d}x=-\dfrac{1}{n-1}\cdot\dfrac{1}{(x-a)^{n-1}}+C\quad(n\neq 1)$；

c. $\int\dfrac{1}{(x^2+px+q)^n}\mathrm{d}x=\int\dfrac{1}{\left[(x+\frac{p}{2})^2+\frac{4q-p^2}{4}\right]^n}\mathrm{d}x$（利用配方法），令 $u=x+\dfrac{p}{2}$，$a^2=\dfrac{4q-p^2}{4}$，即有 $\int\dfrac{1}{(x^2+px+q)^n}\mathrm{d}x=\int\dfrac{1}{(u^2+a^2)^n}\mathrm{d}u$；

d. $\int\dfrac{x+a}{(x^2+px+q)^n}\mathrm{d}x=-\dfrac{1}{2(n-1)}\cdot\dfrac{1}{(x^2+px+q)^{n-1}}+(a-\dfrac{p}{2})\int\dfrac{1}{(x^2+px+q)^n}\mathrm{d}x$，

其中 $p^2-4q<0$，即 x^2+px+q 不能再分解成一次因式.

2. 典型题型

例 1　利用待定系数法将下列有理真分式分解成多个分式之和或差：

(1) $\dfrac{1}{x^2+x-2}$；　　(2) $\dfrac{6}{x^3-2x^2-x+2}$.

解　(1) 由于 $\dfrac{1}{x^2+x-2}=\dfrac{1}{(x+2)(x-1)}$，所以可设 $\dfrac{1}{(x+2)(x-1)}=\dfrac{A}{x+2}+\dfrac{B}{x-1}$，

而 $\dfrac{A}{x+2}+\dfrac{B}{x-1}=\dfrac{(A+B)x+2B-A}{(x+2)(x-1)}$，所以由待定系数法，得 $\begin{cases}A+B=0\\2B-A=1\end{cases}$，

解得 $A=-\dfrac{1}{3}$，$B=\dfrac{1}{3}$. 所以 $\dfrac{1}{x^2+x-2}=\dfrac{1}{3}(\dfrac{1}{x-1}-\dfrac{1}{x+2})$.

(2) 由于$\frac{6}{x^3-2x^2-x+2}=\frac{6}{(x+1)(x-1)(x-2)}$,

所以可设$\frac{6}{(x+1)(x-1)(x-2)}=\frac{A}{x+1}+\frac{B}{x-1}+\frac{C}{x-2}$,

而$\frac{A}{x+1}+\frac{B}{x-1}+\frac{C}{x-2}=\frac{(A+B+C)x^2-(3A+B)x+2A-2BB-C}{(x+1)(x-1)(x-2)}$,

所以由待定系数法,得$\begin{cases}A+B+C=0\\3A+B=0\\2A-2B-C=6\end{cases}$,

解得 $A=1,B=-3,C=2$,所以$\frac{6}{x^3-2x^2-x+2}=\frac{1}{x+1}-\frac{3}{x-1}+\frac{2}{x-2}$.

例 2 化简下列有理假分式:

(1) $\frac{x^4}{x^2+1}$;　　(2) $\frac{x^3}{x+1}$;

(3) $\frac{x^3+2x^2+3x+4}{x+1}$;　　(4) $\frac{x^4-2x^2+2}{x^2+x-2}$.

解 (1) $\frac{x^4}{x^2+1}=\frac{x^4-1+1}{x^2+1}=\frac{(x^2-1)(x^2+1)+1}{x^2+1}=x^2-1+\frac{1}{x^2+1}$.

(2) $\frac{x^3}{x+1}=\frac{x^3+1-1}{x+1}=\frac{(x+1)(x^2-x+1)-1}{x+1}=x^2-x+1-\frac{1}{x+1}$.

(3) $\frac{x^3+2x^2+3x+4}{x+1}=\frac{(x^3+2x^2+x)+(2x+2)+2}{x+1}=\frac{x(x+1)^2+2(x+1)+2}{x+1}$ $=x(x+1)+2+\frac{2}{x+1}=x^2+x+2+\frac{2}{x+1}$.

(4) $\frac{x^4-2x^2+2}{x^2+x-2}=\frac{(x^2-1)^2+1}{(x-1)(x+2)}=\frac{(x-1)(x+1)^2}{x+2}+\frac{1}{(x-1)(x+2)}=\frac{x^3+x^2-x-1}{x+2}$ $+\frac{1}{3}(\frac{1}{x-1}-\frac{1}{x+2})=\frac{(x^3+2x^2)-(x^2+2x)+x+2-3}{x+2}+\frac{1}{3}(\frac{1}{x-1}-\frac{1}{x+2})=(x^2-$ $x+1)-\frac{3}{x+2}+\frac{1}{3(x-1)}-\frac{1}{3(x+2)}=x^2-x+1+\frac{1}{3(x-1)}-\frac{10}{3(x+2)}$.

例 3 求下列不定积分:

(1)$\int\frac{x^3}{x+1}dx$;　　(2)$\int\frac{x+3}{x^2-5x+6}dx$;

(3)$\int\frac{1}{x^2-4x+3}dx$;　　(4)$\int\frac{1-x^7}{x(1+x^7)}dx$;

(5)$\int\frac{3x+1}{x^2+2x+2}dx$;　　(6)$\int\frac{x^3}{x^2-3x+2}dx$.

解 (1)$\int\frac{x^3}{x+1}dx=\int\frac{x^3+1-1}{x+1}dx=\int[(x^2-x+1)-\frac{1}{1+x}]dx=\frac{1}{3}x^3-\frac{1}{2}x^2+x$ $-\ln|x+1|+C$.

(2)$\int\frac{x+3}{x^2-5x+6}dx=\int(\frac{-5}{x-2}+\frac{6}{x-3})dx=\int\frac{-5}{x-2}dx+\int\frac{6}{x-3}dx=-5\ln|x-2|+$ $6\ln|x-3|+C$.

(3) $\int \frac{1}{x^2-4x+3}dx = \int \frac{1}{(x-1)(x-3)}dx = \int [\frac{1}{2}(\frac{1}{x-3}-\frac{1}{x-1})]dx = \frac{1}{2}[\int \frac{d(x-3)}{x-3} - \int \frac{d(x-1)}{x-1}] = \frac{1}{2}(\ln|x-3|-\ln|x-1|)+C = \frac{1}{2}\ln\left|\frac{x-3}{x-1}\right|+C.$

(4) $\int \frac{1-x^7}{x(1+x^7)}dx = \int [\frac{1}{x(1+x^7)} - \frac{x^6}{1+x^7}]dx = \int (\frac{1}{x} - \frac{2x^6}{1+x^7})dx = \ln|x| - \frac{2}{7}\ln|1+x^7|+C.$

(5) $\int \frac{3x+1}{x^2+2x+2}dx = \int \frac{\frac{3}{2}(2x+2)-2}{x^2+2x+2}dx = \frac{3}{2}\int \frac{d(x^2+2x+2)}{x^2+2x+2} - 2\int \frac{1}{x^2+2x+2}dx$

$= \frac{3}{2}\ln(x^2+2x+2) - 2\int \frac{1}{(x+1)^2+1}d(x+1) = \frac{3}{2}\ln(x^2+2x+2) - 2\arctan(x+1)+C.$

(6) $\int \frac{x^3}{x^2-3x+2}dx = \int (x+3+\frac{7x-6}{x^2-3x+2})dx = \int [x+3+\frac{7x-6}{(x-2)(x-1)}]dx$

$= \int (x+3+\frac{8}{x-2}-\frac{1}{x-1})dx = \frac{1}{2}x^2+3x+8\ln|x-2|-\ln|x-1|+C.$

五、分段函数的不定积分

1. *考点解读*

(1) 分别求各区间段的不定积分表达式.

(2) 考查函数在分段点处的连续性，如果连续，那么在包含该点的区间内有原函数存在，然后根据原函数的连续性定出积分常数 C；如果分段点是函数的第一类间断点，则在包含该点的区间内，不存在原函数，这时，函数的不定积分只能在不包含该点在内的每个分段区间内得到.

2. *典型题型*

例 1　设 $f(x) = \begin{cases} x^2, & x \geqslant 0 \\ 0, & x < 0 \end{cases}$，求 $\int f(x)dx$.

解　当 $x > 0$ 时，$\int f(x)dx = \int x^2 dx = \frac{1}{3}x^3 + C_1$；

当 $x < 0$ 时，$\int f(x)dx = \int 0 dx = C_2$，

因为 $f(x)$ 在 $(-\infty, +\infty)$ 内连续，所以其原函数在 $(-\infty, +\infty)$ 内连续，

又 $\lim\limits_{x\to 0^+}(\frac{1}{3}x^3 + C_1) = C_1 = \lim\limits_{x\to 0^-}C_2 = C_2$. 令 $C_1 = C_2 = C$，于是 $\int f(x)dx = \begin{cases} \frac{1}{3}x^3 + C, & x \geqslant 0 \\ C, & x < 0 \end{cases}$.

例 2　设 $f(x) = \begin{cases} 1, & x < 0 \\ x^2+1, & 0 < x \leqslant 1 \\ 2x^3, & x > 1 \end{cases}$，求 $\int f(x)dx$.

解　由题设知，$x=0$ 是 $f(x)$ 的第一类间断点，故在 $(-\infty, +\infty)$ 内，$f(x)$ 不存在原函数；

而 $x=1$ 是 $f(x)$ 的连续点，所以 $f(x)$ 的不定积分只能分别在区间 $(-\infty, 0)$ 和 $(0, +\infty)$ 内得到.

对 $f(x)$ 的每个分支分别求不定积分得到 $\int f(x)\mathrm{d}x = \begin{cases} x + C_1, & x < 0 \\ \frac{1}{3}x^3 + x + C_2, & 0 < x \leqslant 1 \\ \frac{1}{2}x^4 + C_3, & x > 1 \end{cases}$.

因为 $x = 1$ 是 $f(x)$ 的连续点，所以 $f(x)$ 的原函数在 $x = 1$ 连续，

所以 $\lim\limits_{x \to 1^-}(\frac{1}{3}x^3 + x + C_2) = \lim\limits_{x \to 1^+}(\frac{1}{2}x^4 + C_3)$，即 $\frac{1}{3} + 1 + C_2 = \frac{1}{2} + C_3$，得 $C_3 = \frac{5}{6} + C_2$，

故 $\int f(x)\mathrm{d}x = \begin{cases} x + C_1, & x < 0 \\ \frac{1}{3}x^3 + x + C_2, & 0 < x \leqslant 1 \\ \frac{1}{2}x^4 + \frac{5}{6} + C_2, & x > 1 \end{cases}$.

第二节　实战演练与参考解析

1. 已知一条曲线上各点处的切线斜率为其切点横坐标的两倍，且通过点(1,2)，求此曲线方程.

2. 求下列不定积分：

(1) $\int \frac{(x+1)^2}{x^2}\mathrm{d}x$；

(2) $\int \tan^2 x\mathrm{d}x$；

(3) $\int (x - \frac{1}{\sqrt{x}})^2\mathrm{d}x$；

(4) $\int (\frac{3}{\sqrt{4 - 4x^2}} + \frac{2}{1 + x^2} + \sin x)\mathrm{d}x$；

(5) $\int (\sqrt{\frac{1+x}{1-x}} + \sqrt{\frac{1-x}{1+x}})\mathrm{d}x$；

(6) $\int 10^t \cdot 3^{2t}\mathrm{d}t$；

(7) $\int \frac{\mathrm{e}^{3x} + 1}{1 + \mathrm{e}^x}\mathrm{d}x$；

(8) $\int \frac{y^8}{1 + y^2}\mathrm{d}y$.

3. 求下列不定积分：

(1) $\int 2\cos 2x\mathrm{d}x$；

(2) $\int \frac{1}{x\ln x}\mathrm{d}x$；

(3) $\int \frac{dx}{x(1+2\ln x)}$；

(4) $\int \frac{dx}{1+e^x}$；

(5) $\int \frac{x}{\sqrt{2-3x^2}}dx$；

(6) $\int \frac{1+\ln x}{(x\ln x)^3}dx$；

(7) $\int \frac{10^{2\arccos x}}{\sqrt{1-x^2}}dx$；

(8) $\int \frac{x^4}{(1-x^5)^3}dx$；

(9) $\int \frac{1}{(x-a)(x-b)}dx$；

(10) $\int \frac{dx}{x\ln x}$；

(11) $\int \frac{dx}{1+\sin x}$；

(12) $\int \frac{\ln(\tan x)}{\cos x \cdot \sin x}dx$；

(13) $\int \frac{dx}{(\cos x+\sin x)^2}$；

(14) $\int \frac{dx}{x(1+x^{10})}$；

(15) $\int \frac{x^2+1}{x^4+1}dx$；

(16) $\int \tan\sqrt{1+x^2} \cdot \frac{x}{\sqrt{1+x^2}}dx$；

(17) $\int \frac{x-\sqrt{\arctan 2x}}{1+4x^2}dx$；

(18) $\int \frac{dx}{x^2-3x+2}$；

(19) $\int \frac{dx}{x(x-1)^2}$；

(20) $\int \frac{x+5}{x^2-6x+13}dx$.

4.求下列不定积分：

(1) $\int \sqrt{e^x+1}\,dx$；

(2) $\int \frac{\ln x}{x\sqrt{1+\ln x}}dx$；

(3) $\int \frac{dx}{e^x+e^{\frac{x}{2}}}$；

(4) $\int \frac{dx}{x^2\sqrt{x^2+3}}$;

(5) $\int \frac{\sqrt{x+1}-1}{\sqrt{x+1}+1}dx$;

(6) $\int \frac{x+1}{\sqrt{x}+x+\sqrt{x^3}}dx$.

5. 求下列不定积分：

(1) $\int \frac{dx}{x^2\sqrt{x^2+3}}$;

(2) $\int x^3\sqrt{1-x^2}dx$;

(3) $\int \frac{xdx}{(x^2+1)\sqrt{1-x^2}}$;

(4) $\int \frac{xe^{-\frac{1}{\sqrt{1+x^2}}}}{\sqrt{(x^2+1)^3}}dx$;

(5) $\int \frac{xdx}{(x+2)\sqrt{x^2+4x-12}}$;

(6) $\int \sqrt{1-x^2}\arcsin x dx$.

6. 已知 $f'(\sin^2 x)=\cos 2x+\tan^2 x$，当 $0<x<1$ 时，求 $f(x)$.

7. 求下列不定积分：

(1) $\int x^2\sin x dx$;

(2) $\int x^2 e^{-x}dx$;

(3) $\int e^x\sin x dx$;

(4) $\int (\arcsin x)^4 dx$;

(5) $\int \sqrt{a^2+x^2}dx$;

(6) $\int x^a(\ln x)^n dx \quad (n\in \mathbf{N}, a\neq -1)$;

(7) $\int \frac{1}{\sin 2x\cos x}dx$;

(8) $\int \frac{\arctan e^x}{e^x}dx$;

(9) $\int \sec^3 x dx$;

(10) $\int \frac{\arctan x}{x^2(1+x^2)}dx$;

(11) $\int \frac{\cos x+x\sin x}{(x+\cos x)^2}dx$;

(12) $\int[\ln(\ln x)+\frac{1}{\ln x}]\mathrm{d}x$；

(13) $\int arc\cot(1+\sqrt{x})\mathrm{d}x$；

(14) $\int\frac{x arc\sin x}{\sqrt{1-x^2}}\mathrm{d}x$；

(15) $\int\ln(x+\sqrt{1+x^2})\mathrm{d}x$；

(16) $\int e^x\frac{1+\sin x}{1+\cos x}\mathrm{d}x$.

8. 求下列不定积分：

(1) $\int\frac{1}{x^2-x-2}\mathrm{d}x$；

(2) $\int\frac{6}{x^3-2x^2-x+2}\mathrm{d}x$；

(3) $\int\frac{1}{x^2-a^2}\mathrm{d}x$；

(4) $\int\frac{x^3}{x^2+1}\mathrm{d}x$.

[参考解析]

1. 设所求曲线方程为 $y=y(x)$，由题设得 $y'=2x$，因此 $y=\int 2x\mathrm{d}x=x^2+C$，将点(1,2)代入方程解得 $C=1$，故所求曲线方程为 $y=x^2+1$.

2. (1) $\int\frac{(x+1)^2}{x^2}\mathrm{d}x=\int\frac{x^2+2x+1}{x^2}\mathrm{d}x=\int(1+\frac{2}{x}+\frac{1}{x^2})\mathrm{d}x=x+2\ln|x|-\frac{1}{x}+C$.

(2) $\int\tan^2 x\mathrm{d}x=\int(\sec^2 x-1)\mathrm{d}x=\int\sec^2 x\mathrm{d}x-\int\mathrm{d}x=\tan x-x+C$.

(3) $\int(x-\frac{1}{\sqrt{x}})^2\mathrm{d}x=\int(x^2-2\sqrt{x}+\frac{1}{x})\mathrm{d}x=\int x^2\mathrm{d}x-2\int x^{\frac{1}{2}}\mathrm{d}x+\int\frac{1}{x}\mathrm{d}x=\frac{x^{2+1}}{2+1}-2\cdot\frac{x^{\frac{1}{2}+1}}{\frac{1}{2}+1}+\ln|x|+C=\frac{x^3}{3}-\frac{4}{3}x^{\frac{3}{2}}+\ln|x|+C$.

(4) $\int(\frac{3}{\sqrt{4-4x^2}}+\frac{2}{1+x^2}+\sin x)\mathrm{d}x=\frac{3}{2}\int\frac{\mathrm{d}x}{\sqrt{1-x^2}}+2\int\frac{\mathrm{d}x}{1+x^2}+\int\sin x\mathrm{d}x=\frac{3}{2}\arcsin x+2\arctan x-\cos x+C$.

(5) 由 $\frac{1+x}{1-x}\geqslant 0$ 且 $\frac{1-x}{1+x}\geqslant 0$，知 $-1<x<1$. 于是 $\int(\sqrt{\frac{1+x}{1-x}}+\sqrt{\frac{1-x}{1+x}})\mathrm{d}x=\int(\sqrt{\frac{(1+x)^2}{1-x^2}}+\sqrt{\frac{(1-x)^2}{1-x^2}})\mathrm{d}x=\int(\frac{1+x}{\sqrt{1-x^2}}+\frac{1-x}{\sqrt{1-x^2}})\mathrm{d}x=2\int\frac{1}{\sqrt{1-x^2}}\mathrm{d}x=2\arcsin x+C$.

(6) $\int 10^t \cdot 3^{2t}\mathrm{d}t = \int 10^t \cdot 9^t \mathrm{d}t = \int 90^t \mathrm{d}t = \frac{90^t}{\ln 90} + C.$

(7) $\int \frac{\mathrm{e}^{3x}+1}{1+\mathrm{e}^x}\mathrm{d}x = \int \frac{(1+\mathrm{e}^x)(1-\mathrm{e}^x+\mathrm{e}^{2x})}{1+\mathrm{e}^x}\mathrm{d}x = \int (1-\mathrm{e}^x+\mathrm{e}^{2x})\mathrm{d}x = \int \mathrm{d}x - \int \mathrm{e}^x \mathrm{d}x + \int \mathrm{e}^{2x}\mathrm{d}x = x - \mathrm{e}^x + \frac{1}{2}\mathrm{e}^{2x} + C.$

(8) $\int \frac{y^8}{1+y^2}\mathrm{d}y = \int \frac{(y^8+y^6)-(y^6+y^4)+(y^4+y^2)-(y^2+1)+1}{y^2+1}\mathrm{d}y = \int [(y^6-y^4+y^2-1)+\frac{1}{y^2+1}]\mathrm{d}y = \int y^6\mathrm{d}y - \int y^4\mathrm{d}y + \int y^2\mathrm{d}y - \int \mathrm{d}y + \int \frac{\mathrm{d}y}{1+y^2} = \frac{y^7}{7} - \frac{y^5}{5} + \frac{y^3}{3} - y + \arctan y + C.$

3. (1) $\int 2\cos 2x\mathrm{d}x = \int \cos 2x \cdot 2\mathrm{d}x = \int \cos 2x\mathrm{d}(2x) = \sin 2x + C.$

(2) $\int \frac{1}{x\ln x}\mathrm{d}x = \int \frac{1}{\ln x}\cdot\frac{1}{x}\mathrm{d}x = \int \frac{1}{\ln x}\mathrm{d}(\ln x) = \ln|\ln x| + C.$

(3) $\int \frac{\mathrm{d}x}{x(1+2\ln x)} = \frac{1}{2}\int \frac{\mathrm{d}(1+2\ln x)}{1+2\ln x} = \frac{1}{2}\ln|1+2\ln x| + C.$

(4) $\int \frac{\mathrm{d}x}{1+\mathrm{e}^x} = \int \frac{1+\mathrm{e}^x-\mathrm{e}^x}{1+\mathrm{e}^x}\mathrm{d}x = \int \mathrm{d}x - \int \frac{\mathrm{e}^x\mathrm{d}x}{1+\mathrm{e}^x} = x - \int \frac{\mathrm{d}(1+\mathrm{e}^x)}{1+\mathrm{e}^x} = x - \ln(1+\mathrm{e}^x) + C.$

(5) $\int \frac{x}{\sqrt{2-3x^2}}\mathrm{d}x = -\frac{1}{6}\int \frac{-6x}{\sqrt{2-3x^2}}\mathrm{d}x = -\frac{1}{6}\int \frac{1}{\sqrt{2-3x^2}}\mathrm{d}(2-3x^2) = -\frac{1}{3}\sqrt{2-3x^2} + C.$

(6) $\int \frac{1+\ln x}{(x\ln x)^3}\mathrm{d}x = \int \frac{1}{(x\ln x)^3}\mathrm{d}(x\ln x) = -\frac{1}{2}(x\ln x)^{-2} + C = -\frac{1}{2x^2\ln^2 x} + C.$

(7) $\int \frac{10^{2\arccos x}}{\sqrt{1-x^2}}\mathrm{d}x = -\frac{1}{2}\int 10^{2\arccos x}\cdot\frac{-2}{\sqrt{1-x^2}}\mathrm{d}x = -\frac{1}{2}\int 10^{2\arccos x}\mathrm{d}(2\arccos x) = -\frac{10^{2\arccos x}}{2\ln 10} + C.$

(8) $\int \frac{x^4}{(1-x^5)^3}\mathrm{d}x = -\frac{1}{5}\int \frac{1}{(1-x^5)^3}\cdot(-5x^4)\mathrm{d}x = -\frac{1}{5}\int (1-x^5)^{-3}\mathrm{d}(1-x^5)$

$= -\frac{1}{5}\cdot\frac{1}{-3+1}(1-x^5)^{-3+1} + C = \frac{1}{10}(1-x^5)^{-2} + C.$

(9) $\int \frac{1}{(x-a)(x-b)}\mathrm{d}x = \frac{1}{a-b}\int (\frac{1}{x-a} - \frac{1}{x-b})\mathrm{d}x = \frac{1}{a-b}[\int \frac{\mathrm{d}(x-a)}{x-a} - \int \frac{\mathrm{d}(x-b)}{x-b}]$

$= \frac{1}{a-b}(\ln|x-a| - \ln|x-b|) + C = \frac{1}{a-b}\ln\left|\frac{x-a}{x-b}\right| + C.$

(10) $\int \frac{\mathrm{d}x}{x\ln x} = \int \frac{1}{\ln x}\mathrm{d}(\ln x) = \ln|\ln x| + C.$

(11) $\int \frac{\mathrm{d}x}{1+\sin x} = \int \frac{1-\sin x}{1-\sin^2 x}\mathrm{d}x = \int \frac{1-\sin x}{\cos^2 x}\mathrm{d}x = \int (\sec^2 x - \tan x\cdot\sec x)\mathrm{d}x = \int \sec^2 x\mathrm{d}x - \int \sec x\cdot\tan x\mathrm{d}x = \tan x - \sec x + C.$

(12) $\int \frac{\ln(\tan x)}{\cos x\cdot\sin x}\mathrm{d}x = \int \ln(\tan x)\cdot(\frac{\cos x}{\sin x\cdot\cos^2 x})\mathrm{d}x = \int \ln(\tan x)\cdot\frac{1}{\tan x}\cdot\sec^2 x\mathrm{d}x$

$= \int \ln(\tan x)\frac{1}{\tan x}\mathrm{d}(\tan x) = \int \ln(\tan x)\mathrm{d}[\ln(\tan x)] = \frac{1}{2}[\ln(\tan x)]^2 + C.$

(13) $\int \frac{\mathrm{d}x}{(\cos x+\sin x)^2} = \int \frac{1}{(1+\tan x)^2}\cdot\frac{1}{\cos^2 x}\mathrm{d}x = \int \frac{1}{(1+\tan x)^2}\cdot\sec^2 x\mathrm{d}x$

$= \int \frac{1}{(1+\tan x)^2} \mathrm{d}(1+\tan x) = -(1+\tan x)^{-1} + C.$

(14) $\int \frac{\mathrm{d}x}{x(1+x^{10})} = \frac{1}{10}\int \frac{10x^9}{x^{10}(1+x^{10})}\mathrm{d}x = \frac{1}{10}\int (\frac{1}{x^{10}} - \frac{1}{1+x})(10x^9)\mathrm{d}x = \frac{1}{10}\int \frac{1}{x^{10}}(10x^9)\mathrm{d}x$ $-\frac{1}{10}\int \frac{1}{1+x^{10}}(10x^9)\mathrm{d}x = \frac{1}{10}\int \frac{\mathrm{d}(x^{10})}{x^{10}} - \frac{1}{10}\int \frac{\mathrm{d}(1+x^{10})}{1+x^{10}} = \frac{1}{10}\ln x^{10} - \frac{1}{10}\ln(1+x^{10}) + C.$

(15) $\int \frac{x^2+1}{x^4+1}\mathrm{d}x = \int \frac{(1+\frac{1}{x^2})}{x^2+\frac{1}{x^2}}\mathrm{d}x = \int \frac{\mathrm{d}(x-\frac{1}{x})}{(x-\frac{1}{x})^2+2} = \int \frac{\mathrm{d}(x-\frac{1}{x})}{2\left\{1+[\frac{1}{\sqrt{2}}(x-\frac{1}{x})]^2\right\}}$

$= \frac{1}{\sqrt{2}}\int \frac{\mathrm{d}[\frac{1}{\sqrt{2}}(x-\frac{1}{x})]}{1+[\frac{1}{\sqrt{2}}(x-\frac{1}{x})]^2} = \frac{1}{\sqrt{2}}\arctan\frac{1}{\sqrt{2}}(x-\frac{1}{x}) + C.$

(16) $\int \tan\sqrt{1+x^2}\cdot\frac{x}{\sqrt{1+x^2}}\mathrm{d}x = \int \tan\sqrt{1+x^2}\,\mathrm{d}(\sqrt{1+x^2}) = -\ln\left|\cos\sqrt{1+x^2}\right| + C.$

(17) $\int \frac{x-\sqrt{\arctan 2x}}{1+4x^2}\mathrm{d}x = \int \frac{x}{1+4x^2}\mathrm{d}x - \int \frac{\sqrt{\arctan 2x}}{1+4x^2}\mathrm{d}x = \frac{1}{8}\int \frac{\mathrm{d}(1+4x^2)}{1+4x^2} -$ $\frac{1}{2}\int \frac{\sqrt{\arctan 2x}}{1+(2x)^2}\mathrm{d}(2x) = \frac{1}{8}\ln(1+4x^2) - \frac{1}{2}\int \sqrt{\arctan 2x}\,\mathrm{d}(\arctan 2x) = \frac{1}{8}\ln(1+4x^2) -$ $\frac{1}{3}(\arctan 2x)^{\frac{3}{2}} + C.$

(18) $\int \frac{\mathrm{d}x}{x^2-3x+2} = \int \frac{\mathrm{d}x}{(x-1)(x-2)} = \int (\frac{1}{x-2} - \frac{1}{x-1})\mathrm{d}x = \ln|x-2| -$ $\ln|x-1| + C = \ln\left|\frac{x-2}{x-1}\right| + C.$

(19) $\int \frac{\mathrm{d}x}{x(x-1)^2} = \int [\frac{1}{x} - \frac{1}{x-1} + \frac{1}{(x-1)^2}]\mathrm{d}x = \int \frac{1}{x}\mathrm{d}x - \int \frac{1}{x-1}\mathrm{d}(x-1) + \int \frac{1}{(x-1)^2}\mathrm{d}(x$ $-1) = \ln|x| - \ln|x-1| - \frac{1}{x-1} + C = \ln\left|\frac{x}{x-1}\right| - \frac{1}{x-1} + C.$

(20) $\int \frac{x+5}{x^2-6x+13}\mathrm{d}x = \int \frac{x+5}{(x-3)^2+4}\mathrm{d}x = \int \frac{x-3}{(x-3)^2+4}\mathrm{d}x + \int \frac{8}{(x-3)^2+4}\mathrm{d}x$ $= \frac{1}{2}\int \frac{\mathrm{d}[(x-3)^2+4]}{(x-3)^2+4} + 8\int \frac{\mathrm{d}(x-3)}{4+(x-3)^2} = \frac{1}{2}\ln(x^2-6x+13) + 4\arctan\frac{x-3}{2} + C.$

4. (1) 令 $t = \sqrt{e^x+1}$，则 $x = \ln(t^2-1)$，$\mathrm{d}x = \frac{2t}{t^2-1}\mathrm{d}t$，有

$\int \sqrt{e^x+1}\,\mathrm{d}x = \int \frac{t\cdot 2t}{t^2-1}\mathrm{d}t = 2\int \frac{t^2-1+1}{t^2-1}\mathrm{d}t = 2\int (1+\frac{1}{t^2-1})\mathrm{d}t = 2(t+\ln\left|\frac{t-1}{t+1}\right|) + C$

$= 2\sqrt{e^x+1} + 2\ln\left|\frac{\sqrt{e^x+1}-1}{\sqrt{e^x+1}+1}\right| + C.$

(2) 令 $t = 1+\ln x$，则 $x = e^{t-1}$，$\mathrm{d}x = e^{t-1}\mathrm{d}t$，有

$\int \frac{\ln x}{x\sqrt{1+\ln x}}\mathrm{d}x = \int \frac{t-1}{e^{t-1}\sqrt{t}}\cdot e^{t-1}\mathrm{d}t = \int \frac{t-1}{\sqrt{t}}\mathrm{d}t = \int \sqrt{t}\,\mathrm{d}t - \int \frac{1}{\sqrt{t}}\mathrm{d}t = \frac{2}{3}t^{\frac{3}{2}} - 2\sqrt{t} + C$

$$=\frac{2}{3}(1+\ln x)^{\frac{3}{2}}-2\sqrt{1+\ln x}+C.$$

(3) 令 $t=\mathrm{e}^{\frac{x}{2}}$，则 $x=2\ln t,\mathrm{d}x=\frac{2}{t}\mathrm{d}t$，有

$$\int\frac{\mathrm{d}x}{\mathrm{e}^x+\mathrm{e}^{\frac{x}{2}}}=\int\frac{1}{t^2+t}\cdot\frac{2}{t}\mathrm{d}t=2\int\frac{1}{t^3+t^2}\mathrm{d}t=2\int(\frac{1}{t^2}-\frac{1}{t}+\frac{1}{1+t})\mathrm{d}t=2(\int\frac{1}{t^2}\mathrm{d}t-\int\frac{1}{t}\mathrm{d}t+\int\frac{1}{1+t}\mathrm{d}t)$$

$$=-\frac{2}{t}-2\ln|t|+2\ln|1+t|+C=-2\mathrm{e}^{-\frac{x}{2}}-x+2\ln(1+\mathrm{e}^{\frac{x}{2}})+C.$$

(4) 令 $t=\frac{1}{x}$，则 $x=\frac{1}{t},\mathrm{d}x=-\frac{1}{t^2}\mathrm{d}t$，有

$$\int\frac{\mathrm{d}x}{x^2\sqrt{x^2+3}}=\int\frac{1}{\frac{1}{t^2}\sqrt{\frac{1}{t^2}+3}}\cdot-\frac{1}{t^2}\mathrm{d}t=-\int\frac{t}{\sqrt{1+3t^2}}\mathrm{d}t=-\frac{1}{6}\int(1+3t^2)^{-\frac{1}{2}}\mathrm{d}(1+3t^2)$$

$$=-\frac{1}{6}\cdot\frac{1}{-\frac{1}{2}+1}(1+3t^2)^{-\frac{1}{2}+1}+C=-\frac{1}{3}\sqrt{1+3t^2}+C=-\frac{\sqrt{x^2+3}}{3x}+C.$$

(5) 令 $t=\sqrt{x+1}$，则 $x=t^2-1,\mathrm{d}x=2t\mathrm{d}t$，有

$$\int\frac{\sqrt{x+1}-1}{\sqrt{x+1}+1}\mathrm{d}x=\int\frac{t-1}{t+1}\cdot2t\mathrm{d}t=2\int\frac{t^2-t}{t+1}\mathrm{d}t=2\int(\frac{t^2-1+1}{t+1}-\frac{t+1-1}{t+1})\mathrm{d}t=2\int(t-1+\frac{1}{t+1}-1+\frac{1}{t+1})\mathrm{d}t=2\int(t-2+\frac{2}{t+1})\mathrm{d}t=2[\frac{1}{2}t^2-2t+2\ln(t+1)]+C=x+1-4\sqrt{x+1}+4\ln(\sqrt{x+1}+1)+C.$$

(6) 令 $t=\sqrt{x}$，则 $x=t^2,\mathrm{d}x=2t\mathrm{d}t$，有

$$\int\frac{x+1}{\sqrt{x}+x+\sqrt{x^3}}\mathrm{d}x=\int\frac{1+t^2}{t+t^2+t^3}\cdot2t\mathrm{d}t=2\int\frac{(1+t+t^2)-t}{1+t+t^2}\mathrm{d}t=2\int\mathrm{d}t-\int\frac{2t}{1+t+t^2}\mathrm{d}t$$

$$=2t-\int\frac{2t+1}{1+t+t^2}\mathrm{d}t+\int\frac{1}{1+t+t^2}\mathrm{d}t=2t-\int\frac{\mathrm{d}(t^2+t+1)}{1+t+t^2}+\int\frac{1}{\frac{3}{4}+(t+\frac{1}{2})^2}\mathrm{d}t=2t-\ln|t^2+t+1|+\frac{2}{\sqrt{3}}\int\frac{\mathrm{d}[\frac{2}{\sqrt{3}}(t+\frac{1}{2})]}{1+[\frac{2}{\sqrt{3}}(t+\frac{1}{2})]^2}=2t-\ln|t^2+t+1|+\frac{2}{\sqrt{3}}\arctan\frac{2t+1}{\sqrt{3}}+C=2\sqrt{x}-\ln(x+\sqrt{x}+1)+\frac{2}{\sqrt{3}}\arctan\frac{2\sqrt{x}+1}{\sqrt{3}}+C.$$

5. (1) 令 $x=\sqrt{3}\tan t$，则 $\mathrm{d}x=\mathrm{d}(\sqrt{3}\,\frac{\sin t}{\cos t})=\sqrt{3}\,\frac{\cos t\cdot\cos t-\sin t\cdot(-\sin t)}{\cos^2 t}\mathrm{d}t=\frac{\sqrt{3}}{\cos^2 t}\mathrm{d}t$，

$$\int\frac{\mathrm{d}x}{x^2\sqrt{x^2+3}}=\int\frac{\frac{\sqrt{3}}{\cos^2 t}}{3(\tan t)^2\sqrt{3(\tan t)^2+3}}\mathrm{d}t=\int[\frac{\sqrt{3}}{\cos^2 t}\cdot\frac{1}{3\,\frac{\sin^2 t}{\cos^2 t}}\cdot\frac{1}{\sqrt{\frac{3(\sin^2 t+\cos^2 t)}{\cos^2 t}}}]\mathrm{d}t$$

$$= \frac{1}{3}\int \frac{\cos t}{\sin^2 t}\mathrm{d}t = \frac{1}{3}\int \frac{1}{\sin^2 t}\mathrm{d}(\sin t) = \frac{1}{3}(-\frac{1}{\sin t}) + C.$$

由 $x = \sqrt{3}\tan t$ 作辅助图，如图(a) 所示：$\sin t = \dfrac{x}{\sqrt{x^2+3}}$，

故 $\displaystyle\int \frac{\mathrm{d}x}{x^2\sqrt{x^2+3}} = \frac{1}{3}(-\frac{\sqrt{x^2+3}}{x}) + C = -\frac{\sqrt{x^2+3}}{3x} + C.$

(2) 令 $x = \sin t$，则 $\mathrm{d}x = \cos t\mathrm{d}t$，

$$\int x^3\sqrt{1-x^2}\,\mathrm{d}x = \int \sin^3 t \cdot \sqrt{1-\sin^2 t}\cdot \cos t\mathrm{d}t = \int \sin^3 t \cdot \cos^2 t\mathrm{d}t = \int (-\sin^2 t)\cdot \cos^2 t\mathrm{d}(\cos t)$$

$$= \int (\cos^2 t - 1)\cdot \cos^2 t\mathrm{d}(\cos t) = \int \cos^4 t\mathrm{d}(\cos t) - \int \cos^2 t\mathrm{d}(\cos t) = \frac{1}{5}\cos^5 t - \frac{1}{3}\cos^3 t + C.$$

由 $x = \sin t$ 作辅助图，如图(b) 所示：$\cos t = \sqrt{1-x^2}$，

故 $\displaystyle\int x^3\sqrt{1-x^2}\,\mathrm{d}x = \frac{1}{5}(1-x^2)^{\frac{5}{2}} - \frac{1}{3}(1-x^2)^{\frac{3}{2}} + C.$

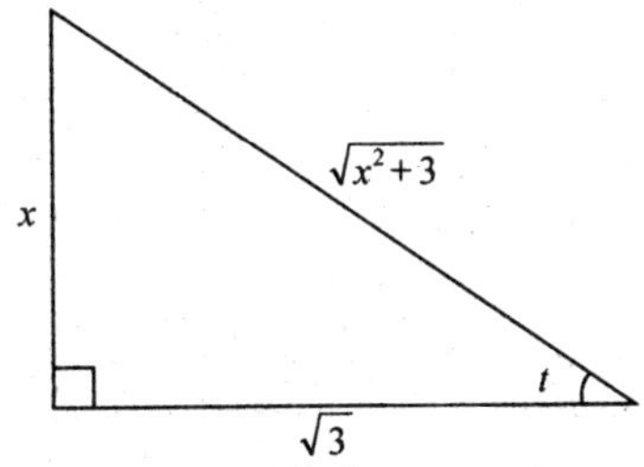

(a)

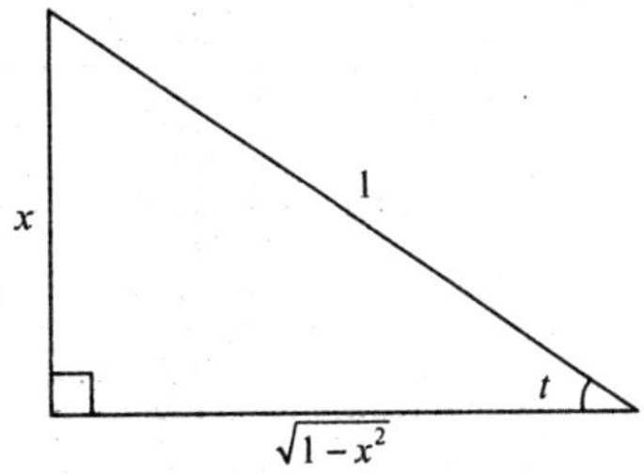

(b)

(3) 令 $x = \sin t$，则 $\mathrm{d}x = \cos t\mathrm{d}t$，

$$\int \frac{x\mathrm{d}x}{(x^2+1)\sqrt{1-x^2}} = \int \frac{\sin t}{(\sin^2 t+1)\sqrt{1-\sin^2 t}}\cdot \cos t\mathrm{d}t = \int \frac{\sin t}{\sin^2 t+1}\mathrm{d}t = -\int \frac{\mathrm{d}(\cos t)}{2-\cos^2 t}$$

$$= -\int \frac{\mathrm{d}(\cos t)}{(\sqrt{2})^2 - \cos^2 t} = -\frac{1}{2\sqrt{2}}\int (\frac{1}{\sqrt{2}+\cos t} + \frac{1}{\sqrt{2}-\cos t})\mathrm{d}(\cos t) = -\frac{1}{2\sqrt{2}}\int \frac{1}{\sqrt{2}+\cos t}\mathrm{d}(\sqrt{2}$$

$$+\cos t) - \frac{1}{2\sqrt{2}}\int \frac{1}{\sqrt{2}-\cos t})\mathrm{d}(\sqrt{2}-\cos t) = -\frac{1}{2\sqrt{2}}\ln\left|\sqrt{2}+\cos t\right| - \frac{1}{2\sqrt{2}}\ln\left|\sqrt{2}-\cos t\right| + C$$

$$= -\frac{1}{2\sqrt{2}}\ln\left|\frac{\sqrt{2}+\cos t}{\sqrt{2}-\cos t}\right| + C.$$

由 $x = \sin t$ 作辅助图，如图(b) 所示：$\cos t = \sqrt{1-x^2}$，

故 $\displaystyle\int \frac{x\mathrm{d}x}{(x^2+1)\sqrt{1-x^2}} = -\frac{1}{2\sqrt{2}}\ln\left|\frac{\sqrt{2}+\sqrt{1-x^2}}{\sqrt{2}-\sqrt{1-x^2}}\right| + C.$

(4) 令 $x = \tan t$，则 $\mathrm{d}x = \mathrm{d}(\dfrac{\sin t}{\cos t}) = \dfrac{\cos t\cdot \cos t - \sin t\cdot(-\sin t)}{\cos^2 t}\mathrm{d}t = \dfrac{1}{\cos^2 t}\mathrm{d}t$

$$\int \frac{x\mathrm{e}^{-\frac{1}{\sqrt{1+x^2}}}}{\sqrt{(x^2+1)^3}}\mathrm{d}x = \int \frac{\tan t}{\sqrt{(\tan^2 t+1)^3}}\mathrm{e}^{-\frac{1}{\sqrt{1+\tan^2 t}}}\cdot \frac{1}{\cos^2 t}\mathrm{d}t = \int \sin t\cdot \mathrm{e}^{-\cos t}\mathrm{d}t = \int \mathrm{e}^{-\cos t}\mathrm{d}(-\cos t)$$

$$= \mathrm{e}^{-\cos t} + C.$$

由 $x = \tan t$ 作辅助图，如图(c) 所示：$\cos t = \dfrac{1}{\sqrt{1+x^2}}$，

$$\int \frac{x e^{-\frac{1}{\sqrt{1+x^2}}}}{\sqrt{(x^2+1)^3}} dx = e^{-\frac{1}{\sqrt{1+x^2}}} + C.$$

(5) 由 $\sqrt{x^2+4x-12} = \sqrt{(x+2)^2-4^2}$，结合图(d) 所示，可设 $x+2=4\sec t$，$dx = 4\sec t\tan t dt$

$$\int \frac{x dx}{(x+2)\sqrt{x^2+4x+-12}} = \int \frac{4\sec t - 2}{4\sec t \cdot \sqrt{(4\sec t)^2-4^2}} \cdot 4\sec t\tan t dt$$

$$= \int \frac{4\sec t-2}{4\sec t \cdot 4\tan t dt} \cdot 4\sec t\tan t dt = \int \frac{4\sec t-2}{4\sec t \cdot 4\tan t dt} \cdot 4\sec t\tan t dt$$

$$= \int \sec t dt - \frac{1}{2}\int dt = \ln|\sec t + \tan t| - \frac{1}{2}t + C.$$

由图(d) 可知，$t = \arccos\frac{4}{x+2}$，$\sec t = \frac{x+2}{4}$，$\tan t = \frac{\sqrt{x^2+4x-12}}{4}$，

$$\int \frac{x dx}{(x+2)\sqrt{x^2+4x+-12}} = \ln\left|\frac{x+2}{4} + \frac{\sqrt{x^2+4x-12}}{4}\right| - \frac{1}{2}\arccos\frac{4}{x+2} + C_1$$

$$= \ln\left|x+2+\sqrt{x^2+4x-12}\right| - \frac{1}{2}\arccos\frac{4}{x+2} + C.$$

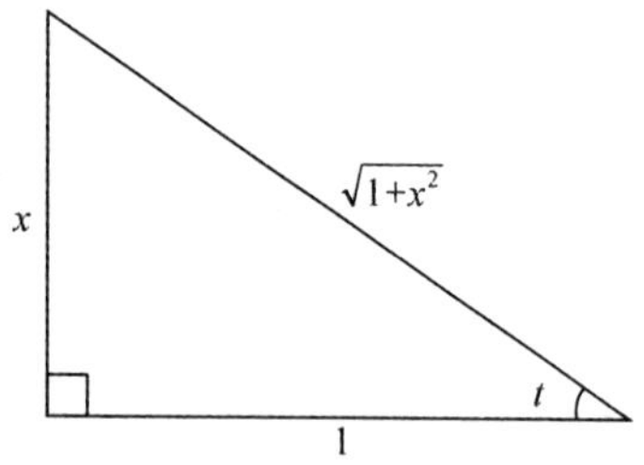

(c)

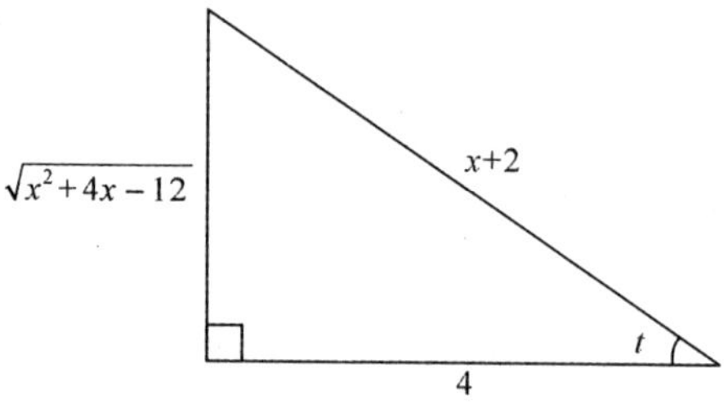

(d)

(6) 令 $x=\sin t$，则 $dx=\cos t dt$，$\arcsin x = \arcsin(\sin t) = t$，

$\int \sqrt{1-x^2}\arcsin x dx = \int \sqrt{1-\sin^2 t} \cdot t \cdot \cos t dt = \int \cos^2 t \cdot t dt = \int t \cdot \frac{1+\cos 2t}{2} dt = \frac{1}{2}\int t dt + \frac{1}{2}\int t\cos 2t dt = \frac{1}{4}t^2 + \frac{1}{4}\int t d(\sin 2t) = \frac{1}{4}t^2 + \frac{1}{4}(t\sin 2t - \int \sin 2t dt) = \frac{1}{4}t^2 + \frac{1}{4}t\sin 2t + \frac{1}{8}\cos 2t + C.$

由 $x=\sin t$ 作辅助图，如图(b) 所示：$t=\arcsin x$，$\sin 2t = 2\sin t\cos t = 2x\sqrt{1-x^2}$，$\cos 2t = \cos^2 t - \sin^2 t = 1-2x^2$，

故 $\int \sqrt{1-x^2}\arcsin x dx = \frac{1}{4}(\arcsin x)^2 + \frac{1}{4}(\arcsin x) \cdot 2x\sqrt{1-x^2} + \frac{1}{8}(1-2x^2) + C_1$

$$= \frac{1}{4}(\arcsin x)^2 + \frac{x\sqrt{1-x^2}}{2}\arcsin x - \frac{1}{4}x^2 + C.$$

6. 令 $t=\sin^2 x$，

则 $\cos 2x + \tan^2 x = 1-2\sin^2 x + \frac{\sin^2 x}{\cos^2 x} = 1-2\sin^2 x + \frac{\sin^2 x}{1-\sin^2 x} = 1-2t+\frac{t}{1-t}$，

因此可知 $f'(t) = 1-2t+\frac{t}{1-t}$，

所以 $f(t)=\int(1-2t+\frac{t}{1-t})\mathrm{d}t=\int(\frac{1}{1-t}-2t)\mathrm{d}t=\int\frac{1}{1-t}\mathrm{d}t-\int 2t\mathrm{d}t=-\int\frac{1}{1-t}\mathrm{d}(1-t)-2\int t\mathrm{d}t=-\ln|1-t|-t^2+C$，

即 $f(x)=-\ln|1-x|-x^2+C=-\ln(1-x)-x^2+C$.

7. (1) $\int x^2\sin x\mathrm{d}x=\int x^2\mathrm{d}(-\cos x)=x^2\cdot(-\cos x)-\int(-\cos x)\mathrm{d}(x^2)=-x^2\cos x+2\int x\cdot\cos x\mathrm{d}x=-x^2\cos x+2\int x\mathrm{d}(\sin x)=-x^2\cos x+2(x\sin x-\int\sin x\mathrm{d}x)=-x^2\cos x+2x\sin x+2\cos x+C$.

(2) $\int x^2\mathrm{e}^{-x}\mathrm{d}x=\int x^2\mathrm{d}(-\mathrm{e}^{-x})=x^2\cdot(-\mathrm{e}^{-x})-\int(-\mathrm{e}^{-x})\mathrm{d}(x^2)=-x^2\mathrm{e}^{-x}+2\int x\cdot\mathrm{e}^{-x}\mathrm{d}x=-x^2\mathrm{e}^{-x}+2\int x\mathrm{d}(-\mathrm{e}^{-x})=-x^2\mathrm{e}^{-x}+2[x\cdot(-\mathrm{e}^{-x})-\int(-\mathrm{e}^{-x})\mathrm{d}x]=-x^2\mathrm{e}^{-x}-2x\mathrm{e}^{-x}+2\int\mathrm{e}^{-x}\mathrm{d}x=-x^2\mathrm{e}^{-x}-2x\mathrm{e}^{-x}-2\mathrm{e}^{-x}+C$.

(3) $\int\mathrm{e}^x\sin x\mathrm{d}x=\int\sin x\mathrm{d}(\mathrm{e}^x)=\mathrm{e}^x\sin x-\int\mathrm{e}^x\mathrm{d}(\sin x)=\mathrm{e}^x\sin x-\int\mathrm{e}^x\cos x\mathrm{d}x=\mathrm{e}^x\sin x-\int\cos x\mathrm{d}(\mathrm{e}^x)=\mathrm{e}^x\sin x-[\mathrm{e}^x\cos x-\int\mathrm{e}^x\mathrm{d}(\cos x)]=\mathrm{e}^x\sin x-\mathrm{e}^x\cos x-\int\mathrm{e}^x\sin x\mathrm{d}x$，

所以移项得 $\int\mathrm{e}^x\sin x\mathrm{d}x=\frac{1}{2}\mathrm{e}^x(\sin x-\cos x)+C$.

(4) 令 $t=\arcsin x$，则 $x=\sin t$，

$\int(\arcsin x)^4\mathrm{d}x=\int t^4\mathrm{d}(\sin t)=t^4\sin t-4\int t^3\sin t\mathrm{d}t=t^4\sin t+4\int t^3\mathrm{d}(\cos t)=t^4\sin t+4t^3\cos t-12\int t^2\mathrm{d}(\sin t)=t^4\sin t+4t^3\cos t-12t^2\sin t+24\int t\sin t\mathrm{d}t=t^4\sin t+4t^3\cos t-12t^2\sin t+24t\cos t+24\sin t+C$.

(5) $\int\sqrt{a^2+x^2}\mathrm{d}x=x\sqrt{a^2+x^2}-\int\frac{x^2}{\sqrt{a^2+x^2}}\mathrm{d}x=x\sqrt{a^2+x^2}-\int\frac{a^2+x^2-a^2}{\sqrt{a^2+x^2}}\mathrm{d}x=x\sqrt{a^2+x^2}-\int\sqrt{a^2+x^2}\mathrm{d}x+a^2\ln(x+\sqrt{a^2+x^2})$，故 $\int\sqrt{a^2+x^2}\mathrm{d}x=\frac{x}{2}\sqrt{a^2+x^2}+\frac{a^2}{2}\ln(x+\sqrt{a^2+x^2})+C$.

(6) 令 $I_n=\int x^a(\ln x)^n\mathrm{d}x=\frac{1}{a+1}\int(\ln x)^n\mathrm{d}(x^{a+1})=\frac{1}{a+1}x^{a+1}(\ln x)^n-\frac{n}{a+1}\int x^{a+1}(\ln x)^{n-1}\cdot\frac{1}{x}\mathrm{d}x=\frac{1}{a+1}x^{a+1}(\ln x)^n-\frac{n}{a+1}\int x^a(\ln x)^{n-1}\mathrm{d}x$，即有 $I_n=\frac{1}{a+1}x^{a+1}(\ln x)^n-\frac{n}{a+1}I_{n-1}$ 的递推公式，

由此 $I_0=\int x^a(\ln x)^0\mathrm{d}x=\frac{1}{a+1}x^{a+1}+C$，这样就得到了 I_n.

(7) $\int\frac{1}{\sin 2x\cos x}\mathrm{d}x=\frac{1}{2}\int\frac{1}{\sin x\cos^2 x}\mathrm{d}x=\frac{1}{2}\int\frac{1}{\sin x}\mathrm{d}(\tan x)=\frac{1}{2}\cdot\frac{1}{\sin x}\cdot\tan x-\frac{1}{2}\int\tan x\cdot(-\frac{1}{\sin^2 x}\cdot\cos x)\mathrm{d}x=\frac{1}{2\cos x}+\frac{1}{2}\int\frac{1}{\sin x}\mathrm{d}x=\frac{1}{2}\sec x+\frac{1}{2}\ln|\csc x-\cot x|+C$.

(8) $\int \frac{\arctan e^x}{e^x}dx = -\int \arctan e^x d(e^{-x}) = -e^{-x}\arctan e^x + \int e^{-x}(\frac{e^x}{1+e^{2x}})dx = -e^{-x}\arctan e^x + \int(\frac{1}{e^x} - \frac{e^x}{1+e^{2x}})d(e^x) = -e^{-x}\arctan e^x + x - \frac{1}{2}\ln(1+e^{2x}) + C.$

(9) $\int \sec^3 x dx = \int \sec x \sec^2 x dx = \int \sec x d(\tan x) = \sec x \tan x - \int \sec x \tan^2 x dx = \sec x \tan x - \int \sec x(\sec^2 x - 1)dx = \sec x \tan x - \int \sec^3 x dx + \int \sec x dx = \sec x \tan x + \ln|\sec x + \tan x| - \int \sec^3 x dx$,

故 $\int \sec^3 x dx = \frac{1}{2}(\sec x \tan x + \ln|\sec x + \tan x|) + C.$

(10) $\int \frac{\arctan x}{x^2(1+x^2)}dx = \int \frac{\arctan x}{x^2}dx - \int \frac{\arctan x}{1+x^2}dx = -\int \arctan x d(\frac{1}{x}) - \int \arctan x d(\arctan x) = -\frac{1}{x}\arctan x + \int \frac{1}{x} \cdot \frac{1}{1+x^2}dx - \frac{1}{2}\arctan^2 x = -\frac{1}{x}\arctan x + \int(\frac{1}{x} - \frac{x}{1+x^2})dx - \frac{1}{2}\arctan^2 x = -\frac{1}{x}\arctan x + \ln|x| - \frac{1}{2}\ln(1+x^2) - \frac{1}{2}\arctan^2 x + C$ $= -\frac{1}{x}\arctan x + \ln\frac{|x|}{\sqrt{1+x^2}} - \frac{1}{2}\arctan^2 x + C.$

(11) 注意到 $(x + \cos x)' = 1 - \sin x$，从而有

$$\int \frac{\cos x + x\sin x}{(x+\cos x)^2}dx = \int \frac{x + \cos x - (1 - \sin x)x}{(x+\cos x)^2}dx = \int \frac{1}{x+\cos x}dx + \int x d(\frac{1}{x+\cos x})$$
$$= \int \frac{1}{x+\cos x}dx + \frac{x}{x+\cos x} - \int \frac{1}{x+\cos x}dx = \frac{x}{x+\cos x} + C.$$

(12) $\int [\ln(\ln x) + \frac{1}{\ln x}]dx = \int \ln(\ln x)dx + \int \frac{1}{\ln x}dx = x\ln(\ln x) - \int x \cdot d[\ln(\ln x)] + \int \frac{1}{\ln x}dx = x\ln(\ln x) - \int x \cdot \frac{1}{\ln x} \cdot \frac{1}{x}dx + \int \frac{1}{\ln x}dx = x\ln(\ln x) - \int \frac{1}{\ln x}dx + \int \frac{1}{\ln x}dx = x\ln(\ln x) + C.$

(13) $\int \operatorname{arccot}(1+\sqrt{x})dx = x\operatorname{arccot}(1+\sqrt{x}) - \int x d[\operatorname{arccot}(1+\sqrt{x})] = x\operatorname{arccot}(1+\sqrt{x}) - \int \frac{x}{2+2\sqrt{x}+x} \cdot \frac{1}{2\sqrt{x}}dx = x\operatorname{arccot}(1+\sqrt{x}) + \int \frac{1}{2\sqrt{x}}dx - \int \frac{1+\frac{1}{\sqrt{x}}}{2+2\sqrt{x}+x}dx = x\operatorname{arccot}(1+\sqrt{x}) + \int d(\sqrt{x}) - \int \frac{d(2+2\sqrt{x}+x)}{2+2\sqrt{x}+x} = x\operatorname{arccot}(1+\sqrt{x}) + \sqrt{x} - \ln(2+2\sqrt{x}+x) + C.$

(14) $\int \frac{x\arcsin x}{\sqrt{1-x^2}}dx = -\int \frac{-2x}{2\sqrt{1-x^2}}\arcsin x dx = -\int \arcsin x d(\sqrt{1-x^2}) = -\sqrt{1-x^2}\arcsin x + \int \sqrt{1-x^2}d(\arcsin x) = -\sqrt{1-x^2}\arcsin x + \int dx = x - \sqrt{1-x^2}\arcsin x + C.$

(15) $\int \ln(x + \sqrt{1+x^2})dx = x\ln(x + \sqrt{1+x^2}) - \int x d[\ln(x + \sqrt{1+x^2})] = x\ln(x +$

$\sqrt{1+x^2})-\int x\cdot\dfrac{1+\dfrac{x}{\sqrt{1+x^2}}}{x+\sqrt{1+x^2}}dx=x\ln(x+\sqrt{1+x^2})-\int\dfrac{x}{\sqrt{1+x^2}}dx=x\ln(x+\sqrt{1+x^2})$

$-\sqrt{1+x^2}+C.$

(16) $\int e^x\dfrac{1+\sin x}{1+\cos x}dx=\int e^x\dfrac{(1+\sin x)(1-\cos x)}{1-\cos^2x}dx=\int e^x\cdot\dfrac{1+\sin x-\cos x-\sin x\cdot\cos x}{\sin^2x}dx$

$=\int e^x\csc^2 x dx+\int e^x\csc x dx-\int e^x\cot x\csc x dx-\int e^x\cot x dx=\int -e^x d(\cot x)+\int\csc x d(e^x)+\int e^x d(\csc x)-\int e^x\cot x dx=-e^x\cot x+\int\cot x d(e^x)+\int\csc x d(e^x)+e^x\csc x-\int\csc x d(e^x)-\int e^x\cot x dx=\dfrac{e^x}{\sin x}-\dfrac{e^x\cos x}{\sin x}+C=\dfrac{e^x}{\sin x}(1-\cos x)+C.$

8. (1) $\int\dfrac{1}{x^2-x-2}dx=\int\dfrac{1}{(x+1)(x-2)}dx=\dfrac{1}{3}\int(\dfrac{1}{x-2}-\dfrac{1}{x+1})dx=\dfrac{1}{3}\ln\left|\dfrac{x-2}{x+1}\right|+C.$

(2) $\int\dfrac{6}{x^3-2x^2-x+2}dx=\int\dfrac{6}{(x+1)(x-1)(x-2)}dx=\int(\dfrac{1}{x+1}-\dfrac{3}{x-1}+\dfrac{2}{x-2})dx$

$=\ln|x+1|-3\ln|x-1|+2\ln|x-2|+C=\ln\dfrac{(x-2)^2|x+1|}{|x-1|^3}+C.$

(3) $\int\dfrac{1}{x^2-a^2}dx=\int\dfrac{1}{(x+a)(x-a)}dx=\dfrac{1}{2a}\int(\dfrac{1}{x-a}-\dfrac{1}{x+a})dx=\dfrac{1}{2a}(\ln|x-a|-\ln|x+a|)+C=\dfrac{1}{2a}\ln\left|\dfrac{x-a}{x+a}\right|+C.$

(4) $\int\dfrac{x^3}{x^2+1}dx=\int\dfrac{x^3+x-x}{x^2+1}dx=\int(x-\dfrac{x}{x^2+1})dx=\int x dx-\dfrac{1}{2}\int\dfrac{d(x^2+1)}{x^2+1}=\dfrac{1}{2}x^2-\dfrac{1}{2}\ln(1+x^2)+C.$

第七章　定积分

[考试大纲]

1. 理解定积分的概念与几何意义，掌握定积分的基本性质.

2. 理解变限积分函数的概念,掌握变限积分函数求导的方法.

3. 掌握牛顿—莱布尼茨(Newton-Leibniz) 公式.

4. 掌握定积分的换元积分法与分部积分法.

5. 理解无穷区间上有界函数的广义积分与有限区间上无界函数的瑕积分的概念,掌握其计算方法.

6. 会用定积分计算平面图形的面积以及平面图形绕坐标轴旋转一周所得的旋转体的体积.

第一节　考点解读与典型题型

一、定积分的定义与性质

1. 考点解读

(1) 定积分与不定积分都是微分学逆运算的两个不同的侧面,它们之间有着本质的差别,主要表现在:

① 定积分是一个数值;而不定积分是所有原函数的全体所拼成的原函数族,它是一个以函数为元素的集合.

② 定积分与积分变量无关,它仅与被积函数和积分区间有关;而不定积分不仅与被积函数有关,还与积分变量有关,被积函数的原函数的自变量就是不定积分的积分变量.

(2) 定积分的存在定理

① 定积分存在的充分条件

定理一:设函数 $y = f(x)$ 在$[a,b]$上连续,则 $f(x)$ 在$[a,b]$上可积.

定理二:设函数 $y = f(x)$ 在$[a,b]$上有界,且有有限个不连续点,则 $f(x)$ 在$[a,b]$上可积.

定理三:设函数 $y = f(x)$ 在$[a,b]$上是单调的,则 $f(x)$ 在$[a,b]$上可积.

② 可积的必要条件

定理四:若函数 $y = f(x)$ 在$[a,b]$上可积,则 $f(x)$ 在$[a,b]$上必有界.

注意:有界函数不一定可积.

(3) 定积分的概念、几何意义、性质,详见《浙江省普通专升本高等数学辅导教程 · 基础篇》(下文简称《基础教程》) 第七章定积分第一节部分，其中对于定积分的性质七(定积分估值定理) 和性质八(定积分中值定理) 应重点掌握.

定积分估值定理：设 M 及 m 分别为函数 $f(x)$ 在区间 $[a,b]$ 上的最大值和最小值，则 $m(b-a)\leqslant\int_a^b f(x)\mathrm{d}x\leqslant M(b-a)$，$(a<b)$.

定积分中值定理：如果函数 $f(x)$ 在区间 $[a,b]$ 上连续，则在积分区间 $[a,b]$ 上至少存在一点 ξ，使等式成立：$\int_a^b f(x)\mathrm{d}x=f(\xi)(b-a)$，$(a\leqslant\xi\leqslant b)$.

2. 典型题型

例 1　用定积分定义计算 $\int_0^1 x^2\mathrm{d}x$.

解　由被积函数 $f(x)=x^2$ 在 $[0,1]$ 上连续知，定积分存在. 所以，定积分与区间 $[0,1]$ 的分法和点 ξ_i 的取法无关. 为了便于计算，将区间 $[0,1]$ 进行 n 等分，得小区间长均为 $\Delta x_i=\frac{1-0}{n}=\frac{1}{n}$，并取 $\xi_i=\frac{i}{n}(i=1,2,\cdots,n)$，则得：

$$\sum_{i=1}^n f(\xi_i)\Delta x_i=\sum_{i=1}^n\left(\frac{i}{n}\right)^2\cdot\frac{1}{n}=\frac{1}{n^3}\sum_{i=1}^n i^2=\frac{1}{n^3}\frac{n(n+1)(2n+1)}{6}=\frac{1}{6}\left(1+\frac{1}{n}\right)\left(2+\frac{1}{n}\right),$$

故当 $n\to\infty$，有 $\int_0^1 x^2\mathrm{d}x=\lim\limits_{n\to\infty}\sum_{i=1}^n f(\xi_i)\Delta x_i=\lim\limits_{n\to\infty}\frac{1}{6}\left(1+\frac{1}{n}\right)\left(2+\frac{1}{n}\right)=\frac{1}{3}$.

例 2　比较 $\int_0^1 x^2\mathrm{d}x$ 与 $\int_0^1 x^3\mathrm{d}x$ 的大小.

解　由于在闭区间 $[0,1]$ 上，$x^2-x^3=x^2(1-x)\geqslant 0$，故 $x^2\geqslant x^3$ 在 $[0,1]$ 上恒成立，所以 $\int_0^1 x^2\mathrm{d}x\geqslant\int_0^1 x^3\mathrm{d}x$.

例 3　估计积分 $\int_1^2 x^5\mathrm{d}x$ 的值.

解　因为在 $[1,2]$ 上，$f(x)=x^5$ 的最小值 $m=1$，最大值 $M=32$，$b-a=1$，由定积分的性质七(估值定理) 知 $1\leqslant\int_1^2 x^5\mathrm{d}x\leqslant 32$.

例 4　证明下列不等式：

(1) $1<\int_0^{\frac{\pi}{2}}\frac{\sin x}{x}\mathrm{d}x<\frac{\pi}{2}$；　　(2) $\pi\leqslant\int_{\frac{\pi}{4}}^{\frac{5\pi}{4}}(1+\sin^2 x)\mathrm{d}x\leqslant 2\pi$.

证明　(1) 由于 $\left(\frac{\sin x}{x}\right)'=\frac{\cos x\cdot x-\sin x\cdot 1}{x^2}=\frac{\cos x}{x^2}(x-\tan x)<0$，$x\in\left(0,\frac{\pi}{2}\right)$，

故 $f(x)=\frac{\sin x}{x}$ 在 $\left(0,\frac{\pi}{2}\right)$ 内单调递减. 于是 $\frac{1}{\frac{\pi}{2}}=\frac{2}{\pi}<\frac{\sin x}{x}<\lim\limits_{x\to 0}\frac{\sin x}{x}=1$，

所以由定积分的估值定理有，$\frac{2}{\pi}\cdot\left(\frac{\pi}{2}-0\right)<\int_0^{\frac{\pi}{2}}\frac{\sin x}{x}\mathrm{d}x<1\cdot\left(\frac{\pi}{2}-0\right)$，即 $1<\int_0^{\frac{\pi}{2}}\frac{\sin x}{x}\mathrm{d}x<\frac{\pi}{2}$.

(2) 由于 $1+\sin^2 x$ 在 $\left[\frac{\pi}{4},\frac{5\pi}{4}\right]$ 上的最大值 $M=(1+\sin^2 x)\big|_{x=\frac{\pi}{2}}=2$，最小值 $m=$

$(1+\sin^2 x)\big|_{x=\pi}=1$.

由定积分的估值定理有 $1\cdot(\frac{5\pi}{4}-\frac{\pi}{4})\leqslant\int_{\frac{\pi}{4}}^{\frac{5\pi}{4}}(1+\sin^2 x)\mathrm{d}x\leqslant 2\cdot(\frac{5\pi}{4}-\frac{\pi}{4})$，即 $\pi\leqslant\int_{\frac{\pi}{4}}^{\frac{5\pi}{4}}(1+\sin^2 x)\mathrm{d}x\leqslant 2\pi$.

例 5 证明不等式：$\ln(n+1)<1+\frac{1}{2}+\cdots+\frac{1}{n}<1+\ln n$

证明 $\ln(n+1)=\int_1^{n+1}\frac{1}{x}\mathrm{d}x=\int_1^2\frac{1}{x}\mathrm{d}x+\int_2^3\frac{1}{x}\mathrm{d}x+\cdots+\int_n^{n+1}\frac{1}{x}\mathrm{d}x$，

令 $f(x)=\frac{1}{x}$，则 $f'(x)=-\frac{1}{x^2}<0$，

故 $f(x)$ 在$(1,n+1)$ 上单调减少，于是 $f(i+1)<f(i)$，$(i=1,2,\cdots,n)$，

$\ln(n+1)<\int_1^2\frac{1}{1}\mathrm{d}x+\int_2^3\frac{1}{2}\mathrm{d}x+\cdots+\int_n^{n+1}\frac{1}{n}\mathrm{d}x=1+\frac{1}{2}+\cdots+\frac{1}{n}$，

$\ln n=\int_1^n\frac{1}{x}\mathrm{d}x=\int_1^2\frac{1}{x}\mathrm{d}x+\int_2^3\frac{1}{x}\mathrm{d}x+\cdots+\int_{n-1}^n\frac{1}{x}\mathrm{d}x>\int_1^2\frac{1}{2}\mathrm{d}x+\int_2^3\frac{1}{3}\mathrm{d}x+\cdots+\int_{n-1}^n\frac{1}{n}\mathrm{d}x=\frac{1}{2}+\frac{1}{3}+\cdots+\frac{1}{n}$，

综上可得 $\ln(n+1)<1+\frac{1}{2}+\cdots+\frac{1}{n}<1+\ln n$.

例 6 设 $b>a>0$，证明：存在一个 $\xi\in[a,b]$，使得 $\xi^2=\frac{b^2+ba+a^2}{3}$.

分析 $\xi^2=\frac{b^2+ba+a^2}{3}$，有 $(b-a)\xi^2=(b-a)\frac{b^2+ba+a^2}{3}=\frac{b^3-a^3}{3}=\frac{1}{3}x^3\Big|_a^b=\int_a^b x^2\mathrm{d}x$.

证明 $\int_a^b x^2\mathrm{d}x=\frac{1}{3}x^3\big|_a^b=\frac{b^3-a^3}{3}$，又 $\int_a^b x^2\mathrm{d}x=(b-a)\xi^2$，$a\leqslant\xi\leqslant b$（积分中值定理），

故 $(b-a)\xi^2=(b-a)\frac{b^2+ba+a^2}{3}$，即 $\xi^2=\frac{b^2+ba+a^2}{3}$.

二、变限积分的函数及其导数

1. 考点解读

定理：如果函数 $f(x)$ 在区间$[a,b]$上连续，则积分上限的函数 $\Phi(x)=\int_a^x f(t)\mathrm{d}t$，该函数 $\Phi(x)=\int_a^x f(t)\mathrm{d}t$ 就是 $f(x)$ 在$[a,b]$上的一个原函数，并且该函数 $\Phi(x)=\int_a^x f(t)\mathrm{d}t$ 在$[a,b]$上可导，且导数 $\Phi'(x)=\frac{\mathrm{d}}{\mathrm{d}x}[\int_a^x f(t)\mathrm{d}t]=f(x)\quad(a\leqslant x\leqslant b)$.

同理如下：

① 对变下限的定积分 $\int_x^b f(t)\mathrm{d}t$，有 $\frac{\mathrm{d}}{\mathrm{d}x}[\int_x^b f(t)\mathrm{d}t]=-f(x)\quad(a\leqslant x\leqslant b)$；

② 若积分上限为 $\delta(x)$，则 $\frac{\mathrm{d}}{\mathrm{d}x}[\int_a^{\delta(x)}f(t)\mathrm{d}t]=f[\delta(x)]\delta'(x)$；

③ 若积分下限为 $\delta(x)$，则 $\frac{\mathrm{d}}{\mathrm{d}x}[\int_{\delta(x)}^{b} f(t)\mathrm{d}t] = -f[\delta(x)]\delta'(x)$；

④ 若上限和下限分别为 $\delta(x)$ 和 $\rho(x)$，则 $\frac{\mathrm{d}}{\mathrm{d}x}[\int_{\rho(x)}^{\delta(x)} f(t)\mathrm{d}t] = f[\delta(x)]\delta'(x) - f[\rho(x)]\rho'(x)$.

2. **典型题型**

例 1　求下列各题的导数：

(1) $\frac{\mathrm{d}}{\mathrm{d}x}\int_a^b f(x)\mathrm{d}x$；　　(2) $\frac{\mathrm{d}}{\mathrm{d}a}\int_a^b f(x)\mathrm{d}x$；

(3) $\frac{\mathrm{d}}{\mathrm{d}x}\int_a^{x^3} \sqrt{1+t^2}\,\mathrm{d}t$；　　(4) $\frac{\mathrm{d}}{\mathrm{d}x}\int_{\frac{1}{x}}^{\sqrt{x}} \cos t^2\,\mathrm{d}t$.

解　(1) 由于定积分 $\int_a^b f(x)\mathrm{d}x$ 为一个确定的常数，故 $\frac{\mathrm{d}}{\mathrm{d}x}\int_a^b f(x)\mathrm{d}x = 0$.

(2) 由 $\frac{\mathrm{d}}{\mathrm{d}a}\int_a^b f(x)\mathrm{d}x$ 知，$\int_a^b f(x)\mathrm{d}x$ 应作为自变量为 a 的函数，是一个变下限函数.

故 $\frac{\mathrm{d}}{\mathrm{d}a}\int_a^b f(x)\mathrm{d}x = \frac{\mathrm{d}}{\mathrm{d}a}[-\int_b^a f(x)\mathrm{d}x] = -\frac{\mathrm{d}}{\mathrm{d}a}\int_b^a f(x)\mathrm{d}x = -f(x)$.

(3) $\frac{\mathrm{d}}{\mathrm{d}x}\int_a^{x^3} \sqrt{1+t^2}\,\mathrm{d}t = \sqrt{1+(x^3)^2}\cdot(x^3)' = 3x^2\sqrt{1+x^6}$.

(4) $\frac{\mathrm{d}}{\mathrm{d}x}\int_{\frac{1}{x}}^{\sqrt{x}} \cos t^2\,\mathrm{d}t = \cos(\sqrt{x})^2\cdot(\sqrt{x})' - \cos(\frac{1}{x})^2\cdot(\frac{1}{x})' = \frac{\cos x}{2\sqrt{x}} + \frac{1}{x^2}\cos\frac{1}{x^2}$.

例 2　设函数 $f(x)$ 在闭区间 $[a,b]$ 上连续，$F(x) = \int_0^x f(t)(x-t)\mathrm{d}t$，求 $F''(x)$.

解　由于 $F(x) = \int_0^x xf(t)\mathrm{d}t - \int_0^x tf(t)\mathrm{d}t = x\int_0^x f(t)\mathrm{d}t - \int_0^x tf(t)\mathrm{d}t$，

故 $F'(x) = 1\cdot\int_0^x f(t)\mathrm{d}t + x\cdot f(x) - xf(x) = \int_0^x f(t)\mathrm{d}t$，

所以 $F''(x) = [F'(x)]' = [\int_0^x f(t)\mathrm{d}t]' = f(x)$.

例 3　求下列极限：

(1) $\lim\limits_{x\to 0}\frac{\int_0^x \cos t^2\,\mathrm{d}t}{x}$；　　(2) $\lim\limits_{x\to\infty}\frac{(\int_0^x \mathrm{e}^{t^2}\mathrm{d}t)^2}{\int_0^x \mathrm{e}^{2t^2}\mathrm{d}t}$；

(3) $\lim\limits_{x\to 0}\frac{\int_0^{\sin x}\tan t\mathrm{d}t}{\int_0^{\tan x}\sin t\mathrm{d}t}$；　　(4) $\lim\limits_{x\to+\infty}\frac{\int_0^x \frac{1}{\sqrt[3]{t^3+5t^2+2}}\mathrm{d}t}{\ln x}$.

解　(1) $\lim\limits_{x\to 0}\frac{\int_0^x \cos t^2\,\mathrm{d}t}{x} = \lim\limits_{x\to 0}\frac{(\int_0^x \cos t^2\,\mathrm{d}t)'}{x'} = \lim\limits_{x\to 0}\frac{\cos x^2}{1} = 1$.

(2) $\lim\limits_{x\to\infty}\frac{(\int_0^x \mathrm{e}^{t^2}\mathrm{d}t)^2}{\int_0^x \mathrm{e}^{2t^2}\mathrm{d}t} = \lim\limits_{x\to\infty}\frac{2\int_0^x \mathrm{e}^{t^2}\mathrm{d}t\cdot\mathrm{e}^{x^2}}{\mathrm{e}^{2x^2}} = \lim\limits_{x\to\infty}\frac{2\int_0^x \mathrm{e}^{t^2}\mathrm{d}t}{\mathrm{e}^{x^2}} = \lim\limits_{x\to\infty}\frac{2\mathrm{e}^{x^2}}{2x\mathrm{e}^{x^2}} = \lim\limits_{x\to\infty}\frac{1}{x} = 0$.

(3) $\lim\limits_{x\to 0}\dfrac{\int_0^{\sin x}\tan t\mathrm{d}t}{\int_0^{\tan x}\sin t\mathrm{d}t}\overset{\frac{0}{0}}{=}\lim\limits_{x\to 0}\dfrac{\tan(\sin x)\cdot(\sin x)'}{\sin(\tan x)\cdot(\tan x)'}=\lim\limits_{x\to 0}\dfrac{\tan(\sin x)\cos x}{\sin(\tan x)\sec^2 x}=\lim\limits_{x\to 0}\dfrac{\tan(\sin x)}{\sin(\tan x)}\cdot$

$\lim\limits_{x\to 0}\dfrac{\cos x}{\sec^2 x}=\lim\limits_{x\to 0}\dfrac{\sin x}{\tan x}=\lim\limits_{x\to 0}\cos x=1.$

(4) $\lim\limits_{x\to+\infty}\dfrac{\int_0^x\dfrac{1}{\sqrt[3]{t^3+5t^2+2}}\mathrm{d}t}{\ln x}\overset{\frac{\infty}{\infty}}{=}\lim\limits_{x\to+\infty}\dfrac{\dfrac{1}{\sqrt[3]{x^3+5x^2+2}}}{\dfrac{1}{x}}=\lim\limits_{x\to+\infty}\dfrac{x}{\sqrt[3]{x^3+5x^2+2}}=1.$

例 4　求函数 $\Phi(x)=\int_1^{x^3}\sin t^2\mathrm{d}t$ 的导数.

解　令 $u(x)=x^3$，则 $\Phi(u)=\int_1^u\sin t^2\mathrm{d}t$，由复合函数求导法则，得

$\Phi'(x)=\dfrac{\mathrm{d}}{\mathrm{d}x}\left[\int_1^{x^3}\sin t^2\mathrm{d}t\right]=\dfrac{\mathrm{d}}{\mathrm{d}u}\left[\int_1^u\sin t^2\mathrm{d}t\right]\cdot\dfrac{\mathrm{d}u}{\mathrm{d}x}=\sin u^2\cdot 3x^2=3x^2\sin x^6.$

例 5　求函数 $\Phi(x)=\int_{\mathrm{e}^x}^{x^3}\sqrt{1-t^2}\mathrm{d}t$ 的导数.

解　由定积分对积分区间的可加性，得

$\Phi(x)=\int_0^{x^3}\sqrt{1-t^2}\mathrm{d}t+\int_{\mathrm{e}^x}^0\sqrt{1-t^2}\mathrm{d}t=\int_0^{x^3}\sqrt{1-t^2}\mathrm{d}t-\int_0^{\mathrm{e}^x}\sqrt{1-t^2}\mathrm{d}t,$

所以 $\Phi'(x)=\dfrac{\mathrm{d}}{\mathrm{d}x}\left[\int_0^{x^3}\sqrt{1-t^2}\mathrm{d}t-\int_0^{\mathrm{e}^x}\sqrt{1-t^2}\mathrm{d}t\right]=3x^2\sqrt{1-x^6}-\mathrm{e}^x\sqrt{1-\mathrm{e}^{2x}}.$

例 6　设函数 $y=y(x)$ 由方程$\int_1^{y^2}\mathrm{e}^{-t^2}\mathrm{d}t+\int_x^0\cos^{\frac{3}{2}}t\mathrm{d}t=0$ 所确定，求$\dfrac{\mathrm{d}y}{\mathrm{d}x}$.

解　方程两边同时对 x 求导，得$\dfrac{\mathrm{d}}{\mathrm{d}x}\left[\int_1^{y^2}\mathrm{e}^{-t^2}\mathrm{d}t\right]+\dfrac{\mathrm{d}}{\mathrm{d}x}\left[\int_x^0\cos^{\frac{3}{2}}t\mathrm{d}t\right]=0$，

所以有 $\mathrm{e}^{-y^4}\cdot 2y\cdot\dfrac{\mathrm{d}y}{\mathrm{d}x}-\cos^{\frac{3}{2}}x=0$，整理得$\dfrac{\mathrm{d}y}{\mathrm{d}x}=\dfrac{\cos^{\frac{3}{2}}x}{2y\mathrm{e}^{-y^4}}$.

例 7　由方程$\int_0^y\mathrm{e}^t\mathrm{d}t+\int_0^x\sin t\mathrm{d}t=0$ 所确定的隐函数 $y=f(x)$ 的导数.

解　方程两边同时对 x 求导，得 $\mathrm{e}^y\cdot y'+\sin x=0$，于是 $y'=-\dfrac{\sin x}{\mathrm{e}^y}$.

例 8　设函数 $f(x)=\begin{cases}x^2, & 0\leqslant x\leqslant 1\\ \sin x, & 1<x\leqslant 2\end{cases}$，求积分上限的函数 $\Phi(x)=\int_0^x f(t)\mathrm{d}t$ 在 $[0,2]$ 上的表达式.

解　当 $0\leqslant x\leqslant 1$ 时，$\Phi(x)=\int_0^x t^2\mathrm{d}t=\dfrac{1}{3}x^3$；

当 $1<x\leqslant 2$ 时，$\Phi(x)=\int_0^1 t^2\mathrm{d}t+\int_1^x\sin t\mathrm{d}t=\dfrac{1}{3}+(-\cos t)\big|_1^x=\dfrac{1}{3}+\cos 1-\cos x.$

故 $\Phi(x)=\begin{cases}\dfrac{1}{3}x^3, & 0\leqslant x\leqslant 1\\ \dfrac{1}{3}+\cos 1-\cos x, & 1\leqslant x\leqslant 2\end{cases}.$

例 9　求函数 $y=\int_0^x te^{-t}dt$ 的极值及曲线的拐点.

解　函数 $y=\int_0^x te^{-t}dt$ 的定义域为 $(-\infty,+\infty)$，因为 $y'=(\int_0^x te^{-t}dt)'=xe^{-x}$，令 $y'=0$ 得驻点为 $x=0$.

又 $y''=e^{-x}-xe^{-x}=(1-x)e^{-x}$，所以 $y''(0)=1>0$，因此，该函数在 $x=0$ 处取得极小值，其极小值为 $y(0)=\int_0^0 te^{-t}dt=0$.

由于 $y''=(1-x)e^{-x}=0$，得 $x=1$. 当 $x>1$ 时，$y''<0$；当 $x<1$ 时，$y''>0$.

又 $y(1)=\int_0^1 te^{-t}dt=-\int_0^1 tde^{-t}=-te^{-t}\big|_0^1+\int_0^1 e^{-t}dt=1-\dfrac{2}{e}$，所以该曲线的拐点为 $(1,1-\dfrac{2}{e})$.

三、定积分的常见计算类型

1. *考点解读*

我们用牛顿－莱布尼茨公式 $\int_a^b f(x)dx=F(b)-F(a)=F(x)\big|_a^b$ 计算定积分的值，定积分的计算方法主要有：

(1) 利用积分区间可加性

一般地，当被积函数为分段函数或积分变量带有绝对值时，通常用积分区间的可加性将定积分分成若干项之和，再计算.

(2) 利用函数的奇偶性(对称性质)

若 $f(x)$ 为区间 $[-a,a]$ 上的奇函数，则 $\int_{-a}^a f(x)dx=0$；若 $f(x)$ 为区间 $[-a,a]$ 上的偶函数，则 $\int_{-a}^a f(x)dx=2\int_0^a f(x)dx$.

注意：遇到积分区间对称的函数，一般都要先考查被积函数 $f(x)$ 是否具有奇偶性.

(3) 利用换元积分法

定理：设函数 $f(x)$ 在 $[a,b]$ 上连续，作变换 $x=\varphi(t)$，它满足下列条件：

①$\varphi(\alpha)=a,\varphi(\beta)=b$；

②$\varphi(t)$ 在 $[\alpha,\beta]$ 上单调且具有连续的导数 $\varphi'(t)$；

③ 当 $t\in[\alpha,\beta]$ 时，$x=\varphi(t)\in[a,b]$，

则 $\int_a^b f(x)dx=\int_\alpha^\beta f[\varphi(t)]\varphi'(t)dt$.

注意：① 换元必换限，(原) 上限对(新) 上限，(原) 下限对(新) 下限. 即用 $x=\varphi(t)$ 把原来变量 x 代换成新变量 t 时，积分限也要换成相应于新变量 t 的积分限；

② 求出 $f[\varphi(t)]\varphi'(t)$ 的一个原函数 $\Phi(t)$ 后，不必像计算不定积分那样再要把 $\Phi(t)$ 变换成原来变量 x 的函数，而只要把新变量 t 的上下限分别代入 $\Phi(t)$ 中然后相减就行了.

(4) 分部积分法

定理：设函数 $u=u(x)$ 和 $v=v(x)$ 均在区间 $[a,b]$ 上有连续的导数 $u'(x)$ 和 $v'(x)$，则

$\int_a^b u\mathrm{d}v = uv\big|_a^b - \int_a^b v\mathrm{d}u$,其中 $u = u(x), v = v(x)$.

2. 典型题型

例 1 求下列定积分:

(1) $\int_0^1 3^x \mathrm{d}x$;

(2) $\int_0^2 \frac{x+1}{x^2+1}\mathrm{d}x$;

(3) $\int_a^b (x-a)(x-b)\mathrm{d}x$;

(4) $\int_0^2 |1-x|\mathrm{d}x$;

(5) $\int_0^{\frac{\pi}{2}} \frac{\sin^2 x}{1-\cos x}\mathrm{d}x$;

(6) $\int_0^{\frac{\pi}{4}} \frac{\cos 2x - 1}{\cos 2x + 1}\mathrm{d}x$.

解 (1) $\int_0^1 3^x \mathrm{d}x = \frac{3^x}{\ln 3}\Big|_0^1 = \frac{3^1 - 3^0}{\ln 3} = \frac{2}{\ln 3}$.

(2) $\int_0^2 \frac{x+1}{x^2+1}\mathrm{d}x = \int_0^2 \frac{1}{x^2+1}\mathrm{d}x + \frac{1}{2}\int_0^2 \frac{2x}{x^2+1}\mathrm{d}x = \arctan x\big|_0^2 + \frac{1}{2}\ln(1+x^2)\big|_0^2 = \arctan 2 + \frac{1}{2}(\ln 5 - \ln 1) = \frac{\ln 5}{2} + \arctan 2$.

(3) $\int_a^b (x-a)(x-b)\mathrm{d}x = \int_a^b [x^2 - (a+b)x + ab]\mathrm{d}x = [\frac{1}{3}x^3 - (a+b)\frac{x^2}{2} + abx]\big|_a^b = \frac{1}{3}(b^3 - a^3) - (a+b)\cdot\frac{b^2 - a^2}{2} + ab(b-a) = \frac{b-a}{6}(-a^2 - b^2 + 2ab) = \frac{(a-b)^3}{6}$.

(4) $\int_0^2 |1-x|\mathrm{d}x = \int_0^1 |1-x|\mathrm{d}x + \int_1^2 |1-x|\mathrm{d}x = \int_0^1 (1-x)\mathrm{d}x + \int_1^2 (x-1)\mathrm{d}x = (x - \frac{1}{2}x^2)\big|_0^1 + (\frac{1}{2}x^2 - x)\big|_1^2 = (1-\frac{1}{2}) + (\frac{1}{2}\times 2^2 - 2) - (\frac{1}{2} - 1) = 1$.

(5) $\int_0^{\frac{\pi}{2}} \frac{\sin^2 x}{1-\cos x}\mathrm{d}x = \int_0^{\frac{\pi}{2}} \frac{1-\cos^2 x}{1-\cos x}\mathrm{d}x = \int_0^{\frac{\pi}{2}} (1+\cos x)\mathrm{d}x = (x + \sin x)\big|_0^{\frac{\pi}{2}} = \frac{\pi}{2} + 1 - (0+0) = 1 + \frac{\pi}{2}$.

(6) $\int_0^{\frac{\pi}{4}} \frac{\cos 2x - 1}{\cos 2x + 1}\mathrm{d}x = \int_0^{\frac{\pi}{4}} \frac{-2\sin^2 x}{2\cos^2 x}\mathrm{d}x = \int_0^{\frac{\pi}{4}} (-\tan^2 x)\mathrm{d}x = -\int_0^{\frac{\pi}{4}} (\sec^2 x - 1)\mathrm{d}x = -(\tan x - x)\big|_0^{\frac{\pi}{4}} = -(\tan\frac{\pi}{4} - \frac{\pi}{4}) = \frac{\pi}{4} - 1$.

例 2 设函数 $f(x)$ 在$[0,1]$上连续,且满足 $f(x) = \mathrm{e}^x + 2\int_0^1 f(t)\mathrm{d}t$,求 $f(x)$.

解 因为函数 $f(x)$ 在$[0,1]$上连续,所以函数 $f(x)$ 在$[0,1]$上可积,对式子两边积分,得$\int_0^1 f(x)\mathrm{d}x = \int_0^1 \mathrm{e}^x\mathrm{d}x + \int_0^1 [2\int_0^1 f(t)\mathrm{d}t]\mathrm{d}x$,即$\int_0^1 f(x)\mathrm{d}x = \mathrm{e}^x\big|_0^1 + 2\int_0^1 f(t)\mathrm{d}t = \mathrm{e} - 1 + 2\int_0^1 f(x)\mathrm{d}x$,即$\int_0^1 f(x)\mathrm{d}x = 1 - \mathrm{e}$,代入等式 $f(x) = \mathrm{e}^x + 2\int_0^1 f(t)\mathrm{d}t = \mathrm{e}^x + 2 - 2\mathrm{e}$.

例 3 若函数 $f(x)$ 在$[-a,a]$上连续$(a>0)$,求证:

(1) 当 $f(x)$ 为偶函数时,$\int_{-a}^a f(x)\mathrm{d}x = 2\int_0^a f(x)\mathrm{d}x$;

(2) 当 $f(x)$ 为奇函数时,$\int_{-a}^a f(x)\mathrm{d}x = 0$.

证明 $\int_{-a}^{a} f(x)\mathrm{d}x = \int_{-a}^{0} f(x)\mathrm{d}x + \int_{0}^{a} f(x)\mathrm{d}x$,

对积分$\int_{-a}^{0} f(x)\mathrm{d}x$,设 $x=-t$,则 $\mathrm{d}x=-\mathrm{d}t$,当 $x=0$ 时,$t=0$;当 $x=-a$ 时,$t=a$.

于是$\int_{-a}^{0} f(x)\mathrm{d}x = -\int_{a}^{0} f(-t)\mathrm{d}t = \int_{0}^{a} f(-t)\mathrm{d}t = \int_{0}^{a} f(-x)\mathrm{d}x$.

(1) 由于函数 $f(x)$ 为偶函数时,$f(-x)=f(x)$,

$\int_{-a}^{a} f(x)\mathrm{d}x = \int_{-a}^{0} f(x)\mathrm{d}x + \int_{0}^{a} f(x)\mathrm{d}x = \int_{0}^{a} f(-x)\mathrm{d}x + \int_{0}^{a} f(x)\mathrm{d}x = 2\int_{0}^{a} f(x)\mathrm{d}x$.

(2) 由于函数 $f(x)$ 为奇函数时,$f(-x)=-f(x)$,

$\int_{-a}^{a} f(x)\mathrm{d}x = \int_{-a}^{0} f(x)\mathrm{d}x + \int_{0}^{a} f(x)\mathrm{d}x = \int_{0}^{a} f(-x)\mathrm{d}x + \int_{0}^{a} f(x)\mathrm{d}x = 0$.

例 4　求下列定积分:

(1)$\int_{-\frac{\pi}{4}}^{\frac{\pi}{4}} \frac{\sin x}{1+\cos x}\mathrm{d}x$;　　(2)$\int_{-1}^{1} (\sqrt{1+x^2}+x)^2\mathrm{d}x$;

(3)$\int_{-1}^{1} \frac{x+4}{\sqrt{4-x^2}}\mathrm{d}x$;　　(4)$\int_{-\frac{\pi}{2}}^{\frac{\pi}{2}} \frac{\sin^2 x}{1+\mathrm{e}^{-x}}\mathrm{d}x$.

解　(1) 因 $f(-x)=\frac{\sin(-x)}{1+\cos(-x)}=\frac{-\sin x}{1+\cos x}=-f(x)$ 为奇函数,所以$\int_{-\frac{\pi}{4}}^{\frac{\pi}{4}} \frac{\sin x}{1+\cos x}\mathrm{d}x = 0$.

(2)$\int_{-1}^{1} (\sqrt{1+x^2}+x)^2\mathrm{d}x = \int_{-1}^{1} (1+x^2+2x\sqrt{1+x^2}+x^2)\mathrm{d}x = \int_{-1}^{1} 2x\sqrt{1+x^2}\mathrm{d}x + \int_{-1}^{1} (1+2x^2)\mathrm{d}x = 0+2\int_{0}^{1}(1+2x^2)\mathrm{d}x = 2\int_{0}^{1}\mathrm{d}x + 4\int_{0}^{1} x^2\mathrm{d}x = 2x\big|_0^1 + \frac{4}{3}x^3\big|_0^1 = 2+\frac{4}{3}=\frac{10}{3}$.

(3)$\int_{-1}^{1} \frac{x+4}{\sqrt{4-x^2}}\mathrm{d}x = \int_{-1}^{1} \frac{4}{\sqrt{4-x^2}}\mathrm{d}x + \int_{-1}^{1} \frac{x}{\sqrt{4-x^2}}\mathrm{d}x$.

因为函数$\frac{x}{\sqrt{4-x^2}}$在区间$[-1,1]$上为奇函数,所以$\int_{-1}^{1} \frac{x}{\sqrt{4-x^2}}\mathrm{d}x=0$;又函数$\frac{4}{\sqrt{4-x^2}}$在区间$[-1,1]$上为偶函数,所以$\int_{-1}^{1} \frac{4}{\sqrt{4-x^2}}\mathrm{d}x = 2\int_{0}^{1} \frac{4}{\sqrt{4-x^2}}\mathrm{d}x = 8\arcsin\frac{x}{2}\Big|_0^1 = \frac{4\pi}{3}$,

故$\int_{-1}^{1} \frac{x+4}{\sqrt{4-x^2}}\mathrm{d}x = \frac{4\pi}{3}+0=\frac{4\pi}{3}$.

(4) 积分区间$[-\frac{\pi}{2},\frac{\pi}{2}]$为对称区间,但被积函数$\frac{\sin^2 x}{1+\mathrm{e}^{-x}}$是非奇非偶函数,令 $x=-t$,则 $\mathrm{d}x=-\mathrm{d}t$,且当 $x=-\frac{\pi}{2}$ 时,$t=\frac{\pi}{2}$;当 $x=\frac{\pi}{2}$ 时,$t=-\frac{\pi}{2}$.

于是$\int_{-\frac{\pi}{2}}^{\frac{\pi}{2}} \frac{\sin^2 x}{1+\mathrm{e}^{-x}}\mathrm{d}x = \int_{\frac{\pi}{2}}^{-\frac{\pi}{2}} \frac{\sin^2(-t)}{1+\mathrm{e}^{t}}(-\mathrm{d}t) = \int_{-\frac{\pi}{2}}^{\frac{\pi}{2}} \frac{\sin^2 t}{1+\mathrm{e}^{t}}\mathrm{d}t = \int_{-\frac{\pi}{2}}^{\frac{\pi}{2}} \frac{\sin^2 x}{1+\mathrm{e}^{x}}\mathrm{d}x$,

所以$\int_{-\frac{\pi}{2}}^{\frac{\pi}{2}} \frac{\sin^2 x}{1+\mathrm{e}^{-x}}\mathrm{d}x = \frac{1}{2}\left[\int_{-\frac{\pi}{2}}^{\frac{\pi}{2}} \frac{\sin^2 x}{1+\mathrm{e}^{-x}}\mathrm{d}x + \int_{-\frac{\pi}{2}}^{\frac{\pi}{2}} \frac{\sin^2 x}{1+\mathrm{e}^{x}}\mathrm{d}x\right] = \frac{1}{2}\int_{-\frac{\pi}{2}}^{\frac{\pi}{2}} \sin^2 x\left(\frac{1}{1+\mathrm{e}^{-x}}+\frac{1}{1+\mathrm{e}^{x}}\right)\mathrm{d}x = \frac{1}{2}\int_{-\frac{\pi}{2}}^{\frac{\pi}{2}} \sin^2 x \cdot \frac{1+\mathrm{e}^{x}+1+\mathrm{e}^{-x}}{(1+\mathrm{e}^{-x})(1+\mathrm{e}^{x})}\mathrm{d}x = \frac{1}{2}\int_{-\frac{\pi}{2}}^{\frac{\pi}{2}} \sin^2 x\mathrm{d}x \overset{\text{偶函数}}{=} \int_{0}^{\frac{\pi}{2}} \sin^2 x\mathrm{d}x =$

$\int_0^{\frac{\pi}{2}}\frac{1-\cos 2x}{2}\mathrm{d}x=\frac{1}{2}\int_0^{\frac{\pi}{2}}\mathrm{d}x-\frac{1}{4}\int_0^{\frac{\pi}{2}}\cos 2x\mathrm{d}(2x)=\frac{1}{2}x\Big|_0^{\frac{\pi}{2}}-\frac{1}{4}\int_0^{\frac{\pi}{2}}\cos 2x\mathrm{d}(2x)=\frac{\pi}{4}-\frac{1}{4}(\sin 2x)\Big|_0^{\frac{\pi}{2}}=\frac{\pi}{4}$.

例 5 求下列定积分：

(1) $\int_0^2\sqrt{4-x^2}\,\mathrm{d}x$；　　(2) $\int_0^{\frac{\pi}{2}}\sin u\cos u\mathrm{d}u$；

(3) $\int_0^4\frac{1}{1+\sqrt{x}}\mathrm{d}x$；　　(4) $\int_1^8\frac{1}{1+\sqrt[3]{x}}\mathrm{d}x$；

(5) $\int_0^{\ln 2}\sqrt{\mathrm{e}^x-1}\,\mathrm{d}x$；　　(6) $\int_0^1\sqrt{1-x^2}\,\mathrm{d}x$；

(7) $\int_{\sqrt{2}}^2\frac{1}{x\sqrt{x^2-1}}\mathrm{d}x$；　　(8) $\int_1^4\frac{1}{\sqrt{x}(1+x)}\mathrm{d}x$.

解 (1) 设 $x=2\sin t$，则 $\mathrm{d}x=2\cos t\mathrm{d}t$，且当 $x=0$ 时，$t=0$；当 $x=2$ 时，$t=\frac{\pi}{2}$.

于是 $\int_0^2\sqrt{4-x^2}\,\mathrm{d}x=4\int_0^{\frac{\pi}{2}}\cos^2 t\mathrm{d}t=2\int_0^{\frac{\pi}{2}}(1+\cos 2t)\mathrm{d}t=2(t+\frac{1}{2}\sin 2t)\Big|_0^{\frac{\pi}{2}}=\pi$.

(2) 设 $t=\sin u$，则 $\mathrm{d}t=\cos u\mathrm{d}u$，且当 $u=0$ 时，$t=0$；当 $u=\frac{\pi}{2}$ 时，$t=1$.

于是 $\int_0^{\frac{\pi}{2}}\sin u\cos u\mathrm{d}u=\int_0^1 t\mathrm{d}t=\frac{1}{2}t^2\Big|_0^1=\frac{1}{2}$.

(3) 令 $t=\sqrt{x}$，则 $\mathrm{d}x=2t\mathrm{d}t$，且当 $x=0$ 时，$t=0$；当 $x=4$ 时，$t=2$.

于是 $\int_0^4\frac{1}{1+\sqrt{x}}\mathrm{d}x=\int_0^2\frac{1}{1+t}2t\mathrm{d}t=2\int_0^2(1-\frac{1}{1+t})\mathrm{d}t=2\int_0^2\mathrm{d}t-2\int_0^2\frac{1}{1+t}\mathrm{d}t=2t\Big|_0^2-2\ln(1+t)\Big|_0^2=4-2\ln 3$.

(4) 令 $t=\sqrt[3]{x}$，则 $\mathrm{d}x=3t^2\mathrm{d}t$，且当 $x=1$ 时，$t=1$；当 $x=8$ 时，$t=2$.

于是 $\int_1^8\frac{1}{1+\sqrt[3]{x}}\mathrm{d}x=3\int_1^2\frac{t^2}{1+t}\mathrm{d}t=3\int_1^2(t-1+\frac{1}{1+t})\mathrm{d}t=3[\frac{1}{2}t^2-t+\ln(1+t)]\Big|_1^2=\frac{3}{2}+3\ln\frac{3}{2}$.

(5) 令 $t=\sqrt{\mathrm{e}^x-1}$，则 $x=\ln(t^2+1)$，$\mathrm{d}x=\frac{2t}{t^2+1}\mathrm{d}t$，且当 $x=0$ 时，$t=0$；当 $x=\ln 2$ 时，$t=1$.

于是 $\int_0^{\ln 2}\sqrt{\mathrm{e}^x-1}\,\mathrm{d}x=\int_0^1 t\cdot\frac{2t}{t^2+1}\mathrm{d}t=2\int_0^1(1-\frac{1}{t^2+1})\mathrm{d}t=2(t-\arctan t)\Big|_0^1=2-\frac{\pi}{2}$.

(6) 令 $x=\sin t$，则 $\mathrm{d}x=\cos t\mathrm{d}t$，且当 $x=0$ 时，$t=0$；当 $x=1$ 时，$t=\frac{\pi}{2}$.

于是 $\int_0^1\sqrt{1-x^2}\,\mathrm{d}x=\int_0^{\frac{\pi}{2}}\cos^2 t\mathrm{d}t=\int_0^{\frac{\pi}{2}}\frac{1+\cos 2t}{2}\mathrm{d}t=\frac{1}{2}\int_0^{\frac{\pi}{2}}\mathrm{d}t+\frac{1}{2}\int_0^{\frac{\pi}{2}}\cos 2t\cdot\frac{1}{2}\mathrm{d}(2t)=\frac{1}{2}t\Big|_0^{\frac{\pi}{2}}+\frac{1}{4}(\sin 2t)\Big|_0^{\frac{\pi}{2}}=\frac{\pi}{4}$.

(7) 令 $x=\sec t(0<t<\frac{\pi}{2})$，则 $\mathrm{d}x=\sec t\cdot\tan t\mathrm{d}t$，且当 $x=\sqrt{2}$ 时，$t=\frac{\pi}{4}$；当 $x=2$

时，$t=\frac{\pi}{6}$.

于是$\int_{\sqrt{2}}^{2}\frac{1}{x\sqrt{x^2-1}}dx=\int_{\frac{\pi}{4}}^{\frac{\pi}{6}}\frac{\sec t\cdot\tan t}{\sec t\cdot\tan t}dt=t\Big|_{\frac{\pi}{4}}^{\frac{\pi}{6}}=-\frac{\pi}{12}$.

(8) 令 $t=\sqrt{x}$，则 $dx=2tdt$，且当 $x=1$ 时，$t=1$；当 $x=4$ 时，$t=2$.

于是$\int_1^4\frac{1}{\sqrt{x}(1+x)}dx=\int_1^2\frac{2t}{t(1+t^2)}dt=2\arctan t\Big|_1^2=2\arctan 2-\frac{\pi}{2}$.

例 6　求下列定积分：

(1)$\int_0^1 xe^x dx$；　　(2)$\int_0^1 e^{\sqrt[3]{x}}dx$；

(3)$\int_0^{\pi}x\sin x dx$；　　(4)$\int_0^{\sqrt{3}}\arctan x dx$；

(5)$\int_1^4\frac{\ln x}{\sqrt{x}}dx$；　　(6)$\int_0^{\frac{\pi}{2}}e^x\sin x dx$.

解　(1)$\int_0^1 xe^x dx=\int_0^1 x d(e^x)=(xe^x)\Big|_0^1-\int_0^1 e^x dx=(xe^x)\Big|_0^1-(e^x)\Big|_0^1=1$.

(2) 设$t=\sqrt[3]{x}$，则$x=t^3$，$dx=3t^2dt$，且当$x=0$时，$t=0$；当$x=1$时，$t=1$. 于是$\int_0^1 e^{\sqrt[3]{x}}dx$

$=\int_0^1 e^t\cdot 3t^2dt=3\int_0^1 t^2 de^t=3(t^2e^t)\Big|_0^1-6\int_0^1 te^t dt=3e-6$.

(3)$\int_0^{\pi}x\sin x dx=\int_0^{\pi}x d(-\cos x)=(-x\cos x)\Big|_0^{\pi}-\int_0^{\pi}(-\cos x)dx=\pi+(\sin x)\Big|_0^{\pi}=\pi$.

(4)$\int_0^{\sqrt{3}}\arctan x dx=x\arctan x\Big|_0^{\sqrt{3}}-\int_0^{\sqrt{3}}\frac{x}{1+x^2}dx=\frac{\sqrt{3}\pi}{3}-\frac{1}{2}\ln(1+x^2)\Big|_0^{\sqrt{3}}=\frac{\sqrt{3}\pi}{3}-\ln 2$.

(5)$\int_1^4\frac{\ln x}{\sqrt{x}}dx=\int_1^4 2\ln x d\sqrt{x}=(2\sqrt{x}\ln x)\Big|_1^4-\int_1^4 2\sqrt{x}\cdot\frac{1}{x}dx=8\ln 2-(4\sqrt{x})\Big|_1^4=8\ln 2-4$.

(6)$\int_0^{\frac{\pi}{2}}e^x\sin x dx=\int_0^{\frac{\pi}{2}}e^x d(-\cos x)=-(e^x\cos x)\Big|_0^{\frac{\pi}{2}}-\int_0^{\frac{\pi}{2}}(-\cos x)d(e^x)=1+\int_0^{\frac{\pi}{2}}e^x\cos x dx$

$=1+\int_0^{\frac{\pi}{2}}e^x d(\sin x)=1+(e^x\sin x)\Big|_0^{\frac{\pi}{2}}-\int_0^{\frac{\pi}{2}}\sin x e^x dx=1+e^{\frac{\pi}{2}}-\int_0^{\frac{\pi}{2}}\sin x e^x dx$，移项整理，

得$\int_0^{\frac{\pi}{2}}e^x\sin x dx=\frac{1}{2}e^{\frac{\pi}{2}}+\frac{1}{2}$.

例 7　设函数 $f(x)$ 在区间$[0,\pi]$上连续，证明：$\int_0^{\pi}xf(\sin x)dx=\pi\int_0^{\frac{\pi}{2}}f(\sin x)dx$，并计算$\int_0^{\pi}\frac{x\sin x}{1+\cos^2 x}dx$.

证明　设 $x=\frac{\pi}{2}-t$，则 $dx=-dt$，且当 $x=0$ 时，$t=\frac{\pi}{2}$；当 $x=\pi$ 时，$t=-\frac{\pi}{2}$. 于是

$\int_0^{\pi}xf(\sin x)dx=\int_{\frac{\pi}{2}}^{-\frac{\pi}{2}}(\frac{\pi}{2}-t)f(\cos t)(-dt)=\int_{-\frac{\pi}{2}}^{\frac{\pi}{2}}(\frac{\pi}{2}-t)f(\cos t)dt=\frac{\pi}{2}\int_{-\frac{\pi}{2}}^{\frac{\pi}{2}}f(\cos t)dt-$

$\int_{-\frac{\pi}{2}}^{\frac{\pi}{2}}tf(\cos t)dt$.

因为 $f(\cos t)$ 为偶函数,所以 $\frac{\pi}{2}\int_{-\frac{\pi}{2}}^{\frac{\pi}{2}} f(\cos t)\mathrm{d}t = \pi\int_0^{\frac{\pi}{2}} f(\cos t)\mathrm{d}t$,因为 $tf(\cos t)$ 为奇函数,所以 $\int_{-\frac{\pi}{2}}^{\frac{\pi}{2}} tf(\cos t)\mathrm{d}t = 0$. 所以 $\int_0^{\pi} xf(\sin x)\mathrm{d}x = \pi\int_0^{\frac{\pi}{2}} f(\cos t)\mathrm{d}t$.

设 $t = \frac{\pi}{2} - u$,则 $\mathrm{d}t = -\mathrm{d}u$,且当 $t = 0$ 时,$u = \frac{\pi}{2}$;当 $t = \frac{\pi}{2}$ 时,$u = 0$.

于是 $\pi\int_0^{\frac{\pi}{2}} f(\cos t)\mathrm{d}t = \pi\int_{\frac{\pi}{2}}^{0} f(\sin u)(-\mathrm{d}u) = \pi\int_0^{\frac{\pi}{2}} f(\sin u)\mathrm{d}u = \pi\int_0^{\frac{\pi}{2}} f(\sin x)\mathrm{d}x$. 所以 $\int_0^{\pi} xf(\sin x)\mathrm{d}x = \pi\int_0^{\frac{\pi}{2}} f(\sin x)\mathrm{d}x$.

由以上结论得 $\int_0^{\pi} \frac{x\sin x}{1+\cos^2 x}\mathrm{d}x = \pi\int_0^{\frac{\pi}{2}} \frac{\sin x}{1+\cos^2 x}\mathrm{d}x = \pi\int_0^{\frac{\pi}{2}} \frac{-1}{1+\cos^2 x}\mathrm{d}(\cos x) = [-\pi\arctan(\cos x)]\big|_0^{\frac{\pi}{2}} = \frac{1}{4}\pi^2$.

四、定积分的其他计算类型

1. 考点解读

(1) 分子只有一项,分母为两项,其中一项与分子相同.

此类定积分可用换元法和加减运算求解,积分步骤:

① 作变量代换,所作变换满足以下两点要求:一是变换前后积分上、下限不变;二是变换前后的被积函数之和为 1;

② 将变换前后的两个积分相加,其结果就是原积分的两倍,由此可得原积分.

(2) 由三角有理式与初等函数的积所构成的被积函数的积分.

此类定积分一般通过换元法来计算.

作变换的指导思想是:变换前后的两个积分相加就使积分变成简单三角函数的积分.

① 凡对称区间的积分,通常作负变换:$x = -u$;

② 凡被积函数或其部分因式为 $f(\sin x)$ 或 $f(\cos x)$ 的,则令 $x = \pi - u$;

③ 凡被积函数或其部分因式为 $f(\tan x)$ 或 $f(\cot x)$ 的,则令 $x = \frac{\pi}{2} - u$;

④ 另外也可参考积分限作变量代换:当积分限为$[0,\pi]$时,则令 $u = \pi - x$;当积分限为$[0,\frac{\pi}{2}]$时,则令 $u = \frac{\pi}{2} - x$;当积分限为$[0,\frac{\pi}{4}]$时,则令 $u = \frac{\pi}{4} - x$;当积分限为$[-\alpha,\alpha]$关于原点对称时,则令 $u = -x$.

(3) 求分段函数的定积分.

凡被积函数中含有绝对值的定积分,在运算之前要设法去掉绝对值.

① 先令绝对值内的式子等于“0”,求出其在积分区间内的根;

② 据此把积分区间分成若干个子间,各子区间上的被积函数就不再含绝对值符号了;

③ 然后按段积分.

注意:若被积函数或被积函数的主要部分是复合函数,则先作变量代换,使之变为简单形式.

2. 典型题型

例 1　求下列定积分：

(1) $\int_{-1}^{1}\frac{1}{1+2^{\frac{1}{x}}}dx$；　　(2) $\int_{2}^{4}\frac{\sqrt{\ln(9-x)}}{\sqrt{\ln(9-x)}+\sqrt{\ln(x+3)}}dx$；

(3) $\int_{0}^{\frac{\pi}{2}}\frac{1}{1+(\tan x)^{\sqrt{2}}}dx$；　　(4) $\int_{0}^{\frac{\pi}{2}}\frac{e^{\sin x}}{e^{\sin x}+e^{\cos x}}dx$.

解　(1) 设 $u=-x$，则 $dx=-du$，且当 $x=-1$ 时，$u=1$；当 $x=1$ 时，$u=-1$.

于是 $\int_{-1}^{1}\frac{1}{1+2^{\frac{1}{x}}}dx=\int_{1}^{-1}\frac{1}{1+2^{-\frac{1}{u}}}(-du)=\int_{-1}^{1}\frac{2^{\frac{1}{u}}}{1+2^{\frac{1}{u}}}du=\int_{-1}^{1}\frac{2^{\frac{1}{x}}}{1+2^{\frac{1}{x}}}dx$，

故 $\int_{-1}^{1}\frac{1}{1+2^{\frac{1}{x}}}dx=\frac{1}{2}\left[\int_{-1}^{1}\frac{1}{1+2^{\frac{1}{x}}}dx+\int_{-1}^{1}\frac{2^{\frac{1}{x}}}{1+2^{\frac{1}{x}}}dx\right]=\frac{1}{2}\int_{-1}^{1}dx=\frac{1}{2}x\Big|_{-1}^{1}=1.$

(2) 设 $9-x=u+3$，即 $u=6-x$，则 $dx=-du$，且当 $x=2$ 时，$u=4$；当 $x=4$ 时，$u=2$. 于是 $\int_{2}^{4}\frac{\sqrt{\ln(9-x)}}{\sqrt{\ln(9-x)}+\sqrt{\ln(x+3)}}dx=\int_{4}^{2}\frac{\sqrt{\ln(u+3)}}{\sqrt{\ln(u+3)}+\sqrt{\ln(9-u)}}(-du)=$
$\int_{2}^{4}\frac{\sqrt{\ln(x+3)}}{\sqrt{\ln(9-x)}+\sqrt{\ln(x+3)}}dx.$

故 $\int_{2}^{4}\frac{\sqrt{\ln(9-x)}}{\sqrt{\ln(9-x)}+\sqrt{\ln(x+3)}}dx=\frac{1}{2}\left[\int_{2}^{4}\frac{\sqrt{\ln(9-x)}}{\sqrt{\ln(9-x)}+\sqrt{\ln(x+3)}}dx+\right.$
$\left.\int_{2}^{4}\frac{\sqrt{\ln(x+3)}}{\sqrt{\ln(9-x)}+\sqrt{\ln(x+3)}}dx\right]=\frac{1}{2}\int_{2}^{4}dx=\frac{1}{2}x\Big|_{2}^{4}=1.$

(3) 设 $x=\frac{\pi}{2}-u$，则 $dx=-du$，且 $x=0$ 时，$u=\frac{\pi}{2}$；当 $x=\frac{\pi}{2}$ 时，$u=0$.

于是 $\int_{0}^{\frac{\pi}{2}}\frac{1}{1+(\tan x)^{\sqrt{2}}}dx=\int_{\frac{\pi}{2}}^{0}\frac{1}{1+(\cot u)^{\sqrt{2}}}(-du)=\int_{0}^{\frac{\pi}{2}}\frac{(\tan u)^{\sqrt{2}}}{1+(\tan u)^{\sqrt{2}}}du=$
$\int_{0}^{\frac{\pi}{2}}\frac{(\tan x)^{\sqrt{2}}}{1+(\tan x)^{\sqrt{2}}}dx$，

故 $\int_{0}^{\frac{\pi}{2}}\frac{1}{1+(\tan x)^{\sqrt{2}}}dx=\frac{1}{2}\left[\int_{0}^{\frac{\pi}{2}}\frac{1}{1+(\tan x)^{\sqrt{2}}}dx+\int_{0}^{\frac{\pi}{2}}\frac{(\tan x)^{\sqrt{2}}}{1+(\tan x)^{\sqrt{2}}}dx\right]=\frac{1}{2}\int_{0}^{\frac{\pi}{2}}dx=$
$\frac{1}{2}x\Big|_{0}^{\frac{\pi}{2}}=\frac{\pi}{4}.$

(4) 设 $x=\frac{\pi}{2}-u$，则 $dx=-du$，且当 $x=0$ 时，$u=\frac{\pi}{2}$；当 $x=\frac{\pi}{2}$ 时，$u=0$.

于是 $\int_{0}^{\frac{\pi}{2}}\frac{e^{\sin x}}{e^{\sin x}+e^{\cos x}}dx=\int_{\frac{\pi}{2}}^{0}\frac{e^{\cos u}}{e^{\cos u}+e^{\sin u}}(-du)=\int_{0}^{\frac{\pi}{2}}\frac{e^{\cos u}}{e^{\sin u}+e^{\cos u}}du=\int_{0}^{\frac{\pi}{2}}\frac{e^{\cos x}}{e^{\sin x}+e^{\cos x}}dx$，

故 $\int_{0}^{\frac{\pi}{2}}\frac{e^{\sin x}}{e^{\sin x}+e^{\cos x}}dx=\frac{1}{2}\left[\int_{0}^{\frac{\pi}{2}}\frac{e^{\sin x}}{e^{\sin x}+e^{\cos x}}dx+\int_{0}^{\frac{\pi}{2}}\frac{e^{\cos x}}{e^{\sin x}+e^{\cos x}}dx\right]=\frac{1}{2}\int_{0}^{\frac{\pi}{2}}dx=\frac{1}{2}x\Big|_{0}^{\frac{\pi}{2}}=\frac{\pi}{4}.$

例 2　求下列定积分：

(1) $\int_{-\frac{\pi}{4}}^{\frac{\pi}{4}}\frac{\sin^2 x}{1+e^{-x}}dx$；　　(2) $\int_{0}^{\pi}\frac{x\sin^3 x}{1+\cos^2 x}dx$.

解　(1) 令 $x=-u$，则 $dx=-du$，且当 $x=-\frac{\pi}{4}$ 时，$u=\frac{\pi}{4}$；当 $x=\frac{\pi}{4}$ 时，$u=-\frac{\pi}{4}$.

于是$\int_{-\frac{\pi}{4}}^{\frac{\pi}{4}}\frac{\sin^2 x}{1+e^{-x}}dx=\int_{\frac{\pi}{4}}^{-\frac{\pi}{4}}\frac{\sin^2 u}{1+e^{u}}(-du)=\int_{-\frac{\pi}{4}}^{\frac{\pi}{4}}\frac{\sin^2 u}{1+e^{u}}du=\int_{-\frac{\pi}{4}}^{\frac{\pi}{4}}\frac{\sin^2 x}{1+e^{x}}dx$,

故$\int_{-\frac{\pi}{4}}^{\frac{\pi}{4}}\frac{\sin^2 x}{1+e^{-x}}dx=\frac{1}{2}[\int_{-\frac{\pi}{4}}^{\frac{\pi}{4}}\frac{\sin^2 x}{1+e^{-x}}dx+\int_{-\frac{\pi}{4}}^{\frac{\pi}{4}}\frac{\sin^2 x}{1+e^{x}}dx]=\frac{1}{2}\int_{-\frac{\pi}{4}}^{\frac{\pi}{4}}(\frac{1}{1+e^{-x}}+\frac{1}{1+e^{x}})\sin^2 x dx=\frac{1}{2}\int_{-\frac{\pi}{4}}^{\frac{\pi}{4}}\sin^2 x dx=\frac{1}{2}\int_{-\frac{\pi}{4}}^{\frac{\pi}{4}}(\frac{1-\cos 2x}{2})dx=\frac{1}{4}x\big|_{-\frac{\pi}{4}}^{\frac{\pi}{4}}-\frac{1}{8}\int_{-\frac{\pi}{4}}^{\frac{\pi}{4}}\cos 2x d(2x)=\frac{\pi}{8}-\frac{1}{8}\sin 2x\big|_{-\frac{\pi}{4}}^{\frac{\pi}{4}}=\frac{\pi}{8}-\frac{1}{4}$.

(2) 令 $x=\pi-u$,则 $dx=-du$,且当 $x=0$ 时,$u=\pi$;当 $x=\pi$ 时,$u=0$.

于是$\int_0^{\pi}\frac{x\sin^3 x}{1+\cos^2 x}dx=\int_{\pi}^{0}\frac{(\pi-u)\sin^3(\pi-u)}{1+\cos^2(\pi-u)}(-du)=\int_0^{\pi}\frac{(\pi-u)\sin^3 u}{1+\cos^2 u}du=\int_0^{\pi}\frac{(\pi-x)\sin^3 x}{1+\cos^2 x}dx$,

故$\int_0^{\pi}\frac{x\sin^3 x}{1+\cos^2 x}dx=\frac{1}{2}[\int_0^{\pi}\frac{x\sin^3 x}{1+\cos^2 x}dx+\int_0^{\pi}\frac{(\pi-x)\sin^3 x}{1+\cos^2 x}dx]=\frac{1}{2}\pi\int_0^{\pi}\frac{\sin^3 x}{1+\cos^2 x}dx=-\frac{1}{2}\pi\int_0^{\pi}\frac{\sin^2 x}{1+\cos^2 x}d(\cos x)=-\frac{1}{2}\pi\int_0^{\pi}\frac{2-(1+\cos^2 x)}{1+\cos^2 x}d(\cos x)=-\pi\int_0^{\pi}\frac{1}{1+\cos^2 x}d(\cos x)+\frac{1}{2}\pi\int_0^{\pi}d(\cos x)=-\pi\arctan(\cos x)\big|_0^{\pi}+\frac{1}{2}\pi\cos x\big|_0^{\pi}=\frac{1}{2}\pi^2-\pi$.

例 3 设函数 $f(x)$ 连续,且$\int_0^x tf(x-t)dt=\frac{1}{2}\arctan x^2$,求$\int_1^2 f(x)dx$ 的值.

解 本题从已知条件$\int_0^x tf(x-t)dt=\frac{1}{2}\arctan x^2$ 出发,左式为变上限积分,一般会想到求导,但不能直接求导,需要进行换元变换,将 $f(x-t)$ 内的变量看成一个变量.

令 $u=x-t$,则 $t=x-u$,于是$\int_0^x tf(x-t)dt=-\int_x^0(x-u)f(u)du=x\int_0^x f(u)du-\int_0^x uf(u)du$,

因为函数 $f(x)$ 连续,对等式 $x\int_0^x f(u)du-\int_0^x uf(u)du=\frac{1}{2}\arctan x^2$ 两边同时求导,得

$\int_0^x f(x)dx+xf(x)-xf(x)=\frac{1}{2}\cdot\frac{1}{1+x^4}\cdot 2x$,即$\int_0^x f(x)dx=\frac{x}{1+x^4}$,

所以$\int_1^2 f(x)dx=\int_0^2 f(x)dx-\int_0^1 f(x)dx=\frac{2}{1+2^4}-\frac{1}{1+1^4}=-\frac{13}{34}$.

例 4 求下列定积分:

(1)$\int_{\frac{1}{e}}^{e}|\ln x|dx$;　　　　(2)$\int_{-5}^{4}|x^2-2x-3|dx$.

解 (1) 令 $\ln x=0$,则 $x=1$,于是$\int_{\frac{1}{e}}^{e}|\ln x|dx=-\int_{\frac{1}{e}}^{1}\ln x dx+\int_1^e \ln x dx=-x\ln x\big|_{\frac{1}{e}}^{1}+\int_{\frac{1}{e}}^{1}x d(\ln x)+x\ln x\big|_1^e-\int_1^e x d(\ln x)=-\frac{1}{e}+\int_{\frac{1}{e}}^{1}dx+e-\int_1^e dx=-\frac{1}{e}+(1-\frac{1}{e})+e-(e-1)=2-\frac{2}{e}$.

(2) 令 $x^2-2x-3=0$，则 $x=-1, x=3$，于是 $\int_{-5}^{4}|x^2-2x-3|\mathrm{d}x=\int_{-5}^{-1}(x^2-2x-3)\mathrm{d}x-\int_{-1}^{3}(x^2-2x-3)\mathrm{d}x+\int_{3}^{4}(x^2-2x-3)\mathrm{d}x=(\frac{1}{3}x^3-x^2-3x)\Big|_{-5}^{-1}-(\frac{1}{3}x^3-x^2-3x)\Big|_{-1}^{3}+(\frac{1}{3}x^3-x^2-3x)\Big|_{3}^{4}=\frac{199}{3}$.

例 5 设函数 $f(x)=\begin{cases}e^{-x}, & x\geqslant 0\\ 1+x^2, & x<0\end{cases}$，计算 $\int_{\frac{1}{2}}^{2}f(x-1)\mathrm{d}x$.

解 令 $t=x-1$，则 $\mathrm{d}x=\mathrm{d}t$，且当 $x=\frac{1}{2}$ 时，$t=-\frac{1}{2}$；当 $x=2$ 时，$t=1$.

于是 $\int_{\frac{1}{2}}^{2}f(x-1)\mathrm{d}x=\int_{-\frac{1}{2}}^{1}f(t)\mathrm{d}t=\int_{-\frac{1}{2}}^{0}f(t)\mathrm{d}t+\int_{0}^{1}f(t)\mathrm{d}t=\int_{-\frac{1}{2}}^{0}(1+t^2)\mathrm{d}t+\int_{0}^{1}e^{-t}\mathrm{d}t=(t+\frac{1}{3}t^3)\Big|_{-\frac{1}{2}}^{0}-e^{-t}\Big|_{0}^{1}=\frac{37}{24}-\frac{1}{e}$.

例 6 设函数 $f(x)=\begin{cases}\ln(x+1), & x\geqslant 0\\ \frac{1}{2+x}, & x<0\end{cases}$，求定积分 $\int_{0}^{2}f(x-1)\mathrm{d}x$.

解 令 $t=x-1$，则 $\mathrm{d}x=\mathrm{d}t$，且当 $x=0$ 时，$t=-1$；当 $x=2$ 时，$t=1$.

于是 $\int_{0}^{2}f(x-1)\mathrm{d}x=\int_{-1}^{1}f(t)\mathrm{d}t=\int_{-1}^{0}\frac{1}{2+t}\mathrm{d}t+\int_{0}^{1}\ln(t+1)\mathrm{d}t=\int_{-1}^{0}\frac{1}{2+t}\mathrm{d}(2+t)+\int_{0}^{1}\ln(t+1)\mathrm{d}t=\ln(2+t)\Big|_{-1}^{0}+t\ln(t+1)\Big|_{0}^{1}-\int_{0}^{1}t\mathrm{d}[\ln(t+1)]=2\ln2-\int_{0}^{1}\frac{t}{t+1}\mathrm{d}t=2\ln2-\int_{0}^{1}(1-\frac{1}{t+1})\mathrm{d}t=2\ln2-t\Big|_{0}^{1}+\ln(t+1)\Big|_{0}^{1}=3\ln2-1$.

例 7 设 $f(x)=\begin{cases}2x+\frac{3}{2}x^2, & -1\leqslant x<0\\ \frac{xe^x}{(1+e^x)^2}, & 0\leqslant x\leqslant 1\end{cases}$，求函数 $F(x)=\int_{-1}^{x}f(t)\mathrm{d}t$ 的表达式.

解 当 $-1\leqslant x<0$ 时，$F(x)=\int_{-1}^{x}(2t+\frac{3}{2}t^2)\mathrm{d}t=(t^2+\frac{1}{2}t^3)\Big|_{-1}^{x}=\frac{1}{2}x^3+x^2-\frac{1}{2}$；

当 $0\leqslant x\leqslant 1$ 时，$F(x)=\int_{-1}^{0}f(t)\mathrm{d}t+\int_{0}^{x}f(t)\mathrm{d}t=\int_{-1}^{0}(2t+\frac{3}{2}t^2)\mathrm{d}t+\int_{0}^{x}\frac{te^t}{(1+e^t)^2}\mathrm{d}t=(t^2+\frac{1}{2}t^3)\Big|_{-1}^{0}-\int_{0}^{x}t\mathrm{d}(\frac{1}{1+e^t})=-\frac{1}{2}-\frac{t}{1+e^t}\Big|_{0}^{x}+\int_{0}^{x}\frac{1}{1+e^t}\mathrm{d}t=-\frac{1}{2}-\frac{x}{1+e^x}+\int_{0}^{x}(1-\frac{e^t}{1+e^t})\mathrm{d}t=-\frac{1}{2}-\frac{x}{1+e^x}+t\Big|_{0}^{x}-\ln(1+e^t)\Big|_{0}^{x}=-\frac{1}{2}-\frac{x}{1+e^x}+x-\ln(1+e^x)+\ln2$.

综上得 $F(x)=\begin{cases}\frac{1}{2}x^3+x^2-\frac{1}{2}, & -1\leqslant x<0\\ x-\ln(1+e^x)-\frac{x}{1+e^x}+\ln2-\frac{1}{2}, & 0\leqslant x\leqslant 1\end{cases}$.

五、反常积分的计算

1. *考点解读*

计算步骤如下：

(1) 判别所求积分的类型(无穷积分、瑕积分或混合积分),对既有无穷积分又有瑕积分的混合型,一定要先进行分解,使单个积分为只有一个瑕点的瑕积分或只有一个积分限为无穷的无穷积分.

(2) 求出被积函数的原函数.

(3) 按定义或运算性质求出各反常积分的值.

(4) 求出第(3) 步所得各值的代数和.

2. 典型题型

例 1 判别下列广义积分的敛散性,如果收敛计算其值:

(1) $\int_0^{+\infty} \frac{x}{(1+x^2)^2}\mathrm{d}x$; (2) $\int_0^3 \frac{1}{(x-2)^2}\mathrm{d}x$;

(3) $\int_0^{+\infty} x\mathrm{e}^{-x}\mathrm{d}x$; (4) $\int_0^1 \frac{1}{\sqrt{1-x^2}}\mathrm{d}x$.

解 (1) 因为积分区间为无穷区间,所以 $\int_0^{+\infty} \frac{x}{(1+x^2)^2}\mathrm{d}x = \lim\limits_{b\to+\infty}\int_0^b \frac{x}{(1+x^2)^2}\mathrm{d}x = \lim\limits_{b\to+\infty}\frac{1}{2}\int_0^b \frac{\mathrm{d}(1+x^2)}{(1+x^2)^2} = \lim\limits_{b\to+\infty}\left[\frac{-1}{2(1+x^2)}\right]_0^b = \lim\limits_{b\to+\infty}\left[\frac{-1}{2(1+b^2)}+\frac{1}{2}\right] = \frac{1}{2}$.

故该广义积分收敛,且其值为 $\frac{1}{2}$.

(2) 因为 $x\to 2$ 时,$\frac{1}{(x-2)^2}\to\infty$,所以 $x=2$ 为间断点.

$\int_0^3 \frac{1}{(x-2)^2}\mathrm{d}x = \lim\limits_{\varepsilon_1\to 0^+}\int_0^{2-\varepsilon_1} \frac{1}{(x-2)^2}\mathrm{d}x + \lim\limits_{\varepsilon_2\to 0^+}\int_{2+\varepsilon_2}^3 \frac{1}{(x-2)^2}\mathrm{d}x = \lim\limits_{\varepsilon_1\to 0^+}\left[\frac{-1}{x-2}\right]_0^{2-\varepsilon_1} + \lim\limits_{\varepsilon_2\to 0^+}\left[\frac{-1}{x-2}\right]_{2+\varepsilon_2}^3 = \lim\limits_{\varepsilon_1\to 0^+}\left[\frac{1}{\varepsilon_1}-\frac{1}{2}\right] + \lim\limits_{\varepsilon_2\to 0^+}\left[-1+\frac{1}{\varepsilon_2}\right] = \infty$.

故该广义积分发散.

(3) $\int_0^{+\infty} x\mathrm{e}^{-x}\mathrm{d}x = -\int_0^{+\infty} x\mathrm{d}(\mathrm{e}^{-x}) = -x\cdot\mathrm{e}^{-x}\Big|_0^{+\infty} + \int_0^{+\infty}\mathrm{e}^{-x}\mathrm{d}x = \int_0^{+\infty}\mathrm{e}^{-x}\mathrm{d}x = -\mathrm{e}^{-x}\Big|_0^{+\infty} = 1$.

故该广义积分收敛,且其值为 1.

(4) 因为 $x\to 1$ 时,$\frac{1}{\sqrt{1-x^2}}\to\infty$,所以 $x=1$ 为间断点.

$\int_0^1 \frac{1}{\sqrt{1-x^2}}\mathrm{d}x = \lim\limits_{\varepsilon\to 0^+}\int_0^{1-\varepsilon} \frac{1}{\sqrt{1-x^2}}\mathrm{d}x = \lim\limits_{\varepsilon\to 0^+}\arcsin x\Big|_0^{1-\varepsilon} = \lim\limits_{\varepsilon\to 0^+}\arcsin(1-\varepsilon) = \frac{\pi}{2}$.

故该广义积分收敛,且其值为 $\frac{\pi}{2}$.

例 2 求下列反常积分:

(1) $\int_0^{+\infty} \mathrm{e}^{-\sqrt{x}}\mathrm{d}x$; (2) $\int_0^{+\infty} t\mathrm{e}^{-t}\mathrm{d}t$;

(3) $\int_1^{+\infty} \frac{1}{x\sqrt{x-1}}\mathrm{d}x$; (4) $\int_1^{+\infty} \frac{1}{\mathrm{e}^{x+1}+\mathrm{e}^{3-x}}\mathrm{d}x$.

解 (1) 令 $t=\sqrt{x}$,则 $\mathrm{d}x = 2t\mathrm{d}t$,且当 $x=0$ 时,$t=0$;当 $x=+\infty$ 时,$t=+\infty$.

于是 $\int_0^{+\infty} \mathrm{e}^{-\sqrt{x}}\mathrm{d}x = \int_0^{+\infty}\mathrm{e}^{-t}\cdot 2t\mathrm{d}t = -2\int_0^{+\infty} t\mathrm{d}(\mathrm{e}^{-t}) = -2t\mathrm{e}^{-t}\Big|_0^{+\infty} + 2\int_0^{+\infty}\mathrm{e}^{-t}\mathrm{d}t = -2\lim\limits_{t\to+\infty} t\mathrm{e}^{-t}$

$-2e^{-t}\big|_0^{+\infty}=-2\lim\limits_{t\to+\infty}\dfrac{t}{e^t}-2\lim\limits_{t\to+\infty}e^{-t}+2=2.$

(2) $\int_0^{+\infty}te^{-t}dt=-\int_0^{+\infty}td(e^{-t})=-te^{-t}\big|_0^{+\infty}+\int_0^{+\infty}e^{-t}dt=\int_0^{+\infty}e^{-t}dt=-e^{-t}\big|_0^{+\infty}=1.$

(3) 当 $x\to1$ 时，$\dfrac{1}{\sqrt{1-x^2}}\to\infty$，所以该积分既是无限区间上的反常积分，也是无界函数的反常积分.

设 $t=\sqrt{x-1}$，则 $x=t^2+1$，$dx=2tdt$. 当 $x=1$ 时，$t=0$；当 $x\to+\infty$ 时，$t\to+\infty$.

于是，$\int_1^{+\infty}\dfrac{1}{x\sqrt{x-1}}dx=\int_0^{+\infty}\dfrac{2tdt}{(t^2+1)t}=2\int_0^{+\infty}\dfrac{dt}{t^2+1}=2[\arctan t]_0^{+\infty}=\pi.$

(4) $\int_1^{+\infty}\dfrac{1}{e^{x+1}+e^{3-x}}dx=\dfrac{1}{e^2}\int_1^{+\infty}\dfrac{1}{e^{x-1}+e^{1-x}}dx$，令 $u=x-1$，则 $dx=du$，且当 $x=1$ 时，$u=0$；当 $x\to+\infty$ 时，$u\to+\infty$.

于是 $\int_1^{+\infty}\dfrac{1}{e^{x+1}+e^{3-x}}dx=\dfrac{1}{e^2}\int_0^{+\infty}\dfrac{1}{e^u+e^{-u}}du=\dfrac{1}{e^2}\int_0^{+\infty}\dfrac{e^u}{e^{2u}+1}du=\dfrac{1}{e^2}\int_0^{+\infty}\dfrac{d(e^u)}{e^{2u}+1}=\dfrac{1}{e^2}\arctan e^u\big|_0^{+\infty}=\dfrac{1}{e^2}(\dfrac{\pi}{2}-\dfrac{\pi}{4})=\dfrac{\pi}{4e^2}.$

六、定积分在几何学上的运用

1. *考点解读*

(1) 用定积分计算平面图形的面积.

用定积分求平面图形面积的基本步骤为：

① 画图，确定所讨论的图形；

② 求交点坐标；

③ 根据图形特点，选择积分变量，确定积分区间；

④ 在积分区间内任取一小区间，求该小区间所对应的窄条图形面积的近似值，即面积元素 dS；

⑤ 将面积元素 dS 在积分区间上积分，即得所求面积 S.

(2) 用定积分计算平面图形绕坐标轴旋转一周所得的旋转体的体积.

求空间旋转体的体积，一般可按以下步骤进行：

① 建立恰当的坐标系，并画出草图；

② 确定以旋转体的旋转轴所在的坐标轴为积分变量所在的轴，并确定积分区间；

③ 代入相应的旋转体体积公式，并计算定积分求出旋转体的体积的值.

2. **典型题型**

例 1　求抛物线 $y=x^2$ 与抛物线 $y=2-x^2$ 所围成平面图形的面积.

解　如图 7-1 所示，两抛物线的交点坐标分别为 $(-1,1)$ 和 $(1,1)$，所求平面图形的面积为

$$S=\int_{-1}^{1}[(2-x^2)-x^2]dx=\int_{-1}^{1}(2-2x^2)dx=(2x-\frac{2}{3}x^3)\big|_{-1}^{1}=\frac{8}{3}.$$

例 2　求曲线 $y^2=x+4$ 与直线 $x+2y-4=0$ 所围成的封闭平面图形的面积.

解　方程组 $\begin{cases}x+2y-4=0\\y^2=x+4\end{cases}$，得两者的交点为 $(0,2)$，$(12,-4)$.

根据图形特点选 y 为积分变量，如图 7-2 所示，图形面积为

$$S=\int_{-4}^{2}(8-2y-y^2)\mathrm{d}y=\left[8y-y^2-\frac{1}{3}y^3\right]_{-4}^{2}=36.$$

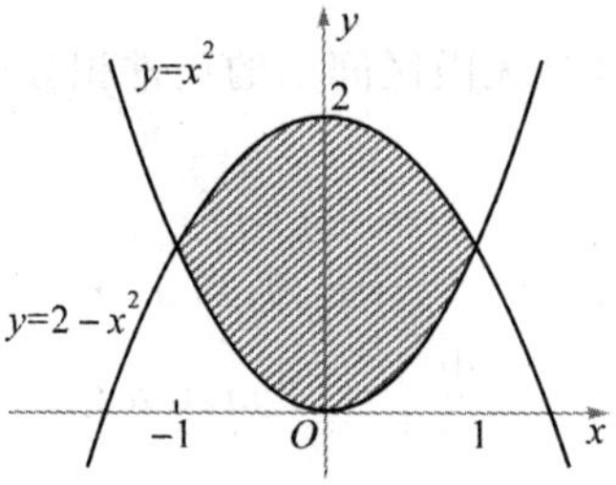

图 7-1

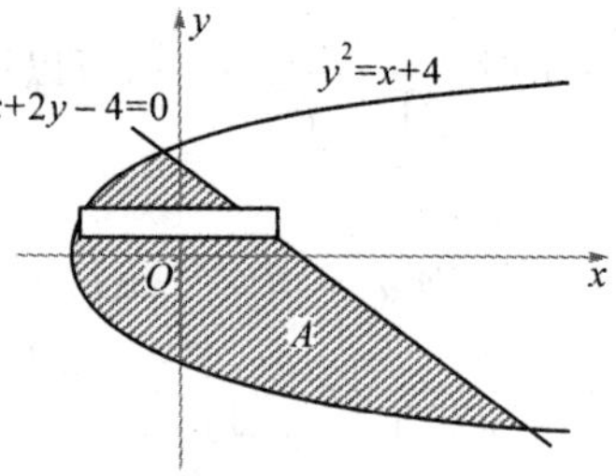

图 7-2

例 3 求曲线 $y=\ln x$ 在 $x\in(2,6)$ 内的一条切线，使得该切线与 $x=2$，$x=6$ 和曲线 $y=\ln x$ 所围成的图形面积最小.

解 曲线 $y=\ln x$ 在 $(t,\ln t)$ 处切线的斜率为 $y'=\left.\frac{1}{x}\right|_{x=t}=\frac{1}{t}$，

从而切线方程为 $y-\ln t=\frac{1}{t}(x-t)$，即 $y=\frac{1}{t}x+\ln t-1$.

该切线与曲线 $y=\ln x$，$x=2$，$x=6$ 所围成图形面积为(见图 7-3)

$S(t)=\int_{2}^{6}(\frac{1}{t}x+\ln t-1-\ln x)\mathrm{d}x=\left.\frac{x^2}{2}\cdot\frac{1}{t}\right|_{2}^{6}+x\cdot\ln t\,|_{2}^{6}-\int_{2}^{6}(1+\ln x)\mathrm{d}x=\frac{16}{t}+4\ln t$
$-\int_{2}^{6}(1+\ln x)\mathrm{d}x$，

令 $S'(t)=-\frac{16}{t^2}+\frac{4}{t}=0$，得 $t=4$，

又 $S''(4)=\frac{32}{t^3}-\frac{4}{t^2}=\frac{1}{4}>0$. 所以 $t=4$ 是 $S(t)$ 在 $(2,6)$ 内的极小值点，也是最小值点，故所求切线为 $y=\frac{1}{4}x+\ln 4-1=\frac{1}{4}x+2\ln 2-1$.

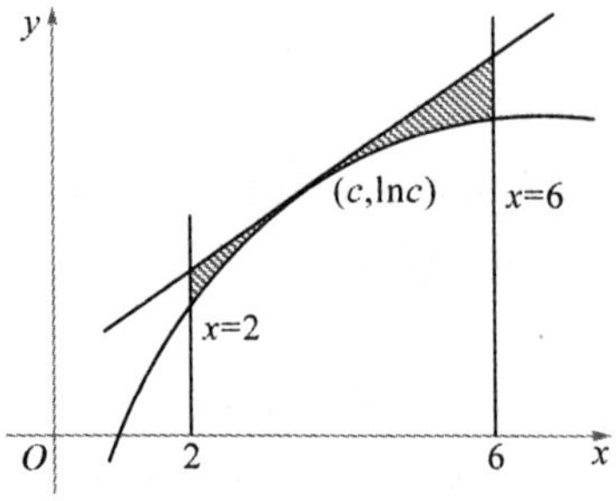

图 7-3

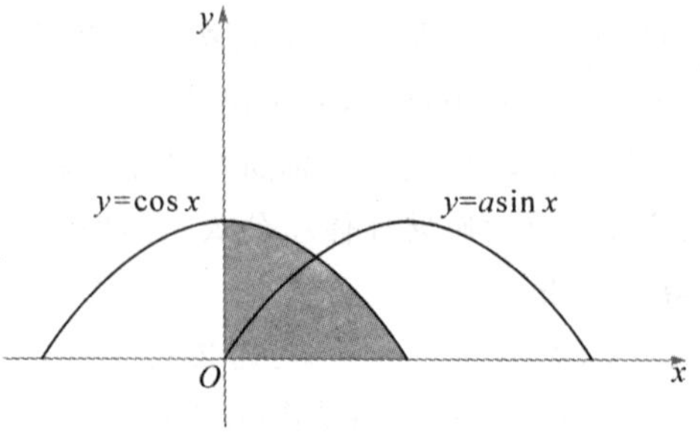

图 7-4

例 4 已知曲线 $y=\cos x$，$x\in\left[0,\frac{\pi}{2}\right]$ 与两坐标轴所围成的图形的面积被曲线 $y=a\sin x$ 划分为二等分，求 a 的值.

解　如图 7-4 所示，曲线 $y=\cos x, x\in[0,\frac{\pi}{2}]$ 与两坐标轴所围成的图形的面积为

$$S=\int_0^{\frac{\pi}{2}}\cos x\mathrm{d}x=\sin x\Big|_0^{\frac{\pi}{2}}=1$$

又 $\begin{cases}y=\cos x\\y=a\sin x\end{cases}$，解得 $\cot x=a$，所以 $x=\operatorname{arccot} a$，由曲线 $y=\cos x, y=a\sin x$ 与 y 轴所围成的图形的面积为 $S_1=\int_0^{\operatorname{arccot} a}(\cos x-a\sin x)\mathrm{d}x=\sin x\Big|_0^{\operatorname{arccot} a}+a\cos x\Big|_0^{\operatorname{arccot} a}=\sin(\operatorname{arccot} a)+a\cos(\operatorname{arccot} a)-a=\frac{1}{2}$.

因为 $\sin(\operatorname{arccot} a)=\frac{1}{\sqrt{1+\cot^2(\operatorname{arccot} a)}}=\frac{1}{\sqrt{1+a^2}}$，$a\cos(\operatorname{arccot} a)=\frac{a}{\sqrt{1+a^2}}$

所以，有 $\frac{1}{\sqrt{1+a^2}}+\frac{a}{\sqrt{1+a^2}}-a=\frac{1}{2}$，解得 $a=\frac{3}{4}$.

例 5　求由曲线 $xy=4$，直线 $x=1, x=4, y=0$ 所围成的平面图形绕 x 轴旋转一周所形成的立体的体积.

解　如图 7-5 所示，绕 x 轴旋转，取 x 为积分变量，x 的变化区间为 $[1,4]$，相当于在 $[1,4]$ 上任取一子区间 $[x,x+\mathrm{d}x]$ 的小窄条，绕 x 轴旋转而形成的小旋转体体积.

该小旋转体体积可用高为 $\mathrm{d}x$，底面积为 πy^2 的小圆柱体体积近似代替，即体积微元为

$$\mathrm{d}V=\pi y^2\mathrm{d}x=\pi(\frac{4}{x})^2\mathrm{d}x,$$

于是，体积为 $V=\pi\int_1^4(\frac{4}{x})^2\mathrm{d}x=16\pi\int_1^4\frac{1}{x^2}\mathrm{d}x=-16\pi\frac{1}{x}\Big|_1^4=12\pi$.

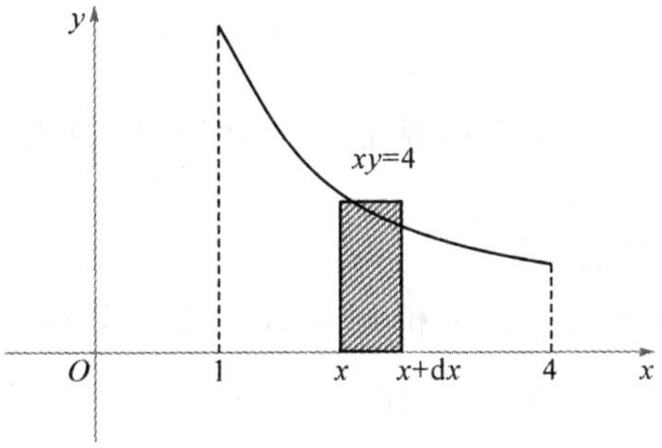

图 7-5

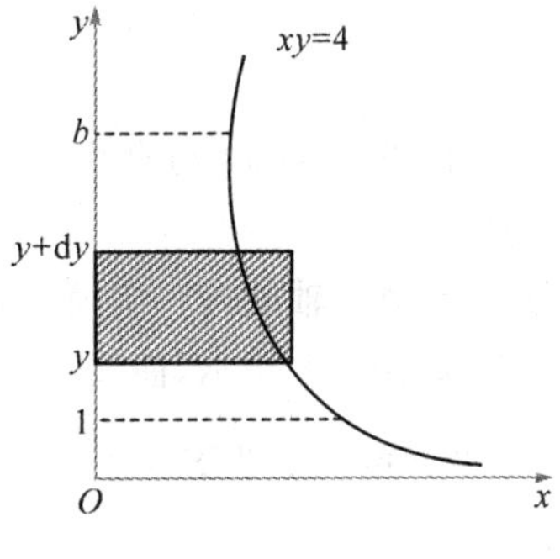

图 7-6

例 6　求由曲线 $xy=4$，不等式 $x>0, y\geqslant 1$ 所围成的平面图形绕 y 轴旋转一周所形成的立体的体积.

解　如图 7-6 所示，绕 y 轴旋转，取 y 为积分变量，y 的变化区间为 $[1,+\infty)$，相当于在 $[1,+\infty)$ 上任取一子区间 $[y,y+\mathrm{d}y]$ 的小窄条，绕 y 轴旋转而形成的小旋转体体积.

该小旋转体体积可用高为 $\mathrm{d}y$，底面积为 πx^2 的小圆柱体体积近似代替，即体积微元为

$$\mathrm{d}V=\pi x^2\mathrm{d}y=\pi(\frac{4}{y})^2\mathrm{d}y$$

于是，体积为 $V=\pi\int_{1}^{+\infty}(\frac{4}{y})^2\mathrm{d}y=16\pi\int_{1}^{+\infty}\frac{1}{y^2}\mathrm{d}y=-16\pi\frac{1}{y}\Big|_{1}^{+\infty}=16\pi.$

例 7 设曲线 $y=-x^2+x+2$ 与 y 轴交于点 P，过 P 点作该曲线的切线，求切线与该曲线及 x 轴围成的区域绕 x 轴旋转生成的旋转体的体积.

解 如图 7-7 所示，因为 P 点的坐标为 $(0,2)$，又 $y'=-2x+1$，所以切线的斜率为 $k=y'|_{x=0}=1$，切线方程为 $y=x+2$.

又切线与 x 轴的交点为 $A(-2,0)$、曲线 $y=-x^2+x+2$ 与 x 轴的交点为 $B(-1,0)$、$C(2,0)$.

(1) 由直线 PA 和 AB 及曲线弧 $\widehat{PB}$ 所围成的区域绕 x 轴旋转生成的旋转体的体积为

$$V=\int_{-2}^{0}\pi(x+2)^2\mathrm{d}x-\int_{-1}^{0}\pi(-x^2+x+2)^2\mathrm{d}x=\frac{29\pi}{30}.$$

(2) 由直线 PA 和 AC 及曲线弧 $\widehat{PC}$ 所围成的区域绕 x 轴旋转生成的旋转体的体积为

$$V=\int_{-2}^{0}\pi(x+2)^2\mathrm{d}x+\int_{0}^{2}\pi(-x^2+x+2)^2\mathrm{d}x=\frac{136\pi}{15}.$$

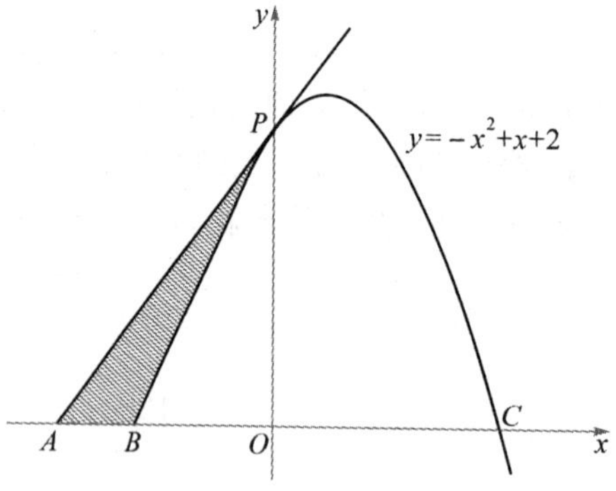

图 7-7

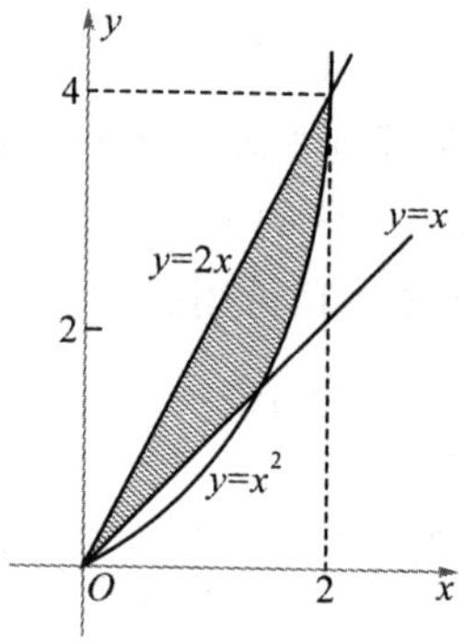

图 7-8

例 8 由曲线 $y=x^2$ 与直线 $y=x$ 和 $y=2x$ 共同围成一个平面图形，试求：

(1) 该图形的面积；

(2) 该图形绕 x 轴旋转一周所生成旋转体的体积.

解 (1) 如图 7-8 所示，曲线 $y=x^2$ 与直线 $y=x$ 和 $y=2x$ 的交点分别为 $(1,1)$ 和 $(2,4)$，则该平面的面积为 $S=\int_{0}^{1}(2x-x)\mathrm{d}x+\int_{1}^{2}(2x-x^2)\mathrm{d}x=\frac{1}{2}x^2\big|_{0}^{1}+(x^2-\frac{1}{3}x^3)\big|_{1}^{2}=\frac{7}{6}$(平方单位).

(2) 该图形绕 x 轴旋转一周所生成旋转体的体积为

$$V=\int_{0}^{1}[\pi(2x)^2-\pi x^2]\mathrm{d}x+\int_{1}^{2}[\pi(2x)^2-\pi(x^2)^2]\mathrm{d}x=\pi x^3\big|_{0}^{1}+(\frac{4\pi}{3}x^3-\frac{\pi}{5}x^5)\big|_{1}^{2}=$$

$\frac{62\pi}{15}$(立方单位).

第二节　实战演练与参考解析

1. 比较$\int_3^4 \ln x\mathrm{d}x$与$\int_3^4 \ln^2 x\mathrm{d}x$的大小.

2. 估计积分$\int_0^{\frac{\pi}{2}} \mathrm{e}^{\sin x}\mathrm{d}x$的范围.

3. 证明下列不等式：

(1) $\frac{1}{2} \leqslant \int_0^{\frac{1}{2}} \frac{1}{\sqrt{1-x^n}}\mathrm{d}x \leqslant \frac{\pi}{6}$,$(n>2)$;

(2)$2 \leqslant \int_{-1}^{1} \sqrt{1+x^4}\,\mathrm{d}x \leqslant \frac{8}{3}$.

4. 设$\begin{cases} x = \int_0^t a\sin u\mathrm{d}u \\ y = a\sin t \end{cases}$($a$为非零常数),求$\frac{\mathrm{d}y}{\mathrm{d}x}$.

5. 设$F(x) = \int_0^{x^2} \mathrm{e}^{t^2}\mathrm{d}t + \int_x^1 \mathrm{e}^{-t^2}\mathrm{d}t$,求$F'(x)$.

6. 已知$\int_0^x (x-t)f(t)\mathrm{d}t = 1-\cos x$,证明$\int_0^{\frac{\pi}{2}} f(x)\mathrm{d}x = 1$.

7. 计算$\Phi(x) = \int_0^x \mathrm{e}^{-t}\sin t\mathrm{d}t$在$x=\frac{\pi}{2}$处的导数.

8. 已知$F(x) = \int_x^1 (3t^2+2t-5)\mathrm{d}t$,求$F'(x)$.

9. 设$F(x) = \int_0^{x^2} t\sin t\mathrm{d}t$,求$F'(x)$.

10. 求下列极限：

(1) $\lim\limits_{x\to 0} \frac{\int_0^x (\mathrm{e}^t-\mathrm{e}^{-t})\mathrm{d}t}{1-\cos x}$;

(2) $\lim\limits_{x\to +\infty} \frac{\int_0^x (\arctan t)^2\mathrm{d}t}{\sqrt{1+x^2}}$.

11. 设$f(x)$为连续函数,且$F(x) = \int_{\frac{1}{x}}^{\ln x} f(t)\mathrm{d}t$,求$F'(x)$.

12. 设$f(x)$为连续函数,求$\frac{\mathrm{d}}{\mathrm{d}x}\int_1^2 f(x+t)\mathrm{d}t$.

13. 设函数$S(x) = \int_0^x |\cos t|\mathrm{d}t$,

(1) 当n为正整数,且$n\pi \leqslant x < (n+1)\pi$时,证明:$2n \leqslant S(x) < 2(n+1)$;

(2) 求$\lim\limits_{x\to +\infty} \frac{S(x)}{x}$.

14.计算下列定积分：

(1)$\int_{1}^{2} x^{3}\mathrm{d}x$；

(2)$\int_{-1}^{\sqrt{3}} \frac{1}{1+x^{2}}\mathrm{d}x$；

(3)$\int_{0}^{\frac{\sqrt{2}}{2}} \frac{x+1}{\sqrt{1-x^{2}}}\mathrm{d}x$；

(4)$\int_{-\frac{\pi}{4}}^{\frac{\pi}{2}} |\sin x|\mathrm{d}x$；

(5)$\int_{0}^{3} \sqrt{x^{2}-4x+4}\,\mathrm{d}x$；

(6)$\int_{0}^{\frac{\pi}{4}} \frac{1+\cos^{4}x}{2}\mathrm{d}x$；

(7)$\int_{-\frac{\pi}{2}}^{\frac{\pi}{2}} \sqrt{\cos x-\cos^{3}x}\,\mathrm{d}x$；

(8)$\int_{0}^{\frac{\pi}{2}} \cos^{5}x\cdot\sin 2x\mathrm{d}x$；

(9)$\int_{-1}^{1} \frac{x}{\sqrt{5-4x}}\mathrm{d}x$；

(10)$\int_{0}^{\frac{1}{2}} \sqrt{\frac{1-2x}{1+2x}}\,\mathrm{d}x$.

15.下列定积分：

(1)$\int_{0}^{1} \frac{1}{(1+x^{2})^{2}}\mathrm{d}x$；

(2)$\int_{1}^{3} \frac{1}{x\sqrt{x^{2}+5x+1}}\mathrm{d}x$；

(3)$\int_{1}^{16} \frac{1}{\sqrt{\sqrt{x}-1}}\mathrm{d}x$；

(4)$\int_{0}^{\frac{\pi}{2}} \frac{\cos\theta}{\sin\theta+\cos\theta}\mathrm{d}\theta$；

(5)$\int_{0}^{a} \frac{1}{x+\sqrt{a^{2}-x^{2}}}\mathrm{d}x$；

(6)$\int_{0}^{1} \frac{\ln(1+x)}{1+x^{2}}\mathrm{d}x$；

(7)$\int_{0}^{\frac{\pi}{2}} \frac{1}{1+(\tan x)^{\sqrt{2}}}\mathrm{d}x$；

(8)$\int_{0}^{2} \frac{\sqrt{x+1}}{\sqrt{x+1}+\sqrt{3-x}}\mathrm{d}x$.

16.求下列定积分：

(1)$\int_{0}^{1} \ln(x+1)\mathrm{d}x$；

(2) $\int_0^1 x\text{arccot}\, x\mathrm{d}x$；

(3) $\int_{\frac{1}{e}}^{e} |\ln x|\mathrm{d}x$；

(4) $\int_{\frac{1}{2}}^{1} e^{\frac{1}{x}}\frac{1}{x^2}\mathrm{d}x$；

(5) $\int_{-\frac{1}{2}}^{\frac{1}{2}} \frac{x\arcsin x}{\sqrt{1-x^2}}\mathrm{d}x$；

(6) $\int_0^1 \frac{\ln(1+x)}{(2-x)^2}\mathrm{d}x$；

(7) $\int_1^3 \arcsin\sqrt{\frac{x}{x+1}}\mathrm{d}x$；

(8) $\int_a^x \ln(x+\sqrt{x^2-a^2})\mathrm{d}x$.

17. 求下列定积分：

(1) $\int_0^1 x|x-a|\mathrm{d}x$；

(2) $\int_0^{\frac{\pi}{2}} \sqrt{1-\sin 2x}\mathrm{d}x$；

(3) $\int_a^b |x|\mathrm{d}x \quad (a<b)$；

(4) $\int_{-\frac{\pi}{2}}^{\frac{\pi}{2}} \frac{|\sin\theta|}{(1-2r\cos\theta+r^2)^2}\mathrm{d}\theta$.

18. 设 $f(x)=\begin{cases} x, & 0\leqslant x<1 \\ 2-x, & 1\leqslant x<2 \\ 0, & x<0 \text{ 或 } x\geqslant 2 \end{cases}$，求 $F(x)=\int_0^x f(t)\mathrm{d}t$.

19. 设 $f(x)=\begin{cases} \sqrt{x}, & 0\leqslant x\leqslant 1 \\ e^{-x}, & 1<x\leqslant 3 \end{cases}$，求 $\int_0^3 f(x)\mathrm{d}x$.

20. 设 $f(x)=\begin{cases} \frac{1}{1+x}, & x\geqslant 0 \\ \frac{1}{1+e^x}, & x<0 \end{cases}$，计算 $\int_1^3 f(x-2)\mathrm{d}x$.

21. 设 $\lim\limits_{x\to\infty}\left(\frac{x-a}{x+a}\right)^x=\int_a^{+\infty}4x^2e^{-2x}\mathrm{d}x$，求 a 的值.

22. 已知 $\int_0^x \frac{1}{\sqrt{1-t^2}}\mathrm{d}t=\arcsin x \quad (0<x<1)$，计算 $y=\frac{1}{\sqrt{1-x^2}}$ 在 $[0,\frac{\sqrt{3}}{2}]$ 上的平均值.

23. 设函数 $f(x)$ 连续，且 $\int_0^x tf(2x-t)\mathrm{d}t=\frac{1}{2}\arctan x^2$. 已知 $f(1)=1$，求 $\int_1^2 f(x)\mathrm{d}x$ 的值.

24. 求函数 $f(x)=\int_0^x (t-1)\mathrm{d}t$ 的极值.

25. 求函数 $f(x)=\int_0^x (t^2-2t)\mathrm{d}t$ 的拐点.

26. 判别下列广义积分的敛散性，如果收敛计算其值：

(1) $\int_{1}^{+\infty}\frac{\ln x}{x^2}\mathrm{d}x$；

(2) $\int_{-\infty}^{0}\frac{1}{1+x^2}\mathrm{d}x$.

27. 设 $\int_{-\infty}^{+\infty}(ax+|x|)\mathrm{e}^{-x}\mathrm{d}x$，讨论其敛散性，若收敛求其值.

28. 计算下列反常积分：

(1) $\int_{0}^{+\infty}\frac{\arctan x}{(1+x^2)^{\frac{3}{2}}}\mathrm{d}x$；

(2) $\int_{\frac{1}{2}}^{\frac{3}{2}}\frac{1}{\sqrt{|x-x^2|}}\mathrm{d}x$；

(3) $\int_{1}^{5}\frac{1}{\sqrt{(x-1)(5-x)}}\mathrm{d}x$；

(4) $\int_{1}^{2}\left[\frac{1}{x\ln^2 x}-\frac{1}{(x-1)^2}\right]\mathrm{d}x$.

29. 求由曲线 $y=x^3-2x$，$y=x^2$ 所围成的平面图形的面积.

30. 在 -1 与 2 之间求值 c，使 $y=-x$，$y=2x$，$y=1+cx$ 所围成的图形面积最小.

31. 在区间 $[0,1]$ 上给定函数 $y=x^2$，当 t 为何值时，由函数 $y=x^2$、$y=t^2$ 和 $x=0$ 及 $x=1$ 共同围成的两个图形面积之和最小.

32. 求椭圆 $\frac{x^2}{a^2}+\frac{y^2}{b^2}=1$ 与 $\frac{x^2}{b^2}+\frac{y^2}{a^2}=1(a>0,b>0)$ 内公共部分的面积.

33. 求介于抛物线 $y=x^2$ 和 $y=\sqrt{x}$ 之间的区域绕 y 轴旋转所成的旋转体的体积.

34. 计算由连线曲线 $y=f(x)(f(x)\geqslant 0)$，直线 $x=a$，$x=b(0\leqslant a<b)$ 及 x 轴所围成的曲边梯形绕 y 轴旋转一周而成的旋转体的体积.

[参考解析]

1. 由于在闭区间 $[3,4]$ 上，$\ln^2 x-\ln x=\ln x\cdot(\ln x-1)>0$，故 $\ln^2 x>\ln x$ 在 $[3,4]$ 上恒成立，所以 $\int_{3}^{4}\ln x\mathrm{d}x<\int_{3}^{4}\ln^2 x\mathrm{d}x$.

2. 在区间 $[0,\frac{\pi}{2}]$ 上，$0\leqslant\sin x\leqslant 1$，因此 $1\leqslant\mathrm{e}^{\sin x}\leqslant e$，由定积分的估值定理可知 $\frac{\pi}{2}\leqslant\int_{0}^{\frac{\pi}{2}}\mathrm{e}^{\sin x}\mathrm{d}x\leqslant\frac{\pi}{2}\mathrm{e}$.

3. 证明：(1) 显然，当 $x\in[0,\frac{1}{2}]$ 时，有 $1\leqslant\frac{1}{\sqrt{1-x^n}}\leqslant\frac{1}{\sqrt{1-x^2}}$，$(n>2)$，则有

$\frac{1}{2}=\int_{0}^{\frac{1}{2}}\mathrm{d}x\leqslant\int_{0}^{\frac{1}{2}}\frac{1}{\sqrt{1-x^n}}\mathrm{d}x\leqslant\int_{0}^{\frac{1}{2}}\frac{1}{\sqrt{1-x^2}}\mathrm{d}x=\frac{\pi}{6}$，即 $\frac{1}{2}\leqslant\int_{0}^{\frac{1}{2}}\frac{1}{\sqrt{1-x^n}}\mathrm{d}x\leqslant\frac{\pi}{6}$，$(n>2)$.

(2) 令 $f(x)=\sqrt{1+x^4}$，$x\in[-1,1]$，则 $f'(x)=\frac{4x^3}{2\sqrt{1+x^4}}=\frac{2x^3}{\sqrt{1+x^4}}$，

令 $f'(x)=0$,得 $x=0$,又 $f(-1)=f(1)=\sqrt{2}$,$f(0)=1$,所以 $1\leqslant f(x)\leqslant\sqrt{2}$,两边对 x 在 $[-1,1]$ 上积分,$2=\int_{-1}^{1}\mathrm{d}x\leqslant\int_{-1}^{1}f(x)\mathrm{d}x\leqslant\int_{-1}^{1}\sqrt{2}\,\mathrm{d}x=2\sqrt{2}$,得不到右边要证明的结果,故对函数 $f(x)$ 再分析.显然,$1\leqslant f(x)=\sqrt{1+x^4}\leqslant\sqrt{1+2x^2+x^4}=1+x^2$,对 x 在 $[-1,1]$ 上积分得

$$2=\int_{-1}^{1}\mathrm{d}x\leqslant\int_{-1}^{1}f(x)\mathrm{d}x\leqslant\int_{-1}^{1}(1+x^2)\mathrm{d}x=\frac{8}{3},\text{即 }2\leqslant\int_{-1}^{1}\sqrt{1+x^4}\,\mathrm{d}x\leqslant\frac{8}{3}.$$

4. $\dfrac{\mathrm{d}y}{\mathrm{d}x}=\dfrac{\frac{\mathrm{d}y}{\mathrm{d}t}}{\frac{\mathrm{d}x}{\mathrm{d}t}}=\dfrac{(a\sin t)'}{(\int_0^t a\sin u\mathrm{d}u)'}=\dfrac{a\cos t}{a\sin t}=\cot t.$

5. $F'(x)=(\int_0^{x^2}\mathrm{e}^{t^2}\mathrm{d}t)'+(\int_x^1\mathrm{e}^{-t^2}\mathrm{d}t)'=2x\mathrm{e}^{x^4}-\mathrm{e}^{-x^2}.$

6. 证明:因为 $\int_0^x(x-t)f(t)\mathrm{d}t=x\int_0^x f(t)\mathrm{d}t-\int_0^x tf(t)\mathrm{d}t=1-\cos x$,

于是 $[x\int_0^x f(t)\mathrm{d}t-\int_0^x tf(t)\mathrm{d}t]'=(1-\cos x)'$,即 $\int_0^x f(t)\mathrm{d}t+xf(x)-xf(x)=\sin x$,

即 $\int_0^x f(t)\mathrm{d}t=\sin x$,所以 $\int_0^{\frac{\pi}{2}}f(x)\mathrm{d}x=\sin\dfrac{\pi}{2}=1$. 得证.

7. 因为 $\Phi'(x)=[\int_0^x\mathrm{e}^{-t}\sin t\mathrm{d}t]'=\mathrm{e}^{-x}\sin x$,所以 $\Phi'(\dfrac{\pi}{2})=\mathrm{e}^{-\frac{\pi}{2}}\sin\dfrac{\pi}{2}=\mathrm{e}^{-\frac{\pi}{2}}$.

8. $F'(x)=[\int_x^1(3t^2+2t-5)\mathrm{d}t]'=-(3x^2+2x-5)=-3x^2-2x+5.$

9. 令 $u=x^2$,于是 $F'(x)=\dfrac{\mathrm{d}}{\mathrm{d}u}(\int_0^u t\sin t\mathrm{d}t)\cdot\dfrac{\mathrm{d}u}{\mathrm{d}x}=x^2\sin x^2\cdot 2x=2x^3\sin x^2$.

10. (1) $\lim\limits_{x\to0}\dfrac{\int_0^x(\mathrm{e}^t-\mathrm{e}^{-t})\mathrm{d}t}{1-\cos x}\overset{\frac{0}{0}}{=}\lim\limits_{x\to0}\dfrac{\mathrm{e}^x-\mathrm{e}^{-x}}{\sin x}=\lim\limits_{x\to0}\dfrac{\mathrm{e}^x+\mathrm{e}^{-x}}{\cos x}=2.$

(2) $\lim\limits_{x\to+\infty}\dfrac{\int_0^x(\arctan t)^2\mathrm{d}t}{\sqrt{1+x^2}}\overset{\frac{\infty}{\infty}}{=}\lim\limits_{x\to+\infty}\dfrac{(\arctan x)^2}{\frac{x}{\sqrt{1+x^2}}}=\dfrac{(\frac{\pi}{2})^2}{1}=\dfrac{\pi^2}{4}.$

11. $F'(x)=f(\ln x)(\ln x)'-f(\dfrac{1}{x})(\dfrac{1}{x})'=\dfrac{1}{x}f(\ln x)+\dfrac{1}{x^2}f(\dfrac{1}{x}).$

12. 先将 x 从被积函数中移出来.

令 $u=x+t$,则 $\mathrm{d}t=\mathrm{d}u$,且 $t=1$ 时,$u=x+1$;$t=2$ 时,$u=x+2$,于是

$\int_1^2 f(x+t)\mathrm{d}t=\int_{x+1}^{x+2}f(u)\mathrm{d}u$,故 $\dfrac{\mathrm{d}}{\mathrm{d}x}\int_1^2 f(x+t)\mathrm{d}t=\dfrac{\mathrm{d}}{\mathrm{d}x}\int_{x+1}^{x+2}f(u)\mathrm{d}u=f(x+2)-f(x+1)$.

13. 证明:(1) 因为 $|\cos x|\geqslant0$,且 $n\pi\leqslant x<(n+1)\pi$,

所以 $\int_0^{n\pi}|\cos t|\mathrm{d}t\leqslant S(x)<\int_0^{(n+1)\pi}|\cos t|\mathrm{d}t$. 又因为 $|\cos x|$ 以 π 为周期,所以 $\int_0^{n\pi}|\cos t|\mathrm{d}t=n\int_0^{\pi}|\cos t|\mathrm{d}t=2n$,$\int_0^{(n+1)\pi}|\cos t|\mathrm{d}t=(n+1)\int_0^{\pi}|\cos t|\mathrm{d}t=2(n+1)$.

从而有 $2n\leqslant S(x)<2(n+1)$.

(2) 当 $n\pi\leqslant x<(n+1)\pi$ 时，由(1)得 $\frac{2n}{(n+1)\pi}\leqslant\frac{S(x)}{x}<\frac{2(n+1)}{n\pi}$，

而 $\lim\limits_{n\to\infty}\frac{2n}{(n+1)\pi}=\lim\limits_{n\to\infty}\frac{2(n+1)}{n\pi}=\frac{2}{\pi}$，所以，由夹逼定理得 $\lim\limits_{x\to+\infty}\frac{S(x)}{x}=\frac{2}{\pi}$.

14. (1) $\int_1^2 x^3\mathrm{d}x=\frac{1}{4}x^4\Big|_1^2=\frac{1}{4}\times(2^4-1^4)=\frac{15}{4}$.

(2) $\int_{-1}^{\sqrt{3}}\frac{1}{1+x^2}\mathrm{d}x=\arctan x\Big|_{-1}^{\sqrt{3}}=\arctan\sqrt{3}-\arctan(-1)=\frac{\pi}{3}-(-\frac{\pi}{4})=\frac{7\pi}{12}$.

(3) $\int_0^{\frac{\sqrt{2}}{2}}\frac{x+1}{\sqrt{1-x^2}}\mathrm{d}x=\int_0^{\frac{\sqrt{2}}{2}}\frac{x}{\sqrt{1-x^2}}\mathrm{d}x+\int_0^{\frac{\sqrt{2}}{2}}\frac{1}{\sqrt{1-x^2}}\mathrm{d}x=-\frac{1}{2}\int_0^{\frac{\sqrt{2}}{2}}\frac{1}{\sqrt{1-x^2}}\mathrm{d}(1-x^2)+$ $\int_0^{\frac{\sqrt{2}}{2}}\frac{1}{\sqrt{1-x^2}}\mathrm{d}x=-\frac{1}{2}\times2(1-x^2)^{\frac{1}{2}}\Big|_0^{\frac{\sqrt{2}}{2}}+\arcsin x\Big|_0^{\frac{\sqrt{2}}{2}}=1-\frac{\sqrt{2}}{2}+\frac{\pi}{4}$.

(4) 因为 $f(x)=|\sin x|=\begin{cases}\sin x, & 0\leqslant x\leqslant\frac{\pi}{2}\\ -\sin x, & -\frac{\pi}{4}\leqslant x<0\end{cases}$，

所以 $\int_{-\frac{\pi}{4}}^{\frac{\pi}{2}}|\sin x|\mathrm{d}x=\int_{-\frac{\pi}{4}}^{0}(-\sin x)\mathrm{d}x+\int_0^{\frac{\pi}{2}}\sin x\mathrm{d}x=\cos x\Big|_{-\frac{\pi}{4}}^{0}+(-\cos x)\Big|_0^{\frac{\pi}{2}}=2-\frac{\sqrt{2}}{2}$.

(5) $\int_0^3\sqrt{x^2-4x+4}\,\mathrm{d}x=\int_0^3|x-2|\mathrm{d}x=\int_0^2(2-x)\mathrm{d}x+\int_2^3(x-2)\mathrm{d}x=(2x-\frac{1}{2}x^2)\Big|_0^2$ $+(\frac{1}{2}x^2-2x)\Big|_2^3=\frac{5}{2}$.

(6) $\int_0^{\frac{\pi}{4}}\frac{1+\cos^4 x}{2}\mathrm{d}x=\frac{1}{2}\int_0^{\frac{\pi}{4}}\mathrm{d}x+\int_0^{\frac{\pi}{4}}\frac{\cos^4 x}{2}\mathrm{d}x=\frac{\pi}{8}+\frac{1}{2}\int_0^{\frac{\pi}{4}}(\cos^2 x)^2\mathrm{d}x=\frac{\pi}{8}+$ $\frac{1}{2}\int_0^{\frac{\pi}{4}}(\frac{1+\cos 2x}{2})^2\mathrm{d}x=\frac{\pi}{8}+\frac{1}{8}\int_0^{\frac{\pi}{4}}(1+2\cos 2x+\cos^2 2x)^2\mathrm{d}x=\frac{\pi}{8}+\frac{1}{8}\int_0^{\frac{\pi}{4}}\mathrm{d}x+\frac{1}{8}\int_0^{\frac{\pi}{4}}\cos$ $2x\mathrm{d}(2x)+\frac{1}{8}\int_0^{\frac{\pi}{4}}\frac{1+\cos 4x}{2}\mathrm{d}x=\frac{\pi}{8}+\frac{\pi}{32}+\frac{1}{8}\sin 2x\Big|_0^{\frac{\pi}{4}}+\frac{1}{16}\int_0^{\frac{\pi}{4}}\mathrm{d}x+\frac{1}{16}\int_0^{\frac{\pi}{4}}\cos 4x\mathrm{d}x=\frac{\pi}{8}+\frac{\pi}{32}$ $+\frac{1}{8}+\frac{\pi}{64}+\frac{1}{64}\sin 4x\Big|_0^{\frac{\pi}{4}}=\frac{\pi}{8}+\frac{\pi}{32}+\frac{1}{8}+\frac{\pi}{64}+0=\frac{11\pi}{64}+\frac{1}{8}$.

(7) $\int_{-\frac{\pi}{2}}^{\frac{\pi}{2}}\sqrt{\cos x-\cos^3 x}\,\mathrm{d}x=\int_{-\frac{\pi}{2}}^{\frac{\pi}{2}}\sqrt{\cos x\cdot(1-\cos^2 x)}\,\mathrm{d}x=\int_{-\frac{\pi}{2}}^{\frac{\pi}{2}}\sqrt{\cos x}\cdot|\sin x|\mathrm{d}x=$ $\int_{-\frac{\pi}{2}}^{0}\sqrt{\cos x}\cdot(-\sin x)\mathrm{d}x+\int_0^{\frac{\pi}{2}}\sqrt{\cos x}\cdot\sin x\mathrm{d}x=\int_{-\frac{\pi}{2}}^{0}\sqrt{\cos x}\,\mathrm{d}(\cos x)-\int_0^{\frac{\pi}{2}}\sqrt{\cos x}\,\mathrm{d}(\cos x)$ $=\frac{2}{3}(\cos x)^{\frac{3}{2}}\Big|_{-\frac{\pi}{2}}^{0}-\frac{2}{3}(\cos x)^{\frac{3}{2}}\Big|_0^{\frac{\pi}{2}}=\frac{2}{3}(1-0)-\frac{2}{3}(0-1)=\frac{4}{3}$.

(8) $\int_0^{\frac{\pi}{2}}\cos^5 x\cdot\sin 2x\mathrm{d}x=\int_0^{\frac{\pi}{2}}2\cos^5 x\cdot\cos x\cdot\sin x\mathrm{d}x=2\int_0^{\frac{\pi}{2}}(-\cos^6 x)\mathrm{d}(\cos x)=-2\cdot$ $\frac{1}{7}\cos^7 x\Big|_0^{\frac{\pi}{2}}=-\frac{2}{7}(0-1)=\frac{2}{7}$.

(9) $\int_{-1}^{1}\frac{x}{\sqrt{5-4x}}\mathrm{d}x=-\frac{1}{4}\int_{-1}^{1}\frac{-4x+5-5}{\sqrt{5-4x}}\mathrm{d}x=-\frac{1}{4}\int_{-1}^{1}\sqrt{5-4x}\,\mathrm{d}x+\frac{5}{4}\int_{-1}^{1}\frac{1}{\sqrt{5-4x}}\mathrm{d}x$

$= \frac{1}{16}\int_{-1}^{1}(5-4x)^{\frac{1}{2}}\mathrm{d}(5-4x) - \frac{5}{16}\int_{-1}^{1}(5-4x)^{-\frac{1}{2}}\mathrm{d}(5-4x) = \frac{1}{16}\cdot\frac{2}{3}(5-4x)^{\frac{3}{2}}\Big|_{-1}^{1} - \frac{5}{16}\cdot 2(5-4x)^{\frac{1}{2}}\Big|_{-1}^{1} = \frac{1}{24}(1-9^{\frac{3}{2}}) - \frac{5}{8}(1-\sqrt{9}) = \frac{1}{6}.$

(10) $\int_0^{\frac{1}{2}}\sqrt{\frac{1-2x}{1+2x}}\mathrm{d}x = \int_0^{\frac{1}{2}}\frac{1-2x}{\sqrt{1-4x^2}}\mathrm{d}x = \frac{1}{2}\int_0^{\frac{1}{2}}\frac{1}{\sqrt{1-4x^2}}\mathrm{d}(2x) + \frac{1}{2}\int_0^{\frac{1}{2}}\frac{1}{2\sqrt{1-4x^2}}\mathrm{d}(1-4x^2) = \frac{1}{2}[\arcsin 2x + \sqrt{1-4x^2}]\Big|_0^{\frac{1}{2}} = \frac{1}{2}(\arcsin 1 - 1) = \frac{\pi}{4} - \frac{1}{2}.$

15. (1) 令 $x = \tan t$，则 $\mathrm{d}x = \sec^2 t\mathrm{d}t$，且当 $x = 0$ 时，$t = 0$；当 $x = 1$ 时，$t = \frac{\pi}{4}$.

于是 $\int_0^1 \frac{1}{(1+x^2)^2}\mathrm{d}x = \int_0^{\frac{\pi}{4}}\frac{1}{(1+\tan^2 t)^2}\cdot\sec^2 t\mathrm{d}t = \int_0^{\frac{\pi}{4}}\cos^2 t\mathrm{d}t = \frac{1}{2}\int_0^{\frac{\pi}{4}}(1+\cos 2t)\mathrm{d}t = \frac{1}{2}\int_0^{\frac{\pi}{4}}\mathrm{d}t + \frac{1}{2}\int_0^{\frac{\pi}{4}}\cos 2t\cdot\frac{1}{2}\mathrm{d}(2t) = \frac{1}{2}t\Big|_0^{\frac{\pi}{4}} + \frac{1}{4}\sin 2t\Big|_0^{\frac{\pi}{4}} = \frac{\pi}{8} + \frac{1}{4}.$

(2) 令 $x = \frac{1}{t}$，则 $\mathrm{d}x = -\frac{1}{t^2}\mathrm{d}t$，且当 $x = 1$ 时，$t = 1$；当 $x = 3$ 时，$t = \frac{1}{3}$.

于是 $\int_1^3 \frac{1}{x\sqrt{x^2+5x+1}}\mathrm{d}x = \int_1^{\frac{1}{3}}\frac{1}{\frac{1}{t}\sqrt{\frac{1}{t^2}+\frac{5}{t}+1}}\cdot\left(-\frac{1}{t^2}\right)\mathrm{d}t = \int_{\frac{1}{3}}^1\frac{1}{\sqrt{t^2+5t+1}}\mathrm{d}t = \int_{\frac{1}{3}}^1\frac{1}{\sqrt{(t+\frac{5}{2})^2-(\frac{\sqrt{21}}{2})^2}}\mathrm{d}t = \left[\ln\left|t+\frac{5}{2}+\sqrt{t^2+5t+1}\right|\right]_{\frac{1}{3}}^{1} = \ln(7+2\sqrt{7}) - 2\ln 3.$

(3) 令 $t = \sqrt{\sqrt{x}-1}$，则 $x = t^4 + 2t^2 + 1$，$\mathrm{d}x = (4t^3+4t)\mathrm{d}t$，且当 $x = 1$ 时，$t = 0$；当 $x = 16$ 时，$t = \sqrt{3}$.

于是 $\int_1^{16}\frac{1}{\sqrt{\sqrt{x}-1}}\mathrm{d}x = \int_0^{\sqrt{3}}\frac{1}{t}\cdot(4t^3+4t)\mathrm{d}t = 4\int_0^{\sqrt{3}}(t^2+1)\mathrm{d}t = 4(\frac{1}{3}t^3+t)\Big|_0^{\sqrt{3}} = 8\sqrt{3}.$

(4) 令 $\theta = \frac{\pi}{2} - t$，则 $\mathrm{d}\theta = -\mathrm{d}t$，且当 $\theta = 0$ 时，$t = \frac{\pi}{2}$；当 $\theta = \frac{\pi}{2}$ 时，$t = 0$.

于是 $\int_0^{\frac{\pi}{2}}\frac{\cos\theta}{\sin\theta+\cos\theta}\mathrm{d}\theta = \int_{\frac{\pi}{2}}^0\frac{\cos(\frac{\pi}{2}-t)}{\sin(\frac{\pi}{2}-t)+\cos(\frac{\pi}{2}-t)}\cdot(-1)\mathrm{d}t = \int_0^{\frac{\pi}{2}}\frac{\sin t}{\cos t+\sin t}\mathrm{d}t = \int_0^{\frac{\pi}{2}}\frac{\sin\theta}{\sin\theta+\cos\theta}\mathrm{d}\theta$，所以，$\int_0^{\frac{\pi}{2}}\frac{\cos\theta}{\sin\theta+\cos\theta}\mathrm{d}\theta = \frac{1}{2}\int_0^{\frac{\pi}{2}}\frac{\sin\theta+\cos\theta}{\sin\theta+\cos\theta}\mathrm{d}\theta = \frac{1}{2}\int_0^{\frac{\pi}{2}}\mathrm{d}\theta = \frac{\pi}{4}.$

(5) 令 $x = a\sin t(0 \leqslant t \leqslant \frac{\pi}{2})$，则 $\mathrm{d}x = a\cos t\mathrm{d}t$，且当 $x = 0$ 时，$t = 0$；当 $x = a$ 时，$t = \frac{\pi}{2}$.

于是 $\int_0^a \frac{1}{x+\sqrt{a^2-x^2}}\mathrm{d}x = \int_0^{\frac{\pi}{2}}\frac{1}{a\sin t+a\cos t}\cdot a\cos t\mathrm{d}t = \int_0^{\frac{\pi}{2}}\frac{\cos t}{\sin t+\cos t}\mathrm{d}t.$

再令 $u = \frac{\pi}{2} - t$，参考题(4)解法有

$\int_0^{\frac{\pi}{2}}\frac{\cos t}{\sin t+\cos t}\mathrm{d}t = \int_{\frac{\pi}{2}}^0\frac{\sin u}{\cos u+\sin u}\mathrm{d}(-u) = \int_0^{\frac{\pi}{2}}\frac{\sin u}{\cos u+\sin u}\mathrm{d}u = \int_0^{\frac{\pi}{2}}\frac{\sin t}{\cos t+\sin t}\mathrm{d}t,$

故$\int_0^a \frac{1}{x+\sqrt{a^2-x^2}}dx = \frac{1}{2}[\int_0^{\frac{\pi}{2}} \frac{\cos t}{\sin t+\cos t}dt+\int_0^{\frac{\pi}{2}} \frac{\sin t}{\cos t+\sin t}dt] = \frac{1}{2}\int_0^{\frac{\pi}{2}} dt = \frac{\pi}{4}$.

(6) 令 $x=\tan t(0\leqslant t\leqslant \frac{\pi}{2})$，则 $dx=\sec^2 tdt$，且当 $x=0$ 时，$t=0$；当 $x=1$ 时，$t=\frac{\pi}{4}$.

于是$\int_0^1 \frac{\ln(1+x)}{1+x^2}dx = \int_0^{\frac{\pi}{4}} \frac{\ln(1+\tan t)}{1+\tan^2 t}\cdot \sec^2 tdt = \int_0^{\frac{\pi}{4}} \ln(1+\tan t)dt$.

再令 $u=\frac{\pi}{4}-t$，于是$\int_0^{\frac{\pi}{4}}\ln(1+\tan t)dt = \int_{\frac{\pi}{4}}^0 \ln[1+\tan(\frac{\pi}{4}-u)]d(-u) = \int_0^{\frac{\pi}{4}}\ln(1+\frac{1-\tan u}{1+\tan u})du = \int_0^{\frac{\pi}{4}}\ln(1+\frac{1-\tan t}{1+\tan t})dt = \int_0^{\frac{\pi}{4}}\ln\frac{2}{1+\tan t}dt = \int_0^{\frac{\pi}{4}}[\ln 2-\ln(1+\tan t)]dt = \frac{\pi}{4}\ln 2-\int_0^{\frac{\pi}{4}}\ln(1+\tan t)dt$. 移项整理得$\int_0^{\frac{\pi}{4}}\ln(1+\tan t)dt = \frac{\pi}{8}\ln 2$.

故$\int_0^1 \frac{\ln(1+x)}{1+x^2}dx = \frac{\pi}{8}\ln 2$.

(7) 令 $t=\frac{\pi}{2}-x$，则$\int_0^{\frac{\pi}{2}} \frac{1}{1+(\tan x)^{\sqrt{2}}}dx = \int_{\frac{\pi}{2}}^0 \frac{1}{1+[\tan(\frac{\pi}{2}-t)]^{\sqrt{2}}}d(-t) = \int_0^{\frac{\pi}{2}} \frac{(\tan x)^{\sqrt{2}}}{1+(\tan x)^{\sqrt{2}}}dx$,

故$\int_0^{\frac{\pi}{2}} \frac{1}{1+(\tan x)^{\sqrt{2}}}dx = \frac{1}{2}[\int_0^{\frac{\pi}{2}} \frac{1}{1+(\tan x)^{\sqrt{2}}}dx+\int_0^{\frac{\pi}{2}} \frac{(\tan x)^{\sqrt{2}}}{1+(\tan x)^{\sqrt{2}}}dx] = \frac{1}{2}\int_0^{\frac{\pi}{2}} dx = \frac{\pi}{4}$.

(8) 令$x=2-u$，则$\int_0^2 \frac{\sqrt{x+1}}{\sqrt{x+1}+\sqrt{3-x}}dx = \int_2^0 \frac{\sqrt{3-u}}{\sqrt{3-u}+\sqrt{u+1}}d(-u) = \int_0^2 \frac{\sqrt{3-x}}{\sqrt{x+1}+\sqrt{3-x}}dx$

故$\int_0^2 \frac{\sqrt{x+1}}{\sqrt{x+1}+\sqrt{3-x}}dx = \frac{1}{2}[\int_0^2 \frac{\sqrt{x+1}}{\sqrt{x+1}+\sqrt{3-x}}dx+\int_0^2 \frac{\sqrt{3-x}}{\sqrt{x+1}+\sqrt{3-x}}dx] = \frac{1}{2}\int_0^2 dx = 1$.

16. (1) $\int_0^1 \ln(x+1)dx = [x\ln(x+1)]_0^1 - \int_0^1 xd[\ln(x+1)] = \ln 2-\int_0^1 \frac{x}{x+1}dx = \ln 2-\int_0^1(1-\frac{1}{x+1})dx = \ln 2-x|_0^1+\ln(x+1)|_0^1 = 2\ln 2-1$.

(2) $\int_0^1 x\,\mathrm{arccot}\, xdx = \frac{1}{2}\int_0^1 \mathrm{arccot}\, xd(x^2) = \frac{1}{2}x^2\mathrm{arccot} x|_0^1 - \frac{1}{2}\int_0^1 x^2 d(\mathrm{arccot}\, x) = \frac{1}{2}(\frac{\pi}{4}-0)-\frac{1}{2}\int_0^1 \frac{x^2}{1+x^2}dx = \frac{\pi}{8}+\frac{1}{2}\int_0^1(1-\frac{1}{1+x^2})dx = \frac{\pi}{8}+\frac{1}{2}(x-\arctan x)|_0^1 = \frac{\pi}{8}+\frac{1}{2}(1-\frac{\pi}{4}) = \frac{1}{2}$.

(3) $\int_{\frac{1}{e}}^e |\ln x|dx = \int_{\frac{1}{e}}^1 |\ln x|dx+\int_1^e |\ln x|dx = \int_1^e \ln xdx-\int_{\frac{1}{e}}^1 \ln xdx = x\ln x|_1^e-\int_1^e xd(\ln x)-[x\ln x|_{\frac{1}{e}}^1-\int_{\frac{1}{e}}^1 xd(\ln x)] = e-\int_1^e x\cdot\frac{1}{x}dx-(-\frac{1}{e}\ln\frac{1}{e}-\int_{\frac{1}{e}}^1 x\cdot\frac{1}{x}dx) = e-\int_1^e dx-\frac{1}{e}+\int_{\frac{1}{e}}^1 dx = 1-\frac{1}{e}+1-\frac{1}{e} = 2-\frac{2}{e}$.

(4)$\int_{\frac{1}{2}}^{1} e^{\frac{1}{x}} \frac{1}{x^2}dx = -\int_{\frac{1}{2}}^{1} e^{\frac{1}{x}} d(\frac{1}{x}) = -(e^{\frac{1}{x}})\Big|_{\frac{1}{2}}^{1} = e^2 - e.$

(5)$\int_{-\frac{1}{2}}^{\frac{1}{2}} \frac{x\arcsin x}{\sqrt{1-x^2}}dx \xlongequal{\text{偶函数}} 2\int_0^{\frac{1}{2}} \frac{x\arcsin x}{\sqrt{1-x^2}}dx = -2\int_0^{\frac{1}{2}} \arcsin x d\sqrt{1-x^2}$

$= -2\sqrt{1-x^2}\arcsin x\Big|_0^{\frac{1}{2}} + 2\int_0^{\frac{1}{2}} \sqrt{1-x^2}\, d(\arcsin x)$

$= -2\sqrt{1-\frac{1}{4}}\arcsin\frac{1}{2} + 2\int_0^{\frac{1}{2}}\sqrt{1-x^2} \cdot \frac{1}{\sqrt{1-x^2}}dx = -\sqrt{3}\cdot\frac{\pi}{6} + 2\int_0^{\frac{1}{2}}dx = 1 - \frac{\sqrt{3}\pi}{6}.$

(6)$\int_0^1 \frac{\ln(1+x)}{(2-x)^2}dx = \int_0^1 \ln(1+x)d(\frac{1}{2-x}) = \frac{\ln(1+x)}{2-x}\Big|_0^1 - \int_0^1 \frac{1}{2-x}d[\ln(1+x)] = \ln 2 - \int_0^1 \frac{1}{2-x}\cdot\frac{1}{1+x}dx = \ln 2 - \frac{1}{3}\int_0^1(\frac{1}{2-x}+\frac{1}{1+x})dx = \ln 2 + \frac{1}{3}\int_0^1 \frac{1}{2-x}d(2-x) - \frac{1}{3}\int_0^1 \frac{1}{1+x}d(1+x) = \ln 2 + \frac{1}{3}\ln(2-x)\Big|_0^1 - \frac{1}{3}\ln(1+x)\Big|_0^1 = \ln 2 + 0 - \frac{1}{3}\ln 2 - \frac{1}{3}\ln 2 - 0 = \frac{1}{3}\ln 2.$

(7)$\int_1^3 \arcsin\sqrt{\frac{x}{x+1}}dx = x\arcsin\sqrt{\frac{x}{x+1}}\Big|_1^3 - \int_1^3 x d(\arcsin\sqrt{\frac{x}{x+1}}) = 3\arcsin\frac{\sqrt{3}}{2} - \arcsin\frac{\sqrt{2}}{2} - \int_1^3 x d(\arcsin\sqrt{\frac{x}{x+1}}) = \pi - \frac{\pi}{4} - \int_1^3 x \cdot \frac{1}{\sqrt{1-\frac{x}{x+1}}} \cdot \frac{1}{2\sqrt{\frac{x}{x+1}}} \cdot \frac{1\cdot(x+1) - x\cdot 1}{(x+1)^2}dx = \frac{3\pi}{4} - \int_1^3 \frac{x}{2\sqrt{x}(x+1)}dx == \frac{3\pi}{4} - \int_1^3 \frac{x+1-1}{x+1}d\sqrt{x} = \frac{3\pi}{4} - \int_1^3 (1 - \frac{1}{(\sqrt{x})^2+1})d\sqrt{x} = \frac{3\pi}{4} - \sqrt{x}\Big|_1^3 + \arctan\sqrt{x}\Big|_1^3 = \frac{3\pi}{4} - \sqrt{3} + 1 + \frac{\pi}{3} - \frac{\pi}{4} = \frac{5\pi}{6} - \sqrt{3} + 1.$

(8)$\int_a^x \ln(x+\sqrt{x^2-a^2})dx = x\ln(x+\sqrt{x^2-a^2})\Big|_a^x - \int_a^x x\cdot\frac{1}{x+\sqrt{x^2-a^2}}\cdot(1+\frac{2x}{2\sqrt{x^2-a^2}})dx = x\ln(x+\sqrt{x^2-a^2}) - a\ln a - \int_a^x \frac{x}{\sqrt{x^2-a^2}}dx = x\ln(x+\sqrt{x^2-a^2}) - a\ln a - \frac{1}{2}\int_a^x (x^2-a^2)^{-\frac{1}{2}}d(x^2-a^2) = x\ln(x+\sqrt{x^2-a^2}) - a\ln a - \sqrt{x^2-a^2}\Big|_a^x = x\ln(x+\sqrt{x^2-a^2}) - \sqrt{x^2-a^2} - a\ln a.$

17. (1) 因为 $0 \leqslant x \leqslant 1$，所以当 $a \leqslant 0$ 时，有 $\int_0^1 x|x-a|dx = \int_0^1 x(x-a)dx = \frac{1}{3} - \frac{a}{2}$，

当 $0 \leqslant a < 1$ 时，令 $x - a = 0$，则 $x = a$，于是 $\int_0^1 x|x-a|dx = \int_0^a x(a-x)dx + \int_a^1 x(x-a)dx = a\int_0^a xdx - \int_0^a x^2dx + \int_a^1 x^2dx - a\int_a^1 xdx = \frac{1}{2}ax^2\Big|_0^a - \frac{1}{3}x^3\Big|_0^a + \frac{1}{3}x^3\Big|_a^1 - \frac{1}{2}ax^2\Big|_a^1 = \frac{1}{3}a^3 - \frac{1}{2}a^2 + \frac{1}{3}.$

(2)$\int_0^{\frac{\pi}{2}} \sqrt{1-\sin 2x}\,dx = \int_0^{\frac{\pi}{2}} \sqrt{\sin^2 x + \cos^2 x - 2\sin x\cos x}\,dx = \int_0^{\frac{\pi}{2}} \sqrt{(\sin x - \cos x)^2}\,dx = \int_0^{\frac{\pi}{2}} |\sin x - \cos x|dx = \int_0^{\frac{\pi}{4}} (\cos x - \sin x)dx + \int_{\frac{\pi}{4}}^{\frac{\pi}{2}} (\sin x - \cos x)dx = (\sin x + \cos x)\Big|_0^{\frac{\pi}{4}}$

$-(\sin x+\cos x)\big|_{\frac{\pi}{4}}^{\frac{\pi}{2}}=2\sqrt{2}-2.$

(3) 令 $x=0$,可得如下结果:

当 $a<b<0$ 时,$\int_{-\frac{\pi}{2}}^{0}\frac{1}{(1-2r\cos\theta+r^2)^2}\mathrm{d}(\cos\theta)-\int_{0}^{\frac{\pi}{2}}\frac{1}{(1-2r\cos\theta+r^2)^2}\mathrm{d}(\cos\theta)=$;

当 $a<0<b$ 时,$\int_a^b|x|\,\mathrm{d}x=-\int_a^0 x\,\mathrm{d}x+\int_0^b x\,\mathrm{d}x=\frac{1}{2}(b^2+a^2)$;

当 $0<a<b$ 时,$\int_a^b|x|\,\mathrm{d}x=\int_a^b x\,\mathrm{d}x=\frac{1}{2}(b^2-a^2)$;

综上,得 $\int_a^b|x|\,\mathrm{d}x=\begin{cases}-\frac{1}{2}(b^2-a^2), & a<b<0\\ \frac{1}{2}(b^2+a^2), & a<0<b\\ \frac{1}{2}(b^2-a^2), & 0<a<b\end{cases}$

(4) 令 $\sin\theta=0$,可得 $\theta=0$,

则 $\int_{-\frac{\pi}{2}}^{\frac{\pi}{2}}\frac{|\sin\theta|}{(1-2r\cos\theta+r^2)^2}\mathrm{d}\theta=\int_{-\frac{\pi}{2}}^{0}\frac{-\sin\theta}{(1-2r\cos\theta+r^2)^2}\mathrm{d}\theta+\int_0^{\frac{\pi}{2}}\frac{\sin\theta}{(1-2r\cos\theta+r^2)^2}\mathrm{d}\theta=$
$\int_{-\frac{\pi}{2}}^{0}\frac{\mathrm{d}(\cos\theta)}{(1-2r\cos\theta+r^2)^2}-\int_0^{\frac{\pi}{2}}\frac{\mathrm{d}(\cos\theta)}{(1-2r\cos\theta+r^2)^2}=-\frac{1}{2r}\int_{-\frac{\pi}{2}}^{0}\frac{\mathrm{d}(1-2r\cos\theta+r^2)}{(1-2r\cos\theta+r^2)^2}+\frac{1}{2r}$
$\int_0^{\frac{\pi}{2}}\frac{\mathrm{d}(1-2r\cos\theta+r^2)}{(1-2r\cos\theta+r^2)^2}=-\frac{1}{2r}\cdot\left(-\frac{1}{1-2r\cos\theta+r^2}\right)\Big|_{-\frac{\pi}{2}}^{0}+\frac{1}{2r}\cdot\left(-\frac{1}{1-2r\cos\theta+r^2}\right)\Big|_0^{\frac{\pi}{2}}=$
$\frac{1}{2r}\left(\frac{1}{1-2r+r^2}-\frac{1}{1+r^2}\right)-\frac{1}{2r}\left(\frac{1}{1+r^2}-\frac{1}{1-2r+r^2}\right)=\frac{1}{2r}\left(\frac{2}{1-2r+r^2}-\frac{2}{1+r^2}\right)=$
$\frac{1}{r}\left[\frac{1}{(1-r)^2}-\frac{1}{1+r^2}\right]=\frac{2}{(1-r)^2(1+r^2)}.$

【另解】被积函数 $f(\theta)=\frac{|\sin\theta|}{(1-2r\cos\theta+r^2)^2}$ 显然是偶函数,

于是 $\int_{-\frac{\pi}{2}}^{\frac{\pi}{2}}\frac{|\sin\theta|}{(1-2r\cos\theta+r^2)^2}\mathrm{d}\theta=2\int_0^{\frac{\pi}{2}}\frac{|\sin\theta|}{(1-2r\cos\theta+r^2)^2}\mathrm{d}\theta=2\int_0^{\frac{\pi}{2}}\frac{\sin\theta}{(1-2r\cos\theta+r^2)^2}\mathrm{d}\theta=$
$2\int_0^{\frac{\pi}{2}}\frac{-\mathrm{d}(\cos\theta)}{(1-2r\cos\theta+r^2)^2}=2\int_0^{\frac{\pi}{2}}\frac{1}{-2r}\cdot\frac{-\mathrm{d}(1-2r\cos\theta+r^2)}{(1-2r\cos\theta+r^2)^2}=\frac{1}{r}\cdot\left(-\frac{1}{1-2r\cos\theta+r^2}\right)\Big|_0^{\frac{\pi}{2}}=$
$\frac{1}{r}\cdot\left(-\frac{1}{1-2r\cos\theta+r^2}\right)\Big|_0^{\frac{\pi}{2}}=-\frac{1}{r}\cdot\left(\frac{1}{1+r^2}-\frac{1}{1-2r+r^2}\right)=\frac{2}{(1-r)^2(1+r^2)}.$

18. 当 $x<0$ 时,$F(x)=\int_0^x 0\,\mathrm{d}t=0$;

当 $0\leqslant x<1$ 时,$F(x)=\int_0^x t\,\mathrm{d}t=\frac{1}{2}x^2$;

当 $1\leqslant x<2$ 时,$F(x)=\int_0^1 t\,\mathrm{d}t+\int_1^x(2-t)\,\mathrm{d}t=\frac{1}{2}+\left(2t-\frac{1}{2}t^2\right)\Big|_1^x=2x-\frac{1}{2}x^2-1$;

当 $x\geqslant 2$ 时,$F(x)=\int_0^1 t\,\mathrm{d}t+\int_1^2(2-t)\,\mathrm{d}t+\int_2^x 0\,\mathrm{d}t=\frac{1}{2}+\left(2t-\frac{1}{2}t^2\right)\Big|_1^2+0=1.$

综上，有 $F(x)=\int_0^x f(t)\mathrm{d}t=\begin{cases}0, & x<0\\ \frac{1}{2}x^2, & 0\leqslant x<1\\ 2x-\frac{1}{2}x^2-1, & 1\leqslant x<2\\ 1, & x\geqslant 2\end{cases}$.

19. $\int_0^3 f(x)\mathrm{d}x=\int_0^1\sqrt{x}\mathrm{d}x+\int_1^3 \mathrm{e}^{-x}\mathrm{d}x=\frac{2}{3}x^{\frac{3}{2}}\Big|_0^1-\mathrm{e}^{-x}\big|_1^3=\frac{2}{3}-\frac{1}{\mathrm{e}^3}+\frac{1}{\mathrm{e}}$.

20. 令 $t=x-2$，则 $\mathrm{d}x=\mathrm{d}t$，且当 $x=1$ 时，$t=-1$；当 $x=3$ 时，$t=1$.

于是 $\int_1^3 f(x-2)\mathrm{d}x=\int_{-1}^1 f(t)\mathrm{d}t=\int_{-1}^1 f(x)\mathrm{d}x=\int_{-1}^0\frac{1}{1+\mathrm{e}^x}\mathrm{d}x+\int_0^1\frac{1}{1+x}\mathrm{d}x=\int_{-1}^0(\frac{1}{\mathrm{e}^x}-\frac{1}{1+\mathrm{e}^x})\mathrm{d}\mathrm{e}^x+\ln(1+x)\big|_0^1=\ln\mathrm{e}^x\big|_{-1}^0-\ln(1+\mathrm{e}^x)\big|_{-1}^0+\ln 2=\ln(\mathrm{e}+1)$.

21. 左端 $\lim\limits_{x\to\infty}(\frac{x-a}{x+a})^x=\lim\limits_{x\to\infty}[(1+\frac{-2a}{x+a})^{\frac{x+a}{-2a}}]^{\frac{-2ax}{x+a}}=\mathrm{e}^{-2a}$；

右端 $\int_a^{+\infty}4x^2\mathrm{e}^{-2x}\mathrm{d}x=-\int_a^{+\infty}2x^2\mathrm{d}(\mathrm{e}^{-2x})=-2x^2\mathrm{e}^{-2x}\big|_a^{+\infty}+\int_a^{+\infty}\mathrm{e}^{-2x}\mathrm{d}(2x^2)=2a^2\mathrm{e}^{-2a}+\int_a^{+\infty}4x\mathrm{e}^{-2x}\mathrm{d}x$

$=2a^2\mathrm{e}^{-2a}-\int_a^{+\infty}2x\mathrm{d}(\mathrm{e}^{-2x})=2a^2\mathrm{e}^{-2a}-2x\mathrm{e}^{-2x}\big|_a^{+\infty}+\int_a^{+\infty}\mathrm{e}^{-2x}\mathrm{d}(2x)=2a^2\mathrm{e}^{-2a}+2a\mathrm{e}^{-2a}+\int_a^{+\infty}2\mathrm{e}^{-2x}\mathrm{d}x=2a^2\mathrm{e}^{-2a}+2a\mathrm{e}^{-2a}+\int_a^{+\infty}2\mathrm{e}^{-2x}\mathrm{d}x=2a^2\mathrm{e}^{-2a}+2a\mathrm{e}^{-2a}-\int_a^{+\infty}\mathrm{d}(\mathrm{e}^{-2x})=2a^2\mathrm{e}^{-2a}+2a\mathrm{e}^{-2a}-\mathrm{e}^{-2x}\big|_a^{+\infty}=2a^2\mathrm{e}^{-2a}+2a\mathrm{e}^{-2a}+\mathrm{e}^{-2a}$.

即 $\mathrm{e}^{-2a}=2a^2\mathrm{e}^{-2a}+2a\mathrm{e}^{-2a}+\mathrm{e}^{-2a}=(2a^2+2a)\mathrm{e}^{-2a}+\mathrm{e}^{-2a}$，即 $2a^2+2a=0$，所以 $a=0$ 或 $a=-1$.

22. 由积分中值定理：$\bar{y}=\frac{1}{b-a}\int_a^b f(x)\mathrm{d}x$，

得 $\bar{y}=\frac{1}{\frac{\sqrt{3}}{2}-0}\int_0^{\frac{\sqrt{3}}{2}}\frac{1}{\sqrt{1-t^2}}\mathrm{d}t=\frac{2}{\sqrt{3}}\arcsin\frac{\sqrt{3}}{2}=\frac{2\pi}{3\sqrt{3}}$.

23. 令 $u=2x-t$，则 $\mathrm{d}t=-\mathrm{d}u$，且当 $t=0$ 时，$u=2x$；当 $t=x$ 时，$u=x$.

于是 $\int_0^x tf(2x-t)\mathrm{d}t=\int_{2x}^x(2x-u)f(u)(-\mathrm{d}u)=\int_x^{2x}(2x-u)f(u)\mathrm{d}u=2x\int_x^{2x}f(u)\mathrm{d}u-\int_x^{2x}uf(u)\mathrm{d}u$，即 $2x\int_x^{2x}f(u)\mathrm{d}u-\int_x^{2x}uf(u)\mathrm{d}u=\frac{1}{2}\arctan x^2$，两边同时对 x 求导，得

$2\int_x^{2x}f(u)\mathrm{d}u+2x[f(2x)\cdot(2x)'-f(x)\cdot x']-[2xf(2x)\cdot(2x)'-xf(x)\cdot x']=\frac{1}{2}\cdot\frac{1}{1+(x^2)^2}(x^2)'$，

整理得 $2\int_x^{2x}f(u)\mathrm{d}u=\frac{x}{1+x^4}+xf(x)$，令 $x=1$，

即得 $\int_1^2 f(u)\mathrm{d}u=\frac{1}{2}[\frac{1}{1+1^4}+1\cdot f(1)]=\frac{1}{2}(\frac{1}{2}+1)=\frac{3}{4}$，即 $\int_1^2 f(x)\mathrm{d}x=\frac{3}{4}$.

24. 因为 $f'(x) = x - 1$，令 $f'(x) = 0$，得唯一驻点 $x = 1$，且 $f''(1) = 1 > 0$，所以在 $x = 1$ 有极小值 $f(1) = \int_0^1 (t-1)\mathrm{d}t = [\frac{1}{2}t^2 - t]_0^1 = -\frac{1}{2}$.

25. 因为 $f'(x) = x^2 - 2x$，$f''(x) = 2x - 2$，令 $f''(x) = 0$，得 $x = 1$.

当 $x < 1$ 时，$f''(x) < 0$，当 $x > 1$ 时，$f''(x) > 0$，所以函数 $f(x)$ 有拐点，

又因为 $f(1) = \int_0^1 (t^2 - 2t)\mathrm{d}t = -\frac{2}{3}$，所以拐点坐标为 $(1, -\frac{2}{3})$.

26. (1) $\int_1^{+\infty} \frac{\ln x}{x^2}\mathrm{d}x = \int_1^{+\infty} \ln x \mathrm{d}(-\frac{1}{x}) = -\frac{1}{x}\ln x \Big|_1^{+\infty} + \int_1^{+\infty} \frac{1}{x}\mathrm{d}(\ln x) = -\lim\limits_{x\to+\infty} \frac{\ln x}{x} + \int_1^{+\infty} \frac{1}{x^2}\mathrm{d}x = -\lim\limits_{x\to+\infty} \frac{\ln x}{x} - \frac{1}{x}\Big|_1^{+\infty} = -\lim\limits_{x\to+\infty} \frac{\frac{1}{x}}{1} - \lim\limits_{x\to+\infty} \frac{1}{x} + 1 = 1$. 所以 $\int_1^{+\infty} \frac{\ln x}{x^2}\mathrm{d}x$ 收敛，且值为 1.

(2) $\int_{-\infty}^0 \frac{1}{1+x^2}\mathrm{d}x = \lim\limits_{x\to-\infty} \arctan x \Big|_{-\infty}^0 = -\lim\limits_{x\to-\infty} \arctan x = \frac{\pi}{2}$.

所以 $\int_{-\infty}^0 \frac{1}{1+x^2}\mathrm{d}x$ 收敛，且值为 $\frac{\pi}{2}$.

27. $\int_{-\infty}^{+\infty} (ax + |x|)\mathrm{e}^{-x}\mathrm{d}x = \int_{-\infty}^0 (ax - x)\mathrm{e}^{-x}\mathrm{d}x + \int_0^{+\infty} (ax + x)\mathrm{e}^{-x}\mathrm{d}x = (a-1)\int_{-\infty}^0 x\mathrm{e}^{-x}\mathrm{d}x + (a+1)\int_0^{+\infty} x\mathrm{e}^{-x}\mathrm{d}x$，令 $I_1 = (a-1)\int_{-\infty}^0 x\mathrm{e}^{-x}\mathrm{d}x$，$I_2 = (a+1)\int_0^{+\infty} x\mathrm{e}^{-x}\mathrm{d}x$，

$I_1 = (a-1)\int_{-\infty}^0 x\mathrm{e}^{-x}\mathrm{d}x = (a-1)\int_{-\infty}^0 x\mathrm{d}(-\mathrm{e}^{-x}) = (a-1)\int_0^{-\infty} x\mathrm{d}(\mathrm{e}^{-x}) = (a-1)[x\mathrm{e}^{-x}\Big|_0^{-\infty} - \int_0^{-\infty} \mathrm{e}^{-x}\mathrm{d}x] = (a-1)(x\mathrm{e}^{-x}\Big|_0^{-\infty} + \mathrm{e}^{-x}\Big|_0^{-\infty}) = (a-1)(x+1)\mathrm{e}^{-x}\Big|_0^{-\infty} = \lim\limits_{x\to-\infty}[\frac{(a-1)(x+1)}{\mathrm{e}^x}] - (a-1) = \lim\limits_{x\to-\infty} \frac{a-1}{\mathrm{e}^x} - (a-1) = \begin{cases} 0, & a = 1 \\ \infty, & a \neq 1 \end{cases}$，

$I_2 = (a+1)\int_0^{+\infty} x\mathrm{e}^{-x}\mathrm{d}x = -(a+1)\int_0^{+\infty} x\mathrm{d}\mathrm{e}^{-x} = -(a+1)[x\mathrm{e}^{-x}\Big|_0^{+\infty} - \int_0^{+\infty} \mathrm{e}^{-x}\mathrm{d}x] = -(a+1)[x\mathrm{e}^{-x}\Big|_0^{+\infty} + \mathrm{e}^{-x}\Big|_0^{+\infty}] = -(a+1)(x+1)\mathrm{e}^{-x}\Big|_0^{+\infty} = -(a+1)(x+1)\mathrm{e}^{-x}\Big|_0^{+\infty} = \lim\limits_{x\to+\infty}[\frac{-(a+1)(x+1)}{\mathrm{e}^x}] + (a+1)(0+1)\mathrm{e}^0 = \lim\limits_{x\to+\infty} \frac{-(a+1)}{\mathrm{e}^x} + (a+1) = a+1$，

综上，当 $a \neq 1$ 时，$\int_{-\infty}^{+\infty} (ax + |x|)\mathrm{e}^{-x}\mathrm{d}x$ 发散；

当 $a = 1$ 时，$\int_{-\infty}^{+\infty} (ax + |x|)\mathrm{e}^{-x}\mathrm{d}x = I_1 + I_2 = 0 + 2 = 2$，其收敛，且值为 2.

28. (1) 令 $x = \tan t$，则 $t = \arctan x$，$\mathrm{d}x = \mathrm{d}(\tan t) = \sec^2 x\mathrm{d}t$，且当 $x = 0$ 时，$t = 0$；当 $x = +\infty$ 时，$t = \frac{\pi}{2}$.

于是 $\int_0^{+\infty} \frac{\arctan x}{(1+x^2)^{\frac{3}{2}}}\mathrm{d}x = \int_0^{\frac{\pi}{2}} \frac{t}{(1+\tan^2 t)^{\frac{3}{2}}} \cdot \sec^2 t\mathrm{d}t = \int_0^{\frac{\pi}{2}} \frac{t\sec^2 t}{\sec^3 t}\mathrm{d}t = \int_0^{\frac{\pi}{2}} t\cos t\mathrm{d}t = \int_0^{\frac{\pi}{2}} t\mathrm{d}(\sin t) = t\sin t\Big|_0^{\frac{\pi}{2}} - \int_0^{\frac{\pi}{2}} \sin t\mathrm{d}t = \frac{\pi}{2} + \cos t\Big|_0^{\frac{\pi}{2}} = \frac{\pi}{2} - 1$.

(2) $x = 1$ 为瑕点，所以 $\int_{\frac{1}{2}}^{\frac{3}{2}} \frac{1}{\sqrt{|x - x^2|}}\mathrm{d}x = \int_{\frac{1}{2}}^1 \frac{1}{\sqrt{x - x^2}}\mathrm{d}x + \int_1^{\frac{3}{2}} \frac{1}{\sqrt{x^2 - x}}\mathrm{d}x =$

$\int_{\frac{1}{2}}^{1}\frac{1}{\sqrt{\frac{1}{4}-(x-\frac{1}{2})^2}}dx+\int_{1}^{\frac{3}{2}}\frac{1}{\sqrt{(x-\frac{1}{2})^2-\frac{1}{4}}}dx = \int_{\frac{1}{2}}^{1}\frac{1}{\sqrt{1-(2x-1)^2}}d(2x-1)+$
$\int_{1}^{\frac{3}{2}}\frac{1}{\sqrt{(x-\frac{1}{2})^2-\frac{1}{4}}}d(x-\frac{1}{2}) = \arcsin(2x-1)\Big|_{\frac{1}{2}}^{1^-}+\ln[(x-\frac{1}{2})+\sqrt{(x-\frac{1}{2})^2-\frac{1}{4}}]\Big|_{1^+}^{\frac{3}{2}} =$
$\arcsin 1+\ln(2+\sqrt{3}) = \frac{\pi}{2}+\ln(2+\sqrt{3})$.

(3)$x=1$ 和 $x=5$ 为瑕点，所以

$\int_{1}^{5}\frac{1}{\sqrt{(x-1)(5-x)}}dx = \int_{1}^{5}\frac{1}{\sqrt{4-(x-3)^2}}dx = \int_{1}^{5}\frac{1}{\sqrt{1-(\frac{x-3}{2})^2}}d(\frac{x-3}{2}) =$
$\arcsin(\frac{x-3}{2})\Big|_{1}^{5} == \arcsin 1-\arcsin(-1) = 2\arcsin 1 = \pi$.

(4)$x=1$ 为瑕点，所以

$\int_{1}^{2}[\frac{1}{x\ln^2 x}-\frac{1}{(x-1)^2}]dx = \int_{1^+}^{2}\frac{1}{x\ln^2 x}dx-\int_{1^+}^{2}\frac{1}{(x-1)^2}dx = \int_{1^+}^{2}\frac{1}{\ln^2 x}d(\ln x)-$
$\int_{1^+}^{2}\frac{1}{(x-1)^2}d(x-1) =-(\frac{1}{\ln x})\Big|_{1^+}^{2}+(\frac{1}{x-1})\Big|_{1^+}^{2} =-\frac{1}{\ln 2}+\lim_{x\to 1^+}\frac{1}{\ln x}+1-\lim_{x\to 1^+}\frac{1}{x-1} = 1-\frac{1}{\ln 2}$
$+\lim_{x\to 1^+}(\frac{1}{\ln x}-\frac{1}{x-1}) = 1-\frac{1}{\ln 2}+\lim_{x\to 1^+}\frac{x-1-\ln x}{(\ln x)(x-1)}(\frac{0}{0}) = 1-\frac{1}{\ln 2}+\lim_{x\to 1^+}\frac{1-\frac{1}{x}}{\ln x+x\cdot\frac{1}{x}-\frac{1}{x}} =$
$1-\frac{1}{\ln 2}+\lim_{x\to 1^+}\frac{x-1}{x\ln x+x-1}(\frac{0}{0}) = 1-\frac{1}{\ln 2}+\lim_{x\to 1^+}\frac{1}{\ln x+1+1} = \frac{3}{2}-\frac{1}{\ln 2}$.

29. 如图 7-9 所示，由 $\begin{cases} y = x^2 \\ y = x^3-2x \end{cases}$ 得两曲线交点$(-1,1)$，$(0,0)$ 和$(2,4)$.

当 $x\in[-1,0]$ 时，$x^3-2x\geqslant x^2$；当 $x\in[0,2]$ 时，$x^3-2x\leqslant x^2$.

所以，所求面积为 $S=\int_{-1}^{0}[x^3-2x-x^2]dx+\int_{0}^{2}[x^2-x^3+2x^2]dx = (\frac{1}{4}x^4-x^2-$
$\frac{1}{3}x^3)\Big|_{-1}^{0}+(\frac{1}{3}x^3-\frac{1}{4}x^4+x^2)\Big|_{0}^{2} = \frac{37}{12}$.

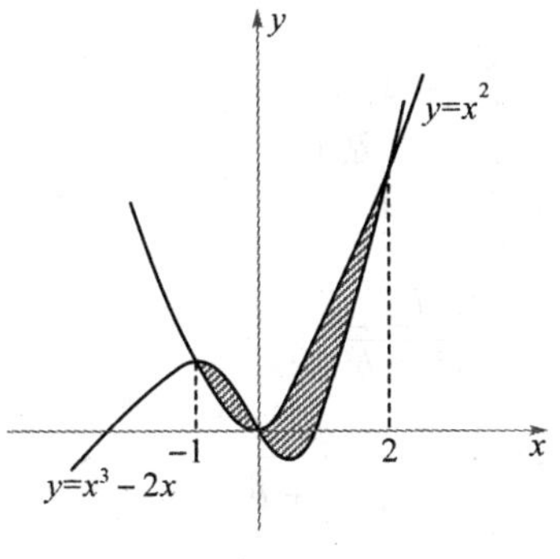

图 7-9

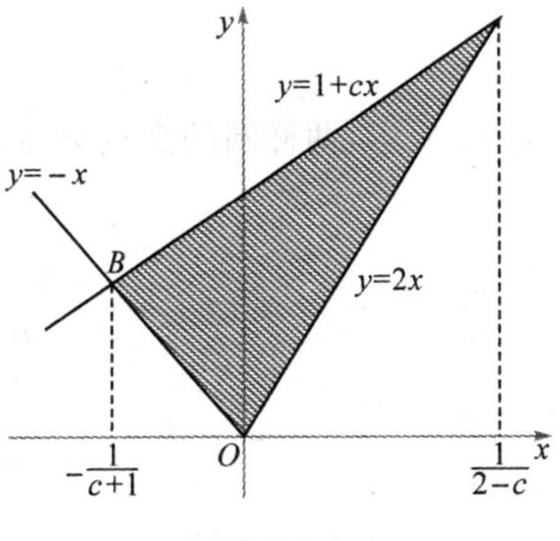

图 7-10

30. 三直线所围成区域如图 7-10 所示，其面积为

$$S=\int_{-\frac{1}{c+1}}^{0}[(1+cx)-(-x)]\mathrm{d}x+\int_{0}^{\frac{1}{2-c}}[(1+cx)-2x]\mathrm{d}x=\int_{-\frac{1}{c+1}}^{0}[1+(c+1)x]\mathrm{d}x+\int_{0}^{\frac{1}{2-c}}[1+(c-2)x]\mathrm{d}x=\frac{1}{2(c+1)}+\frac{1}{2(2-c)}.$$

令 $S'=\frac{1}{2}\frac{6c-3}{(c+1)^2(2-c)^2}=0$，得 $c=\frac{1}{2}$.

当 $-1<c<\frac{1}{2}$ 时，$S'<0$；当 $\frac{1}{2}<c<2$ 时，$S'>0$.

由极值点的唯一性知，当 $x=\frac{1}{2}$ 时，三直线所围成图形面积最小.

31. 所求面积为图中两个阴影部分的面积之和(见图 7-11)

$$S=S_1+S_2=(t\cdot t^2-\int_0^t x^2\mathrm{d}x)+[\int_t^1 x^2\mathrm{d}x-(1-t)t^2]=\frac{4}{3}t^3-t^2+\frac{1}{3},$$

令 $S'=4t^2-2t=2t(2t-1)=0$，得驻点 $t=\frac{1}{2}$，而边界点为 $t=0,t=1$.

$S(0)=\frac{1}{3},S(\frac{1}{2})=\frac{1}{4},S(1)=\frac{2}{3}$.

因此，当 $t=\frac{1}{2}$ 时，S_1+S_2 取最小值，当 $t=1$ 时，S_1+S_2 取最大值.

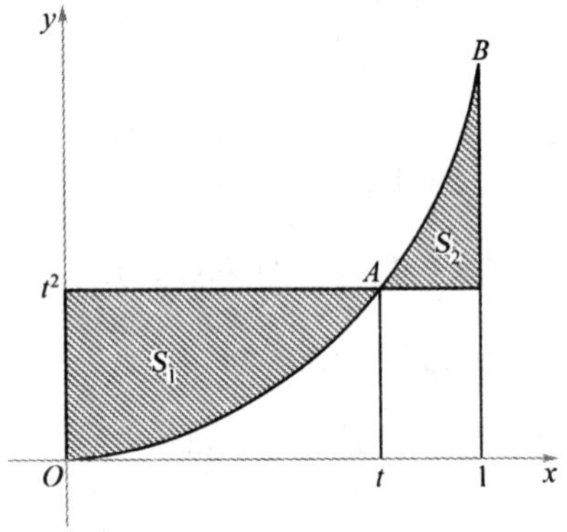

图 7-11

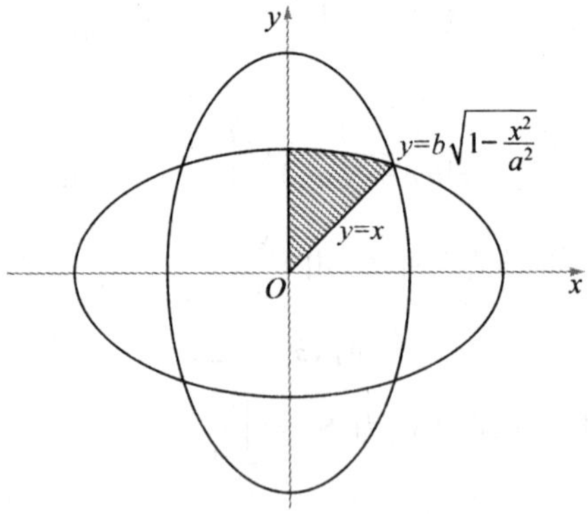

图 7-12

32. 如图 7-12 所示，两椭圆的交点坐标由 $\begin{cases}\frac{x^2}{a^2}+\frac{y^2}{b^2}=1\\\frac{x^2}{b^2}+\frac{y^2}{a^2}=1\end{cases}$ 解得，

$x^2\cdot(\frac{b^2}{a^2}-\frac{a^2}{b^2})=b^2-a^2,x^2=\frac{a^2b^2}{a^2+b^2},x=\pm\frac{ab}{\sqrt{a^2+b^2}}$.

同理，$y^2\cdot(\frac{a^2}{b^2}-\frac{b^2}{a^2})=a^2-b^2,y^2=\frac{a^2b^2}{a^2+b^2},y=\pm\frac{ab}{\sqrt{a^2+b^2}}$.

所以交点坐标分别为 $(\frac{ab}{\sqrt{a^2+b^2}},\frac{ab}{\sqrt{a^2+b^2}})$，$(\frac{ab}{\sqrt{a^2+b^2}},-\frac{ab}{\sqrt{a^2+b^2}})$，$(-\frac{ab}{\sqrt{a^2+b^2}},$

$\frac{ab}{\sqrt{a^2+b^2}}),(-\frac{ab}{\sqrt{a^2+b^2}},-\frac{ab}{\sqrt{a^2+b^2}})$.

于是所求图形的面积为图中阴影部分的 8 倍，即

$$S=8\int_0^{\frac{ab}{\sqrt{a^2+b^2}}}(b\sqrt{1-\frac{x^2}{a^2}}-x)\mathrm{d}x=8\frac{b}{a}\int_0^{\frac{ab}{\sqrt{a^2+b^2}}}\sqrt{a^2-x^2}\,\mathrm{d}x-8\int_0^{\frac{ab}{\sqrt{a^2+b^2}}}x\mathrm{d}x=8\frac{b}{a}(\frac{x}{2}\sqrt{a^2-x^2}+\frac{a^2}{2}\arcsin\frac{x}{a})\Big|_0^{\frac{ab}{\sqrt{a^2+b^2}}}-4x^2\Big|_0^{\frac{ab}{\sqrt{a^2+b^2}}}=4ab\arcsin\frac{b}{\sqrt{a^2+b^2}}.$$

33. 如图 7-13 所示，可求出抛物线的交点为(0,0) 和(1,1)，且在区间[0,1] 上，$\sqrt{y}>y^2$，于是 $V=\int_0^1\pi(\sqrt{y})^2\mathrm{d}y-\int_0^1\pi(y^2)^2\mathrm{d}y=\pi\int_0^1(y-y^4)\mathrm{d}y=\pi(\frac{y^2}{2}-\frac{y^5}{5})\Big|_0^1=\frac{3\pi}{10}$.

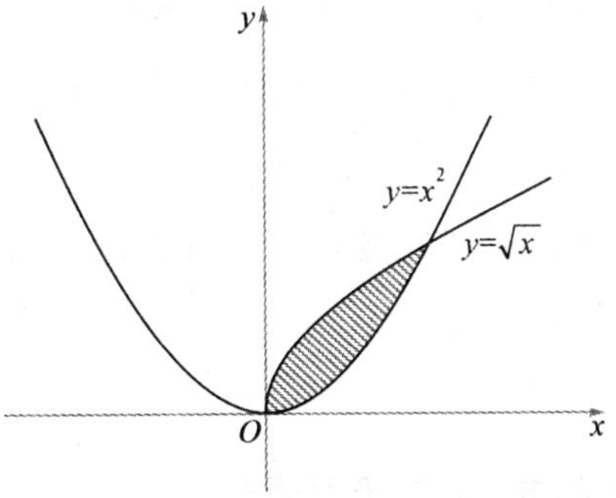

图 7-13

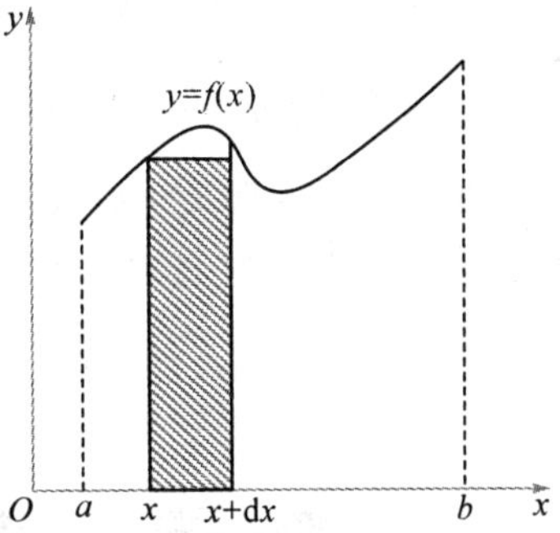

图 7-14

34. 如图 7-14 所示，取 x 为积分变量，它的变化区间为$[a,b]$，在$[a,b]$ 内任取一小区间$[x,x+\mathrm{d}x]$，相应于这个小区间上窄曲边梯形绕 y 轴旋转而成的旋转体的体积 ΔV 近似于以 $f(x)$ 为高、$\mathrm{d}x$ 为底的小矩形绕 y 轴旋转而成的实旋转体的体积，也就是 ΔV 近似于以 x 和 $x+\mathrm{d}x$ 分别为底半径，以 $f(x)$ 为高的两个圆柱体体积之差，即

$$\Delta V\approx\pi(x+\mathrm{d}x)^2f(x)-\pi x^2f(x)=2\pi xf(x)\mathrm{d}x+\pi f(x)(\mathrm{d}x)^2,$$

上式中，$f(x)$ 为有界函数，故 $\pi f(x)(\mathrm{d}x)^2$ 是 $\mathrm{d}x$ 的高阶无穷小. 从而体积微元

$\mathrm{d}V=2\pi xf(x)\mathrm{d}x$，所求体积为 $V=\int_a^b\mathrm{d}V=\int_a^b2\pi xf(x)\mathrm{d}x=2\pi\int_a^bxf(x)\mathrm{d}x$.

第八章　数项级数

[考试大纲]

1. 理解级数收敛、级数发散的概念和级数的基本性质，掌握级数收敛的必要条件.

2. 熟记几何级数 $\sum_{n=1}^{\infty} aq^{n-1}$，调和级数 $\sum_{n=1}^{\infty} \frac{1}{n}$ 和 p 级数 $\sum_{n=1}^{\infty} \frac{1}{n^p}$ 的敛散性. 会用正项级数的比较审敛法与比值审敛法判别正项级数的敛散性.

3. 理解任意项级数绝对收敛与条件收敛的概念. 会用莱布尼茨(Leibnitz) 判别法判别交错级数的敛散性.

第一节　考点解读与典型题型

一、数项级数的概念、性质和敛散性

1. *考点解读*

(1)(常) 数项级数的概念和基本性质请详见《基础教程》第八章第一节部分详细说明.

(2) 判别数项级数 $\sum_{n=1}^{\infty} u_n$ 的敛散性.

一般利用级数敛散性的定义处理. 求数项级数的和，就是求 $\lim\limits_{n\to\infty} S_n$，将 S_n 化为易于求极限的表达式. 常用方法如下：

① 将一般项(或通项)u_n 拆成两项差：$u_n = v_{n+1} - v_n$，然后写出前 n 项和 $S_n = (v_2 - v_1) + (v_3 - v_2) + \cdots + (v_{n+1} - v_n) = v_{n+1} - v_1$，从而求得极限 $\lim\limits_{n\to\infty} S_n = \lim\limits_{n\to\infty} (v_{n+1} - v_1)$，即级数的和.

② 利用几何级数求和公式求和.

(3) 利用级数敛散性的定义及性质，判断级数的敛散性.

1) 判断极限 $\lim\limits_{n\to\infty} S_n$ 是否存在(当 $\lim\limits_{n\to\infty} S_n$ 难以判断时，也可判断 $\lim\limits_{n\to\infty} S_{2n}$ 与 $\lim\limits_{n\to\infty} S_{2n+1}$ 是否同时存在并且相等，若存在且相等，则 $\lim\limits_{n\to\infty} S_n$ 存在)，从而确定级数的敛散性.

2) 利用已知级数的敛散性和级数的性质，来判断级数的敛散性，常见题型为单项选择题，大致有两类：

① 利用无穷级数的性质及其派生的结论：若 $\sum_{n=1}^{\infty} a_n^2$ 和 $\sum_{n=1}^{\infty} b_n^2$ 收敛，则 $\sum_{n=1}^{\infty} |a_n b_n|$ 和 $\sum_{n=1}^{\infty} (a_n^2$

$+b_n^2)$，$\sum_{n=1}^{\infty}\frac{|a_n|}{n}$ 均收敛，作分析处理；另外，举反例排除法也是很重要的一种方法.

② 任意项级数 $\sum_{n=1}^{\infty}a_n$（a_n 可正，可负，可 0）敛散性的判别，通常将通项取绝对值 $|a_n|$，然后利用不等式放缩法.

3) 若级数 $\sum_{n=1}^{\infty}u_n$ 收敛，则 $\lim_{n\to\infty}u_n=0$；若 $\lim_{n\to\infty}u_n\neq 0$ 或不存在，则级数发散.

2. 典型题型

例 1　用敛散性定义证明级数 $\sum_{n=1}^{\infty}\frac{1}{n(n+1)}$ 收敛，并求它的和.

解　因为级数的通项可变形为 $\frac{1}{n(n+1)}=\frac{1}{n}-\frac{1}{n+1}$，因此前 n 项的和

$$S_n=\sum_{k=1}^{n}\left(\frac{1}{k}-\frac{1}{k+1}\right)=\left(\frac{1}{1}-\frac{1}{2}\right)+\left(\frac{1}{2}-\frac{1}{3}\right)+\left(\frac{1}{3}-\frac{1}{4}\right)+\cdots+\left(\frac{1}{n}-\frac{1}{n+1}\right)=1-\frac{1}{n+1}.$$

因为 $\lim_{n\to\infty}S_n=\lim_{n\to\infty}\left(1-\frac{1}{n+1}\right)=1$，所以级数 $\sum_{n=1}^{\infty}\frac{1}{n(n+1)}$ 收敛，且 $\sum_{n=1}^{\infty}\frac{1}{n(n+1)}=1$，即级数的和等于 1.

例 2　已知级数 $\sum_{n=1}^{\infty}\frac{1}{(2n-1)(2n+1)}$，用收敛的定义验证其收敛，并求其和.

分析　级数收敛的定义是用其部分和数列的极限是否存在来刻划，故先求出部分和 S_n，再求当 $n\to\infty$ 时，S_n 的极限即可.

解　因为 $S_n=\frac{1}{1\times 3}+\frac{1}{3\times 5}+\cdots+\frac{1}{(2n-1)(2n+1)}=\frac{1}{2}\left(1-\frac{1}{3}+\frac{1}{3}-\frac{1}{5}+\cdots+\frac{1}{2n-1}-\frac{1}{2n+1}\right)=\frac{1}{2}\left(1-\frac{1}{2n+1}\right)$，则 $\lim_{n\to\infty}S_n=\lim_{n\to\infty}\frac{1}{2}\left(1-\frac{1}{2n+1}\right)=\frac{1}{2}$，

所以，级数 $\sum_{n=1}^{\infty}\frac{1}{(2n-1)(2n+1)}$ 收敛，且其和为 $\frac{1}{2}$.

例 3　已知级数 $\sum_{n=1}^{\infty}u_n$ 的第 n 部分和 $S_n=\frac{2n}{n+1}$，作出此级数，并求其和.

分析　要求此级数，找出其一般项 u_n 是关键.

解　当 $n>1$ 时，$u_n=S_n-S_{n-1}$.

由 $S_n=\frac{2n}{n+1}$，可得 $S_{n-1}=\frac{2n-2}{n}$，

所以 $u_n=S_n-S_{n-1}=\frac{2n}{n+1}-\frac{2n-2}{n}=\frac{2n^2-2(n^2-1)}{n(n+1)}=\frac{2}{n(n+1)}$.

而 $u_1=S_1=1$，故所求级数为 $\sum_{n=1}^{\infty}u_n=\sum_{n=1}^{\infty}\frac{2}{n(n+1)}$.

又 $\lim_{n\to\infty}S_n=\lim_{n\to\infty}\frac{2n}{n+1}=2$，故得 $\sum_{n=1}^{\infty}\frac{2}{n(n+1)}=2$.

例 4 判定级数$\sum_{n=1}^{\infty}\ln(1+\frac{1}{n})$的敛散性.

解 因为$u_n=\ln(1+\frac{1}{n})=\ln\frac{1+n}{n}=\ln(1+n)-\ln n$,所以

$S_n=(\ln2-\ln1)+(\ln3-\ln2)+(\ln4-\ln3)+\cdots+[\ln(1+n)-\ln n]=\ln(n+1)$,

故$\lim_{n\to\infty}S_n=\lim_{n\to\infty}\ln(n+1)=\infty$,所以级数$\sum_{n=1}^{\infty}\ln(1+\frac{1}{n})$发散.

例 5 利用级数的性质判断下列级数的敛散性：

(1) $\sum_{n=1}^{\infty}[\sqrt{(n+1)^2}-\sqrt{n^2+1}]$；　　(2) $\sum_{n=1}^{\infty}[\frac{1}{n^2}+(\frac{8}{9})^n]$.

解 (1) 因为$\lim_{n\to\infty}[\sqrt{(n+1)^2+1}-\sqrt{n^2+1}]=\lim_{n\to\infty}\frac{2n+1}{\sqrt{(n+1)^2+1}+\sqrt{n^2+1}}=1$,

由级数收敛的必要条件知,该级数收敛.

(2) 因为级数$\sum_{n=1}^{\infty}\frac{1}{n^2}$是$p=2$的$p$级数,所以收敛.

例 6 判定级数$\sum_{n=1}^{\infty}(\frac{1}{2^n}+\frac{2}{3^n})$的敛散性,如果收敛,求其和.

解 由等比级数的敛散性知,级数$\sum_{n=1}^{\infty}\frac{1}{2^n}$和$\sum_{n=1}^{\infty}\frac{1}{3^n}$都收敛,且$\sum_{n=1}^{\infty}\frac{1}{2^n}=1$,$\sum_{n=1}^{\infty}\frac{1}{3^n}=\frac{1}{2}$.
又由数项级数的性质知,$\sum_{n=1}^{\infty}\frac{2}{3^n}=2\times\frac{1}{2}=1$,级数$\sum_{n=1}^{\infty}(\frac{1}{2^n}+\frac{2}{3^n})$收敛,且和为 2.

二、正项级数的敛散性判定

1. 考点解读

判定正项级数敛散性的步骤如下：

(1) 如果$\lim_{n\to\infty}u_n$易求,首先判定$\lim_{n\to\infty}u_n$是否等于零?若$\lim_{n\to\infty}u_n\neq0$或不存在,则级数$\sum_{n=1}^{\infty}u_n$发散;如果$\lim_{n\to\infty}u_n=0$,只说明$\sum_{n=1}^{\infty}u_n$可能收敛,继续判断；

(2) 如果通项u_n呈现分式,分子或分母中含$n!$、a^n、n^n因子时或关于n的若干因子连乘积形式,常用比值判别法判别其敛散性；

即$\lim_{n\to\infty}\frac{u_{n+1}}{u_n}=\rho$,当$\rho<1$时,级数$\sum_{n=1}^{\infty}u_n$收敛;当$\rho>1$时,级数$\sum_{n=1}^{\infty}u_n$发散.

(3) 如果通项u_n是幂指数为n的幂指函数,常用根值判别法判别其敛散性；

即$\lim_{n\to\infty}\sqrt[n]{u_n}=\rho$,当$\rho<1$时,级数$\sum_{n=1}^{\infty}u_n$收敛;当$\rho>1$时,级数$\sum_{n=1}^{\infty}u_n$发散.

注意:当u_n中既含有以n为指数的因子,又含有$n!$、$(2n)!$、$(2n+1)!$时,则用(2)那种比值法,而不用根植法判别.

(4) 如果通项u_n是分式,且为n的多项式的商、根式、三角函数、反三角函数等,常用比较判别法判别其敛散性.

用比较判别法判定正项级数的敛散性时，常要选择比较级数，可用作比较的级数有

① 调和级数：$\sum_{n=1}^{\infty}\frac{1}{n}$，发散；

② 几何(等比)级数：$\sum_{n=1}^{\infty}aq^{n-1}$，$|q|<1$ 时，收敛；$|q|\geqslant 1$ 时，发散；

③ $p-$级数：$\sum_{n=1}^{\infty}\frac{1}{n^p}$，$p>1$ 时，收敛；$p\leqslant 1$ 时，发散.

用比较判别法判定正项级数的敛散性时，往往应先对级数 $\sum_{n=1}^{\infty}u_n(u_n\geqslant 0)$ 的敛散性作初步估计，其方法为，以 $p-$级数为参照级数，对级数通项 u_n 的表达式作合理的简化，即去掉 u_n 分子中的相对低次幂项，去掉分母中的相对低次幂项，只保留分子中的最高次幂项和分母中的最高次幂项，此时 $u_n\to\frac{n^p}{n^q}=\frac{1}{n^{q-p}}$，若 $q-p>1$，级数收敛，否则，级数发散，然后再严格给出依据.

(5) 当 $\rho=1$ 时，即当比值法、根植法都失败时，可用正项级数的比较判别法或其极限形式来判别.

用比较法判别敛散性时常用下列不等式：

① $\sqrt{n}>\ln n$ 或 $n>\ln n$(n 为自然数)；

② $a^2+b^2\geqslant 2ab(a\geqslant 0,b\geqslant 0)$；

③ $x>\ln(1+x)(x>-1)$.

2. 典型题型

例 1　判断下列级数的敛散性：

(1) $\sum_{n=1}^{\infty}\frac{n^{n+\frac{1}{n}}}{(n+\frac{1}{n})^n}$；　　(2) $\sum_{n=1}^{\infty}(\frac{na}{n+1})^n(a>0)$.

解　(1) 因为 $\lim_{n\to\infty}\frac{n^{n+\frac{1}{n}}}{(n+\frac{1}{n})^n}=\lim_{n\to\infty}\frac{n^n\cdot\sqrt[n]{n}}{(n+\frac{1}{n})^n}=\lim_{n\to\infty}\frac{\sqrt[n]{n}}{(1+\frac{1}{n^2})^n}=1\neq 0$，根据级数的性质知，该级数是发散的.

(2) 因为 $\lim_{n\to\infty}\sqrt[n]{u_n}=\lim_{n\to\infty}\sqrt[n]{(\frac{na}{n+1})^n}=\lim_{n\to\infty}\frac{na}{n+1}=a$，所以当 $0<a<1$ 时，级数收敛；当 $a>1$ 时，级数发散；当 $a=1$ 时，根植判别法失效，但此时 $\lim_{n\to\infty}u_n=\lim_{n\to\infty}(\frac{n}{n+1})^n=\lim_{n\to\infty}\frac{1}{(1+\frac{1}{n})^n}=\frac{1}{\mathrm{e}}\neq 0$，根据级数的性质知，级数发散.

综上，当 $0<a<1$ 时，级数收敛；当 $a\geqslant 1$ 时，级数发散.

例 2　用比值判别法判断下列级数的敛散性：

(1) $\sum_{n=1}^{\infty}(n+1)^2\tan\frac{\pi}{3^n}$；　　(2) $\sum_{n=1}^{\infty}\frac{3^n n!}{n^n}$；

(3) $\sum_{n=1}^{\infty}\frac{1\times 3\times 5\cdots(2n-1)}{n!}$；　　(4) $\sum_{n=1}^{\infty}\frac{(a+1)(2a+1)\cdots(na+1)}{(b+1)(2b+1)\cdots(nb+1)}$.

解 (1) 因为$\lim\limits_{n\to\infty}\dfrac{u_{n+1}}{u_n}=\lim\limits_{n\to\infty}\dfrac{(n+2)^2\tan\dfrac{\pi}{3^{n+1}}}{(n+1)^2\tan\dfrac{\pi}{3^n}}=\lim\limits_{n\to\infty}\dfrac{(n+2)^2}{(n+1)^2}\times\dfrac{\dfrac{\pi}{3^{n+1}}}{\dfrac{\pi}{3^n}}=\dfrac{1}{3}<1$,所以由比值判别法知该级数收敛.

(2) 因为$\lim\limits_{n\to\infty}\dfrac{u_{n+1}}{u_n}=\lim\limits_{n\to\infty}\dfrac{3^n(n+1)!}{(n+1)^{n+1}}\times\dfrac{n^n}{3^n n!}=\lim\limits_{n\to\infty}\dfrac{3}{(1+\dfrac{1}{n})^n}=\dfrac{3}{e}>1$,所以由比值判别法知该级数发散.

(3) 因为$\lim\limits_{n\to\infty}\dfrac{u_{n+1}}{u_n}=\lim\limits_{n\to\infty}\dfrac{\dfrac{1\times3\times5\cdots(2n+1)}{(n+1)!}}{\dfrac{1\times3\times5\cdots(2n-1)}{n!}}=\lim\limits_{n\to\infty}\dfrac{2n+1}{n+1}=2>1$,所以由比值判别法知该级数发散.

(4) $\lim\limits_{n\to\infty}\dfrac{u_{n+1}}{u_n}=\lim\limits_{n\to\infty}\dfrac{(a+1)(2a+1)\cdots[(n+1)a+1]}{(b+1)(2b+1)\cdots[(n+1)b+1]}\cdot\dfrac{(b+1)(2b+1)\cdots(nb+1)}{(a+1)(2a+1)\cdots(na+1)}=\lim\limits_{n\to\infty}\dfrac{(n+1)a+1}{(n+1)b+1}=\dfrac{a}{b}$.

当$\dfrac{a}{b}<1$,即$a<b$时,级数是收敛的;

当$\dfrac{a}{b}>1$,即$a>b$时,级数是发散的;

当$\dfrac{a}{b}=1$,即$a=b$时,级数$\lim\limits_{n\to\infty}u_n=1\neq0$,是收敛的.

故当$a<b$时,级数是收敛的;当$a\geqslant b$时,级数是发散的.

例 3 用根值判别法判断下列级数的敛散性:

(1) $\sum\limits_{n=1}^{\infty}2^{-n-(-1)^n}$;　　(2) $\sum\limits_{n=1}^{\infty}\dfrac{n^2}{(2+\dfrac{1}{n})^n}$.

解 (1) 因为$\lim\limits_{n\to\infty}\sqrt[n]{u_n}=\sqrt[n]{\dfrac{1}{2^{n+(-1)^n}}}=\dfrac{1}{2}<1$,所以由根值判别法知该级数收敛.

(2) 因为$\lim\limits_{n\to\infty}\sqrt[n]{\dfrac{n^2}{(2+\dfrac{1}{n})^n}}=\lim\limits_{n\to\infty}\dfrac{(\sqrt[n]{n})^2}{2+\dfrac{1}{n}}=\dfrac{1}{2}<1$,所以由根值判别法知该级数收敛.

例 4 用比较判别法判断下列级数的敛散性:

(1) $\sum\limits_{n=1}^{\infty}\sin\dfrac{1}{n}$;　　(2) $\sum\limits_{n=1}^{\infty}\dfrac{1}{n^2+n+2}$;

(3) $\sum\limits_{n=1}^{\infty}\dfrac{1}{\sqrt{4n^2-1}}$;　　(4) $\sum\limits_{n=1}^{\infty}\dfrac{4n+1}{n^2+n}$;

(5) $\sum\limits_{n=1}^{\infty}\dfrac{n^{n-1}}{(n^2+1)^{n+1}}$;　　(6) $\sum\limits_{n=1}^{\infty}\dfrac{1}{2n-1}$.

解 (1) 因为$\lim\limits_{n\to\infty}\dfrac{\sin\dfrac{1}{n}}{\dfrac{1}{n}}=1$,而级数$\sum\limits_{n=1}^{\infty}\dfrac{1}{n}$是调和级数,发散.所以级数$\sum\limits_{n=1}^{\infty}\sin\dfrac{1}{n}$发散.

(2) 因为$\frac{1}{n^2+n+2}<\frac{1}{n^2}$，而级数$\sum_{n=1}^{\infty}\frac{1}{n^2}$是$p=2$的$p$级数，是收敛的. 由比较判别法知所给级数$\sum_{n=1}^{\infty}\frac{1}{n^2+n+2}$收敛.

(3) 因为$\frac{1}{\sqrt{4n^2-1}}\geqslant\frac{1}{2n}$，而调和级数$\sum_{n=1}^{\infty}\frac{1}{n}$发散，从而$\sum_{n=1}^{\infty}\frac{1}{2n}$发散，由比较判别法知所给级数$\sum_{n=1}^{\infty}\frac{1}{\sqrt{4n^2-1}}$发散.

(4) 因为$\frac{4n+1}{n^2+n}>\frac{4n}{n^2+n^2}=\frac{2}{n}$，而级数$\sum_{n=1}^{\infty}\frac{2}{n}=2\sum_{n=1}^{\infty}\frac{1}{n}$发散，由比较判别法知，所给级数$\sum_{n=1}^{\infty}\frac{4n+1}{n^2+n}$发散.

(5) 因为$\frac{n^{n-1}}{(n^2+1)^{n+1}}<\frac{n^{n-1}}{n^{n+1}}=\frac{1}{n^2}$，而级数$\sum_{n=1}^{\infty}\frac{1}{n^2}$是$p=2$的$p$级数，由比较判别法知，所给级数$\sum_{n=1}^{\infty}\frac{n^{n-1}}{(n^2+1)^{n+1}}$收敛.

(6) 因为$\frac{1}{2n-1}>\frac{1}{2n}$，而级数$\sum_{n=1}^{\infty}\frac{1}{2n}$与调和级数$\sum_{n=1}^{\infty}\frac{1}{n}$有相同的敛散性，即级数$\sum_{n=1}^{\infty}\frac{1}{2n}$发散，由比较判别法知，所给级数$\sum_{n=1}^{\infty}\frac{1}{2n-1}$发散.

例 5　判定$\sum_{n=1}^{\infty}\frac{a_n}{(1+a_1)(1+a_2)\cdots(1+a_n)}(a_n>0)$的敛散性.

解　由于$u_n=\frac{a_n}{(1+a_1)(1+a_2)\cdots(1+a_n)}=\frac{1}{(1+a_1)(1+a_2)\cdots(1+a_{n-1})}-\frac{1}{(1+a_1)(1+a_2)\cdots(1+a_n)}$，

故 $S_n=1-\frac{1}{(1+a_1)(1+a_2)\cdots(1+a_n)}$.

而$a_n>0$，所以$S_n<1$且单调递增，故由单调有界性定理可知，原级数收敛.

例 6　讨论p级数$\sum_{n=1}^{\infty}\frac{1}{n^p}(p>0)$的敛散性，并判定$\sum_{n=1}^{\infty}\frac{1}{\sqrt{n}}$，$\sum_{n=1}^{\infty}\frac{1}{\sqrt{n(n+1)}}$，$\sum_{n=1}^{\infty}\frac{1}{\sqrt{n(n+1)(n+2)}}$的敛散性.

解　当$p\leqslant1$时，$n^p\leqslant n$，于是$\frac{1}{n^p}\geqslant\frac{1}{n}$. 而调和级数$\sum_{n=1}^{\infty}\frac{1}{n}$是发散的，

故由比较判别法知，当$p\leqslant1$时，$\sum_{n=1}^{\infty}\frac{1}{n^p}$发散.

当$p>1$时，由于$x\in[n-1,n]$时，$\frac{1}{n}\leqslant\frac{1}{x}$，而$p>0$，故有$\frac{1}{n^p}\leqslant\frac{1}{x^p}$.

于是，当$n\geqslant2$时，$\frac{1}{n^p}=\int_{n-1}^{n}\frac{1}{n^p}\mathrm{d}x\leqslant\int_{n-1}^{n}\frac{1}{x^p}\mathrm{d}x=\frac{1}{1-p}x^{1-p}\Big|_{n-1}^{n}=\frac{1}{p-1}\left[\frac{1}{(n-1)^{p-1}}-\frac{1}{n^{p-1}}\right]$，

而$\sum_{n=2}^{\infty}\frac{1}{p-1}\left[\frac{1}{(n-1)^{p-1}}-\frac{1}{n^{p-1}}\right]$，其部分和$S_n=\frac{1}{p-1}\left(1-\frac{1}{n^{p-1}}\right)$.

$\lim\limits_{n\to\infty}S_n=\lim\limits_{n\to\infty}\frac{1}{p-1}(1-\frac{1}{n^{p-1}})=\frac{1}{p-1}\neq 0$,由级数的性质知,该级数$\sum\limits_{n=2}^{\infty}\frac{1}{p-1}[\frac{1}{(n-1)^{p-1}}-\frac{1}{n^{p-1}}]$收敛.

因为$\frac{1}{n^p}\leqslant\frac{1}{p-1}[\frac{1}{(n-1)^{p-1}}-\frac{1}{n^{p-1}}]$,由比较判别法知,级数$\sum\limits_{n=1}^{\infty}\frac{1}{n^p}$当$p>1$时收敛.

综上所述,p级数$\sum\limits_{n=1}^{\infty}\frac{1}{n^p}$当$p>1$时收敛;当$p\leqslant 1$时发散.

对$\sum\limits_{n=1}^{\infty}\frac{1}{\sqrt{n}}=\sum\limits_{n=1}^{\infty}\frac{1}{n^{\frac{1}{2}}}$,$p=\frac{1}{2}<1$,故$\sum\limits_{n=1}^{\infty}\frac{1}{\sqrt{n}}$发散;

对$\sum\limits_{n=1}^{\infty}\frac{1}{\sqrt{n(n+1)}}$,由$\sqrt{n(n+1)}<\sqrt{(n+1)(n+1)}=n+1$,即$\frac{1}{n+1}<\frac{1}{\sqrt{n(n+1)}}$,而$\sum\limits_{n=1}^{\infty}\frac{1}{n+1}=\sum\limits_{n=2}^{\infty}\frac{1}{n}$,因$p=1$,知$\sum\limits_{n=2}^{\infty}\frac{1}{n}$发散,由比较判别法知,级数$\sum\limits_{n=1}^{\infty}\frac{1}{\sqrt{n(n+1)}}$发散;

对$\sum\limits_{n=1}^{\infty}\frac{1}{\sqrt{n(n+1)(n+2)}}$,由$\sqrt{n(n+1)(n+2)}>\sqrt{n\cdot n\cdot n}=n^{\frac{3}{2}}$,知$\frac{1}{\sqrt{n(n+1)(n+2)}}<\frac{1}{n^{\frac{3}{2}}}$,而$\sum\limits_{n=1}^{\infty}\frac{1}{n^{\frac{3}{2}}}$,$p=\frac{3}{2}>1$,知$\sum\limits_{n=1}^{\infty}\frac{1}{n^{\frac{3}{2}}}$收敛,由比较判别法知,级数$\sum\limits_{n=1}^{\infty}\frac{1}{\sqrt{n(n+1)(n+2)}}$收敛.

三、交错级数($\sum\limits_{n=1}^{\infty}(-1)^{n-1}u_n(u_n>0)$)与任意项级数的敛散性判定

1. *考点解读*

(1) 首先考虑是否满足莱布尼茨判敛准则

设$\sum\limits_{n=1}^{\infty}(-1)^{n-1}u_n(u_n>0)$,若满足条件:

①$u_n\geqslant u_{n+1}(n=1,2,\cdots)$,即$u_n$单调减少;

② $\lim\limits_{n\to\infty}u_n=0$,

则交错级数$\sum\limits_{n=1}^{\infty}(-1)^{n-1}u_n$收敛,其和$S\leqslant u_1$,其$n$余项和的绝对值$|R_n|\leqslant u_{n+1}$.

(2) 或者将u_n拆成若干项,分别对各项构成的交错级数分析处理.

莱布尼茨型级数必收敛;和的符号与第一项符号相同;余和的符号同余和级数的第一项符号相同,余和的绝对值不超过余和级数第一项的绝对值.

(3) 任意项级数的敛散性分绝对收敛,条件收敛和发散三种情况,具体判定敛散性时,可采用下列方法及步骤:

1) 如果极限$\lim\limits_{n\to\infty}u_n$易求,首先判断$\lim\limits_{n\to\infty}u_n$是否为零,若$\lim\limits_{n\to\infty}u_n\neq 0$或不存在,则级数$\sum\limits_{n=1}^{\infty}u_n$发散;若$\lim\limits_{n\to\infty}u_n=0$,需进一步判断;

2) 首先用正项级数判别法,判别给出级数的绝对值级数$\sum\limits_{n=1}^{\infty}|u_n|$是否收敛?若收敛,则

原级数$\sum_{n=1}^{\infty}u_n$为绝对收敛，否则，不绝对收敛；若用比值法或根值法判定$\sum_{n=1}^{\infty}|u_n|$发散，则原级数$\sum_{n=1}^{\infty}u_n$发散.

3）若用比较判别法判定$\sum_{n=1}^{\infty}|u_n|$发散，则原级数$\sum_{n=1}^{\infty}u_n$的敛散性需要进一步判定：

① 若$\sum_{n=1}^{\infty}u_n$为交错级数，且满足莱布尼茨判别法准则的条件，则级数$\sum_{n=1}^{\infty}u_n$为条件收敛.

② 若$\sum_{n=1}^{\infty}u_n$不是交错级数或虽为交错级数，但不满足莱布尼茨判别法准则的条件，则

a. 用级数敛散性的定义，若$\lim\limits_{n\to\infty}S_n$存在，则级数条件收敛.

b. 当$\lim\limits_{n\to\infty}S_n$存在性难以判断时，常用方法是判断$\lim\limits_{n\to\infty}S_{2n}$与$\lim\limits_{n\to\infty}S_{2n+1}$是否存在且相等. 若$\lim\limits_{n\to\infty}S_{2n}=\lim\limits_{n\to\infty}S_{2n+1}$（为有限常数），则$\sum_{n=1}^{\infty}u_n$为条件收敛；若$\lim\limits_{n\to\infty}S_{2n}$和$\lim\limits_{n\to\infty}S_{2n+1}$两者之一不存在，或都存在但不相等，则$\sum_{n=1}^{\infty}u_n$发散.

c. 若$\lim\limits_{n\to\infty}S_n$、$\lim\limits_{n\to\infty}S_{2n}$和$\lim\limits_{n\to\infty}S_{2n+1}$都难以判断，则可利用级数的性质来判断$\sum_{n=1}^{\infty}u_n$的敛散性.

2. 典型题型

例 1　判别下列级数敛散性. 若收敛，是绝对收敛，还是条件收敛？

(1) $\frac{1}{2}+\frac{3}{10}+\frac{1}{2^2}+\frac{3}{10^3}+\frac{1}{2^3}+\frac{1}{10^5}+\cdots$；　(2) $\sum_{n=1}^{\infty}(-1)^{n-1}\frac{1}{\ln n}$；

(3) $\sum_{n=1}^{\infty}(-1)^{n-1}[\frac{1}{\sqrt{n}}+\frac{(-1)^{n+1}}{n}]$；　(4) $\sum_{n=1}^{\infty}(-1)^{n+1}(\sqrt[3]{n+1}-\sqrt[3]{n})$.

解　(1) 由于$\frac{1}{2}+\frac{3}{10}+\frac{1}{2^2}+\frac{3}{10^3}+\frac{1}{2^3}+\frac{1}{10^5}+\cdots=(\frac{1}{2}+\frac{1}{2^2}+\frac{1}{2^3}+\cdots)+3(\frac{1}{10}+\frac{1}{10^3}+\frac{1}{10^5}+\cdots)$，

而几何级数$\sum_{n=1}^{\infty}\frac{1}{2^n}$，因$q=\frac{1}{2}<1$，故$\sum_{n=1}^{\infty}\frac{1}{2^n}$收敛，

几何级数$\sum_{n=1}^{\infty}\frac{1}{10^{2n-1}}$，因$q=\frac{1}{10^2}<1$，故$\sum_{n=1}^{\infty}\frac{1}{10^{2n-1}}$收敛，所以，原级数绝对收敛.

(2) 由于$\sum_{n=1}^{\infty}\left|(-1)^{n-1}\frac{1}{\ln n}\right|=\sum_{n=1}^{\infty}\frac{1}{\ln n}$，而故$\ln n<n$，且$\frac{1}{\ln n}>\frac{1}{n}$.

于是由调和级数$\sum_{n=1}^{\infty}\frac{1}{n}$发散可知：原级数非绝对收敛.

交错级数$\sum_{n=1}^{\infty}(-1)^{n-1}\frac{1}{n}$满足：$\frac{1}{\ln(n+1)}<\frac{1}{\ln n}$，且$\lim\limits_{x\to\infty}\frac{1}{\ln n}=0$，

所以，原级数为莱布尼茨型级数，是收敛的. 故原级数条件收敛.

(3) 由于$\sum_{n=1}^{\infty}(-1)^{n-1}[\frac{1}{\sqrt{n}}+\frac{(-1)^{n+1}}{n}]=\sum_{n=1}^{\infty}[\frac{(-1)^{n-1}}{\sqrt{n}}+\frac{1}{n}]=\sum_{n=1}^{\infty}\frac{(-1)^{n-1}}{\sqrt{n}}+\sum_{n=1}^{\infty}\frac{1}{n}$，

而调和级数$\sum_{n=1}^{\infty}\frac{1}{n}$发散,交错级数$\sum_{n=1}^{\infty}\frac{(-1)^{n-1}}{\sqrt{n}}$因$\sum_{n\to\infty}\frac{1}{\sqrt{n}}=0$,且$\frac{1}{\sqrt{n+1}}<\frac{1}{n}$.

故由莱布尼茨判别法知$\sum_{n=1}^{\infty}\frac{(-1)^{n-1}}{\sqrt{n}}$收敛.所以,原级数发散.

(4) 由于$\sum_{n=1}^{\infty}\left|(-1)^{n+1}(\sqrt[3]{n+1}-\sqrt[3]{n})\right|=\sum_{n=1}^{\infty}(\sqrt[3]{n+1}-\sqrt[3]{n})$,其部分和$S_n=\sqrt[3]{n+1}-1$,

故由$\lim\limits_{n\to\infty}S_n=\infty$,知原级数非绝对收敛.而交错级数$\sum_{n=1}^{\infty}(-1)^{n+1}(\sqrt[3]{n+1}-\sqrt[3]{n})$满足:

$$\lim_{n\to\infty}(\sqrt[3]{n+1}-\sqrt[3]{n})=\lim_{n\to\infty}\frac{1}{\sqrt[3]{(n+1)^2}+\sqrt[3]{n(n+1)}+\sqrt[3]{n^2}}=0,$$

$$\sqrt[3]{n+2}-\sqrt[3]{n+1}=\frac{1}{\sqrt[3]{(n+2)^2}+\sqrt[3]{(n+1)(n+2)}+\sqrt[3]{(n+1)^2}}<\frac{1}{\sqrt[3]{(n+1)^2}+\sqrt[3]{n(n+1)}+\sqrt[3]{n^2}}$$
$$=\sqrt[3]{n+1}-\sqrt[3]{n}.$$

所以由莱布尼茨判别法可知$\sum_{n=1}^{\infty}(-1)^{n+1}(\sqrt[3]{n+1}-\sqrt[3]{n})$收敛,原级数条件收敛.

例 2 判别下列交错级数的敛散性:

(1) $\sum_{n=1}^{\infty}\frac{(-1)^{n-1}}{n^p}$;

(2) $\sum_{n=1}^{\infty}n!(\frac{x}{n})^n$;

(3) $\sum_{n=1}^{\infty}(-1)^n(\sqrt{n+1}-\sqrt{n})$;

(4) $\sum_{n=1}^{\infty}(-1)^{n-1}\frac{1}{n^a}$(常数$a\geqslant 0$).

解 (1) 当$p>1$时,因$\sum_{n=1}^{\infty}\frac{1}{n^p}$收敛,故原级数绝对收敛;

当$p\leqslant 0$时,由于$(-1)^{n-1}\frac{1}{n^p}=(-1)^{n-1}\cdot n^{-p}\to\infty(n\to\infty)$,故此时,原级数发散;

当$0<p<1$时,因$\sum_{n=1}^{\infty}\frac{1}{n^p}$发散,故原级数非绝对收敛,但交错级数$\sum_{n=1}^{\infty}\frac{(-1)^{n-1}}{n^p}$满足:$\lim\limits_{n\to\infty}\frac{1}{n^p}=0$,$\frac{1}{(n+1)^p}<\frac{1}{n^p}$,所以$\sum_{n=1}^{\infty}\frac{(-1)^{n-1}}{n^p}$收敛,故此时,原级数条件收敛.

综上可知:$p>1$时,原级数绝对收敛;当$0<p<1$时,原级数条件收敛;当$p\leqslant 0$时,原级数发散.

(2) 由于$\dfrac{(n+1)!(\frac{x}{n+1})^{n+1}}{n!(\frac{x}{n})^n}=\dfrac{x}{(1+\frac{1}{n})^n}$,故$\lim\limits_{n\to\infty}\dfrac{(n+1)!(\frac{x}{n+1})^{n+1}}{n!(\frac{x}{n})^n}=\dfrac{x}{\mathrm{e}}$.

当$|x|<\mathrm{e}$时,原级数绝对收敛;

当$|x|>\mathrm{e}$时,因当n趋于无穷大时,其极限不为零,所以原级数发散;

当$|x|=\mathrm{e}$时,因$\dfrac{|x|}{(1+\frac{1}{n})^n}=\dfrac{\mathrm{e}}{(1+\frac{1}{n})^n}>1$,故原级数发散;

所以,原级数当$|x|<\mathrm{e}$时绝对收敛;当$|x|\geqslant\mathrm{e}$时,发散.

(3) 交错级数$\sum_{n=1}^{\infty}(-1)^n(\sqrt{n+1}-\sqrt{n})=\sum_{n=1}^{\infty}(-1)^n\frac{1}{\sqrt{n+1}+\sqrt{n}}$,由于$\frac{1}{\sqrt{n+1}+\sqrt{n}}>$

$\frac{1}{2\sqrt{n+1}}$，而级数 $\sum_{n=1}^{\infty}\frac{1}{2\sqrt{n+1}}$ 发散，故级数 $\sum_{n=1}^{\infty}(-1)^n(\sqrt{n+1}-\sqrt{n})$ 不是绝对收敛.

但首先 $\lim_{n\to\infty}u_n=\lim_{n\to\infty}(\sqrt{n+1}-\sqrt{n})=\lim_{n\to\infty}\frac{1}{\sqrt{n+1}+\sqrt{n}}=0$，

其次，$u_{n+1}-u_n=\frac{1}{\sqrt{n+2}+\sqrt{n+1}}-\frac{1}{\sqrt{n+1}+\sqrt{n}}=\frac{\sqrt{n}-\sqrt{n+2}}{(\sqrt{n+2}+\sqrt{n+1})(\sqrt{n+1}+\sqrt{n})}<0$，

即 $u_{n+1}<u_n$，故知级数 $\sum_{n=1}^{\infty}(-1)^n(\sqrt{n+1}-\sqrt{n})$ 条件收敛.

(4) 由于 $\sum_{n=1}^{\infty}\left|(-1)^{n-1}\frac{1}{n^a}\right|=\sum_{n=1}^{\infty}\frac{1}{n^a}$，由 $p-$ 级数知：

当 $a>1$ 时，级数 $\sum_{n=1}^{\infty}(-1)^{n-1}\frac{1}{n^a}$ 绝对收敛；

当 $0<a<1$ 时，级数 $\sum_{n=1}^{\infty}\frac{1}{n^a}$ 发散，又 $\frac{1}{n^a}>\frac{1}{(n+1)^a}$，所以 $\left\{\frac{1}{n^a}\right\}$ 单调减小，$\lim_{n\to\infty}\frac{1}{n^a}=0$，所以由莱布尼茨判别法知级数 $\sum_{n=1}^{\infty}(-1)^{n-1}\frac{1}{n^a}$ 收敛，故级数 $\sum_{n=1}^{\infty}(-1)^{n-1}\frac{1}{n^a}$ 条件收敛；

当 $a=0$ 时，由于 $\lim_{n\to\infty}(-1)^{n-1}$ 发散，所以级数 $\sum_{n=1}^{\infty}(-1)^{n-1}\frac{1}{n^a}$ 发散.

例 3　判别下列级数的敛散性：

(1) $\sum_{n=2}^{\infty}\frac{(-1)^n}{\sqrt{n}+(-1)^n}$；　　(2) $\sum_{n=1}^{\infty}\frac{(-1)^n}{\sqrt{n+(-1)^n}}$.

解　(1) $\sum_{n=2}^{\infty}\frac{(-1)^n}{\sqrt{n}+(-1)^n}=\frac{1}{\sqrt{2}+1}-\frac{1}{\sqrt{3}-1}+\frac{1}{\sqrt{4}+1}-\frac{1}{\sqrt{5}-1}+\cdots$

① 当 n 为奇数时，$u_n=\frac{1}{\sqrt{n}-1}$，$u_{n+1}=\frac{1}{\sqrt{n+1}+1}$，所以 $\frac{u_n}{u_{n+1}}=\frac{\sqrt{n+1}+1}{\sqrt{n}-1}>\frac{\sqrt{n+1}+1}{\sqrt{n}+1}>1$，即 $u_n\geqslant u_{n+1}$.

② 当 n 为偶数时，$u_n=\frac{1}{\sqrt{n}+1}$，$u_{n+1}=\frac{1}{\sqrt{n+1}-1}$，

所以 $\frac{u_n}{u_{n+1}}=\frac{\sqrt{n+1}-1}{\sqrt{n}+1}>\frac{n}{(\sqrt{n}+1)(\sqrt{n+1}+1)}<\frac{n}{\sqrt{n}\cdot\sqrt{n}}=1$，即 $u_n<u_{n+1}$.

由情况 ①、② 可知，该级数不满足莱布尼茨判别法准则的条件，所以不能用该准则判别. 下面试用拆分法：

$$\sum_{n=2}^{\infty}\frac{(-1)^n}{\sqrt{n}+(-1)^n}=\sum_{n=2}^{\infty}\frac{(-1)^n[\sqrt{n}-(-1)^n]}{n-1}=\sum_{n=1}^{\infty}\frac{(-1)^{n+1}\sqrt{n+1}-1}{n}=\sum_{n=1}^{\infty}\frac{(-1)^{n+1}\sqrt{n+1}}{n}-\sum_{n=1}^{\infty}\frac{1}{n},$$

因为 $\sum_{n=1}^{\infty}\frac{(-1)^{n+1}\sqrt{n+1}}{n}$ 条件收敛，$\sum_{n=1}^{\infty}\frac{1}{n}$ 发散，所以级数 $\sum_{n=2}^{\infty}\frac{(-1)^n}{\sqrt{n}+(-1)^n}$ 发散.

(2) $\sum_{n=1}^{\infty}\left|\frac{(-1)^n}{\sqrt{n+(-1)^n}}\right|=\sum_{n=1}^{\infty}\frac{1}{\sqrt{n+(-1)^n}}$ 发散，故原级数不绝对收敛.

此级数为交错级数，但不满足莱布尼茨判别法准则的条件，可以用敛散性的定义来判别：

$S_{2n}=(\frac{1}{\sqrt{3}}-\frac{1}{\sqrt{2}})+(\frac{1}{\sqrt{5}}-\frac{1}{\sqrt{4}})+\cdots+(\frac{1}{\sqrt{2n+1}}-\frac{1}{\sqrt{2n}})$ 式中各项均小于零，故单调减少.

又 $S_{2n}=(\frac{1}{\sqrt{3}}-\frac{1}{\sqrt{2}})+(\frac{1}{\sqrt{5}}-\frac{1}{\sqrt{4}})+\cdots+(\frac{1}{\sqrt{2n+1}}-\frac{1}{\sqrt{2n}})>(\frac{1}{\sqrt{4}}-\frac{1}{\sqrt{2}})+(\frac{1}{\sqrt{6}}-\frac{1}{\sqrt{4}})+\cdots+(\frac{1}{\sqrt{2n+2}}-\frac{1}{\sqrt{2n}})=-\frac{1}{\sqrt{2}}+\frac{1}{\sqrt{2n+2}}>-\frac{1}{\sqrt{2}}$.

即 S_{2n} 有下界，故 $\lim\limits_{n\to\infty}S_{2n}$ 存在，不妨设其极限值为 S，即 $\lim\limits_{n\to\infty}S_{2n}=S$.

又 $\lim\limits_{n\to\infty}u_n=\lim\limits_{n\to\infty}\frac{(-1)^n}{\sqrt{n+(-1)^n}}=0$，

所以 $\lim\limits_{n\to\infty}S_{2n+1}=\lim\limits_{n\to\infty}(S_{2n}+u_{2n+1})=\lim\limits_{n\to\infty}S_{2n}+\lim\limits_{n\to\infty}u_{2n+1}=S+0=S$，

故 $\lim\limits_{n\to\infty}S_n=S$，所以原级数收敛，且为条件收敛.

第二节　实战演练与参考解析

1. 判定下列级数的敛散性：

(1) $\frac{1}{2}+\frac{2}{3}+\frac{3}{4}+\cdots+\frac{n}{n+1}+\cdots$；

(2) $\sum\limits_{n=1}^{\infty}\frac{(-1)^n}{3^n}$；

(3) $\frac{\ln 2}{2}+\frac{\ln^2 2}{2^2}+\cdots+\frac{\ln^n 2}{2^n}+\cdots$.

2. 证明级数 $1+2+3+\cdots+n+\cdots$ 是发散的.

3. 判定下列级数的敛散性：

(1) $\sum\limits_{n=1}^{\infty}[1+\frac{(-1)^{n-1}}{n}]$；

(2) $\sum\limits_{n=1}^{\infty}\frac{2n}{3n-1}$.

4. 判别下列级数的敛散性，收敛时求其和：

(1) $\sum\limits_{n=1}^{\infty}\frac{1}{\sqrt{n+1}+\sqrt{n}}$；

(2) $\sum\limits_{n=1}^{\infty}\frac{n}{(n+1)!}$；

(3) $\sum\limits_{n=1}^{\infty}\frac{1}{n(n+1)(n+2)}$.

5. 用比值判别法判断下列级数的敛散性：

(1) $\sum\limits_{n=1}^{\infty}\frac{n!}{n^n}$；

(2) $\sum_{n=1}^{\infty}\frac{1\times 3\times 5\cdots(2n-1)}{2\times 5\times 8\cdots(3n-1)}$;

(3) $\sum_{n=1}^{\infty}\frac{n^n}{a^n n!}(a>0,a\neq \mathrm{e})$.

6. 用比较判别法判断下列级数的敛散性：

(1) $\sum_{n=1}^{\infty}\frac{2+(-1)^n}{2^n}$;

(2) $\sum_{n=2}^{\infty}\tan\frac{\pi}{2^n}$;

(3) $\sum_{n=1}^{\infty}\frac{1}{\sqrt{1+n^2}}$;

(4) $\sum_{n=1}^{\infty}\frac{n}{2+n^2}$;

(5) $\sum_{n=1}^{\infty}(1-\cos\frac{1}{n})$;

(6) $\sum_{n=2}^{\infty}\frac{1}{(\ln n)^{\ln n}}$;

(7) $\sum_{n=1}^{\infty}\frac{1}{n^2-\ln n}$;

(8) $\sum_{n=1}^{\infty}\frac{4^n-3^n}{5^n-4^n}$;

(9) $\sum_{n=1}^{\infty}\frac{\ln n}{n^{\frac{4}{3}}}$;

(10) $\sum_{n=1}^{\infty}\frac{n\sin^2\frac{n\pi}{2}}{3^n}$.

7. 判定下列级数的敛散性.若收敛，是绝对收敛，还是条件收敛？

(1) $\sum_{n=1}^{\infty}(-1)^{n-1}\frac{1}{n}$;

(2) $\sum_{n=1}^{\infty}\frac{\sin n\alpha}{n^2}$;

(3) $\sum_{n=1}^{\infty}(-1)^n\frac{n!}{n^n}$;

(4) $\sum_{n=1}^{\infty}(-1)^{n-1}\frac{x^n}{n}$;

(5) $\sum_{n=1}^{\infty}(-1)^n\int_n^{n+1}\frac{\mathrm{e}^{-x}}{x}\mathrm{d}x$.

[参考解析]

1. (1) 由于$\lim\limits_{n\to\infty}\frac{n}{n+1}=1\neq 0$，故原级数发散.

(2) 由于该几何级数的公比为 $-\frac{1}{3}$,满足 $\left|-\frac{1}{3}\right|=\frac{1}{3}<1$,所以,该几何级数收敛.

(3) 由于该几何级数的公比为$\frac{\ln 2}{2}$,且$\left|\frac{\ln 2}{2}\right|<\frac{1}{2}<1$,所以,该几何级数收敛.

2. 该级数的部分和为 $S_n=1+2+3+\cdots+n=\frac{n(n+1)}{2}$. 显然,$\lim\limits_{n\to\infty}S_n=\infty$,因此该级数是发散的.

3. (1) 由于$\lim\limits_{n\to\infty}u_n=\lim\limits_{n\to\infty}[1+\frac{(-1)^{n-1}}{n}]=1\neq 0$,所以,由级数的性质可知所给级数是发散的.

(2) 由于$\lim\limits_{n\to\infty}u_n=\lim\limits_{n\to\infty}\frac{2n}{3n-1}=\frac{2}{3}$,所给级数$\sum\limits_{n=1}^{\infty}\frac{2n}{3n-1}$发散.

4. (1)$u_n=\frac{1}{\sqrt{n+1}+\sqrt{n}}=\sqrt{n+1}-\sqrt{n}$,则$\lim\limits_{n\to\infty}S_n=\lim\limits_{n\to\infty}(\sqrt{n+1}-\sqrt{1})$不存在,故级数$\sum\limits_{n=1}^{\infty}\frac{1}{\sqrt{n+1}+\sqrt{n}}$发散.

(2)$u_n=\frac{n+1-1}{(n+1)!}=\frac{1}{n!}-\frac{1}{(n+1)!}$,则 $S_n=(1-\frac{1}{2!})+(\frac{1}{2!}-\frac{1}{3!})+\cdots+(\frac{1}{n!}-\frac{1}{(n+1)!})=1-\frac{1}{(n+1)!}$,故级数$\sum\limits_{n=1}^{\infty}\frac{n}{(n+1)!}$收敛,且其和为 1.

(3)$u_n=\frac{1}{n(n+1)(n+2)}=\frac{1}{2}[\frac{1}{n(n+1)}-\frac{1}{(n+1)(n+2)}]$,

则 $S_n=\frac{1}{2}[(\frac{1}{1\cdot 2}-\frac{1}{2\cdot 3})+(\frac{1}{2\cdot 3}-\frac{1}{3\cdot 4})+\cdots+(\frac{1}{n(n+1)}-\frac{1}{(n+1)(n+2)})]=\frac{1}{2}[\frac{1}{1\cdot 2}-\frac{1}{(n+1)(n+2)}]$ 故 $\lim\limits_{n\to\infty}S_n=\lim\limits_{n\to\infty}\frac{1}{2}[\frac{1}{1\cdot 2}-\frac{1}{(n+1)(n+2)}]=\frac{1}{4}$,即 $\sum\limits_{n=1}^{\infty}\frac{1}{n(n+1)(n+2)}=\frac{1}{4}$.

5. (1) 因为$\lim\limits_{n\to\infty}\frac{u_{n+1}}{u_n}=\lim\limits_{n\to\infty}\frac{\frac{(n+1)!}{(n+1)^{n+1}}}{\frac{n!}{n^n}}=\lim\limits_{n\to\infty}(\frac{n}{n+1})^n=\lim\limits_{n\to\infty}\frac{1}{(1+\frac{1}{n})^n}=\frac{1}{e}<1$,所以由比值判别法知该级数收敛.

(2) 因为$\lim\limits_{n\to\infty}\frac{u_{n+1}}{u_n}=\lim\limits_{n\to\infty}\frac{\frac{1\times 3\times 5\times\cdots\times(2n+1)}{2\times 5\times 8\times\cdots\times(3n+2)}}{\frac{1\times 3\times 5\times\cdots\times(2n-1)}{2\times 5\times 8\times\cdots\times(3n-1)}}=\lim\limits_{n\to\infty}\frac{2n+1}{3n+2}=\frac{2}{3}<1$,所以由比值判别法知该级数收敛.

(3) $\lim\limits_{n\to\infty}\frac{u_{n+1}}{u_n}=\lim\limits_{n\to\infty}\frac{\frac{(n+1)^{n+1}}{a^{n+1}(n+1)!}}{\frac{n^n}{a^n n!}}=\frac{1}{a}\lim\limits_{n\to\infty}(1+\frac{1}{n})^n=\frac{\mathrm{e}}{a}$.

当 $a>\mathrm{e}$ 时,$\rho<1$,级数是收敛的;

当 $0<a<\mathrm{e}$ 时，$\rho>1$，级数是发散的.

6.(1) 通项 $u_n=\dfrac{2+(-1)^n}{2^n}$ 的分子随 n 的增加而变化，当 n 为奇数时等于 1，当 n 为偶数时等于 3，总之分子不超过 3，因此有 $\dfrac{2+(-1)^n}{2^n}<\dfrac{3}{2^n}$.

由于级数 $\sum\limits_{n=1}^{\infty}\dfrac{3}{2^n}$ 是公比为 $\dfrac{1}{2}$ 的几何级数，是收敛的，所以由比较判别法知，级数 $\sum\limits_{n=1}^{\infty}\dfrac{2+(-1)^n}{2^n}$ 也收敛.

(2) 当 $n\to\infty$ 时，$\tan\dfrac{\pi}{2^n}$ 与 $\dfrac{\pi}{2^n}$ 是无穷小量，而级数 $\sum\limits_{n=1}^{\infty}\dfrac{\pi}{2^n}$ 是公比为 $\dfrac{1}{2}$ 的几何级数，是收敛的，所以由比较判别法知，级数 $\sum\limits_{n=2}^{\infty}\tan\dfrac{\pi}{2^n}$ 收敛.

(3) 因为 $\dfrac{1}{\sqrt{1+n^2}}\geqslant\dfrac{1}{\sqrt{1+2n+n^2}}=\dfrac{1}{1+n}$，而级数 $\sum\limits_{n=1}^{\infty}\dfrac{1}{1+n}$ 发散，所以由比较判别法知，级数 $\sum\limits_{n=1}^{\infty}\dfrac{1}{\sqrt{1+n^2}}$ 发散.

(4) 因为 $\dfrac{n}{2+n^2}>\dfrac{n}{n+n^2}=\dfrac{1}{1+n}$，而级数 $\sum\limits_{n=1}^{\infty}\dfrac{1}{1+n}$ 发散，所以由比较判别法知，级数 $\sum\limits_{n=1}^{\infty}\dfrac{n}{2+n^2}$ 发散.

(5) 因为 $\lim\limits_{n\to\infty}\dfrac{1-\cos\dfrac{1}{n}}{\dfrac{1}{n^2}}=\lim\limits_{n\to\infty}\dfrac{2\sin^2\dfrac{1}{2n}}{\dfrac{1}{n^2}}=\lim\limits_{n\to\infty}\dfrac{1}{2}\cdot\left(\dfrac{\sin\dfrac{1}{2n}}{\dfrac{1}{2n}}\right)^2=\dfrac{1}{2}$，而级数 $\sum\limits_{n=1}^{\infty}\dfrac{1}{n^2}$ 收敛，由比较判别法知，级数 $\sum\limits_{n=1}^{\infty}\left(1-\cos\dfrac{1}{n}\right)$ 也收敛.

(6) 因为 $(\ln n)^{\ln n}=\mathrm{e}^{\ln(\ln n)^{\ln n}}=\mathrm{e}^{\ln n\cdot\ln(\ln n)}=(\mathrm{e}^{\ln n})^{\ln(\ln n)}=n^{\ln(\ln n)}>n^2\ (n>\mathrm{e}^{\mathrm{e}^2})$，故 $n>\mathrm{e}^{\mathrm{e}^2}$ 时，$\dfrac{1}{(\ln n)^{\ln n}}<\dfrac{1}{n^2}$，而 $\sum\limits_{n=1}^{\infty}\dfrac{1}{n^2}$ 收敛，由比较判别法知，级数 $\sum\limits_{n=2}^{\infty}\dfrac{1}{(\ln n)^{\ln n}}$ 收敛.

(7) 因为 $\lim\limits_{n\to\infty}\dfrac{\dfrac{1}{n^2-\ln n}}{\dfrac{1}{n^2}}=\lim\limits_{n\to\infty}\dfrac{1}{1-\dfrac{\ln n}{n^2}}=1$，而级数 $\sum\limits_{n=1}^{\infty}\dfrac{1}{n^2}$ 收敛，由比较判别法知，级数 $\sum\limits_{n=1}^{\infty}\dfrac{1}{n^2-\ln n}$ 收敛.

(8) 因为 $\lim\limits_{n\to\infty}\dfrac{\dfrac{4^n-3^n}{5^n-4^n}}{\left(\dfrac{4}{5}\right)^n}=\lim\limits_{n\to\infty}\dfrac{1-\left(\dfrac{3}{4}\right)^n}{1-\left(\dfrac{4}{5}\right)^n}=1$，而级数 $\sum\limits_{n=1}^{\infty}\left(\dfrac{4}{5}\right)^n$ 收敛，由比较判别法知，级数 $\sum\limits_{n=1}^{\infty}\dfrac{4^n-3^n}{5^n-4^n}$ 收敛.

(9) 因为$\lim\limits_{n\to\infty}\dfrac{u_{n+1}}{u_n}=\rho=1$，$\lim\limits_{n\to\infty}\sqrt[n]{u_n}=\rho=1$，所以只有用比较判别法(极限形式)，$\lim\limits_{n\to\infty}\dfrac{\frac{\ln n}{n^{\frac{4}{3}}}}{n^p}$
$=\lim\limits_{n\to\infty}\dfrac{\ln n}{n^{\frac{4}{3}-p}}$，当$p<\dfrac{4}{3}$时，$\lim\limits_{n\to\infty}\dfrac{\ln n}{n^{\frac{4}{3}-p}}=0$；取$p=\dfrac{7}{6}$，因$\sum\limits_{n=1}^{\infty}\dfrac{1}{n^{\frac{7}{6}}}$收敛，所以$\sum\limits_{n=1}^{\infty}\dfrac{\ln n}{n^{\frac{4}{3}}}$收敛.

(10) 因为$u_n=\dfrac{n\sin^2\frac{n\pi}{2}}{3^n}$，该级数为正项级数，由于$\lim\limits_{n\to\infty}\sin^2\dfrac{n\pi}{2}$不存在，所以，不能直接利用比值判别法.

但是，$u_n=\dfrac{n\sin^2\frac{n\pi}{2}}{3^n}\leqslant\dfrac{n}{3^n}$，由比值判别法可以判别级数$\sum\limits_{n=1}^{\infty}\dfrac{n}{3^n}$收敛，进而由比较判别法知级数$\sum\limits_{n=1}^{\infty}\dfrac{n\sin^2\frac{n\pi}{2}}{3^n}$收敛.

7. (1) 由于$\lim\limits_{n\to\infty}\dfrac{1}{n}=0$，$\dfrac{1}{n}>\dfrac{1}{1+n}$，即满足莱布尼茨定理条件，所以级数$\sum\limits_{n=1}^{\infty}(-1)^{n-1}\dfrac{1}{n}$收敛. 但$\sum\limits_{n=1}^{\infty}\left|(-1)^{n-1}\dfrac{1}{n}\right|=\sum\limits_{n=1}^{\infty}\dfrac{1}{n}$是发散的，因此，级数$\sum\limits_{n=1}^{\infty}(-1)^{n-1}\dfrac{1}{n}$是条件收敛.

(2) 因为$|u_n|=\left|\dfrac{\sin n\alpha}{n^2}\right|\leqslant\dfrac{1}{n^2}$，$\sum\limits_{n=1}^{\infty}\dfrac{1}{n^2}$是$p=2$的$p$级数，所以所给级数绝对收敛.

(3) 由于$\lim\limits_{n\to\infty}\dfrac{|u_{n+1}|}{|u_n|}=\lim\limits_{n\to\infty}\left[\dfrac{(n+1)!}{(n+1)^{n+1}}\times\dfrac{n^n}{n!}\right]=\lim\limits_{n\to\infty}\dfrac{1}{(1+\frac{1}{n})^n}=\dfrac{1}{e}<1$，由比值判别法可知，级数$\sum\limits_{n=1}^{\infty}\left|(-1)^n\dfrac{n!}{n^n}\right|$是收敛的，所以级数$\sum\limits_{n=1}^{\infty}(-1)^n\dfrac{n!}{n^n}$是绝对收敛.

(4) 因为$\lim\limits_{n\to\infty}\left|\dfrac{u_{n+1}}{u_n}\right|=\lim\limits_{n\to\infty}\left|\dfrac{x^{n+1}}{n+1}\cdot\dfrac{n}{x^n}\right|=\lim\limits_{n\to\infty}\dfrac{n}{n+1}|x|=|x|$，所以

当$|x|>1$时，级数$\sum\limits_{n=1}^{\infty}\left|(-1)^{n-1}\dfrac{x^n}{n}\right|$发散，从而原级数也发散；

当$|x|<1$时，级数$\sum\limits_{n=1}^{\infty}\left|(-1)^{n-1}\dfrac{x^n}{n}\right|$收敛，从而原级数绝对收敛；

当$x=1$时，级数$\sum\limits_{n=1}^{\infty}(-1)^{n-1}\dfrac{1}{n}$，条件收敛；

当$x=-1$时，级数$\sum\limits_{n=1}^{\infty}(-1)^{n-1}\dfrac{(-1)^n}{n}=-\sum\limits_{n=1}^{\infty}\dfrac{1}{n}$，它是发散的；

综上所述，当$-1<x\leqslant1$时，原级数收敛；当$x>1$或$x\leqslant-1$时，原级数发散.

(5) 因为$0<\int_n^{n+1}\dfrac{e^{-x}}{x}dx<\int_n^{n+1}e^{-x}dx=(1-\dfrac{1}{e})\dfrac{1}{e^n}$，且因为$\sum\limits_{n=1}^{\infty}\dfrac{1}{e^n}$收敛，由级数的性质可知$\sum\limits_{n=1}^{\infty}(-1)^n\int_n^{n+1}\dfrac{e^{-x}}{x}dx$绝对收敛.

第九章　幂级数

[考试大纲]

1. 理解幂级数、幂级数收敛及和函数的概念. 会求幂级数的收敛半径与收敛区间.

2. 掌握幂级数和、差、积的运算.

3. 掌握幂级数在其收敛区间内的基本性质：和函数是连续的、和函数可逐项求导及和函数可逐项积分.

4. 熟记 e^x、$\sin x$、$\cos x$、$\ln(1+x)$、$\frac{1}{1-x}$ 的麦克劳林(Maclaurin) 级数，会将一些简单的初等函数展开为 $x-x_0$ 的幂级数.

第一节　考点解读与典型题型

一、幂级数的概念、收敛性及收敛半径及收敛区间与收敛域

1. 考点解读

(1) 幂级数的概念及收敛性详见《基础教程》第九章第一节的详细说明，牢记幂级数的收敛的判定准则(绝对收敛原理)，即幂级数在其收敛区间内的每一点处皆绝对收敛.

(2) 求幂级数的收敛半径及收敛区间(开区间) 从下面几点考虑：

① 对于标准型幂级数 $\sum\limits_{n=0}^{\infty}a_nx^n$，首先求极限 $\rho=\lim\limits_{n\to\infty}\left|\frac{a_{n+1}}{a_n}\right|$ 或 $\lim\limits_{n\to\infty}\sqrt[n]{|a_n|}$，则收敛半径为 $R=\begin{cases}+\infty, & \rho=0\\ \frac{1}{\rho}, & 0<\rho<+\infty\\ 0, & \rho=+\infty\end{cases}$，收敛区间为 $(-R,R)$；

② 对于一般型幂级数 $\sum\limits_{n=0}^{\infty}a_n(x-x_0)^n$，仍按 ① 的方法求收敛半径 R，收敛区间为 (x_0-R,x_0+R)，即以 x_0 为中心 R 为半径的开区间；

③ 对于 $\sum\limits_{n=0}^{\infty}a_nx^{2n}$ 或 $\sum\limits_{n=0}^{\infty}a_nx^{2n+1}$ 等缺项幂级数，先取其绝对值级数，再用正项级数的比值判别法 $\lim\limits_{n\to\infty}\frac{|u_{n+1}(x)|}{|u_n(x)|}<1$ 确定其收敛半径及收敛区间；或作变换将其化为标准幂级数进行讨论.

(3) 求幂级数的收敛域：在(2) 中求得的收敛区间的基础上，再确定端点的敛散性，从而

得出收敛域.

2. 典型题型

例 1 求$\sum_{n=1}^{\infty}\frac{(-1)^n}{3^{n-1}\sqrt{n}}x^n$的收敛半径、收敛区间(开区间,不讨论端点处的敛散性,下同).

解 该级数为标准幂级数,且$a_n=\frac{(-1)^n}{3^{n-1}\sqrt{n}}$,于是

$$\rho=\lim_{n\to\infty}\left|\frac{a_{n+1}}{a_n}\right|=\lim_{n\to\infty}\left|\frac{\frac{(-1)^{n+1}}{3^n\sqrt{n+1}}}{\frac{(-1)^n}{3^{n-1}\sqrt{n}}}\right|=\lim_{n\to\infty}\frac{\sqrt{n}}{3\sqrt{n+1}}=\frac{1}{3},$$

所以,收敛半径$R=\frac{1}{\rho}=3$,收敛半径为$(-3,3)$.

例 2 求$\sum_{n=1}^{\infty}(-1)^n\frac{(x-1)^n}{2n+1}$的收敛半径、收敛区间.

解 该级数为一般幂级数,其收敛半径仍由幂级数的系数确定.

因为$a_n=(-1)^n\frac{1}{2n+1}$,所以$\rho=\lim_{n\to\infty}\left|\frac{a_{n+1}}{a_n}\right|=\lim_{n\to\infty}\left|\frac{(-1)^{n+1}\frac{1}{2n+3}}{(-1)^n\frac{1}{2n+1}}\right|=\lim_{n\to\infty}\frac{2n+1}{2n+3}=1$,

于是,收敛半径为$R=\frac{1}{\rho}=1$,从而,其收敛区间:$|x-1|<1$,即$(0,2)$.

例 3 求$\sum_{n=0}^{\infty}\frac{3^n}{n}x^n$的收敛半径、收敛域.

解 因为$\rho=\lim_{n\to\infty}\left|\frac{a_{n+1}}{a_n}\right|=\lim_{n\to\infty}\left|\frac{\frac{3^{n+1}}{n+1}}{\frac{3^n}{n}}\right|=\lim_{n\to\infty}(\frac{3^{n+1}}{n+1}\cdot\frac{n}{3^n})=3\lim_{n\to\infty}\frac{n}{n+1}=3$,所以级数的收敛半径为$R=\frac{1}{\rho}=\frac{1}{3}$,收敛区间为$(-\frac{1}{3},\frac{1}{3})$.

当$x=-\frac{1}{3}$,该级数为交错级数$\sum_{n=1}^{\infty}(-1)^n\frac{1}{n}$,收敛;

当$x=\frac{1}{3}$时,该级数为调和级数$\sum_{n=0}^{\infty}\frac{1}{n}$,发散.

故该幂级数的收敛区间为$[-\frac{1}{3},\frac{1}{3})$.

例 4 求幂级数$\sum_{n=1}^{\infty}2^nx^{2n-1}$的收敛半径.

解 所给幂级数缺少偶数次幂的项,不同于幂级数的标准形式,因此不能直接应用定理,这时可根据定理求其收敛半径.

因为$\lim_{n\to\infty}\left|\frac{u_{n+1}(x)}{u_n(x)}\right|=\lim_{n\to\infty}\left|\frac{2^{n+1}x^{2n+1}}{2^nx^{2n-1}}\right|=\lim_{n\to\infty}2|x^2|=2|x|^2$,

当$2|x|^2<1$,即$|x|<\frac{\sqrt{2}}{2}$时,所给级数绝对收敛,

当 $2|x|^2>1$，即 $|x|>\frac{\sqrt{2}}{2}$ 时，所给级数发散，

因此级数的收敛半径为 $R=\frac{\sqrt{2}}{2}$.

例 5　求下列幂级数的收敛域和收敛半径：

(1) $\sum\limits_{n=1}^{\infty}\frac{2^n}{n+1}x^{2n-1}$；　　(2) $\sum\limits_{n=1}^{\infty}\frac{\ln n}{2^n}(x-a)^{2n}$；

(3) $\sum\limits_{n=1}^{\infty}\frac{2+(-1)^n}{2^n}x^n$；　　(4) $\sum\limits_{n=1}^{\infty}\frac{n}{2^n+(-3)^n}x^{2n-1}$.

解　(1) 此级数缺少 x 的偶次幂项，直接用比值判别法求收敛半径.

因为 $\lim\limits_{n\to\infty}\left|\frac{u_{n+1}(x)}{u_n(x)}\right|=\lim\limits_{n\to\infty}\frac{2(n+1)}{n+2}|x^2|=2x^2$，令 $2x^2<1$，即 $|x|<\frac{1}{\sqrt{2}}$，得级数的收敛区间为 $(-\frac{1}{\sqrt{2}},\frac{1}{\sqrt{2}})$，收敛半径为 $R=\frac{1}{\sqrt{2}}$.

当 $x=-\frac{1}{\sqrt{2}}$ 时，级数为 $\sum\limits_{n=1}^{\infty}\frac{2^n}{n+1}(-\frac{1}{\sqrt{2}})^{2n-1}=-\sqrt{2}\sum\limits_{n=1}^{\infty}\frac{1}{n+1}$，发散；

当 $x=\frac{1}{\sqrt{2}}$ 时，级数为 $\sum\limits_{n=1}^{\infty}\frac{2^n}{n+1}(\frac{1}{\sqrt{2}})^{2n-1}=\sqrt{2}\sum\limits_{n=1}^{\infty}\frac{1}{n+1}$，发散；

故级数 $\sum\limits_{n=1}^{\infty}\frac{2^n}{n+1}x^{2n-1}$ 的收敛域为 $(-\frac{1}{\sqrt{2}},\frac{1}{\sqrt{2}})$.

(2) 此级数缺少 x 的奇次幂项，直接用比值判别法求收敛半径.

因为 $\lim\limits_{n\to\infty}\left|\frac{u_{n+1}(x)}{u_n(x)}\right|=\lim\limits_{n\to\infty}\frac{1}{2}\frac{\ln(n+1)}{\ln n}|(x-a)^2|=\frac{1}{2}(x-a)^2$，令 $\frac{1}{2}(x-a)^2<1$，得级数的收敛区间为 $(a-\sqrt{2},a+\sqrt{2})$，收敛半径为 $R=\sqrt{2}$.

当 $x=a\pm\sqrt{2}$ 时，级数为 $\sum\limits_{n=1}^{\infty}\ln n$，发散，

故级数 $\sum\limits_{n=1}^{\infty}\frac{\ln n}{2^n}(x-a)^{2n}$ 的收敛域为 $(a-\sqrt{2},a+\sqrt{2})$.

(3) 因为 $\rho=\lim\limits_{n\to\infty}\sqrt[n]{|a_n|}=\lim\limits_{n\to\infty}\frac{\sqrt[n]{2+(-1)^n}}{2}=\frac{1}{2}$，所以收敛半径为 $R=\frac{1}{\rho}=2$，收敛区间为 $(-2,2)$.

当 $x=\pm 2$ 时，级数为 $\sum\limits_{n=1}^{\infty}[2+(-1)^n](\pm 1)^n$，其一般项不趋于 0，发散.

故级数 $\sum\limits_{n=1}^{\infty}\frac{2+(-1)^n}{2^n}x^n$ 的收敛域为 $(-2,2)$.

(4) 因 $\lim\limits_{n\to\infty}\left|\frac{u_{n+1}(x)}{u_n(x)}\right|=\lim\limits_{n\to\infty}\left|\frac{n+1}{2^{n+1}+(-3)^{n+1}}x^{2n+1}\cdot\frac{2^n+(-3)^n}{nx^{2n-1}}\right|=\lim\limits_{n\to\infty}\left|\frac{n+1}{n}\cdot\frac{2^n+(-3)^n}{2^{n+1}+(-3)^{n+1}}x^2\right|=\frac{x^2}{3}$，

令 $\frac{x^2}{3}<1$，即 $|x|<\sqrt{3}$，解的收敛半径为 $R=\sqrt{3}$，收敛区间为 $(-\sqrt{3},\sqrt{3})$.

当 $x=-\sqrt{3}$ 时，原级数为 $\sum\limits_{n=1}^{\infty}\frac{n}{2^n+(-3)^n}(-\sqrt{3})^{2n-1}$，发散；

当 $x=\sqrt{3}$ 时,原级数为$\sum\limits_{n=1}^{\infty}\frac{n}{2^n+(-3)^n}(\sqrt{3})^{2n-1}$,发散,

故级数$\sum\limits_{n=1}^{\infty}\frac{n}{2^n+(-3)^n}x^{2n-1}$的收敛域为$(-\sqrt{3},\sqrt{3})$.

二、和函数的求法、幂级数的运算性质

1. 考点解读

(1) 数项级数的和函数的求法

方法一:利用级数收敛性的定义,步骤如下:

① $u_n=v_{n+1}-v_n$;

② 求 S_n;

③ 求$\lim\limits_{n\to\infty}S_n$.

方法二:利用阿贝尔定理构造幂级数法:

① $\sum\limits_{n=1}^{\infty}a_n$ 构造幂级数$\sum\limits_{n=1}^{\infty}a_nx^n\Rightarrow$ 和函数 $f(x)$;

② $\sum\limits_{n=1}^{\infty}a_n=\lim\limits_{x\to 1^-}f(x)$.

(2) 幂级数的和函数的求法

方法一:

① 先求出幂级数的收敛域;

② 利用逐项微分、积分将通项中除了以 n 为指数幂 2^n、3^n、…,及阶乘 $n!$、$(2n)!$、$(2n+1)!$之外的与 n 相关的系数全部去掉,使其成为七个展开式中通项的一种形式(若要去掉的因子在分子上,则通过逐项积分法;若要去掉的因子在分母上,则通过逐项微分法),然后写出对应的和函数;

③ 作与步骤(2) 相反的分析运算,便得原幂级数的和函数.

方法二:

① 设级数的和函数为 $S(x)$,对其求导,观察 $S(x)$ 与 $S'(x)$ 或 $S''(x)$ 的关系;

② 求解关于 $S(x)$ 的微分方程.

(3) 幂级数的运算性质详见《辅导教程·基础篇》第九章第一节的详细说明,牢记幂级数的代数(和、差、积)运算性质及和函数的三个运算性质.

2. 典型题型

例 1 判定级数$\sum\limits_{n=2}^{\infty}\ln\frac{n^2-1}{n^2}$是否收敛,若收敛,求其和.

解 因为 $u_n=\ln(n^2-1)-\ln n^2=[\ln(n-1)-\ln n]+[\ln(n+1)-\ln n]$,

所以 $S_n=\sum\limits_{i=2}^{n}u_i=(\ln 1-\ln 2)+\ln(n+1)-\ln n$(只剩首尾项)$=\ln\frac{n+1}{n}-\ln 2$,

故$\lim\limits_{n\to\infty}S_n=\lim\limits_{n\to\infty}(\ln\frac{n+1}{n}-\ln 2)=-\ln 2$.

例 2 求级数$\sum\limits_{n=0}^{\infty}\frac{(-1)^n\cdot(n^2-n+1)}{2^n}$的和.

解　$\sum_{n=0}^{\infty}\frac{(-1)^n\cdot(n^2-n+1)}{2^n}=\sum_{n=0}^{\infty}(-\frac{1}{2})^n+\sum_{n=2}^{\infty}n(n-1)(-\frac{1}{2})^n$，其中$\sum_{n=0}^{\infty}(-\frac{1}{2})^n=\frac{1}{1+\frac{1}{2}}=\frac{2}{3}$. 对$\sum_{n=0}^{\infty}x^n=\frac{1}{1-x}$连续求导两次，得$\sum_{n=2}^{\infty}n(n-1)x^{n-2}=(\frac{1}{1-x})''=\frac{2}{(1-x)^3}$，$x\in(-1,1)$，则有$\sum_{n=2}^{\infty}n(n-1)x^n=\frac{2x^2}{(1-x)^3}$，$x\in(-1,1)$，则当$x=-\frac{1}{2}$时，即有$\sum_{n=2}^{\infty}n(n-1)(-\frac{1}{2})^n=\frac{4}{27}$，

故$\sum_{n=0}^{\infty}\frac{(-1)^n\cdot(n^2-n+1)}{2^n}=\frac{4}{27}+\frac{2}{3}=\frac{22}{27}$.

例 3　求幂级数$\sum_{n=0}^{\infty}\frac{(-1)^n}{n+1}x^{n+1}$的和函数，并求$\sum_{n=1}^{\infty}\frac{(-1)^{n-1}}{n}$.

解　设所给级数的和函数为$S(x)=\sum_{n=0}^{\infty}\frac{(-1)^n}{n+1}x^{n+1}$，两端求导得

$S'(x)=\sum_{n=0}^{\infty}(-1)^nx^n=1-x+x^2-x^3+\cdots+(-1)^nx^n+\cdots=\frac{1}{1+x}(-1<x<1)$，
两端积分得

$S(x)=\int_0^x\frac{1}{1+x}\mathrm{d}x=\ln(1+x)(-1<x\leqslant 1)$，将$x=1$代入上式，得

$\sum_{n=0}^{\infty}\frac{(-1)^n}{n+1}=\ln 2=\sum_{n=1}^{\infty}\frac{(-1)^{n-1}}{n}$，即$\sum_{n=1}^{\infty}\frac{(-1)^{n-1}}{n}=\ln 2$.

例 4　求下列幂级数在其收敛区间内的和函数：

(1)$\sum_{n=0}^{\infty}(-1)^n\cdot\frac{x^{2n+1}}{2n+1}$，$|x|<1$；　　(2)$\sum_{n=1}^{\infty}\frac{n}{n+1}x^{n+1}$，$|x|<1$.

解　(1) 由级数的通项特点知，若对级数在其收敛区间内逐项求导，可把级数化为等比级数，进而便于求和.

令$S(x)=\sum_{n=0}^{\infty}(-1)^n\cdot\frac{x^{2n+1}}{2n+1}$，$|x|<1$，

于是，$S'(x)=\sum_{n=0}^{\infty}(-1)^n\cdot x^{2n}=\sum_{n=0}^{\infty}(-x^2)^n$，$|x|<1$.

显然，右端为公比$q=-x^2$的等比级数，且$|q|=|-x^2|=|x^2|<1$，(因为$|x|<1$)，故$S'(x)=\frac{1}{1+x^2}$，且$S(0)=0$，对该式两边积分，可得$S(x)-S(0)=\int_0^x\frac{1}{1+x^2}\mathrm{d}x=\arctan x$，所以，已知级数的和函数$S(x)=\arctan x$，$|x|<1$.

(2) 由级数的通项特征知，若对级数在其收敛区间内逐项求导，

得$\sum_{n=1}^{\infty}nx^n=x\cdot\sum_{n=1}^{\infty}nx^{n-1}$，而级数$\sum_{n=1}^{\infty}nx^{n-1}$可通过逐项积分化为等比级数$\sum_{n=1}^{\infty}x^n$进而求和，之后，再作上述过程的逆运算，求得原级数的和函数. 具体如下：

因为$\sum_{n=1}^{\infty}x^n=\frac{x}{1-x}$，$|x|<1$，两边求导$\sum_{n=1}^{\infty}nx^{n-1}=(\frac{x}{1-x})'=\frac{1}{(1-x)^2}$，$|x|<1$.

即有$\sum_{n=1}^{\infty}nx^n = x\cdot\sum_{n=1}^{\infty}nx^{n-1} = x\cdot\frac{1}{(1-x)^2} = \frac{x}{(1-x)^2},|x|<1,$

对上式两边积分，得

$\sum_{n=1}^{\infty}\frac{n}{n+1}x^{n+1} = \int_0^x\frac{x}{(1-x)^2}\mathrm{d}x = \int_0^x\frac{x-1+1}{(x-1)^2}\mathrm{d}x = \int_0^x\frac{1}{x-1}\mathrm{d}x + \int_0^x\frac{1}{(x-1)^2}\mathrm{d}x =$ $\int_0^x\frac{1}{x-1}\mathrm{d}(x-1) + \int_0^x\frac{1}{(x-1)^2}\mathrm{d}(x-1) = \ln(x-1)\big|_0^x - \frac{1}{x-1}\ _0^x = \ln(x-1) - \frac{x}{x-1},|x|<1.$

例 5 求幂级数$\sum_{n=0}^{\infty}(2n+1)x^n$的收敛域，并求其和函数.

解 (1) 收敛半径$R = \lim_{n\to\infty}\left|\frac{a_n}{a_{n+1}}\right| = \lim_{n\to\infty}\frac{2n+1}{2n+3} = 1$，当$x=\pm1$时，由于一般项不趋于零，级数发散，所以级数收敛域为$(-1,1)$.

(2) 为求和函数，先积分，转化成等比级数，再求和，最后再求导.

$S(x) = \sum_{n=0}^{\infty}(2n+1)x^n = 2x\sum_{n=1}^{\infty}nx^{n-1} + \sum_{n=0}^{\infty}x^n = 2x(\sum_{n=1}^{\infty}x^n)' + \frac{1}{1-x} = \frac{2x}{(1-x)^2} + \frac{1}{1-x}$ $= \frac{1+x}{(1-x)^2},x\in(-1,1).$

例 6 求幂级数$\sum_{n=1}^{\infty}(2n-1)x^{2n-2}$的收敛区间及和函数$S(x)$，并求级数$\sum_{n=1}^{\infty}\frac{2n-1}{2^{n-1}}$的和.

解 收敛半径$R = \lim_{n\to\infty}\left|\frac{a_n}{a_{n+1}}\right| = \lim_{n\to\infty}\frac{2n-1}{2n+1} = 1$，收敛区间为$(-1,1)$，

设$S(x) = \sum_{n=1}^{\infty}(2n-1)x^{2n-2}$，则$\int_0^x S(x)\mathrm{d}x = \sum_{n=1}^{\infty}x^{2n-1} = \frac{x}{1-x^2},|x|<1,$

两边对x求导数，得$S(x) = (\frac{x}{1-x^2})' = \frac{1+x^2}{(1-x^2)^2},|x|<1,$

取$x = \frac{1}{\sqrt{2}}$，则$\sum_{n=1}^{\infty}\frac{2n-1}{2^{n-1}} = S(\frac{1}{\sqrt{2}}) = \frac{1+\frac{1}{2}}{(1-\frac{1}{2})^2} = 6.$

例 7 (1) 验证函数$y(x) = 1+\frac{x^3}{3!}+\frac{x^6}{6!}+\frac{x^9}{9!}+\cdots+\frac{x^{3n}}{(3n)!}+\cdots(-\infty<x<+\infty)$满足微分方程$y''+y'+y=\mathrm{e}^x$；

(2) 利用(1)的结果求幂级数$\sum_{n=0}^{\infty}\frac{x^{3n}}{(3n)!}$的和函数.

解 (1) 易得幂级数$\sum_{n=0}^{\infty}\frac{x^{3n}}{(3n)!}$的收敛区间为$(-\infty,+\infty)$，由幂级数的逐项求导性质，得

$y'(x) = \frac{x^2}{2!}+\frac{x^5}{5!}+\frac{x^8}{8!}+\cdots+\sum_{n=0}^{\infty}\frac{x^{3n-1}}{(3n-1)!}+\cdots$

$y''(x) = x+\frac{x^4}{4!}+\frac{x^7}{7!}+\cdots+\sum_{n=0}^{\infty}\frac{x^{3n-2}}{(3n-2)!}+\cdots$

于是$y''+y'+y = 1+x+\frac{x^2}{2!}+\frac{x^3}{3!}+\frac{x^4}{4!}+\cdots = \mathrm{e}^x.$

(2) 由于(1)及 $y(0)=1, y'(0)=0$，所以幂级数 $\sum_{n=0}^{\infty}\frac{x^{3n}}{(3n)!}$ 的和函数即为方程 $y''+y'+y=e^x$，满足初始条件 $y(0)=1, y'(0)=0$ 的解.

方程 $y''+y'+y=e^x$ 对应的齐次方程 $y''+y'+y=0$ 的特征方程为 $\lambda^2+\lambda+1=0$，

求得特征根为 $\lambda_{1,2}=-\frac{1}{2}\pm\frac{\sqrt{3}}{2}i$；

可设方程 $y''+y'+y=e^x$ 的特解为 $y^*=Ae^x$，代入方程得 $A=\frac{1}{3}$，即 $y^*=\frac{1}{3}e^x$. 所以方程的通解为 $y=e^{-\frac{x}{2}}(C_1\cos\frac{\sqrt{3}}{2}x+C_2\sin\frac{\sqrt{3}}{2}x)+\frac{1}{3}e^x$，

代入初始条件 $y(0)=1, y'(0)=0$，得 $C_1=\frac{2}{3}, C_2=0$.

所以，幂级数 $\sum_{n=0}^{\infty}\frac{x^{3n}}{(3n)!}$ 的和函数为 $y=\frac{2}{3}e^{-\frac{x}{2}}\cos\frac{\sqrt{3}}{2}x+\frac{1}{3}e^x, (-\infty<x<+\infty)$.

三、初等函数展开成幂级数

1. 考点解读

(1) 函数展开成幂级数的定理和七个常用展开式详见《基础教程》第九章第二节的详细说明，熟记该七个常见函数的麦克劳林级数.

(2) 函数展开成幂级数的两大方法：直接法（泰勒级数法）和间接法（利用七个展开式，结合四则运算、复合运算、变量替换、逐项微分、逐项积分而达到求出给定函数的泰勒展开式的目的），一般用间接法. 具体方法介绍详见《基础教程》第九章第二节的详细说明.

2. 典型题型

例 1　求下列函数的麦克劳林级数：

(1) $\frac{e^x+e^{-x}}{2}$；　　(2) $\int_0^x \cos t^2\,dt$.

解　(1) 由于 $e^x=1+x+\frac{x^2}{2!}+\frac{x^3}{3!}+\cdots+\frac{x^n}{n!}+\cdots(-\infty<x<+\infty)$，

故 $e^{-x}=1-x+\frac{x^2}{2!}-\frac{x^3}{3!}+\cdots+(-1)^n\frac{x^n}{n!}+\cdots(-\infty<x<+\infty)$，

于是 $\frac{e^x+e^{-x}}{2}=1+\frac{x^2}{2!}+\frac{x^4}{4!}+\cdots+\frac{x^{2n}}{(2n)!}+\cdots(-\infty<x<+\infty)$.

(2) 由于 $\cos t^2=1-\frac{t^4}{2!}+\frac{x^8}{4!}+\cdots+(-1)^n\frac{t^{4n}}{(2n)!}+\cdots(-\infty<x<+\infty)$，

故 $\int_0^x\cos t^2\,dt=x-\frac{x^5}{5\cdot 2!}+\frac{x^9}{9\cdot 4!}+\cdots+(-1)^n\cdot\frac{x^{4n+1}}{(4n+1)(2n)!}+\cdots(-\infty<x<+\infty)$.

例 2　将下列函数展开成幂级数：

(1) $\ln(1-2x)$；　　(2) $\arctan x$.

解　(1) $\ln(1-2x)=\ln[1+(-2x)]=\sum_{n=0}^{\infty}(-1)^n\cdot\frac{(-2x)^{n+1}}{n+1}=-\sum_{n=0}^{\infty}\frac{2^{n+1}x^{n+1}}{n+1}$，且 $-2x\in(-1,1]$，即 $x\in[-\frac{1}{2},\frac{1}{2})$.

(2) 因为$(\arctan x)'=\dfrac{1}{1+x^2}=\sum\limits_{n=0}^{\infty}(-1)^n x^{2n}$,所以

$$\arctan x=\int_0^x(\arctan x)'\mathrm{d}x=\sum_{n=0}^{\infty}\int_0^x(-1)^n x^{2n}\mathrm{d}x=\sum_{n=0}^{\infty}\frac{(-1)^n}{2n+1}x^{2n+1}\Big|_0^x$$

$$=\sum_{n=0}^{\infty}\frac{(-1)^n}{2n+1}x^{2n+1},x\in[-1,1].$$

例 3 求下列函数在指定点处的幂级数展开式:

(1)$\cos x$ 在 $x=\dfrac{\pi}{2}$ 处; (2)$\ln x$ 在 $x=2$ 处;

(3) $\dfrac{1}{2+x-x^2}$ 在 $x=1$ 处; (4)e^{x^2+3} 在 $x=0$ 处.

解 (1) 因为 $\cos x=-\sin(x-\dfrac{\pi}{2})$,故由

$$\sin t=t-\frac{t^3}{3!}+\frac{t^5}{5!}+\cdots+(-1)^{n-1}\frac{t^{2n-1}}{(2n-1)!}+\cdots(-\infty<t<+\infty)$$

知 $\cos x=-\sum\limits_{n=1}^{\infty}(-1)^{n-1}\dfrac{(x-\frac{\pi}{2})^{2n-1}}{(2n-1)!}=\sum\limits_{n=1}^{\infty}(-1)^{n-1}\dfrac{(x-\frac{\pi}{2})^{2n-1}}{(2n-1)!}(-\infty<x<+\infty)$.

(2) 由于 $\ln x=\ln[2+(x-2)]=\ln2+\ln(1+\dfrac{x-2}{2})$,

而 $\ln(1+t)=t-\dfrac{t^2}{2}+\dfrac{t^3}{3}+\cdots+(-1)^{n-1}\dfrac{t^n}{n}+\cdots(-1<x\leqslant 1)$,

故 $\ln x=\ln2+\sum\limits_{n=1}^{\infty}(-1)^{n-1}\dfrac{(x-2)^n}{2^n\cdot n}$,$(0<x\leqslant 4)$.

(3) 由于 $\dfrac{1}{2+x-x^2}=\dfrac{1}{3}(\dfrac{1}{2-x}+\dfrac{1}{1+x})=\dfrac{1}{3}[\dfrac{1}{1-(x-1)}+\dfrac{1}{2}\cdot\dfrac{1}{1+\frac{x-1}{2}}]=$

$\dfrac{1}{3}\sum\limits_{n=0}^{\infty}(-1)^n[-(x-1)]^n+\dfrac{1}{6}\sum\limits_{n=0}^{\infty}(-1)^n(\dfrac{x-1}{2})^n=\dfrac{1}{3}\sum\limits_{n=0}^{\infty}(x-1)^n+\dfrac{1}{6}\sum\limits_{n=0}^{\infty}\dfrac{(-1)^n(x-1)^n}{2^n}$,

且$\begin{cases}-1<-(x-1)<1\\-1<\dfrac{x-1}{2}<1\end{cases}$,解得 $0<x<2$,

所以$\dfrac{1}{2+x-x^2}=\dfrac{1}{3}\sum\limits_{n=0}^{\infty}(x-1)^n+\dfrac{1}{6}\sum\limits_{n=0}^{\infty}\dfrac{(-1)^n(x-1)^n}{2^n}$,$x\in(0,2)$.

(4)$\mathrm{e}^{x^2+3}=\mathrm{e}^3\cdot\mathrm{e}^{x^2}=\mathrm{e}^3\cdot\sum\limits_{n=0}^{\infty}\dfrac{x^{2n}}{n!}$,且 $x\in(-\infty,+\infty)$.

例 4 求函数 $f(x)=x^2\cdot\ln(1+x)$ 在 $x=0$ 处的 n 阶导数.

解 由麦克劳林级数的构造知,在 $f(x)$ 的幂级数展开式中 x^n 项的系数为$\dfrac{f^{(n)}(0)}{n!}$,因此,只要求出幂级数中 x^n 项的系数,即可得到 $f^{(n)}(0)$ 的值.

首先求 $f(x)$ 的幂级数展开式.

因为 $\ln(1+x)x=\sum\limits_{n=0}^{\infty}(-1)^n\cdot\dfrac{x^{n+1}}{n+1}\quad(-1<x\leqslant 1)$,

所以 $f(x)=x^2\cdot\ln(1+x)=\sum\limits_{n=0}^{\infty}(-1)^n\cdot\dfrac{x^{n+3}}{n+1}\quad(-1<x\leqslant 1)$，

在上式中，x^n 项的系数为 $(-1)^{n-1}\cdot\dfrac{1}{n-2}\quad(n>2)$，

即 $n>2$ 时，$\dfrac{f^{(n)}(0)}{n!}=(-1)^{n-1}\cdot\dfrac{1}{n-2}$，于是 $f^{(n)}(0)=(-1)^{n-1}\cdot\dfrac{n!}{n-2}\quad(n>2)$.

又当 $n=1$ 时，$f'(x)=2x\ln(1+x)+\dfrac{x^2}{1+x}$，$f'(0)=0$；

当 $n=2$ 时，$f''(x)=2\ln(1+x)+\dfrac{2x}{1+x}+\dfrac{2x+x^2}{(1+x)^2}$，$f''(0)=0$.

所以 $f^{(n)}(0)=\begin{cases}0, & n=1,2\\(-1)^{n-1}\cdot\dfrac{n!}{n-2}, & n\geqslant 3\end{cases}$.

第二节　实战演练与参考解析

1. 求幂级数 $\sum\limits_{n=0}^{\infty}\dfrac{(-1)^{n+1}}{n!}x^n$ 的收敛半径、收敛区间与收敛域.

2. 求幂级数 $\sum\limits_{n=1}^{\infty}(-1)^{n-1}\dfrac{(x-3)^n}{n}$ 的收敛半径、收敛区间与收敛域.

3. 求下列级数的收敛域：

(1) $\sum\limits_{n=1}^{\infty}n\cdot 4^{n+1}x^n$；

(2) $\sum\limits_{n=0}^{\infty}2^n x^{2n}$；

(3) $\sum\limits_{n=1}^{\infty}\dfrac{(x-1)^n}{2^n\cdot n}$.

4. 求下列幂级数的收敛域和收敛半径：

(1) $\sum\limits_{n=1}^{\infty}n!x^n$；

(2) $\sum\limits_{n=1}^{\infty}\dfrac{x^n}{n!}$；

(3) $\sum\limits_{n=1}^{\infty}\dfrac{(x-3)^n}{n^2}$.

5. 求下列级数的和函数：

(1) $\sum\limits_{n=1}^{\infty}\dfrac{x^n}{n}$；

(2) $\sum\limits_{n=1}^{\infty}nx^n$；

(3) $\sum\limits_{n=1}^{\infty}\dfrac{n^2}{n!}$；

(4) $\sum\limits_{n=1}^{\infty}\dfrac{x^n}{n(n+1)(n+2)}$；

(5) $\sum\limits_{n=1}^{\infty}\dfrac{x^{n-1}}{n\cdot 2^n}$；

(6) $\sum\limits_{n=0}^{\infty}\dfrac{(2n+1)x^{2n}}{n!}$；

(7) $\sum\limits_{n=1}^{\infty}\dfrac{n^2}{n!}x^n$；

(8) $\sum\limits_{n=0}^{\infty}\dfrac{(-1)^n(n+1)}{(2n+3)!}x^{2n}$.

6. 求下列函数在指定点处的幂级数展开式：

(1) $\dfrac{1}{2-x}$ 在 $x=1$ 处；

(2) $\sin x\cos 2x$ 在 $x=0$ 处；

(3) $\dfrac{x}{9+x^2}$ 在 $x=0$ 处；

(4) $\ln(x+\sqrt{1+x^2})$ 在 $x=0$ 处；

(5) $\dfrac{\mathrm{d}}{\mathrm{d}x}\left(\dfrac{\mathrm{e}^x-e}{x-1}\right)$ 在 $x=1$ 处；

(6) $\dfrac{1}{x^2-5x+6}$ 在 $x=1$ 处.

[参考解析]

1. 因为 $\rho=\lim\limits_{n\to\infty}\left|\dfrac{a_{n+1}}{a_n}\right|=\lim\limits_{n\to\infty}\left|\dfrac{(-1)^{n+2}}{(n+1)!}\cdot\dfrac{n!}{(-1)^{n+1}}\right|=\lim\limits_{n\to\infty}\dfrac{1}{n+1}=0$，所以收敛半径 $R=+\infty$，故收敛区间和收敛域均为 $(-\infty,+\infty)$.

2. 因为 $\rho=\lim\limits_{n\to\infty}\left|\dfrac{a_{n+1}}{a_n}\right|=\lim\limits_{n\to\infty}\left|\dfrac{(-1)^n}{n+1}\cdot\dfrac{n}{(-1)^{n-1}}\right|=\lim\limits_{n\to\infty}\dfrac{n}{n+1}=1$，所以收敛半径 $R=\dfrac{1}{\rho}=1$，收敛区间：$|x-3|<1$，即 $(2,4)$.

当 $x=2$ 时，级数为 $\sum\limits_{n=1}^{\infty}\dfrac{-1}{n}$，发散；当 $x=4$ 时，级数为交错级数 $\sum\limits_{n=1}^{\infty}(-1)^{n-1}\dfrac{1}{n}$，收敛. 所以级数的收敛域为 $(2,4]$.

3. (1) 解法一：

由于 $\rho=\lim\limits_{n\to\infty}\left|\dfrac{a_{n+1}}{a_n}\right|=\lim\limits_{n\to\infty}\dfrac{(n+1)4^{n+2}}{n\cdot 4^{n+1}}=\lim\limits_{n\to\infty}4\cdot\dfrac{n+1}{n}=4$，所以收敛半径 $R=\dfrac{1}{\rho}=\dfrac{1}{4}$.

又当 $x=\dfrac{1}{4}$ 时，级数为 $\sum\limits_{n=1}^{\infty}4n$，它是发散的；

当 $x=-\dfrac{1}{4}$ 时，级数为 $\sum\limits_{n=1}^{\infty}(-1)^n4n$，它是发散的.

所以级数$\sum\limits_{n=1}^{\infty}n\cdot 4^{n+1}x^n$ 的收敛域为$(-\frac{1}{4},\frac{1}{4})$.

解法二：因为级数是缺项级数，所以使用公式中常数项级数的比值判别法.

由于$\lim\limits_{n\to\infty}\left|\frac{u_{n+1}(x)}{u_n(x)}\right|=\lim\limits_{n\to\infty}\left|\frac{(n+1)4^{n+2}\cdot x^{n+1}}{n\cdot 4^{n+1}\cdot x^n}\right|=\lim\limits_{n\to\infty}\left|\frac{n+1}{n}4x\right|=|4x|$，

当$|4x|<1$时，即$-\frac{1}{4}<x<\frac{1}{4}$时，级数$\sum\limits_{n=1}^{\infty}n\cdot 4^{n+1}x^n$ 绝对收敛；

又当$x=\frac{1}{4}$时，级数为$\sum\limits_{n=1}^{\infty}4n$，它是发散的；

当$x=-\frac{1}{4}$时，级数为$\sum\limits_{n=1}^{\infty}(-1)^n 4n$，它是发散的.

所以级数$\sum\limits_{n=1}^{\infty}n\cdot 4^{n+1}x^n$ 的收敛域为$(-\frac{1}{4},\frac{1}{4})$.

(2) 解法一：

(错解) 由于$\rho=\lim\limits_{n\to\infty}\left|\frac{a_{n+1}}{a_n}\right|=\lim\limits_{n\to\infty}\frac{2^{n+1}}{2^n}=2$，所以级数的收敛半径$R=\frac{1}{\rho}=\frac{1}{2}$.

又当$x=\pm\frac{1}{2}$时，级数为$\sum\limits_{n=0}^{\infty}\frac{1}{2^n}$，它是收敛的，故级数$\sum\limits_{n=0}^{\infty}2^n x^{2n}$ 的收敛域为$[-\frac{1}{2},\frac{1}{2}]$.

说明：该解答是错误的，因为按照确定幂级数收敛半径的方法，a_n 与 a_{n+1} 应是幂级数相邻两项的系数.因此正确的解法为

令$y=x^2$，则级数$\sum\limits_{n=0}^{\infty}2^n x^{2n}$ 可化为$\sum\limits_{n=0}^{\infty}2^n y^n$.

由于$\rho=\lim\limits_{n\to\infty}\left|\frac{a_{n+1}}{a_n}\right|=\lim\limits_{n\to\infty}\frac{2^{n+1}}{2^n}=2$，所以级数$\sum\limits_{n=0}^{\infty}2^n y^n$ 的收敛半径$R=\frac{1}{\rho}=\frac{1}{2}$，即级数$\sum\limits_{n=0}^{\infty}2^n x^{2n}$ 的收敛半径为$\frac{1}{\sqrt{2}}$.

又当$x=\pm\frac{1}{\sqrt{2}}$时，级数为$\sum\limits_{n=0}^{\infty}1$，它是发散的，

所以级数$\sum\limits_{n=0}^{\infty}2^n x^{2n}$ 的收敛域为$(-\frac{1}{\sqrt{2}},\frac{1}{\sqrt{2}})$.

解法二：用比值判别法

由于$\lim\limits_{n\to\infty}\left|\frac{u_{n+1}(x)}{u_n(x)}\right|=\lim\limits_{n\to\infty}\left|\frac{2^{n+1}\cdot x^{2(n+1)}}{2^n\cdot x^{2n}}\right|=\lim\limits_{n\to\infty}2x^2=2x^2$，

故当$2x^2<1$，即$-\frac{1}{\sqrt{2}}<x<\frac{1}{\sqrt{2}}$时，级数绝对收敛，

又当$x=\pm\frac{1}{\sqrt{2}}$时，级数为$\sum\limits_{n=0}^{\infty}1$，它是发散的，

所以级数的收敛域为$(-\frac{1}{\sqrt{2}},\frac{1}{\sqrt{2}})$.

(3) 解法一：

由于 $\rho=\lim\limits_{n\to\infty}\left|\dfrac{a_{n+1}}{a_n}\right|=\lim\limits_{n\to\infty}\dfrac{1}{2^{n+1}\cdot(n+1)}\cdot 2^n\cdot n=\lim\limits_{n\to\infty}\dfrac{n}{2(n+1)}=\dfrac{1}{2}$，所以级数 $\sum\limits_{n=1}^{\infty}\dfrac{(x-1)^n}{2^n\cdot n}$ 的收敛半径 $R=\dfrac{1}{\rho}=2$，

又当 $x-1=2$，即 $x=3$ 时，级数为 $\sum\limits_{n=1}^{\infty}\dfrac{1}{n}$，它是发散的；

当 $x-1=-2$，即 $x=-1$ 时，级数为 $\sum\limits_{n=1}^{\infty}\dfrac{(-1)^n}{n}$，它是收敛的.

所以，级数 $\sum\limits_{n=1}^{\infty}\dfrac{(x-1)^n}{2^n\cdot n}$ 的收敛域为 $[-1,3)$.

解法二：用比值判别法

由于 $\lim\limits_{n\to\infty}\left|\dfrac{u_{n+1}(x)}{u_n(x)}\right|=\lim\limits_{n\to\infty}\left|\dfrac{(x-1)^{n+1}}{2^{n+1}\cdot(n+1)}\cdot\dfrac{2^n\cdot n}{(x-1)^n}\right|=\lim\limits_{n\to\infty}\dfrac{n}{2(n+1)}|x-1|=\dfrac{1}{2}|x-1|$，

故当 $\dfrac{1}{2}|x-1|<1$，即 $-1<x<3$ 时，级数绝对收敛.

又当 $x=3$ 时，级数为 $\sum\limits_{n=1}^{\infty}\dfrac{1}{n}$，它是发散的；

当 $x=-1$ 时，级数为 $\sum\limits_{n=1}^{\infty}\dfrac{(-1)^n}{n}$，它是收敛的.

所以，级数 $\sum\limits_{n=1}^{\infty}\dfrac{(x-1)^n}{2^n\cdot n}$ 的收敛域为 $[-1,3)$.

4. (1) 由于 $\rho=\lim\limits_{n\to\infty}\left|\dfrac{a_{n+1}}{a_n}\right|=\lim\limits_{n\to\infty}\dfrac{(n+1)!}{n!}=\infty$，所以级数 $\sum\limits_{n=1}^{\infty}n!x^n$ 的收敛半径 $R=0$，收敛域为 $\{0\}$.

(2) 由于 $\rho=\lim\limits_{n\to\infty}\left|\dfrac{a_{n+1}}{a_n}\right|=\lim\limits_{n\to\infty}\dfrac{n!}{(n+1)!}=0$，所以级数 $\sum\limits_{n=1}^{\infty}n!x^n$ 的收敛半径 $R=\infty$，收敛域为 $(-\infty,+\infty)$.

(3) 由于 $\rho=\lim\limits_{n\to\infty}\left|\dfrac{a_{n+1}}{a_n}\right|=\lim\limits_{n\to\infty}\dfrac{n^2}{(n+1)^2}=1$，所以级数 $\sum\limits_{n=1}^{\infty}n!x^n$ 的收敛半径 $R=\dfrac{1}{\rho}=1$，收敛域为 $|x-3|<1$，即 $(2,4)$.

当 $x=2$ 时，级数为 $\sum\limits_{n=1}^{\infty}\dfrac{(-1)^n}{n^2}$，绝对收敛；

当 $x=4$ 时，级数为 $\sum\limits_{n=1}^{\infty}\dfrac{1}{n^2}$，收敛.

所以，级数 $\sum\limits_{n=1}^{\infty}\dfrac{(x-3)^n}{n^2}$ 的收敛域为 $[2,4]$.

5. (1) 由于 $\rho=\lim\limits_{n\to\infty}\dfrac{a_{n+1}}{a_n}=\lim\limits_{n\to\infty}\dfrac{\frac{1}{n+1}}{\frac{1}{n}}=\lim\limits_{n\to\infty}\dfrac{n}{n+1}=1$，故 $R=\dfrac{1}{\rho}=1$，

在级数收敛区间 $(-1,1)$ 内，令 $S(x)=\sum\limits_{n=1}^{\infty}\frac{x^n}{n}$，则

$S'(x)=\sum\limits_{n=1}^{\infty}(\frac{x^n}{n})'=\sum\limits_{n=1}^{\infty}x^{n-1}=1+x+x^2+\cdots+x^n+\cdots=\frac{1}{1-x},|x|<1$，

故 $S(x)=\int_0^x S'(t)\mathrm{d}t=\int_0^x\frac{1}{1-t}\mathrm{d}t=-\ln(1-x),|x|<1$，

(2) 由于 $\rho=\lim\limits_{n\to\infty}\frac{a_{n+1}}{a_n}=\lim\limits_{n\to\infty}\frac{n+1}{n}=1$，故 $R=\frac{1}{\rho}=1$，

在级数收敛区间 $(-1,1)$ 内，令 $S(x)=\sum\limits_{n=1}^{\infty}nx^n$，则

$\int_0^x S(t)\mathrm{d}t=\sum\limits_{n=1}^{\infty}\int_0^x nt^n\mathrm{d}t=\sum\limits_{n=1}^{\infty}\frac{n}{n+1}t^{n+1}\big|_0^x=\sum\limits_{n=1}^{\infty}\frac{n}{n+1}x^{n+1}$

$=\sum\limits_{n=1}^{\infty}(1-\frac{1}{n+1})x^{n+1}=\sum\limits_{n=1}^{\infty}x^{n+1}-\sum\limits_{n=1}^{\infty}\frac{x^{n+1}}{n+1}$

$=\sum\limits_{n=2}^{\infty}x^n-\sum\limits_{n=2}^{\infty}\frac{x^n}{n}+(-x+x)=\frac{1}{1-x}-[-\ln(1-x)]+0=\frac{1}{1-x}+\ln(1-x)$.

故 $S(x)=[\int_0^x S(t)\mathrm{d}t]'=[\frac{1}{1-x}+\ln(1-x)]'=\frac{1}{x-1}+\frac{1}{(x-1)^2},|x|<1$.

(3) 因为 $\mathrm{e}^x=\sum\limits_{n=0}^{\infty}\frac{x^n}{n!},x\in(-\infty,+\infty)$，对上式两边求导，得 $\mathrm{e}^x=\sum\limits_{n=1}^{\infty}\frac{n}{n!}x^{n-1}$，

$x\mathrm{e}^x=\sum\limits_{n=1}^{\infty}\frac{n}{n!}x^n$ 两边再次求导，得 $(x+1)\mathrm{e}^x=\sum\limits_{n=1}^{\infty}\frac{n^2}{n!}x^{n-1},x\in(-\infty,+\infty)$.

于是对上式两边取 $x=1$，得 $\sum\limits_{n=1}^{\infty}\frac{n^2}{n!}=2\mathrm{e}$.

(4) 由于 $\rho=\lim\limits_{n\to\infty}\frac{a_{n+1}}{a_n}=\lim\limits_{n\to\infty}\frac{n(n+1)(n+2)}{(n+1)(n+2)(n+3)}=1$，故 $R=\frac{1}{\rho}=1$.

在 $(-1,1)$ 内，令 $S(x)=\sum\limits_{n=1}^{\infty}\frac{x^n}{n(n+1)(n+2)}$，则

$S(x)=\sum\limits_{n=1}^{\infty}[\frac{1}{2n}+\frac{1}{2(n+2)}-\frac{1}{n+1}]x^n,|x|<1$.

即 $S(x)=\frac{1}{2}\sum\limits_{n=1}^{\infty}\frac{x^n}{n}+\frac{1}{2}\sum\limits_{n=1}^{\infty}\frac{x^n}{n+2}-\sum\limits_{n=1}^{\infty}\frac{x^n}{n+1}=\frac{1}{2}[-\ln(1-x)]+\frac{1}{2x^2}[-\ln(1-x)$ $-x-\frac{x^2}{2}]-\frac{1}{x}[-\ln(1-x)-x]=(\frac{1}{x}-\frac{1}{2}-\frac{1}{2x^2})\ln(1-x)-\frac{1}{2x}-\frac{1}{4}+1=-\frac{(x-1)^2}{2x^2}\ln(1$ $-x)-\frac{1}{2x}+\frac{3}{4},|x|<1$.

(5) $\lim\limits_{n\to\infty}\sqrt[n]{\left|\frac{1}{n\cdot 2^n}x^{n-1}\right|}=\frac{|x|}{2}$，令 $\frac{|x|}{2}<1$，即 $|x|<2$，得级数的收敛区间为 $(-2,2)$，故令 $x=-2$，原级数为 $\sum\limits_{n=0}^{\infty}\frac{(-1)^n}{2n}$，收敛；当 $x=2$，原级数为 $\sum\limits_{n=0}^{\infty}\frac{1}{2n}$，发散，

由此可知，该级数的收敛域为 $[-2,2)$.

$$f(x)=\sum_{n=1}^{\infty}\frac{1}{n\cdot 2^n}x^{n-1}=\frac{1}{x}\sum_{n=1}^{\infty}\frac{1}{n\cdot 2^n}x^n=\frac{1}{x}\int_0^x(\sum_{n=1}^{\infty}\frac{1}{n\cdot 2^n}x^n)'\mathrm{d}x=\frac{1}{x}\int_0^x(\sum_{n=1}^{\infty}\frac{1}{2^n}x^{n-1})\mathrm{d}x$$

$$=\frac{1}{x}\int_0^x\frac{\frac{1}{2}}{1-\frac{x}{2}}\mathrm{d}x=\frac{1}{x}\int_0^x\frac{1}{2-x}\mathrm{d}x=\frac{\ln 2-\ln(2-x)}{x},x\neq 0$$

因为 $x=0\in[-2,2)$，$f(x)$ 在 $x=0$ 处连续，所以

$$f(0)=\lim_{x\to 0}f(x)=\lim_{x\to 0}\frac{\ln 2-\ln(2-x)}{x}=\lim_{x\to 0}\frac{1}{2-x}=\frac{1}{2},$$

故其和函数为 $f(x)=\begin{cases}\dfrac{\ln 2-\ln(2-x)}{x}, & x\in[-2,0)\cup(0,2)\\ \dfrac{1}{2}, & x=0\end{cases}$.

(6) 设 $S(x)=\sum\limits_{n=0}^{\infty}\dfrac{(2n+1)x^{2n}}{n!}$，两边积分，得

$\int_0^x S(t)\mathrm{d}t=\sum\limits_{n=0}^{\infty}\int_0^x\dfrac{(2n+1)t^{2n}}{n!}\mathrm{d}t=x\sum\limits_{n=0}^{\infty}\dfrac{x^{2n}}{n!}=xe^{x^2}$，两边求导，得

$S(x)=\sum\limits_{n=0}^{\infty}\dfrac{(2n+1)x^{2n}}{n!}=(xe^{x^2})'=(1+2x^2)e^{x^2}$，$x\in(-\infty,+\infty)$.

(7) 级数的收敛域为 $(-\infty,+\infty)$，设其和函数为 $S(x)$.

由于 $\sum\limits_{n=1}^{\infty}\dfrac{n^2}{n!}x^n$ 与 $\sum\limits_{n=0}^{\infty}\dfrac{1}{n!}x^n=e^x$ 类似，因此 $\sum\limits_{n=1}^{\infty}\dfrac{1}{n!}x^n=e^x-1$ 两边对 x 求导，得

$\sum\limits_{n=1}^{\infty}\dfrac{n}{n!}x^{n-1}=e^x$，两边同乘以 x，得 $\sum\limits_{n=1}^{\infty}\dfrac{n}{n!}x^n=xe^x$，两边对 x 求导，得

$\sum\limits_{n=1}^{\infty}\dfrac{n^2}{n!}x^{n-1}=(x+1)e^x$，两边同乘以 x，得 $\sum\limits_{n=1}^{\infty}\dfrac{n^2}{n!}x^n=x(x+1)e^x$.

(8) 级数的收敛域为 $(-\infty,+\infty)$，设其和函数为 $S(x)$.

$S(x)=\sum\limits_{n=0}^{\infty}\dfrac{(-1)^n(n+1)}{(2n+3)!}x^{2n}$，在 $(-\infty,+\infty)$ 内连续，与七个展开式比较，它类似于

$\sin x=\sum\limits_{n=0}^{\infty}\dfrac{(-1)^n}{(2n+1)!}x^{2n+1}$，$\sin x=x+\sum\limits_{n=1}^{\infty}\dfrac{(-1)^n}{(2n+1)!}x^{2n+1}=x-\sum\limits_{n=0}^{\infty}\dfrac{(-1)^n}{(2n+3)!}x^{2n+3}$，

于是 $\sum\limits_{n=0}^{\infty}\dfrac{(-1)^n}{(2n+3)!}x^{2n+3}=x-\sin x$，两边同除以 x，得 $\sum\limits_{n=0}^{\infty}\dfrac{(-1)^n}{(2n+3)!}x^{2n+2}=1-\dfrac{\sin x}{x}$，$x\neq 0$.

两边对 x 求导，得 $\sum\limits_{n=0}^{\infty}\dfrac{(2n+2)(-1)^n}{(2n+3)!}x^{2n+1}=-\dfrac{x\cos x-\sin x}{x^2}$，

$S(x)=\sum\limits_{n=0}^{\infty}\dfrac{(-1)^n(n+1)}{(2n+3)!}x^{2n}=\dfrac{\sin x-x\cos x}{2x^3}$. 因为 $S(x)$ 在 $x=0$ 处连续，所以

$$S(0)=\lim_{x\to 0}S(x)=\lim_{x\to 0}\frac{\sin x-x\cos x}{2x^3}=\lim_{x\to 0}\frac{\cos x-\cos x+x\sin x}{6x^2}=\frac{1}{6},$$

故 $S(x)=\begin{cases}\dfrac{\sin x-x\cos x}{2x^3}, & x\neq 0\\ \dfrac{1}{6}, & x=0\end{cases}$.

6.(1) 因为$\dfrac{1}{2-x}=\dfrac{1}{1-(x-1)}$,

而$\dfrac{1}{1-x}=1+x+x^2+x^3+\cdots+x^n+\cdots(-1<x<1)$,用 $x-1$ 代替上式中的 x,得到 $\dfrac{1}{2-x}=1+(x-1)+(x-1)^2+(x-1)^3+\cdots+(x-1)^n+\cdots$,其中 $-1<x-1<1$,即 $0<x<2$.

(2)$\sin x\cos 2x=\dfrac{1}{2}(\sin 3x-\sin x)$,

由于 $\sin x=x-\dfrac{x^3}{3!}+\dfrac{x^5}{5!}-\cdots+(-1)^n\dfrac{x^{2n+1}}{(2n+1)!}=\sum\limits_{n=0}^{\infty}(-1)^n\dfrac{x^{2n+1}}{(2n+1)!}$,

故 $\sin x\cos 2x=\dfrac{1}{2}\left[\sum\limits_{n=0}^{\infty}(-1)^n\dfrac{(3x)^{2n+1}}{(2n+1)!}-\sum\limits_{n=0}^{\infty}(-1)^n\dfrac{x^{2n+1}}{(2n+1)!}\right]=\dfrac{1}{2}\sum\limits_{n=0}^{\infty}(-1)^n\dfrac{(3^{2n+1}-1)}{(2n+1)!}x^{2n+1}$,$(-\infty<x<+\infty)$.

(3) $\dfrac{x}{9+x^2}=\dfrac{x}{3^2}\cdot\dfrac{1}{1+(\frac{x}{3})^2}$,则由七个展开式中的式子分析可令 $u=(\dfrac{x}{3})^2$,则有

$\dfrac{x}{3^2}\cdot\dfrac{1}{1+(\frac{x}{3})^2}=\dfrac{x}{3^2}\cdot\sum\limits_{n=0}^{\infty}(-1)^n[(\dfrac{x}{3})^2]^n=\sum\limits_{n=0}^{\infty}(-1)^n\dfrac{x^{2n+1}}{3^{2n+2}}$,而由 $u=(\dfrac{x}{3})^2<1$,知$x\in(-3,3)$.

(4)$[\ln(x+\sqrt{1+x^2})]'=\dfrac{1}{x+\sqrt{1+x^2}}\cdot(1+\dfrac{2x}{2\sqrt{1+x^2}})=\dfrac{1}{\sqrt{1+x^2}}=(1+x^2)^{-\frac{1}{2}}$

则$(1+x^2)^{-\frac{1}{2}}=1-\dfrac{1}{2}x^2+\dfrac{-\frac{1}{2}(-\frac{1}{2}-1)}{2!}(x^2)^2+\cdots+\dfrac{-\frac{1}{2}(-\frac{1}{2}-1)\cdots(-\frac{1}{2}-n+1)}{n!}(x^2)^n+\cdots$

$=1-\dfrac{1}{2}x^2+\dfrac{1\cdot 3}{2^2\cdot 2!}x^4+\cdots+(-1)^n\dfrac{1\cdot 3\cdots(2n-1)}{2^n\cdot n!}x^{2n}+\cdots$

$=1+\sum\limits_{n=1}^{\infty}(-1)^n\dfrac{(2n-1)!}{2^n\cdot n!}x^{2n}$,

于是 $\ln(x+\sqrt{1+x^2})=\int_0^x(1+x^2)^{-\frac{1}{2}}\mathrm{d}x=\int_0^x[1+\sum\limits_{n=1}^{\infty}(-1)^n\dfrac{(2n-1)!}{2^n\cdot n!}x^{2n}]\mathrm{d}x$

$=x+\sum\limits_{n=1}^{\infty}(-1)^n\dfrac{(2n-1)!}{2^n\cdot n!\cdot(2n+1)}x^{2n+1}$,$x\in(-1,1)$.

(5) $\dfrac{\mathrm{e}^x-\mathrm{e}}{x-1}=\dfrac{\mathrm{e}(\mathrm{e}^{x-1}-1)}{x-1}$,因为 $\mathrm{e}^{x-1}=1+(x-1)+\dfrac{1}{2!}(x-1)^2+\cdots+\dfrac{1}{n!}(x-1)^n+\cdots$

所以$\dfrac{\mathrm{e}^x-\mathrm{e}}{x-1}=\dfrac{\mathrm{e}(\mathrm{e}^{x-1}-1)}{x-1}=\mathrm{e}[1+\dfrac{1}{2!}(x-1)+\cdots+\dfrac{1}{n!}(x-1)^{n-1}+\cdots]$,

于是$\frac{d}{dx}(\frac{e^x-e}{x-1})=e[\frac{1}{2!}+\frac{2}{3!}(x-1)+\cdots+\frac{n-1}{n!}(x-1)^{n-2}+\cdots]$

$=\sum_{n=2}^{\infty}\frac{e(n-1)}{n!}(x-1)^{n-2},(-\infty<x<+\infty)$.

(6) 由于$\frac{1}{x^2-5x+6}=\frac{1}{(x-3)(x-2)}=\frac{1}{x-3}-\frac{1}{x-2}=\frac{1}{1-(x-1)}-\frac{1}{2}\frac{1}{1-\frac{x-1}{2}}$

$=\sum_{n=0}^{\infty}(x-1)^n-\frac{1}{2}\sum_{n=0}^{\infty}(\frac{x-1}{2})^n=\sum_{n=0}^{\infty}(1-\frac{1}{2^{n+1}})(x-1)^n$,由于$|x-1|<1$,所以$0<x<2$.

第十章　一阶常微分方程

[考试大纲]

1. 理解常微分方程的概念，理解常微分方程的阶、解、通解、初始条件和特解的概念.
2. 掌握可分离变量微分方程与齐次方程的解法.
3. 会求解一阶线性微分方程.

第一节　考点解读与典型题型

一、一阶可分离变量方程的求解

1. *考点解读*

(1) 常微分方程的概念，常微分方程的阶、解、通解、初始条件和特解的概念等详见《基础教程》第十章第一节的详细说明.

(2) 一阶可分离变量微分方程的求解

① 对于形式为$\frac{dy}{dx}=f(x)g(y)$的微分方程，

如果 $g(y)=0$，则$\frac{dy}{dx}=f(x)g(y)=0$，于是 $y=C$ 为通解；

如果 $g(y)\neq 0$，首先将可分离变量的微分方程$\frac{dy}{dx}=f(x)g(y)$进行变量分离，即将$\frac{dy}{dx}=f(x)g(y)$写成$\frac{dy}{g(y)}=f(x)dx$的形式，再两边积分，可得$\int\frac{dy}{g(y)}=\int f(x)dx+C$，即为可分离变量微分方程$\frac{dy}{dx}=f(x)g(y)$的通解.

说明：当方程中出现 $f(xy)$、$f(x\pm y)$、$f(x^2\pm y^2)$ 等形式的项时，通常作相应的变量替换：$u=xy$，$u=x\pm y$，$u=x^2\pm y^2$ 等

② 对于形式为 $M_1(x)N_1(y)dx+M_2(x)N_2(y)=0$ 的微分方程

首先将可分离变量的微分方程 $M_1(x)N_1(y)dx+M_2(x)N_2(y)=0$ 进行变量分离，即将 $M_1(x)N_1(y)dx+M_2(x)N_2(y)=0$ 写成$\frac{N_2(y)}{N_1(y)}dy=-\frac{M_1(x)}{M_2(x)}dx$的形式，再两边积分，可得

$\int \frac{N_2(y)}{N_1(y)}\mathrm{d}y = -\int \frac{M_1(x)}{M_2(x)}\mathrm{d}x + C$，即为可分离变量微分方程 $M_1(x)N_1(y)\mathrm{d}x + M_2(x)N_2(y) = 0$ 的通解.

2. 典型题型

例 1 指出下列微分方程的阶数：

(1) $\frac{\mathrm{d}y}{\mathrm{d}x} = 4x^2 - y$；　(2) $\frac{\mathrm{d}^2 y}{\mathrm{d}x^2} - (\frac{\mathrm{d}y}{\mathrm{d}x})^2 + 12xy = 0$；

(3) $(\frac{\mathrm{d}y}{\mathrm{d}x})^2 + x\frac{\mathrm{d}y}{\mathrm{d}x} - 3y^2 = 0$；　(4) $\sin(\frac{\mathrm{d}^2 y}{\mathrm{d}x^2}) + \mathrm{e}^y = x$.

解 (1) 和(3) 为一阶微分方程；(2) 和(4) 为二阶微分方程.

例 2 求以下列函数为通解的微分方程：

(1) $y = \sin(Cx)$；　(2) $y = C_1 + C_2(1+x) + C_3(1-x)^2$；

(3) $y = \mathrm{e}^{-\sin x}(x+C)$；　(4) $y = C\mathrm{e}^{-x} + x - 1$.

解 (1) 所求微分方程为一阶微分方程，由 $y' = C\cdot\cos(Cx) = C\sqrt{1-\sin^2(Cx)}$ 以及 $Cx = \arcsin y, C = \frac{\arcsin y}{x}$，知以 $y = \sin(Cx)$ 为通解的微分方程为 $y' = \frac{\arcsin y}{x}\sqrt{1-y^2}$，即 $y = \sin\frac{xy'}{\sqrt{1-y^2}}$.

(2) 所求微分方程为三阶微分方程，又 $y = C_1 + C_2(1+x) + C_3(1-x)^2$，

两边对 x 求导可得，$y' = C_2 - 2C_3(1-x)$，两边再对 x 求导可得，$y'' = 2C_3$，再对 x 求导可得，$y''' = 0$，故以 $y = C_1 + C_2(1+x) + C_3(1-x)^2$ 为通解的微分方程为 $y''' = 0$.

(3) 所求微分方程为一阶微分方程，由 $y' = \mathrm{e}^{-\sin x}\cdot(-\cos x)\cdot(x+C) + \mathrm{e}^{-\sin x}$ 以及 $y\mathrm{e}^{\sin x} = x + C$，即 $C = y\mathrm{e}^{\sin x} - x$.

故以 $y = \mathrm{e}^{-\sin x}(x+C)$ 为通解的微分方程为 $y' + y\cos x = \mathrm{e}^{-\sin x}$.

(4) 所求微分方程为一阶微分方程，又 $y = C\mathrm{e}^{-x} + x - 1$，

两边对 x 求导可得，$y' = -C\mathrm{e}^{-x} + 1$，于是由 $\begin{cases} y = C\mathrm{e}^{-x} + x - 1 \\ y' = -C\mathrm{e}^{-x} + 1 \end{cases}$，知 $y + y' = x$.

例 3 求下列微分方程的通解：

(1) $(y+3)\mathrm{d}x + \cot x\mathrm{d}y = 0$；　(2) $1 + y' = \mathrm{e}^y$；

(3) $(1+y^2)\mathrm{d}x - xy(1+x^2)\mathrm{d}y = 0$；　(4) $\frac{\mathrm{d}y}{\mathrm{d}x} = (2x+1)\mathrm{e}^{x^2+x-y}$.

解 (1) 原方程可写成 $\tan x\mathrm{d}x = -\frac{1}{y+3}\mathrm{d}y$，两边积分得 $\ln|\cos x| = \ln|y+3| + \ln C$，故 $\cos x = C(y+3)$ 为通解.

(2) 原方程可写成 $\frac{\mathrm{d}y}{\mathrm{e}^y - 1} = \mathrm{d}x$，两边积分得 $\int\frac{\mathrm{d}y}{\mathrm{e}^y - 1} = \int\mathrm{d}x$，

故 $x = \ln\left|\frac{\mathrm{e}^y - 1}{\mathrm{e}^y}\right| + C$. 所以，通解为 $x = \ln|1 - \mathrm{e}^{-y}| + C$.

(3) 原方程可写成 $\frac{y}{1+y^2}\mathrm{d}y = \frac{1}{x(1+x^2)}\mathrm{d}x$，两边积分，得 $\int\frac{y}{1+y^2}\mathrm{d}y = \int\frac{1}{x(1+x^2)}\mathrm{d}x$，解得 $\ln(1+y^2) = 2\ln x - \ln(1+x^2) + \ln C$，即 $\ln(1+x^2)(1+y^2) = \ln Cx^2$.

故所求通解为$(1+x^2)(1+y^2)=Cx^2$.

(4) 原方程可写成 $e^y dy=(2x+1)e^{x^2+x}dx$,两边同时积分,得

$\int e^y dy=\int(2x+1)e^{x^2+x}dx=\int e^{x^2+x}d(x^2+x)$,

所以,$e^y=e^{x^2+x}+C$,即 $y=\ln(e^{x^2+x}+C)$ 是微分方程的通解.

例 4　求满足初始条件的微分方程的特解:

(1) $\frac{x}{1+y}dx-\frac{y}{1+x}dy=0, y(0)=\frac{\pi}{4}$;　　(2) $y'=\frac{\lg|x|}{1+y^2}, y(1)=0$.

解　(1) 原方程可写成 $x(1+x)dx=y(1+y)dy$,两边积分得$\frac{x^2}{2}+\frac{x^3}{3}=\frac{y^2}{2}+\frac{y^3}{3}+C$,

由$y|_{x=0}=1$,知$0=\frac{1}{2}+\frac{1}{3}+C$,即$C=-\frac{5}{6}$,于是满足初始条件的特接为$\frac{x^2}{2}+\frac{x^3}{3}=\frac{y^2}{2}+\frac{y^3}{3}-\frac{5}{6}$,即 $2(x^2-y^3)+3(x^2-y^2)+5=0$.

(2) 由于特解由初始条件 $y(1)=0$ 确定,

当 $x>0$ 时,原方程可写成$(1+y^2)dy=\lg x dx$,两边积分得

$y+\frac{y^3}{3}=x\lg x-\int x d(\lg x)+C=x\lg x-\int x\cdot\frac{\ln 10}{x}dx+C=x\lg x-x\ln 10+C$,

由$y|_{x=1}=0$,知$0=0-\ln 10+C$,即$C=\ln 10$,

所以,满足初始条件的特解为 $y+\frac{y^3}{3}=x\lg x-x\ln 10+\ln 10$.

例 5　若函数 $y=f(x)$,$f(x)\geqslant 0$ 在$[0,x]$上的曲边梯形的面积与纵坐标 y 的 $n+1$ 次幂成正比,已知 $f(0)=0$,$f(1)=1$,求此曲线方程.

解　由题设知$\int_0^x f(t)dt=k\cdot y^{n+1}$($k$为常数),两边对 x 求导得$f(x)=k(n+1)y^n\cdot y'$.

于是有 $y=k(n+1)y^n\cdot y'$,即 $k(n+1)y^{n-1}dy=dx$.

两边积分得$k\cdot\frac{n+1}{n}y^n=x+C$,由$y|_{x=0}=0$,$y|_{x=1}=1$,知$0=0+C$,$k\cdot\frac{n+1}{n}\cdot 1=1+C$,故$C=0$,$k=\frac{n}{n+1}$.

所以,所求曲线方程为 $x=y^n$.

例 6　求解下列微分方程:

(1)$f(xy)ydx+g(xy)xdy=0$;　　(2)$y'=\frac{y}{2x}+\frac{1}{2y}\tan\frac{y^2}{x}$.

解　(1) 令 $u=xy$,代入原方程消去 y 得$f(u)\frac{u}{x}dx+g(u)xd(\frac{u}{x})=0$,等式再化简有$f(u)\frac{u}{x}dx+g(u)x\cdot\frac{xdu-udx}{x^2}=0$,整理得$[f(u)-g(u)]\frac{u}{x}dx+g(u)du=0$,是可分离变量方程,经分离变量得$\frac{dx}{x}=-\frac{g(u)du}{u[f(u)-g(u)]}$,两边积分得$\ln|x|+\int\frac{g(u)du}{u[f(u)-g(u)]}=C$,其中$C$为任意常数. 即所求微分方程为$\ln|x|+\int\frac{g(xy)d(xy)}{xy[f(xy)-g(xy)]}=C$,其中$C$为任意常数.

(2) 令 $u=\frac{y^2}{x}$，则 $y=\sqrt{ux}$，代入原方程消去 y 得 $(\sqrt{ux})'=\frac{\sqrt{ux}}{2x}+\frac{1}{2\sqrt{ux}}\tan u$，

即 $\frac{u'x+u\cdot x'}{2\sqrt{ux}}=\frac{\sqrt{ux}}{2x}+\frac{\tan u}{2\sqrt{ux}}$，两边同乘以 $2\sqrt{ux}$，即 $u'x+u=u+\tan u$，经整理得 $u'=\frac{\tan u}{x}$，分离变量得 $\frac{\cos u}{\sin u}u'=\frac{1}{x}$，即 $\frac{\cos u}{\sin u}\cdot\frac{\mathrm{d}u}{\mathrm{d}x}=\frac{1}{x}$，移项得 $\frac{\cos u}{\sin u}\mathrm{d}u=\frac{\mathrm{d}x}{x}$，

两边同时积分得 $\int\frac{\cos u}{\sin u}\mathrm{d}u=\int\frac{\mathrm{d}x}{x}$，即为 $\int\frac{1}{\sin u}\mathrm{d}(\sin u)=\int\frac{\mathrm{d}x}{x}$，则 $\ln|\sin u|=\ln|x|+\ln C_1$，化简得 $\sin u=\pm C_1x$，即 $\sin\frac{y^2}{x}=Cx$，其中 C 为任意常数.

二、一阶齐次微分方程的求解

1. 考点解读

一阶齐次微分方程的定义和求解步骤等详见《基础教程》第十章第三节的详细说明.

2. 典型题型

例 1　求微分方程 $\frac{\mathrm{d}y}{\mathrm{d}x}=(\frac{y}{x})^2+\frac{y}{x}$ 的通解.

解　这是齐次微分方程，先令 $\frac{y}{x}=u$，$y=ux$，于是 $\frac{\mathrm{d}y}{\mathrm{d}x}=x\frac{\mathrm{d}u}{\mathrm{d}x}+u$，代入原方程得 $x\frac{\mathrm{d}u}{\mathrm{d}x}+u=u^2+u$，变形为 $\frac{\mathrm{d}u}{u^2}=\frac{\mathrm{d}x}{x}$，两边同时积分得 $\int\frac{\mathrm{d}u}{u^2}=\int\frac{\mathrm{d}x}{x}$，解得 $-\frac{1}{u}=\ln x+C$，即 $-\frac{x}{y}=\ln x+C$. 所以 $y=-\frac{x}{\ln x+C}$ 是微分方程的通解.

例 2　求微分方程 $y'=\frac{y}{x}+\tan\frac{y}{x}$ 的通解.

解　令 $\frac{y}{x}=u$，$y=ux$，则 $\frac{\mathrm{d}y}{\mathrm{d}x}=x\frac{\mathrm{d}u}{\mathrm{d}x}+u$，代入原方程得 $x\frac{\mathrm{d}u}{\mathrm{d}x}+u=u+\tan u$，分离变量，得 $\cot u\mathrm{d}u=\frac{\mathrm{d}x}{x}$，两边积分 $\int\cot u\mathrm{d}u=\int\frac{\mathrm{d}x}{x}$，得 $\ln|\sin u|=\ln|x|+\ln C$，所以，原方程的通解为 $\sin\frac{y}{x}=Cx$，其中 C 为任意常数.

例 3　求解微分方程 $\frac{\mathrm{d}x}{x^2-xy+y^2}=\frac{\mathrm{d}y}{2y^2-xy}$.

解　原方程整理成 $\frac{\mathrm{d}y}{\mathrm{d}x}=\frac{2y^2-xy}{x^2-xy+y^2}=\frac{2(\frac{y}{x})^2-\frac{y}{x}}{1-\frac{y}{x}+(\frac{y}{x})^2}$，令 $\frac{y}{x}=u$，$y=ux$，则 $\mathrm{d}y=u\mathrm{d}x+x\mathrm{d}u$，代入原方程得 $u+x\frac{\mathrm{d}u}{\mathrm{d}x}=\frac{2u^2-u}{1-u+u^2}$，分离变量得 $[\frac{1}{2}(\frac{1}{u-2}-\frac{1}{u})-\frac{2}{u-2}+\frac{1}{u-1}]\mathrm{d}u=\frac{\mathrm{d}x}{x}$，两边积分得 $\ln|u-1|-\frac{3}{2}\ln|u-2|-\frac{1}{2}\ln|u|=\ln|x|+\ln C$，化简得

$\frac{|u-1|}{\sqrt{|u|}\,|u-2|^{\frac{3}{2}}}=C|x|$，

即$(y-x)^2=Cy(y-2x)^3$，其中 C 为任意常数.

三、一阶线性微分方程的求解

1. 考点解读

(1) 对于一阶齐次线性微分方程$\frac{dy}{dx}+p(x)y=0$，由于这是一个可分离变量方程，故可先进行变量分离$\frac{dy}{y}=-p(x)dx$，再两边求积分，即可得出齐次线性方程$\frac{dy}{dx}+p(x)y=0$的通解为 $y=Ce^{-\int p(x)dx}$.

(2) 对于一阶非齐次线性微分方程$\frac{dy}{dx}+p(x)y=Q(x)$，求解的方法为：

1) 公式法

直接利用公式 $y=C\cdot e^{-\int p(x)dx}+e^{-\int p(x)dx}\cdot\int Q(x)\cdot e^{\int p(x)dx}dx$.

2) 常数变易法

① 首先由非齐次线性微分方程$\frac{dy}{dx}+p(x)y=Q(x)$出发，写出与该非齐次线性微分方程对应的齐次线性微分方程$\frac{dy}{dx}+p(x)y=0$，并求出其通解 $y=Ce^{-\int p(x)dx}$；

② 将 ① 中任意常数 C 变易为待定函数 $C(x)$，令 $y=C(x)e^{-\int p(x)dx}$ 为非齐次线性微分方程$\frac{dy}{dx}+p(x)y=Q(x)$的通解，我们将该待定通解代入所给非齐次线性微分方程中可得$\frac{d[C(x)e^{-\int p(x)dx}]}{dx}+p(x)\cdot C(x)e^{-\int p(x)dx}=Q(x)$，我们将该式子展开后简单整理化简，得到$\frac{[C'(x)\cdot dx]\cdot e^{-\int p(x)dx}+C(x)\cdot[e^{-\int p(x)dx}\cdot(-\int p(x)dx)'\cdot dx]}{dx}+p(x)\cdot C(x)e^{-\int p(x)dx}=Q(x)$，即 $C'(x)e^{-\int p(x)dx}+C(x)[-p(x)]e^{-\int p(x)dx}+p(x)C(x)e^{-\int p(x)dx}=Q(x)$，

于是有，$C'(x)=Q(x)\cdot e^{\int p(x)dx}$，两边积分可得 $C(x)=\int Q(x)\cdot e^{\int p(x)dx}dx+C$；

③ 代入即得方程的通解 $y=C(x)e^{-\int p(x)dx}=C\cdot e^{-\int p(x)dx}+e^{-\int p(x)dx}\cdot\int Q(x)\cdot e^{\int p(x)dx}dx$.

说明：一阶非齐次线性微分方程$\frac{dy}{dx}+p(x)y=Q(x)$的通解为与非齐次线性微分方程相对应的齐次微分方程的$\frac{dy}{dx}+p(x)y=0$的通解与非齐次线性微分方程$\frac{dy}{dx}+p(x)y=Q(x)$的一个特解之和.

2. 题型分析

例 1　求 $y'-y=e^x$ 的通解.

解　方法一：用公式

$y=C\cdot e^{-\int p(x)dx}+e^{-\int p(x)dx}\cdot\int Q(x)\cdot e^{\int p(x)dx}dx=C\cdot e^{-\int(-1)dx}+e^{-\int(-1)dx}\cdot\int e^x e^{\int(-1)dx}dx=$

$Ce^x + e^x x$.

方法二：常数变易法

对应的齐次微分方程 $y' - y = 0$ 的通解为 $y = C \cdot e^{-\int p(x)dx} = Ce^x$，将 C 换成 $C(x)$，得 $y = C(x)e^x$ 代入原方程，得 $[C'(x)e^x + C(x)e^x] - C(x)e^x = e^x$，则 $C'(x) = 1$，则 $C(x) = x + C$，故通解为 $y = (x + C)e^x$.

例 2 求微分方程 $x^2 y dx = (1 - y^2 + x^2 - x^2 y^2)dy$ 的通解.

解 方程整理为 $x^2 y dx = (1 - y^2)(1 + x^2)dy$，分离变量得 $\frac{x^2}{1 + x^2}dx = \frac{1 - y^2}{y}dy$，

两边积分得 $\int \frac{x^2}{1 + x^2}dx = \int \frac{1 - y^2}{y}dy$，即 $\int (1 - \frac{1}{1 + x^2})dx = \int (\frac{1}{y} - y)dy$，即 $x - \arctan x = \ln|y| - \frac{1}{2}y^2 + C$.

例 3 求微分方程 $\cos x \frac{dy}{dx} + (\sin x)y = \sin x$ 的通解.

解 将原微分方程可化为 $\frac{dy}{dx} + (\tan x)y = \tan x$，令 $p(x) = \tan x$，$Q(x) = \tan x$，

则 $\int p(x)dx = \int \tan x dx = \int \frac{\sin x}{\cos x}dx = -\int \frac{1}{\cos x}d(\cos x) = -\ln\cos x$，

$e^{-\int p(x)dx} = e^{\ln\cos x} = \cos x$，

$\int Q(x)e^{\int p(x)dx}dx = \int \tan x \frac{1}{\cos x}dx = \int \frac{\sin x}{\cos^2 x}dx = -\int \frac{1}{\cos^2 x}d(\cos x) = \frac{1}{\cos x}$，

所以通解为 $y = C \cdot e^{-\int p(x)dx} + e^{-\int p(x)dx} \cdot \int Q(x) \cdot e^{\int p(x)dx}dx = C \cdot \cos x + \cos x \cdot \frac{1}{\cos x} = C\cos x + 1$.

说明：如果方程的左边能看出是 $(\frac{y}{\cos x})' = \frac{y'\cos x + y\sin x}{\cos^2 x}$ 的分子部分，那么方程化为 $(\frac{y}{\cos x})' = \frac{\sin x}{\cos^2 x}$，那么两边求积分，有 $\frac{y}{\cos x} = \frac{1}{\cos x} + C$，即 $y = C\cos x + 1$.

例 4 求微分方程 $x^2 dy = (y^2 + xy - x^2)dx$ 满足 $y|_{x=-1} = 3$ 的特解.

解 将原方程改写为齐次方程 $\frac{dy}{dx} = (\frac{y}{x})^2 + \frac{y}{x} - 1$，令 $\frac{y}{x} = u$，则 $y = xu$，$\frac{dy}{dx} = u + x\frac{du}{dx}$，

代入原方程消去 y 化为 $u + x\frac{du}{dx} = u^2 + u - 1$，即 $\frac{du}{u^2 - 1} = \frac{dx}{x}$，

两边积分得 $\frac{1}{2}\int \frac{d(u^2 - 1)}{u^2 - 1} = \frac{dx}{x}$，即 $\frac{1}{2}\ln\left|\frac{u - 1}{u + 1}\right| = \ln|x| + \ln C_1$，

代入 $u = \frac{y}{x}$ 得 $y - x = (x + y) \cdot Cx^2$，由 $y|_{x=-1} = 3$，解得 $C = 2$，

方程的特解为 $y - x = 2(x + y)x^2$.

例 5 求微分方程 $xy' + y = \frac{\ln x}{x}$ 满足条件 $y|_{x=1} = \frac{1}{2}$ 的特解.

解 原方程两边同除以 x 可化为 $y' + \frac{1}{x}y = \frac{\ln x}{x^2}$，利用公式有

$y = C \cdot e^{-\int p(x)dx} + e^{-\int p(x)dx} \cdot \int Q(x) \cdot e^{\int p(x)dx} dx = C \cdot e^{-\int \frac{1}{x}dx} + e^{-\int \frac{1}{x}dx} \cdot \int \frac{\ln x}{x^2} \cdot e^{\int \frac{1}{x}dx} dx =$
$C \cdot \frac{1}{x} + \frac{1}{x} \cdot \int \frac{\ln x}{x} dx = \frac{C}{x} + \frac{1}{x} \cdot \int \ln x d(\ln x) = \frac{C}{x} + \frac{1}{x} \cdot \frac{1}{2}(\ln x)^2$,

把初始条件$y|_{x=1} = \frac{1}{2}$代入上式$\frac{1}{2} = C + 1 \cdot \frac{1}{2} \cdot 0$,得$C = \frac{1}{2}$.

故所求特解为$y = \frac{1}{2x}[(\ln x)^2 + 1]$.

例 6　求在点(x,y)处切线斜率为$2x + y$,且过坐标原点的曲线方程.

解　依题意有$\frac{dy}{dx} = 2x + y$,且$y|_{x=0} = 0$.

由于与$\frac{dy}{dx} = 2x + y$对应的齐次线性方程为$\frac{dy}{dx} = y$,即$\frac{dy}{y} = dx$.

两边积分$\int \frac{dy}{y} = \int dx$,即$\ln|y| = x + \ln C$,得$y = Ce^x$,为齐次线性方程的通解.

令$y = C(x)e^x$为$\frac{dy}{dx} = 2x + y$的通解,则$\frac{dy}{dx} = C'(x)e^x + C(x)e^x$,

$C'(x)e^x + C(x)e^x = 2x + C(x)e^x$,整理得$C'(x) = 2xe^{-x}$.

于是$C(x) = \int 2xe^{-x}dx = -2\int xd(e^{-x}) = -2(xe^{-x} - \int e^{-x}dx) = -2xe^{-x} - 2e^{-x} + C$.

所以,原方程的通解为$y = C(x)e^x = (-2xe^{-x} - 2e^{-x} + C)e^x$,曲线过原点,即$y|_{x=0} = 0$,得$C = 2$,

所以,该曲线方程为$y = 2e^x - 2x - 2$.

第二节　实战演练与参考解析

1. 求下列微分方程的通解:

(1)$xyy' = 1 - x^2$;

(2)$y - y' = 1 + xy'$;

(3)$x(y^2 - 1)dx + y(x^2 - 2)dy = 0$;

(4)$\frac{dy}{dx} = 1 + x + y^2 + xy^2$.

2. 求微分方程$y' + P(x)y = 0$的通解,其中$P(x)$为连续函数.

3. 求微分方程$xdy + 2ydx = 0$满足初始条件$y|_{x=2} = 1$的特解.

4. 求微分方程$(1 + e^x)yy' = e^x$满足初始条件$y|_{x=0} = 1$的特解.

5. 求微分方程$x^2dy + (2xy - x + 1)dx = 0$满足初始条件$y|_{x=1} = 0$的特解.

6. 一条曲线通过点(3,10),其在任意点处的切线斜率等于该点横坐标的平方,求该曲线方程.

7. 求下列微分方程的通解:

(1)$y' + \sin x \cdot y = 0$;

(2) $(x+1)\frac{\mathrm{d}y}{\mathrm{d}x}-ny=\mathrm{e}^{x}(x+1)^{n+1}$;

(3) $y'+\frac{y}{x}=\sin x$;

(4) $\frac{\mathrm{d}s}{\mathrm{d}t}=-s\cos t+\frac{1}{2}\sin 2t$;

(5) $(x^2-1)y'-xy+a=0$.

8. 求解微分方程 $y'-\frac{2}{x+1}\cdot y=(x+1)^3$.

[参考解析]

1. (1) 将该微分方程分离变量，得 $y\mathrm{d}y=\frac{1-x^2}{x}\mathrm{d}x$，两边积分，得$\int y\mathrm{d}y=\int(\frac{1}{x}-x)\mathrm{d}x$，通解为$\frac{y^2}{2}=\ln x-\frac{x^2}{2}+C$，或写成 $y^2=2\ln x-x^2+C$.

(2) 将该微分方程分离变量，得$\frac{\mathrm{d}y}{y-1}=\frac{\mathrm{d}x}{x+1}$，两边积分，得$\int\frac{\mathrm{d}y}{y-1}=\int\frac{\mathrm{d}x}{x+1}$，即 $\ln(y-1)=\ln(x+1)+\ln C$，故通解为 $y=C(x+1)+1$.

说明：在解微分方程时，积分$\int\frac{\mathrm{d}x}{x+1}=\ln(x+1)+C$，而不必写成$\int\frac{\mathrm{d}x}{x+1}=\ln|x+1|+C$.

(3) 将该微分方程分离变量，并在方程两边同乘以 2，得$\frac{2y\mathrm{d}y}{y^2-1}=-\frac{2x\mathrm{d}x}{x^2-2}$. 两边积分，得 $\ln|y^2-1|=-\ln|x^2-2|+\ln|C|$，或 $\ln|(x^2-2)(y^2-1)|=\ln|C|$. 通解为 $(x^2-2)(y^2-1)=C$（其中 C 为任意常数）.

(4) 方程可化为$\frac{\mathrm{d}y}{\mathrm{d}x}=(1+x)(1+y^2)$，将等式分离变量得$\frac{1}{1+y^2}\mathrm{d}y=(1+x)\mathrm{d}x$，再等式两边积分得$\int\frac{1}{1+y^2}\mathrm{d}y=\int(1+x)\mathrm{d}x$，即 $\arctan y=\frac{1}{2}x^2+x+C$，

于是原方程的通解为 $y=\tan(\frac{1}{2}x^2+x+C)$.

2. 将该微分方程分离变量，得$\frac{\mathrm{d}y}{y}=-P(x)\mathrm{d}x$，两边积分，得 $\ln|y|=-\int P(x)\mathrm{d}x+\ln|C|$. 通解为 $y=C\mathrm{e}^{-\int P(x)\mathrm{d}x}$（其中 C 为任意常数）.

3. 将该微分方程分离变量，得$\frac{\mathrm{d}y}{y}=-2\frac{\mathrm{d}x}{x}$，两边积分得 $\ln y=-2\ln x+\ln C$，即 $\ln y=\ln Cx^{-2}$，所求微分方程的通解为 $y=Cx^{-2}$.

由 $y|_{x=2}=1$，代入上式，得 $C=4$，从而所求的微分方程的特解为 $y=4x^{-2}$.

4. 将该微分方程分离变量，得 $y\mathrm{d}y=\frac{\mathrm{e}^x}{1+\mathrm{e}^x}\mathrm{d}x$，两边积分，得$\int y\mathrm{d}y=\int\frac{\mathrm{e}^x}{1+\mathrm{e}^x}\mathrm{d}x$，解得方程的通解为$\frac{1}{2}y^2=\ln(1+\mathrm{e}^x)+C$，由初始条件 $y|_{x=0}=1$，代入上式，得 $C=\frac{1}{2}-\ln 2$. 故所求特解为 $y^2=2\ln(1+\mathrm{e}^x)+1-2\ln 2$.

5. 原方程整理为$\frac{dy}{dx}+\frac{2}{x}y=\frac{x-1}{x^2}$，该一阶非齐次线性微分方程，我们用常数变易法求解.

先求原方程对应的齐次方程$\frac{dy}{dx}+\frac{2}{x}y=0$的通解，分离变量得$\frac{dy}{y}=-2\frac{dx}{x}$，两边积分得$y=\frac{C}{x^2}$. 令$y=\frac{C(x)}{x^2}$是原方程的通解，代入方程$\frac{dy}{dx}+\frac{2}{x}y=\frac{x-1}{x^2}$，得

$\frac{C'(x)x^2-C(x)2x}{x^4}+\frac{2C(x)}{x^3}=\frac{x-1}{x^2}$，解得$C'(x)=x-1$，两边积分得$C(x)=\frac{1}{2}x^2-x+C$，则所求通解为$y=\frac{C(x)}{x^2}=\frac{\frac{1}{2}x^2-x+C}{x^2}=\frac{1}{2}-\frac{1}{x}+\frac{C}{x^2}$，由$y|_{x=1}=0$，得$C=\frac{1}{2}$，

故特解为$y=\frac{1}{2}-\frac{1}{x}+\frac{1}{2x^2}$.

6. 设曲线方程为$y=f(x)$，根据题意得$y'=x^2$，所以有$dy=x^2dx$，两边同时积分得$\int dy=\int x^2dx$，所以$y=\frac{1}{3}x^3+C$，又曲线过点(3,10)，代入得$C=1$.

于是曲线方程为$y=\frac{1}{3}x^3+1$.

7. (1) 所给方程是一阶线性齐次方程，其中$p(x)=\sin x$，从而$-\int p(x)dx=-\int\sin x dx=\cos x$. 由通解公式可得方程的通解为$y=Ce^{\cos x}$（其中$C$为任意常数）.

(2) 与原方程对应的齐次线性方程为$\frac{dy}{dx}-\frac{n}{x+1}y=0$，即$\frac{dy}{y}=\frac{n}{x+1}dx$，两边积分$\int\frac{dy}{y}=\int\frac{n}{x+1}dx$，即$\ln y=n\ln(x+1)+\ln C$，得$y=C(x+1)^n$，为齐次线性方程的通解.

令$y=C(x)(x+1)^n$为原方程的通解，则$\frac{dy}{dx}=C'(x)(x+1)^n+C(x)n(x+1)^{n-1}$，

于是原方程为$C'(x)(x+1)^n+C(x)\cdot n(x+1)^{n-1}-\frac{n}{x+1}\cdot C(x)(x+1)^n=e^x(1+x)^n$，即$C'(x)=e^x$. 两边积分得$C(x)=e^x+C$，

所以，原方程的通解为$y=(e^x+C)(x+1)^n$（其中C为任意常数）.

(3) 与原方程对应的齐次线性方程为$y'=-\frac{y}{x}$，即$\frac{dy}{dx}=-\frac{y}{x}$，有$\frac{dy}{y}=-\frac{dx}{x}$，两边积分$\int\frac{dy}{y}=\int-\frac{dx}{x}$，即$\ln y=-\ln x+\ln C$，得$y=\frac{C}{x}$.

令$y=\frac{C(x)}{x}$为原方程的通解，则$\frac{dy}{dx}=\frac{C'(x)\cdot x-C(x)}{x^2}$，

于是原方程为$\frac{C'(x)\cdot x-C(x)}{x^2}+\frac{C(x)}{x^2}=\sin x$，即$C'(x)=x\sin x$，两边积分得

$C(x)=\int x\sin x dx=-\int x d(\cos x)=-x\cos x+\int\cos x dx=-x\cos x+\sin x+C$，

所以，原方程的通解为$y=\frac{C(x)}{x}=\frac{C}{x}+\frac{\sin x}{x}-\cos x$（其中$C$为任意常数）.

(4) 与原方程对应的齐次线性方程为$\frac{ds}{dt}=-s\cos t$，即$\frac{ds}{s}=-\cos t dt$，两边积分$\int\frac{ds}{s}=\int-\cos t dt$，即$\ln|s|=-\sin t+\ln C$，得$s=C\cdot e^{-\sin t}$，为齐次线性方程的通解.

令$s=C(t)\cdot e^{-\sin t}$为原方程的通解，则$\frac{ds}{dt}=C'(t)\cdot e^{-\sin t}-C(t)\cdot e^{-\sin t}\cdot\cos t$，

于是原方程为$C'(t)\cdot e^{-\sin t}-C(t)\cdot e^{-\sin t}\cdot\cos t=-C(t)\cdot e^{-\sin t}\cdot\cos t+\frac{1}{2}\sin 2t$，

即$C'(t)=\sin t\cdot\cos t\cdot e^{\sin t}$，两边积分得

$C(t)=\int\sin t\cdot\cos t\cdot e^{\sin t}dt=\int\sin t\cdot e^{\sin t}d(\sin t)=\int\sin t d(e^{\sin t})=\sin t\cdot e^{\sin t}-\int e^{\sin t}d(\sin t)=\sin t\cdot e^{\sin t}-e^{\sin t}+C$.

所以，原方程的通解为$s=C(t)\cdot e^{-\sin t}=\sin t-1+Ce^{-\sin t}$(其中$C$为任意常数).

(5) 原方程为$\frac{dy}{dx}=\frac{x}{x^2-1}y-\frac{a}{x^2-1}$，与该方程对应的齐次方程为$\frac{dy}{dx}=\frac{x}{x^2-1}y$，即$\frac{dy}{y}=\frac{x}{x^2-1}dx$，两边积分$\int\frac{dy}{y}=\int\frac{x}{x^2-1}dx=\frac{1}{2}\int\frac{1}{x^2-1}d(x^2-1)$，即得$\ln|y|=\frac{1}{2}\ln|x^2-1|+\ln C$，即$y=C(x^2-1)^{\frac{1}{2}}$为齐次线性方程的通解.

令$y=C(x)(x^2-1)^{\frac{1}{2}}$为原方程的通解，则$\frac{dy}{dx}=C'(x)\sqrt{x^2-1}+\frac{x}{\sqrt{x^2-1}}C(x)$，

于是原方程$\frac{dy}{dx}=\frac{x}{x^2-1}y-\frac{a}{x^2-1}$即为$C'(x)\sqrt{x^2-1}+\frac{xC(x)}{\sqrt{x^2-1}}=\frac{x}{x^2-1}C(x)\sqrt{x^2-1}-\frac{a}{x^2-1}$，即得$C'(x)=-\frac{a}{(x^2-1)\sqrt{x^2-1}}$，两边积分得

$C(x)=\int-\frac{a}{(x^2-1)\sqrt{x^2-1}}dx$，令$x=\sec t$，则

$C(x)=\int-\frac{a}{\tan^2 x\cdot\tan t}\cdot\sec t\cdot\tan t dt=-a\int\frac{\sec t}{\tan^2 t}dt=-a\int\frac{\cos t}{\sin^2 t}dt=-a\int\frac{d(\sin t)}{\sin^2 t}=\frac{a}{\sin t}+C=\frac{a}{\sqrt{1-(\frac{1}{\sec t})^2}}+C=\frac{a}{\sqrt{1-(\frac{1}{x})^2}}+C=\frac{ax}{\sqrt{x^2-1}}+C$.

所以，原方程的通解为$y=C(x)(x^2-1)^{\frac{1}{2}}=(\frac{ax}{\sqrt{x^2-1}}+C)(x^2-1)^{\frac{1}{2}}=ax+C\sqrt{x^2-1}$(其中$C$为任意常数).

8. 方法一：公式法

$p(x)=-\frac{2}{1+x}$，$Q(x)=(x+1)^3$，把其代入公式，得

$y=C\cdot e^{-\int p(x)dx}+e^{-\int p(x)dx}\cdot\int Q(x)\cdot e^{\int p(x)dx}dx=C\cdot e^{-\int-\frac{2}{1+x}dx}+e^{-\int-\frac{2}{1+x}dx}\cdot\int(x+1)^3\cdot e^{\int-\frac{2}{1+x}dx}dx=C\cdot e^{2\int\frac{1}{1+x}d(1+x)}+e^{2\int\frac{1}{1+x}d(1+x)}\cdot\int(x+1)^3\cdot e^{-2\int\frac{1}{1+x}d(1+x)}dx=C\cdot e^{2\ln(1+x)}+e^{2\ln(1+x)}\cdot\int(x$

$+1)^3 \cdot e^{-2\ln(1+x)}dx = C \cdot (1+x)^2 + (1+x)^2 \cdot \int (x+1)^3 \cdot \frac{1}{(1+x)^2}dx = C \cdot (1+x)^2 + (1+x)^2 \cdot \int (x+1)d(x+1) = C \cdot (1+x)^2 + (1+x)^2 \cdot \frac{1}{2}(1+x)^2 = \frac{1}{2}(1+x)^4 + C(1+x)^2$,（其中 C 为任意常数）.

方法二：常数变异法

先求与原方程对应的齐次微分方程 $y' - \frac{2}{x+1} \cdot y = 0$，即 $\frac{dy}{dx} - \frac{2}{x+1} \cdot y = 0$ 的通解，

分离变量，得 $\frac{dy}{y} = \frac{2}{x+1}dx$，两边积分，得 $\ln y = 2\ln(1+x) + \ln C$，即 $y = C(1+x)^2$.

设原方程的解为 $y = C(x)(1+x)^2$，从而 $y' = C'(x)(1+x)^2 + 2C(x)(1+x)$，代入原方程得 $C'(x)(1+x)^2 + 2C(x)(1+x) - \frac{2}{x+1}C(x)(1+x)^2 = (1+x)^3$，化简，得 $C'(x) = 1+x$，两边积分，得 $C(x) = \frac{1}{2}(1+x)^2 + C$，代入所设的解，得原方程的通解为 $y = [\frac{1}{2}(1+x)^2 + C](1+x)^2 = \frac{1}{2}(1+x)^4 + C(1+x)^2$，（其中 C 为任意常数）.

第十一章　二阶常系数线性微分方程

[考试大纲]

1. 理解二阶常系数线性微分方程解的结构.

2. 会求解二阶常系数齐次线性微分方程.

3. 会求解二阶常系数非齐次线性微分方程(非齐次项限定为(Ⅰ) $f(x) = P_n(x)e^{\lambda x}$，其中 $P_n(x)$ 为 x 的 n 次多项式，λ 为实常数；(Ⅱ) $f(x) = e^{\lambda x}(P_n(x)\cos \omega x + Q_m(x)\sin \omega x)$，其中 λ, ω 为实常数，$P_n(x)$、$Q_m(x)$ 分别为 x 的 n 次、m 次多项式).

第一节　考点解读与典型题型

一、二阶常系数线性微分方程与可降阶的高阶微分方程

1. 考点解读

(1) 二阶常系数线性微分方程的定义及解的结构定理详见《基础教程》第十一章第一节的详细说明.

(2) 可降阶的高阶微分方程：

① 方程 $y^{(n)} = f(x)$ 的右端仅是自变量 x 的函数. 将两边积分一次就得到一个 $n-1$ 阶的方程 $y^{(n-1)} = \int f(x)\mathrm{d}x + C_1$，再积分一次，得 $y^{(n-2)} = \int [\int f(x)\mathrm{d}x]\mathrm{d}x + C_1x + C_2$，逐次进行积分，便可得到所求方程的通解.

② 方程 $y'' = f(x, y')$ 的右端不显含未知函数 y，可以通过变量代换将其降阶. 令 $y' = p$，则 $y'' = p'$，于是方程 $y'' = f(x, y')$ 化为 $p' = f(x, p)$，这是关于变量p' 和 p 的一阶微分方程，如果可以求出其通解 $p = \varphi(x, C_1)$，即 $\frac{\mathrm{d}y}{\mathrm{d}x} = \varphi(x, C_1)$，再积分一次便得到方程 $y'' = f(x, y')$ 的通解.

③ 方程 $y'' = f(y, y')$ 的右端不显含未知函数 x，也可以通过变量代换将其降阶. 令 $y' = p$，则 $y'' = \frac{\mathrm{d}p}{\mathrm{d}x} = \frac{\mathrm{d}p}{\mathrm{d}y} \cdot \frac{\mathrm{d}y}{\mathrm{d}x} = p\frac{\mathrm{d}p}{\mathrm{d}y}$，于是方程 $y'' = f(y, y')$ 化为 $p\frac{\mathrm{d}p}{\mathrm{d}y} = f(y, p)$，这是关于变量 y 和 p 的一阶微分方程. 设其通解为 $p = \varphi(y, C_1)$，则 $y' = \varphi(y, C_1)$，分离变量并积分，得到方程 $y'' = f(y, y')$ 的通解为$\int \frac{\mathrm{d}y}{\varphi(y, C_1)} = x + C_2$.

2. 典型题型

例 1　求微分方程 $y''' = x + 1$ 的通解.

解　将所给方程两边积分一次,得 $y''=\int(x+1)\mathrm{d}x+C_1=\frac{1}{2}x^2+x+C_1$,

两边再积分一次,得 $y'=\int(\frac{1}{2}x^2+x+C_1)\mathrm{d}x+C_2=\frac{1}{6}x^3+\frac{1}{2}x^2+C_1x+C_2$,

第三次积分,得 $y=\int(\frac{1}{6}x^3+\frac{1}{2}x^2+C_1x+C_2)\mathrm{d}x+C_3=\frac{1}{24}x^4+\frac{1}{6}x^3+\frac{1}{2}C_1x^2+C_2x+C_3$.

例 2　求微分方程 $(x+1)y''-y'+1=0$ 满足条件 $y'(0)=2,y(0)=1$ 的特解.

解　这是可降阶的微分方程,应通过降阶求解.

所给方程不显含未知函数 y,令 $y'=p$,那么原方程化为 $(x+1)p'-p+1=0$,

这是一阶线性微分方程,标准化,得 $p'-\frac{1}{x+1}p=-\frac{1}{x+1}$.

令 $p(x)=-\frac{1}{x+1},Q(x)=-\frac{1}{x+1}$,因为 $\int p(x)\mathrm{d}x=-\int\frac{1}{x+1}\mathrm{d}x=-\ln(x+1)$,

所以 $\mathrm{e}^{-\int p(x)\mathrm{d}x}=\mathrm{e}^{\ln(x+1)}=x+1,\int Q(x)\cdot\mathrm{e}^{\int p(x)\mathrm{d}x}\mathrm{d}x=\int(-\frac{1}{x+1}\cdot\frac{1}{x+1})\mathrm{d}x=\frac{1}{x+1}$,

所以通解 $p=C\cdot\mathrm{e}^{-\int p(x)\mathrm{d}x}+\mathrm{e}^{-\int p(x)\mathrm{d}x}\cdot\int Q(x)\cdot\mathrm{e}^{\int p(x)\mathrm{d}x}\mathrm{d}x=C_1\cdot(x+1)+(x+1)\cdot\frac{1}{x+1}$
$=C_1(x+1)+1$.

又 $y'=p=C_1(x+1)+1$,故 $y=\int[C_1(x+1)+1]\mathrm{d}x=x+\frac{1}{2}C_1x^2+C_1x+C_2$ 是微分方程的通解.

根据条件 $y'(0)=2,y(0)=1$,得 $\begin{cases}1+C_1=2\\C_2=1\end{cases}$,解得 $\begin{cases}C_1=1\\C_2=1\end{cases}$,

所以所求的特解为 $y=\frac{1}{2}x^2+2x+1$.

例 3　求微分方程 $y''=2yy'$ 满足初始条件 $y(0)=1,y'(0)=2$ 的特解.

解　所给方程不显含未知函数 x,令 $y'=p$,那么原方程化为 $y''=\frac{\mathrm{d}p}{\mathrm{d}x}=\frac{\mathrm{d}p}{\mathrm{d}y}\cdot\frac{\mathrm{d}y}{\mathrm{d}x}=p\frac{\mathrm{d}p}{\mathrm{d}y}$,代入方程 $y''=2yy'$ 得 $p\frac{\mathrm{d}p}{\mathrm{d}y}=2yp$,分离变量得 $\mathrm{d}p=2y\mathrm{d}y$,两边积分 $\int\mathrm{d}p=\int2y\mathrm{d}y$,

即 $p=y^2+C_1$,以初始条件 $y(0)=1,y'(0)=p(0)=2$ 代入上式 $2=1^2+C_1$,得 $C_1=1$,所以 $y'=y^2+1$.

上式分离变量得 $\frac{\mathrm{d}y}{y^2+1}=\mathrm{d}x$,两边积分 $\int\frac{\mathrm{d}y}{y^2+1}=\int\mathrm{d}x$,即 $\arctan y=x+C_2$,以初始条件 $y(0)=1$ 代入,得 $C_2=\frac{\pi}{4}$.

故所求特解为 $\arctan y=x+\frac{\pi}{4}$,即 $y=\tan(x+\frac{\pi}{4})$.

二、二阶常系数齐次线性微分方程

1. 考点解读

求解二阶常系数齐次线性微分方程的步骤详见《基础教程》第十一章第二节部分的详细

说明.

2. 典型题型

例 1 求以 $y=(C_1+C_2x)e^x$ 为通解的二阶常系数齐次线性微分方程.

解 $y'=(C_2)\cdot e^x+(C_1+C_2x)\cdot e^x=C_1e^x+C_2e^x+C_2xe^x$,

$y''=C_1e^x+2C_2e^x+C_2xe^x$,消去 C_1,C_2,得 $y''-2y'+y=0$.

例 2 求下列微分方程的通解:

(1)$y''-2y'-3y=0$; (2) $\frac{d^2s}{dt^2}+2\frac{ds}{dt}+s=0$;

(3)$y''-2y'+5y=0$; (4)$4y''-5y'+y=0$.

解 (1) 所给微分方程所对应的特征方程为 $r^2-2r-3=0$,特征根为 $r_1=-1,r_2=3$,因此原方程的通解为 $y=C_1e^{-x}+C_2e^{3x}$.

(2) 所给微分方程所对应的特征方程为 $r^2+2r+1=0$,特征根为 $r_1=r_2=-1$ 为相等实根,因此所求通解为 $s=(C_1+C_2t)e^{-t}$.

(3) 所给微分方程所对应的特征方程为 $r^2-2r+5=0$,特征根为 $r_{1,2}=1\pm 2i$ 为一对共轭复根,因此所求通解为 $y=(C_1\cos 2x+C_2\sin 2x)e^x$.

(4) 所给微分方程所对应的特征方程为 $4r^2-5r+1=0$,特征根为 $r_1=1,r_2=\frac{1}{4}$,因此原方程的通解为 $y=C_1e^x+C_2e^{\frac{1}{4}x}$.

例 3 求微分方程 $y''+2y'+y=0$ 满足初始条件 $y|_{x=0}=4,y'|_{x=0}=-2$ 的特解:

解 (1) 所给方程的特征方程为 $r^2+2r+1=0$,其根 $r_1=r_2=-1$ 是两个相等的实根,因此所给方程的通解为 $y=(C_1+C_2x)e^{-x}$,将条件 $y|_{x=0}=4$ 代入,得 $C_1=4$,即 $y=(4+C_2x)e^{-x}$,两边对 x 求导,$y'=(C_2)\cdot e^{-x}+(4+C_2x)\cdot e^{-x}\cdot(-1)=C_2e^{-x}-4e^{-x}-C_2xe^{-x}$.

将条件 $y'|_{x=0}=-2$ 代入得 $C_2=2$.

于是所求特解为 $y=(4+2x)e^{-x}$.

三、二阶常系数非齐次线性微分方程

1. 考点解读

求解二阶常系数非齐次线性微分方程的方法和步骤详见《基础教程》第十一章第三节部分的详细说明.

2. 典型题型

例 1 求下列微分方程的通解:

(1)$y''-2y'-3y=e^{-x}$; (2)$y''-2y'+y=e^x$.

解 (1) 这是二阶常系数线性非齐次方程,且 $f(x)=e^{-x}$ 是 $f(x)=P_n(x)e^{\lambda x}$ 型的(其中 $\lambda=-1,P_n(x)=1$),与原方程对应的齐次线性方程为 $y''-2y'-3y=0$,特征方程为 $r^2-2r-3=0$,故特征根为 $r_1=-1,r_2=3$,于是该齐次线性方程的通解为 $Y(x)=C_1e^{-x}+C_2e^{3x}$,其中 C_1、C_2 为任意常数.

由于 λ 是特征方程的单根,所以应设特解为 $y^*(x)=xQ_n(x)e^{\lambda x}=xbe^{-x}$,代入所给方程,得 $(xbe^{-x})''-2(xbe^{-x})'-3xbe^{-x}=e^{-x}$,展开 $-be^{-x}-be^{-x}+xbe^{-x}-2be^{-x}+2xbe^{-x}-3xbe^{-x}=e^{-x}$,整理得 $-4b=1$,即 $b=-\frac{1}{4}$,所以特解为 $y^*(x)=-\frac{1}{4}xe^{-x}$,

从而所求通解为 $y=Y(x)+y^*(x)=C_1e^{-x}+C_2e^{3x}-\frac{1}{4}e^{-x}$,(其中 C_1、C_2 为任意常数).

(2) 这是二阶常系数线性非齐次方程,且 $f(x)=e^x$ 是 $f(x)=P_n(x)e^{\lambda x}$ 型的(其中 $\lambda=1,P_n(x)=1$),与原方程对应的齐次线性方程为 $y''-2y'+y=0$,特征方程为 $r^2-2r+1=0$,故特征根为 $r_1=r_2=1$,于是该齐次线性方程的通解为 $Y(x)=(C_1+C_2x)e^x$,其中 C_1、C_2 为任意常数.

由于 λ 是特征方程的重根,所以应设特解为 $y^*(x)=x^2Q_n(x)e^{\lambda x}=x^2be^x$,代入所给方程,有 $(x^2be^x)''-2(x^2be^x)'+x^2be^x=e^x$,展开得

$(2be^x+2xbe^x+2xbe^x+x^2be^x)-2(2xbe^x+x^2be^x)+x^2be^x=e^x$,整理得 $2be^x=e^x$,对比系数有 $2b=1$,即 $b=\frac{1}{2}$.所以方程特解为 $y^*(x)=\frac{1}{2}x^2e^x$.

从而所求通解为 $y=Y(x)+y^*(x)=(C_1+C_2x)e^x+\frac{1}{2}x^2e^x$,(其中 C_1、C_2 为任意常数).

例 2　求下列微分方程的通解:

(1) $y''+y=\cos x$;　　　　(2) $y''+4y'+6y=\sin 2x$.

解　(1) 这是二阶常系数线性非齐次方程,且 $f(x)=\cos x$ 是 $f(x)=e^{\lambda x}[P_n(x)\cos\omega x+Q_m(x)\sin\omega x]$ 型的(其中 $\lambda=0,\omega=1,P_n(x)=1,Q_m(x)=0$).

所给方程对应的齐次方程为 $y''+y=0$,它的特征方程为 $r^2+1=0$,根为 $r_{1,2}=\pm i$,则对应的齐次方程 $y''+y=0$ 的通解为 $Y(x)=C_1\cos x+C_2\sin x$,(其中 C_1,C_2 为任意常数).

由于这里 $\lambda+\omega i=i$(或 $\lambda-\omega i=-i$) 是特征方程的根,所以可设原方程的特解为 $y^*=xe^{\lambda x}[a\cos\omega x+b\sin\omega x]=xe^{0\cdot x}[a\cos x+b\sin x]=x(a\cos x+b\sin x)$,代入原方程得

$[x(a\cos x+b\sin x)]''+x(a\cos x+b\sin x)=\cos x$,展开得

$[-a\sin x+b\cos x-a\sin x+b\cos x+x(-a\cos x-b\sin x)]+x(a\cos x+b\sin x)=\cos x$,整理得

$2b\cos x-2a\sin x=\cos x$,对比系数得 $a=0,b=\frac{1}{2}$.所以原方程的特解为 $y^*=\frac{1}{2}x\sin x$,

所以,原方程的通解为 $y=Y(x)+y^*(x)=C_1\cos x+C_2\sin x+\frac{1}{2}x\sin x$,(其中 C_1、C_2 为任意常数).

(2) 这是二阶常系数线性非齐次方程,且 $f(x)=\sin 2x$ 是 $f(x)=e^{\lambda x}[P_n(x)\cos\omega x+Q_m(x)\sin\omega x]$ 型的(其中 $\lambda=0,\omega=2,P_n(x)=0,Q_m(x)=1$),所给方程对应的齐次方程为 $y''+4y'+6y=0$,它的特征方程为 $r^2+4r+6=0$,根为 $r_{1,2}=-2\pm 2i$,则对应的齐次方程 $y''+4y'+6y=0$ 的通解为 $Y(x)=e^{-2x}(C_1\cos 2x+C_2\sin 2x)$,(其中 C_1、C_2 为任意常数).

由于这里 $\lambda+\omega i=2i$(或 $\lambda-\omega i=-2i$) 不是特征方程的根,所以可设原方程的特解为 $y^*=e^{\lambda x}[a\cos\omega x+b\sin\omega x]=e^{0\cdot x}[a\cos 2x+b\sin 2x]=a\cos 2x+b\sin 2x$,代入原方程得

$(a\cos 2x+b\sin 2x)''+4(a\cos 2x+b\sin 2x)'+6(a\cos 2x+b\sin 2x)=\sin 2x$,展开得

$(-4a\cos 2x-4b\sin 2x)+4(-2a\sin 2x+2b\cos 2x)+6(a\cos 2x+b\sin 2x)=\sin 2x$,整理得

$(2a+8b)\cos 2x+(-8a+2b)\sin 2x=\sin 2x$,对比系数有 $\begin{cases}2a+8b=0\\-8a+2b=1\end{cases}$,

即$\begin{cases} a=-\dfrac{4}{34} \\ b=\dfrac{1}{34} \end{cases}$,

得所求方程的特解为 $y^*=a\cos 2x+b\sin 2x=-\dfrac{4}{34}\cos 2x+\dfrac{1}{34}\sin 2x$

故原方程的通解为 $y=Y(x)+y^*(x)=e^{-2x}(C_1\cos 2x+C_2\sin 2x)+\dfrac{1}{34}(\sin 2x-4\cos 2x)$

(其中C_1、C_2 为任意常数).

例 3 求微分方程 $y''-2y'+y=4xe^x$ 满足初始条件$y|_{x=0}=2,y'|_{x=0}=1$ 的特解.

解 这是二阶常系数线性非齐次方程,且 $f(x)=4xe^x$ 是 $f(x)=P_n(x)e^{\lambda x}$ 型的(其中 $\lambda=1,P_n(x)=4x$),原方程对应的齐次方程为 $y''-2y'+y=0$,其特征方程为 $r^2-2r+1=0$,特征根为 $r_1=r_2=1$,于是对应的齐次方程的通解为 $Y(x)=(C_1+C_2x)e^x$,

由于 λ 是特征方程的重根,所以应设特解为 $y^*(x)=x^2Q_n(x)e^{\lambda x}=x^2(ax+b)e^x$,代入所给方程,得$[x^2(ax+b)e^x]''-2[x^2(ax+b)e^x]'+x^2(ax+b)e^x=4xe^x$,将方程式展开得 $[(6ax+2b)e^x+(3ax^2+2bx)e^x+(3ax^2+2bx)e^x+(ax^3+bx^2)e^x]-2[(3ax^2+2bx)e^x+(ax^3+bx^2)e^x]+(ax^3+bx^2)e^x=4xe^x$,整理得$(6ax+2b)e^x=4xe^x$,即 $a=\dfrac{2}{3},b=0$,所以特解为 $y^*(x)=\dfrac{2}{3}x^3e^x$,从而所求通解为 $y=Y(x)+y^*(x)=(C_1+C_2x)e^x+\dfrac{2}{3}x^3e^x$,(其中 C_1、C_2 为任意常数).

根据初始条件$y|_{x=0}=2$,可得$C_1=2$. 又因为 $y'=C_2e^x+(2+C_2x)e^x+2x^2e^x+\dfrac{2}{3}x^3e^x$,由$y'|_{x=0}=1$,解得 $C_2=-1$. 因此所求特解为 $y=(2-x)e^x+\dfrac{2}{3}x^3e^x$.

例 4 设 $g(x)=e^x-\int_0^x(x-u)g(u)du$,其中 $g(x)$ 是连续函数,求 $g(x)$.

分析 等式中含有积分上限函数,所以等式两边同时求导. 注意到被积函数中也含有 x(不是积分变量),必须将 x 从被积函数中分离出来.

解 $g(x)=e^x-\int_0^x(x-u)g(u)du=e^x-x\int_0^x g(u)du+\int_0^x ug(u)du$,两边同时对 x 求导,

$g'(x)=e^x-\int_0^x g(u)du-xg(x)+xg(x)=e^x-\int_0^x g(u)du$,两边同时再对 x 求导,

$g''(x)=e^x-g(x)$. 方程 $g''(x)+g(x)=e^x$ 是一个二阶常系数线性非齐次微分方程,且 $f(x)=e^x$ 是 $f(x)=P_n(x)e^{\lambda x}$ 型的(其中 $\lambda=1,P_n(x)=1$). 与原方程对应的齐次线性方程为 $g''(x)+g(x)=0$,特征方程为 $r^2+1=0$,故特征根为 $r_{1,2}=\pm i$,于是该齐次线性方程的通解为 $Y(x)=C_1\cos x+C_2\sin x$,其中 C_1、C_2 为任意常数.

由于 λ 不是特征方程的根,所以应设特解为 $y^*(x)=Q_n(x)e^{\lambda x}=be^x$,代入所给方程,得 $(be^x)''+be^x=e^x$,展开 $be^x+be^x=e^x$,整理得 $2b=1$,即 $b=\dfrac{1}{2}$,所以特解为 $y^*(x)=\dfrac{1}{2}e^x$,

从而方程通解为 $g(x)=Y(x)+y^*(x)=C_1\cos x+C_2\sin x+\dfrac{1}{2}e^x$(其中 C_1、C_2 为任

意常数).

初始条件 $g(0)=e^0-\int_0^0(0-u)g(u)\mathrm{d}u=e^0-0=1$，$g''(0)=e^x-g(x)=e^0-g(0)$

$=1-1=0$，代入方程，得 $\begin{cases} C_1\cos 0+C_2\sin 0+\frac{1}{2}e^0=1 \\ -C_1\cos x-C_2\sin x+\frac{1}{2}e^x=0 \end{cases}$，化简得 $C_1=C_2=\frac{1}{2}$，

故 $g(x)=C_1\cos x+C_2\sin x+\frac{1}{2}e^x=\frac{1}{2}\cos x+\frac{1}{2}\sin x+\frac{1}{2}e^x$.

第二节　实战演练与参考解析

1. 求微分方程 $xy''+y'=4x$ 的通解.

2. 求微分方程 $y''+2x(y')^2=0$ 满足初始条件 $y(0)=1,y'(0)=-\frac{1}{2}$ 的特解.

3. 求微分方程 $y''=\frac{1+(y')^2}{2y}$ 满足初始条件 $y|_{x=0}=2,y'|_{x=0}=-1$ 的特解.

4. 求下列微分方程的通解：

(1) $4y''-4y'+y=0$；

(2) $y''+y=0$；

(3) $y''+2y'+3y=0$；

(4) $y''+y'-6y=0$.

5. 求下列微分方程的通解：

(1) $y''+2y'-3y=e^{2x}$；

(2) $y''-4y'+4y=e^{2x}$.

6. 求下列微分方程的通解：

(1) $y''+4y'+4y=\cos 2x$；

(2) $y''+y'-2y=8\sin 2x$；

(3) $y''+y=\sin x$；

(4) $y''+4y=x\sin 2x$.

7. 求解微分方程 $y''+4y'+4y=e^{ax}$，其中 a 为实数.

8. 求解微分方程 $y''+y'-2y=\cos x-3\sin x$ 满足初始条件 $y|_{x=0}=1,y'|_{x=0}=2$ 的特解.

9. 设 $f(x)=\sin x+\int_0^x tf(t)\mathrm{d}t-x\int_0^x f(t)\mathrm{d}t$，其中 $f(x)$ 为连续函数，求 $f(x)$.

[参考解析]

1. 该方程不显含未知函数 y，故令 $y'=p$，则方程化为 $xp'+p=4x$，即 $p'+\frac{1}{x}p=4$.

这是一阶线性微分方程. 利用公式，得

$$p=C_1\mathrm{e}^{-\int\frac{1}{x}\mathrm{d}x}+\mathrm{e}^{-\int\frac{1}{x}\mathrm{d}x}\cdot\int 4\mathrm{e}^{\int\frac{1}{x}\mathrm{d}x}\mathrm{d}x=C_1\mathrm{e}^{-\ln x}+\mathrm{e}^{-\ln x}\cdot\int 4\mathrm{e}^{\ln x}\mathrm{d}x=\frac{C_1}{x}+\frac{1}{x}\cdot\int 4x\mathrm{d}x=\frac{C_1}{x}+2x.$$

即 $y'=p=\frac{C_1}{x}+2x$，两边积分得 $y=\int(\frac{C_1}{x}+2x)\mathrm{d}x=C_1\ln|x|+x^2+C_2$（其中 C_1、C_2 为任意常数）.

2. 所给方程不显含未知函数 y，令 $y'=p$，则方程化为 $p'+2xp^2=0$，即 $\frac{\mathrm{d}p}{\mathrm{d}x}+2xp^2=0$. 分离变量，得 $-\frac{\mathrm{d}p}{p^2}=2x\mathrm{d}x$，两边积分 $\int-\frac{\mathrm{d}p}{p^2}=\int 2x\mathrm{d}x$，即 $\frac{1}{p}=x^2+C_1$，将初始条件 $y'(0)=-\frac{1}{2}$ 代入上式得 $C_1=-2$，故有 $y'=\frac{1}{x^2-2}$.

再两边积分一次，得 $y=\int\frac{1}{x^2-2}\mathrm{d}x=\int\frac{1}{(x+\sqrt{2})(x-\sqrt{2})}\mathrm{d}x=\frac{1}{2\sqrt{2}}\int[\frac{1}{x-\sqrt{2}}-\frac{1}{x+\sqrt{2}}]\mathrm{d}x=\frac{1}{2\sqrt{2}}\int\frac{1}{x-\sqrt{2}}\mathrm{d}(x-\sqrt{2})-\frac{1}{2\sqrt{2}}\int\frac{1}{x+\sqrt{2}}\mathrm{d}(x+\sqrt{2})=\frac{1}{2\sqrt{2}}\ln|x-\sqrt{2}|-\frac{1}{2\sqrt{2}}\ln|x+\sqrt{2}|+\ln C_1$.

即 $y=\frac{1}{2\sqrt{2}}\ln\left|\frac{x-\sqrt{2}}{x+\sqrt{2}}\right|+C_2$. 再将初始条件 $y(0)=1$ 代入，得 $C_2=1$.

于是方程的特解为 $y=\frac{1}{2\sqrt{2}}\ln\left|\frac{x-\sqrt{2}}{x+\sqrt{2}}\right|+1$.

3. 所给方程不显含未知函数 x，令 $y'=p$，两边对 x 求导则方程化为 $p'+2xp^2=0$，即 $y''=\frac{\mathrm{d}p}{\mathrm{d}x}=\frac{\mathrm{d}p}{\mathrm{d}y}\cdot\frac{\mathrm{d}y}{\mathrm{d}x}=p\frac{\mathrm{d}p}{\mathrm{d}y}$，原方程化为 $p\frac{\mathrm{d}p}{\mathrm{d}y}=\frac{1+p^2}{2y}$，分离变量 $\frac{2p\mathrm{d}p}{1+p^2}=\frac{\mathrm{d}y}{y}$，两边积分得 $\int\frac{2p\mathrm{d}p}{1+p^2}=\int\frac{\mathrm{d}y}{y}$，即 $\int\frac{\mathrm{d}(p^2+1)}{1+p^2}=\int\frac{\mathrm{d}y}{y}$，得 $\ln(1+p^2)=\ln y+\ln C_1$，所以 $1+p^2=C_1y$.

由初始条件 $y(0)=2$，$y'(0)=-1$ 解得 $C_1=1$，于是 $1+p^2=y$ 或 $p=\pm\sqrt{y-1}$，

再注意到 $y'(0)=-1$ 可知 $p=\frac{\mathrm{d}y}{\mathrm{d}x}=-\sqrt{y-1}$，即 $\frac{\mathrm{d}y}{\sqrt{y-1}}=-\mathrm{d}x$，两边积分 $\int\frac{\mathrm{d}y}{\sqrt{y-1}}=\int-\mathrm{d}x$，即 $\int\frac{\mathrm{d}(y-1)}{\sqrt{y-1}}=-\int\mathrm{d}x$，得 $2\sqrt{y-1}=-x+C_2$，由初始条件 $y(0)=2$，得 $C_2=2$，因此所求特解为 $2\sqrt{y-1}+x=2$.

4. (1) 所给微分方程所对应的特征方程为 $4r^2-4r+1=0$，特征根为 $r_1=r_2=\frac{1}{2}$ 为相等实根，因此所求通解为 $y=(C_1+C_2x)\mathrm{e}^{\frac{1}{2}x}$.

(2) 所给微分方程所对应的特征方程为 $r^2+1=0$，特征根为 $r_{1,2}=\pm\mathrm{i}$ 为共轭复根，因此所求通解为 $y=C_1\cos x+C_2\sin x$.

(3) 所给微分方程所对应的特征方程为 $r^2+2r+3=0$，特征根为 $r_{1,2}=-1\pm\sqrt{2}\mathrm{i}$ 为共轭复根，因此所求通解为 $y=(C_1\cos\sqrt{2}x+C_2\sin\sqrt{2}x)\mathrm{e}^{-x}$，（其中 C_1、C_2 为任意常数）.

(4) 所给微分方程所对应的特征方程为 $r^2+r-6=0$，特征根为 $r_1=-3, r_2=2$，因此原方程的通解为 $y=C_1e^{-3x}+C_2e^{2x}$，(其中 C_1、C_2 为任意常数).

5. (1) 这是二阶常系数线性非齐次方程，且 $f(x)=e^{2x}$ 是 $f(x)=P_n(x)e^{\lambda x}$ 型的(其中 $\lambda=2, P_n(x)=1$). 与原方程对应的齐次线性方程为 $y''+2y'-3y=0$，特征方程为 $r^2+2r-3=0$，故特征根为 $r_1=-3, r_2=1$，于是该齐次线性方程的通解为 $Y(x)=C_1e^{-3x}+C_2e^{x}$，其中 C_1、C_2 为任意常数.

由于 λ 不是特征方程的根，所以应设特解为 $y^*(x)=Q_n(x)e^{\lambda x}=be^{2x}$，代入所给方程，有 $(be^{2x})''+2(be^{2x})'-3be^{2x}=e^{2x}$，展开得 $4be^{2x}+4be^{x}-3be^{2x}=e^{2x}$，整理得 $5be^{2x}=e^{2x}$，对比系数得 $b=\frac{1}{5}$. 所以方程特解为 $y^*(x)=\frac{1}{5}e^{2x}$. 从而所求通解为 $y=Y(x)+y^*(x)=C_1e^{-3x}+C_2e^{x}+\frac{1}{5}e^{2x}$，(其中 C_1、C_2 为任意常数).

(2) 这是二阶常系数线性非齐次方程，且 $f(x)=e^{2x}$ 是 $f(x)=P_n(x)e^{\lambda x}$ 型的(其中 $\lambda=2, P_n(x)=1$)，与原方程对应的齐次线性方程为 $y''-4y'+4y=0$，特征方程为 $r^2-4r+4=0$，故特征根为 $r_1=r_2=2$，于是该齐次线性方程的通解为 $Y(x)=(C_1+C_2x)e^{2x}$，其中 C_1、C_2 为任意常数. 由于 λ 是特征方程的重根，所以应设特解为 $y^*(x)=x^2Q_n(x)e^{\lambda x}=x^2be^{2x}$，代入所给方程，有 $(x^2be^{2x})''-4(x^2be^{2x})'+4x^2be^{2x}=e^{2x}$，展开得 $(2be^{2x}+4xbe^{2x}+4xbe^{2x}+4x^2be^{2x})-4(2xbe^{2x}+2x^2be^{2x})+4x^2be^{2x}=e^{2x}$，整理得 $2be^{2x}=e^{2x}$，对比系数得 $b=\frac{1}{2}$. 所以方程特解为 $y^*(x)=\frac{1}{2}x^2e^{2x}$. 从而所求通解为 $y=Y(x)+y^*(x)=(C_1+C_2x)e^{2x}+\frac{1}{2}x^2e^{2x}$，(其中 C_1、C_2 为任意常数).

6. (1) 这是二阶常系数线性非齐次方程，且 $f(x)=\cos 2x$ 是 $f(x)=e^{\lambda x}[P_n(x)\cos\omega x+Q_m(x)\sin\omega x]$ 型的(其中 $\lambda=0, \omega=2, P_n(x)=1, Q_m(x)=0$)，所给方程对应的齐次方程为 $y''+4y'+4y=0$，它的特征方程为 $r^2+4r+4=0$，根为 $r_1=r_2=-2$，则对应的齐次方程 $y''+4y'+4y=0$ 的通解为 $Y(x)=(C_1+C_2x)e^{-2x}$，(其中 C_1, C_2 为任意常数).

由于这里 $\lambda+\omega i=2i$(或 $\lambda-\omega i=-2i$) 不是特征方程的根，所以可设原方程的特解为 $y^*=e^{\lambda x}[a\cos\omega x+b\sin\omega x]=e^{0\cdot x}[a\cos 2x+b\sin 2x]=a\cos 2x+b\sin 2x$，代入原方程得

$[a\cos 2x+b\sin 2x]''+4(a\cos 2x+b\sin 2x)'+4(a\cos 2x+b\sin 2x)=\cos 2x$，展开得

$(-4a\cos 2x-4b\sin 2x)+4(-2a\sin 2x+2b\cos 2x)+4(a\cos 2x+b\sin 2x)=\cos 2x$，

整理得 $-8a\sin 2x+8b\cos 2x=\cos 2x$，对比系数得 $a=0, b=\frac{1}{8}$. 所以原方程的特解为 $y^*=\frac{1}{8}\sin 2x$，

所以，原方程的通解为 $y=Y(x)+y^*(x)=(C_1+C_2x)e^{-2x}+\frac{1}{8}\sin 2x$，(其中 C_1、C_2 为任意常数).

(2) 这是二阶常系数线性非齐次方程，且 $f(x)=8\sin 2x$ 是 $f(x)=e^{\lambda x}[P_n(x)\cos\omega x+Q_m(x)\sin\omega x]$ 型的(其中 $\lambda=0, \omega=2, P_n(x)=0, Q_m(x)=8$)，所给方程对应的齐次方程为 $y''+y'-2y=0$，它的特征方程为 $r^2+r-2=0$，根为 $r_1=1, r_2=-2$，则对应的齐次方程

$y''+y'-2y=0$ 的通解为 $Y(x)=C_1e^x+C_2e^{-2x}$,(其中 C_1、C_2 为任意常数).

由于这里 $\lambda+\omega i=2i$(或 $\lambda-\omega i=-2i$) 不是特征方程的根,所以可设原方程的特解为 $y^*=e^{\lambda x}[a\cos\omega x+b\sin\omega x]=e^{0\cdot x}[a\cos 2x+b\sin 2x]=a\cos 2x+b\sin 2x$,代入原方程得

$[a\cos 2x+b\sin 2x]''+(a\cos 2x+b\sin 2x)'-2(a\cos 2x+b\sin 2x)=8\sin 2x$,展开得

$(-4a\cos 2x-4b\sin 2x)+(-2a\sin 2x+2b\cos 2x)-2(a\cos 2x+b\sin 2x)=8\sin 2x$,整理得

$(-2a-6b)\sin 2x+(2b-6a)\cos 2x=8\sin 2x$,对比系数得 $\begin{cases}2b-6a=0\\-2a-6b=8\end{cases}$,得 $a=-\frac{2}{5}$,$b=-\frac{6}{5}$. 所以原方程的特解为 $y^*=-\frac{2}{5}\cos 2x-\frac{6}{5}\sin 2x$,

所以,原方程的通解为 $y=Y(x)+y^*(x)=C_1e^x+C_2e^{-2x}-\frac{2}{5}\cos 2x-\frac{6}{5}\sin 2x$,(其中 C_1、C_2 为任意常数).

(3) 这是二阶常系数线性非齐次方程,且 $f(x)=\sin x$ 是 $f(x)=e^{\lambda x}[P_n(x)\cos\omega x+Q_m(x)\sin\omega x]$ 型的(其中 $\lambda=0,\omega=1,P_n(x)=0,Q_m(x)=1$),所给方程对应的齐次方程为 $y''+y'=0$,它的特征方程为 $r^2+r=0$,根为 $r_{1,2}=\pm i$,则对应的齐次方程 $y''+y'=0$ 的通解为 $Y(x)=C_1\cos x+C_2\sin x$,(其中 C_1、C_2 为任意常数).

由于这里 $\lambda+\omega i=i$(或 $\lambda-\omega i=-i$) 是特征方程的根,所以可设原方程的特解为 $y^*=xe^{\lambda x}[a\cos\omega x+b\sin\omega x]=xe^{0\cdot x}[a\cos x+b\sin x]=ax\cos x+bx\sin x$,代入原方程得

$[ax\cos x+bx\sin x]''+(ax\cos x+bx\sin x)=\sin x$,展开得

$(-a\sin x-a\sin x-ax\cos x+b\cos x+b\cos x-bx\sin x)+(ax\cos x+bx\sin x)=\sin x$,

整理得 $-2a\sin x+2b\cos x=\sin x$,对比系数得 $a=-\frac{1}{2}$,$b=0$.

所以原方程的特解为 $y^*=-\frac{1}{2}x\cos x$,

所以,原方程的通解为 $y=Y(x)+y^*(x)=C_1\cos x+C_2\sin x-\frac{1}{2}x\cos x$,(其中 C_1、C_2 为任意常数).

(4) 这是二阶常系数线性非齐次方程,且 $f(x)=x\sin 2x$ 是 $f(x)=e^{\lambda x}[P_n(x)\cos\omega x+Q_m(x)\sin\omega x]$ 型的(其中 $\lambda=0,\omega=2,P_n(x)=0,Q_m(x)=x$),所给方程对应的齐次方程为 $y''+4y=0$,它的特征方程为 $r^2+4=0$,根为 $r_1=2i,r_2=-2i$,则对应的齐次方程 $y''+4y=0$ 的通解为 $Y(x)=C_1\cos 2x+C_2\sin 2x$,(其中 C_1、C_2 为任意常数).

由于这里 $\lambda+\omega i=2i$(或 $\lambda-\omega i=-2i$) 是特征方程的根,所以可设原方程的特解为 $y^*=xe^{\lambda x}[(Ax+B)\cos\omega x+(Cx+D)\sin\omega x]=x[(Ax+B)\cos 2x+(Cx+D)\sin 2x]$,代入原方程得$[x(Ax+B)\cos 2x+x(Cx+D)\sin 2x]''+4x[(Ax+B)\cos 2x+(Cx+D)\sin 2x]=x\sin 2x$,展开得$[(2A)\cos 2x-2(2Ax+B)\sin 2x-2(2Ax+B)\sin 2x-4(Ax^2+Bx)\cos 2x+(2C)\sin 2x+2(2Cx+D)\cos 2x+2(2Cx+D)\cos 2x-4(Cx^2+Dx)\sin 2x]+4x(Ax+B)\cos 2x+4x(Cx+D)\sin 2x=x\sin 2x$,整理得$(2C-4B-8Ax)\sin 2x+(2A+4D+8Cx)\cos 2x=x\sin 2x$,对比系数得 $\begin{cases}2A+4D+8Cx=0\\2C-4B-8Ax=x\end{cases}$,得 $A=-\frac{1}{8}$,$B=0$,$C=0$,$D=$

$\frac{1}{16}$. 所以原方程的特解为 $y^* = x(-\frac{1}{8}x\cos 2x + \frac{1}{16}\sin 2x) = -\frac{1}{8}x^2\cos 2x + \frac{1}{16}x\sin 2x$,

所以,原方程的通解为 $y = Y(x) + y^*(x) = C_1\cos 2x + C_2\sin 2x - \frac{1}{8}x^2\cos 2x + \frac{1}{16}x\sin 2x$,(其中 C_1、C_2 为任意常数).

7. 这是二阶常系数线性非齐次方程,且 $f(x) = e^{ax}$ 是 $f(x) = P_n(x)e^{\lambda x}$ 型的(其中 $\lambda = a, P_n(x) = 1$),与原方程对应的齐次线性方程为 $y'' + 4y' + 4y = 0$,特征方程为 $r^2 + 4r + 4 = 0$,故特征根为 $r_1 = r_2 = -2$,于是该齐次线性方程的通解为 $Y(x) = (C_1 + C_2x)e^{-2x}$,其中 C_1、C_2 为任意常数.

(1) 当 $a \neq -2$ 时,由于 λ 不是特征方程的根,所以应设特解为 $y^*(x) = Q_n(x)e^{\lambda x} = be^{ax}$,代入所给方程,有 $(be^{ax})'' + 4(be^{ax})' + 4be^{ax} = e^{ax}$,展开得 $a^2be^{ax} + 4abe^{ax} + 4be^{ax} = e^{ax}$,整理得 $(a+2)^2be^{ax} = e^{ax}$,对比系数得 $b = \frac{1}{(a+2)^2}$. 所以方程特解为 $y^*(x) = \frac{1}{(a+2)^2}e^{ax}$.

(2) 当 $a = -2$ 时,由于 λ 是特征方程的重根,所以应设特解为 $y^*(x) = x^2Q_n(x)e^{\lambda x} = x^2be^{-2x}$,代入所给方程,有 $(x^2be^{-2x})'' + 4(x^2be^{-2x})' + 4x^2be^{-2x} = e^{-2x}$,展开得 $2be^{-2x} - 4xbe^{-2x} - 4xbe^{-2x} + 4x^2be^{-2x} + 8xbe^{-2x} - 8x^2be^{-2x} + 4x^2be^{-2x} = e^{-2x}$,整理得 $2be^{-2x} = e^{-2x}$,对比系数得 $b = \frac{1}{2}$. 所以方程特解为 $y^*(x) = \frac{1}{2}x^2e^{-2x}$.

从而所求通解为 $y = Y(x) + y^*(x) = \begin{cases} (C_1 + C_2x)e^{-2x} + \frac{1}{(a+2)^2}e^{ax}, & a \neq -2 \\ (C_1 + C_2x)e^{-2x} + \frac{1}{2}x^2e^{ax}, & a = -2 \end{cases}$,(其中 C_1、C_2 为任意常数).

8. 这是二阶常系数线性非齐次方程,且 $f(x) = \cos x - 3\sin x$ 是 $f(x) = e^{\lambda x}[P_n(x)\cos\omega x + Q_m(x)\sin\omega x]$ 型的(其中 $\lambda = 0, \omega = 1, P_n(x) = 1, Q_m(x) = -3$),所给方程对应的齐次方程为 $y'' + y' - 2y = 0$,它的特征方程为 $r^2 + r - 2 = 0$,根为 $r_1 = 1, r_2 = -2$,则对应的齐次方程 $y'' + y' - 2y = 0$ 的通解为 $Y(x) = C_1e^x + C_2e^{-2x}$,(其中 C_1、C_2 为任意常数).

由于这里 $\lambda + \omega i = i$(或 $\lambda - \omega i = -i$)不是特征方程的根,所以可设原方程的特解为 $y^* = e^{\lambda x}[a\cos\omega x + b\sin\omega x] = a\cos x + b\sin x$,代入原方程得

$[a\cos x + b\sin x]'' + (a\cos x + b\sin x)' - 2(a\cos x + b\sin x) = \cos x - 3\sin x$,展开得

$(-a\cos x - b\sin x) + (-a\sin x + b\cos x) - 2(a\cos x + b\sin x) = \cos x - 3\sin x$,整理得 $(b - 3a)\cos x - (a + 3b)\sin x = \cos x - 3\sin x$,对比系数得 $\begin{cases} b - 3a = 1 \\ -3b - a = -3 \end{cases}$,得 $a = 0$, $b = 1$. 所以原方程的特解为 $y^* = \sin x$,

所以,原方程的通解为 $y = Y(x) + y^*(x) = C_1e^x + C_2e^{-2x} + \sin x$,(其中 C_1、C_2 为任意常数).

又由于 $y' = C_1e^x - 2C_2e^{-2x} + \cos x$,将初始条件 $y|_{x=0} = 1, y'|_{x=0} = 2$ 代入得方程组 $\begin{cases} C_1 + C_2 = 1 \\ C_1 - 2C_2 + 1 = 2 \end{cases}$,解之得 $\begin{cases} C_1 = 1 \\ C_2 = 0 \end{cases}$. 因而满足初始条件的特解为 $y = e^x + \sin x$.

9. 由 $f(x)=\sin x+\int_0^x tf(t)\mathrm{d}t-x\int_0^x f(t)\mathrm{d}t$，两边对 x 求导有

$f'(x)=\cos x-0-\int_0^x f(t)\mathrm{d}t=\cos x-\int_0^x f(t)\mathrm{d}t$，两边再对 x 求导得

$f''(x)=-\sin x-f(x)$.

记 $y=f(x)$，由上式 $f''(x)=-\sin x-f(x)$ 移项得 $y''+y=-\sin x$. 对应的特征方程为 $r^2+1=0$，$r_{1,2}=\pm i$，则对应齐次方程的通解为 $y=C_1\cos x+C_2\sin x$，

由此，设特解 $y^*=x(A\cos x+B\sin x)$，将其代入方程有 $(y^*)''+(y^*)=-\sin x$，

代入特解为 $[x(A\cos x+B\sin x)]''+x(A\cos x+B\sin x)=-\sin x$，展开

$[1\cdot(A\cos x+B\sin x)+x\cdot(-A\sin x+B\cos x)]'+x(A\cos x+B\sin x)=-\sin x$，再展开

$[(-A\sin x+B\cos x)+(-A\sin x+B\cos x)+x\cdot(-A\cos x-B\sin x)]+x(A\cos x+B\sin x)=-\sin x$ 整理得 $2B\cos x-2A\sin x=-\sin x$，所以对比系数，得 $A=\frac{1}{2}$，$B=0$. 特解为 $y^*=\frac{1}{2}x\cos x$.

所以方程 $y''+y=-\sin x$ 的通解为 $y=C_1\cos x+C_2\sin x+\frac{1}{2}x\cos x$，

由于 $y|_{x=0}=f(0)=\sin 0+\int_0^0 tf(t)\mathrm{d}t-0\int_0^0 f(t)\mathrm{d}t=0$，代入通解

$0=C_1\cos 0+C_2\sin 0+\frac{1}{2}0\cos 0=C_1$，即得 $C_1=0$.

又由于 $y'|_{x=0}=f'(0)=\cos 0-\int_0^0 f(t)\mathrm{d}t=1$，代入通解 $y'=C_2\cos x+\frac{1}{2}\cos x-\frac{1}{2}x\sin x$，

$1=C_2\cos 0+\frac{1}{2}\cos 0-\frac{1}{2}0\sin 0=C_2+\frac{1}{2}$，即得 $C_2=\frac{1}{2}$.

故所求方程的通解为 $y=\frac{1}{2}\sin x+\frac{1}{2}x\cos x$.

第十二章　向量代数

[考试大纲]

1. 理解向量的概念，掌握向量的表示法，会求向量的模、非零向量的方向余弦和非零向量在轴上的投影.

2. 掌握向量的线性运算(加法运算与数量乘法运算)，会求向量的数量积与向量积.

3. 会求两个非零向量的夹角，掌握两个非零向量平行、垂直的充分必要条件.

第一节　考点解读与典型题型

一、向量的概念

1. 考点解读

向量的定义、向量的模、向量的坐标表示、单位向量、零向量、负向量、平行向量、方向角、方向余弦、向量在数轴上的投影等概念详见《基础教程》第十二章第一节部分的详细说明.

2. 典型题型

例 1　向量坐标如何确定?

解　有以下五类方法：

① 若已知向量$\vec{a}$的起点$M(x_1,y_1,z_1)$，终点$N(x_2,y_2,z_2)$，则$\vec{a}=\{x_2-x_1,y_2-y_1,z_2-z_2\}$；

② 若已知向量$\vec{a}$按单位坐标向量的分解式$\vec{a}=a_x\vec{i}+a_y\vec{j}+a_z\vec{k}$，则$\vec{a}=\{a_x,a_y,a_z\}$；

③ 若已知向量$\vec{a}$的模$|\vec{a}|$及方向角α,β,γ，则$\vec{a}=\{|\vec{a}|\cos\alpha,|\vec{a}|\cos\beta,|\vec{a}|\cos\gamma\}$；

④ 若向量$\vec{a}$平行于向量$\vec{b}=\{b_x,b_y,b_z\}$，则$\vec{a}=\{\lambda b_x,\lambda b_y,\lambda b_z\}$，其中$\lambda$的值须由$\vec{a}$的方向及模来确定，如下一节向量的运算部分的例 1；

⑤ 由数量积或向量积的性质确定向量，如下一节向量的运算部分的例 2 和例 3.

例 2　已知$A(1,0,3)$、$B(2,-3,5)$是空间两点，求向量$\overrightarrow{AB}$的坐标和两点间的距离.

解　向量$\overrightarrow{AB}$的坐标$\overrightarrow{AB}=\{2-1,-3-0,5-3\}=\{1,-3,2\}$，

两点间的距离$|\overrightarrow{AB}|=\sqrt{1^2+(-3)^2+2^2}=\sqrt{14}$.

例 3　设$A(1,-3,3)$、$B(4,2,-1)$，求向量$\overrightarrow{AB}$的模、方向余弦以及$\overrightarrow{AB}$方向上的单位向量的坐标表达式.

解　因为$\overrightarrow{AB}=\{4,2,-1\}-\{1,-3,3\}=\{3,5,-4\}$. 所以有，

向量$\overrightarrow{AB}$的模为$|\overrightarrow{AB}|=\sqrt{3^2+5^2+(-4)^2}=2\sqrt{5}$；

向量$\overrightarrow{AB}$的方向余弦为$\cos\alpha=\dfrac{3}{2\sqrt{5}}=\dfrac{3\sqrt{5}}{10}$，$\cos\beta=\dfrac{5}{2\sqrt{5}}=\dfrac{\sqrt{5}}{2}$，$\cos\gamma=\dfrac{-4}{2\sqrt{5}}=-\dfrac{2\sqrt{5}}{5}$；

$\overrightarrow{AB}$方向上的单位向量的坐标表达式为$\left(\dfrac{3\sqrt{5}}{10},\dfrac{\sqrt{5}}{2},-\dfrac{2\sqrt{5}}{5}\right)$.

例 4　设$\vec{a}=\{3,5,8\}$，$\vec{b}=\{2,-4,-7\}$，$\vec{c}=\{5,1,-4\}$，求向量$4\vec{a}+3\vec{b}-\vec{c}$在$y$轴上的投影.

解　因为$4\vec{a}+3\vec{b}-\vec{c}=4\{3,5,8\}+3\{2,-4,-7\}-\{5,1,-4\}=\{13,7,15\}$，所以在$y$轴上的投影为7.

二、向量的运算及两个向量的关系

1. 考点解读

(1) 向量的线性运算

向量的加减法运算与向量的数量乘法运算详见《基础教程》第十二章第一节部分的详细说明.

(2) 向量的数量积与向量积

两个向量的数量积与向量积详见《基础教程》第十二章第二节部分的详细说明.

(3) 两个向量间的关系

两个向量的关系详见《基础教程》第十二章第二节部分的详细说明.

2. 典型题型

例 1　已知向量$\vec{P}$与$\vec{Q}$以及x轴均垂直，其中$|\vec{P}|=2$，$\vec{Q}=3\vec{i}+6\vec{j}+8\vec{k}$，求向量$\vec{P}$.

解法一　由于$\vec{P}\perp\vec{Q}$，$\vec{P}\perp\vec{i}$，故$\vec{P}//\vec{Q}\times\vec{i}$，即$\vec{P}=\lambda(\vec{Q}\times\vec{i})=\lambda\begin{vmatrix}\vec{i}&\vec{j}&\vec{k}\\3&6&8\\1&0&0\end{vmatrix}=\lambda(8\vec{j}-6\vec{k})$，

已知$|\vec{P}|=2$，即$\lambda(8^2+6^2)=2^2$，得$\lambda=\pm\sqrt{\dfrac{4}{100}}=\pm\dfrac{1}{5}$，所以$\vec{P}=\pm\dfrac{1}{5}(8\vec{j}-6\vec{k})=\pm\dfrac{1}{5}\{0,8,-6\}$.

解法二　设$\vec{P}=a\vec{i}+b\vec{j}+c\vec{k}$，由题意$|\vec{P}|=2$，得$\sqrt{a^2+b^2+c^2}=2$　①

又$\vec{P}\perp\vec{Q}$，有$\vec{P}\cdot\vec{Q}=3a+6b+8c=0$　②，另外$\vec{P}\perp\vec{i}$，有$\vec{P}\cdot\vec{i}=a=0$　③

联立①、②和③可得$a=0$，$b=\pm\dfrac{8}{5}$，$c=\mp\dfrac{6}{5}$，故得$\vec{P}=\pm\dfrac{1}{5}\{0,8,-6\}$.

例 2　已知$\vec{a}=\{1,2,-3\}$，$\vec{b}=\{1,2,1\}$，求向量$\vec{c}$，使$\vec{c}$满足：①$\vec{c}\perp\vec{a}$，且$\vec{c}\perp\vec{b}$；②$\vec{b}$、$\vec{a}$、$\vec{c}$成右手系；③$|\vec{c}|=4$.

分析　由$\vec{b}$、$\vec{a}$、$\vec{c}$成右手系可知，向量$\vec{c}$必平行于向量$\vec{b}$与$\vec{a}$的向量积$\vec{b}\times\vec{a}$，即$\vec{c}=\lambda(\vec{b}\times\vec{a})(\lambda>0)$，且方向与$\vec{b}\times\vec{a}$相同.

解　$\vec{b}\times\vec{a}=\begin{vmatrix}\vec{i}&\vec{j}&\vec{k}\\1&2&1\\2&2&-3\end{vmatrix}=-8\vec{i}+4\vec{j}$，由已知$\vec{c}=\lambda(\vec{b}\times\vec{a})(\lambda>0)$，得$|\vec{c}|=\lambda|\vec{b}\times\vec{a}|$.

即 $4=\lambda\sqrt{(-8)^2+4^2}$，得 $\lambda=\frac{1}{\sqrt{5}}$. 所以 $\vec{c}=\frac{1}{\sqrt{5}}\{-8,-4,0\}$.

例 3　已知 $A(1,-1,2)$，$B(5,-6,2)$，$C(1,3,-1)$，求同时与向量 $\overrightarrow{AB}$ 与 $\overrightarrow{AC}$ 垂直的单位向量.

分析　$\overrightarrow{AB}\times\overrightarrow{AC}$ 即为与向量 $\overrightarrow{AB}$，$\overrightarrow{AC}$ 同时垂直的向量，再将其单位化即可.

解　由于 $\overrightarrow{AB}=\{4,-5,0\}$，$\overrightarrow{AC}=\{0,-4,-3\}$，

所以 $\overrightarrow{AB}\times\overrightarrow{AC}=\begin{vmatrix}\vec{i} & \vec{j} & \vec{k}\\ 4 & -5 & 0\\ 0 & 4 & -3\end{vmatrix}=15\vec{i}+12\vec{j}+16\vec{k}$，$|\overrightarrow{AB}\times\overrightarrow{AC}|=\sqrt{15^2+12^2+16^2}=25$，

因而与向量 $\overrightarrow{AB}$，$\overrightarrow{AC}$ 同时垂直的单位向量为 $\pm\frac{1}{25}(15i+12j+16k)=\pm\frac{1}{25}\{15,12,16\}$.

例 4　在 xOy 平面上求一单位向量与已知向量 $\vec{a}=\{-4,3,7\}$ 垂直.

解　设所求向量为 $\vec{b}$，因其落在 xoy 平面上，可设 $\vec{b}=\{x,y,0\}$，由于 $\vec{a}\perp\vec{b}$，故有 $\vec{a}\cdot\vec{b}=-4x+3y=0$　①，又 $\vec{b}$ 为单位向量，则 $x^2+y^2=1$　②，联立①② 解得 $x=\pm\frac{3}{5}$，$y=\pm\frac{4}{5}$，故所求向量为 $\vec{b}=\left\{\frac{3}{5},\frac{4}{5},0\right\}$ 或 $\vec{b}=\left\{-\frac{3}{5},-\frac{4}{5},0\right\}$.

例 5　设非零向量 $\vec{e_1}$ 与 $\vec{e_2}$ 不共线，若 $\overrightarrow{AB}=\vec{e_1}+\vec{e_2}$，$\overrightarrow{BC}=2\vec{e_1}+8\vec{e_2}$，$\overrightarrow{CD}=3\vec{e_1}-3\vec{e_2}$，试证 A、B、D 三点共线.

证明　要证明 A、B、D 三点共线，只要证明向量 $\overrightarrow{AB}$ 与 $\overrightarrow{BD}$ 平行或 $\overrightarrow{AB}\times\overrightarrow{BD}=0$ 即可.

因为 $\overrightarrow{BD}=\overrightarrow{BC}+\overrightarrow{CD}=5\vec{e}_1+5\vec{e}_2$，因此 $\overrightarrow{AB}\times\overrightarrow{BD}=(\vec{e}_1+\vec{e}_2)\times(5\vec{e}_1+5\vec{e}_2)=0$，故 $\overrightarrow{AB}\parallel\overrightarrow{BD}$，所以 A、B、D 三点共线.

例 6　已知三角形的顶点 $A(1,-1,2)$，$B(3,3,1)$ 和 $C(3,1,3)$，用向量求 $\triangle ABC$ 的面积.

解　根据向量积的几何意义，$|\overrightarrow{AB}\times\overrightarrow{AC}|$ 表示以 $\overrightarrow{AB}=\{2,4,-1\}$ 和 $\overrightarrow{AC}=\{2,2,1\}$ 为邻边的平行四边形的面积，于是 $\triangle ABC$ 的面积为 $S=\frac{1}{2}|\overrightarrow{AB}\times\overrightarrow{AC}|=\frac{1}{2}\left\|\begin{matrix}\vec{i} & \vec{j} & \vec{k}\\ 2 & 4 & -1\\ 2 & 2 & 1\end{matrix}\right\|=\frac{1}{2}|6\vec{i}-4\vec{j}-4\vec{k}|=\frac{1}{2}\sqrt{6^2+(-4)^2+(-4)^2}=\sqrt{17}$.

第二节　实战演练与参考解析

1. 求点 $M(-3,4,5)$ 分别到原点、y 轴与 yOz 平面的距离.

2. 设向量 $\vec{a}$ 的方向余弦 $\cos\alpha=\frac{1}{3}$，$\cos\beta=\frac{2}{3}$，且 $|\vec{a}|=3$，求 $\vec{a}$.

3. 设向量 $\overrightarrow{AB}=4\vec{i}-4\vec{j}+7\vec{k}$ 的终点 B 的坐标为 $(2,-1,7)$. 求(1) 始点 A 的坐标；(2) 向量 $\overrightarrow{AB}$ 的模；(3) 向量 $\overrightarrow{AB}$ 的方向余弦；(4) 与向量 $\overrightarrow{AB}$ 方向一致的单位向量.

4. 设三点 $A(2,1,1)$，$B(2,0,4)$，$C(1,2,-3)$，求 $\angle ABC$.

5. 设 $\vec{a}+3\vec{b}\perp 7\vec{a}-5\vec{b}$，$\vec{a}-4\vec{b}\perp 7\vec{a}-2\vec{b}$，求向量 $\vec{a}$ 与 $\vec{b}$ 的夹角.

6. 设 $|\vec{a}|=3$，$|\vec{b}|=4$，$(\vec{a}\wedge\vec{b})=\frac{2}{3}\pi$，求 $|\vec{a}+\vec{b}|$.

7. 已知 $|\vec{a}|=2$，$|\vec{b}|=\sqrt{2}$，$\vec{a}\cdot\vec{b}=2$，求 $|\vec{a}\times\vec{b}|$.

8. 设向量 $\vec{a}=\{2,1,m\}$，$\vec{b}=\{n,-2,3\}$，且 $\vec{a}$ 平行于 $\vec{b}$，求 m、n.

9. 求垂直于向量 $\vec{a}=\{2,2,1\}$ 与 $\vec{b}=\{4,5,3\}$ 的单位向量.

10. 求以 $A(1,2,3)$，$B(3,4,5)$，$C(2,4,7)$ 为顶点的 $\triangle ABC$ 的面积.

[参考解析]

1. M 到原点的距离为 $|\overrightarrow{OM}|=\sqrt{(-3)^2+4^2+5^2}=\sqrt{50}=5\sqrt{2}$，

M 到 y 轴的距离为 $\sqrt{(-3)^2+5^2}=\sqrt{34}$，

M 到 yOz 平面的距离为 $\sqrt{(-3)^2}=3$.

2. 由于 $\cos^2\lambda=1-\cos^2\alpha-\cos^2\beta=1-\frac{1}{9}-\frac{4}{9}=\frac{4}{9}$，所以 $\cos\lambda=\pm\frac{2}{3}$.

令向量 $\vec{a}$ 的坐标为 $\{a_x,a_y,a_z\}$，则

$$a_x=|\vec{a}|\cdot\cos\alpha=3\times\frac{1}{3}=1;$$

$$a_y=|\vec{a}|\cdot\cos\beta=3\times\frac{2}{3}=2;$$

$$a_z=|\vec{a}|\cdot\cos\gamma=3\times(\pm\frac{2}{3})=\pm 2.$$

所以 $\vec{a}=\{1,2,2\}$ 或 $\vec{a}=\{1,2,-2\}$.

3. (1) 设始点 A 的坐标为 (x,y,z)，则 $\begin{cases}2-x=4\\-1-y=-4\\7-z=7\end{cases}$，得 $\begin{cases}x=-2\\y=3\\z=0\end{cases}$，即 A 为 $(-2,3,0)$；

(2) 向量 $\overrightarrow{AB}$ 的模 $|\overrightarrow{AB}|=\sqrt{4^2+(-4)^2+7^2}=9$；

(3) 向量 $\overrightarrow{AB}$ 的方向余弦 $\cos\alpha=\frac{4}{|\overrightarrow{AB}|}=\frac{4}{9}$，$\cos\beta=\frac{-4}{|\overrightarrow{AB}|}=-\frac{4}{9}$，$\cos\gamma=\frac{7}{|\overrightarrow{AB}|}=\frac{7}{9}$；

(4) 与向量 $\overrightarrow{AB}$ 方向一致的单位向量 $\frac{\overrightarrow{AB}}{|\overrightarrow{AB}|}=\frac{1}{9}(4\vec{i}-4\vec{j}+7\vec{k})$.

4. $\overrightarrow{BA}=\{0,1,-3\}$，$\overrightarrow{BC}=\{-1,2,-7\}$.

因为 $\cos<\overrightarrow{BA},\overrightarrow{BC}>=\frac{\overrightarrow{BA}\cdot\overrightarrow{BC}}{|\overrightarrow{BA}|\cdot|\overrightarrow{BC}|}=\frac{0+2+21}{\sqrt{10}\cdot\sqrt{54}}=\frac{23}{6\sqrt{15}}$.

所以 $\angle ABC=\arccos\frac{23}{6\sqrt{15}}$.

5. 涉及两向量的夹角问题，必然会联想到它们的数量积.

由于 $\vec{a}+3\vec{b}\perp 7\vec{a}-5\vec{b}$，得 $(\vec{a}+3\vec{b})\cdot(7\vec{a}-5\vec{b})=0$，即 $7|\vec{a}|^2-15|\vec{b}|^2+16\vec{a}\cdot\vec{b}=0$ ①

又因 $\vec{a}-4\vec{b}\perp 7\vec{a}-2\vec{b}$，得 $(\vec{a}-4\vec{b})\cdot(7\vec{a}-2\vec{b})=0$，即 $7|\vec{a}|^2+8|\vec{b}|^2-30\vec{a}\cdot\vec{b}=0$ ②

联立 ①② 得 $|\vec{a}|^2=|\vec{b}|^2=2\vec{a}\cdot\vec{b}$,

所以 $\cos(\vec{a}\wedge\vec{b})=\dfrac{\vec{a}\cdot\vec{b}}{|\vec{a}||\vec{b}|}=\dfrac{1}{2}$,得向量 $\vec{a}$ 与 $\vec{b}$ 的夹角为 $\arccos(\vec{a}\wedge\vec{b})=\dfrac{\pi}{3}$.

6. $|\vec{a}+\vec{b}|^2=(\vec{a}+\vec{b})^2=(\vec{a}+\vec{b})\cdot(\vec{a}+\vec{b})=|\vec{a}|^2+2\vec{a}\cdot\vec{b}+|\vec{b}|^2=|\vec{a}|^2+2|\vec{a}|\cdot$
$|\vec{b}|\cos(\vec{a}\wedge\vec{b})+|\vec{b}|^2=3^2+2\times3\times4\cos\dfrac{2\pi}{3}+4^2=13$. 所以 $|\vec{a}+\vec{b}|=\sqrt{13}$.

7. $\cos(\vec{a}\wedge\vec{b})=\dfrac{\vec{a}\cdot\vec{b}}{|\vec{a}||\vec{b}|}=\dfrac{2}{2\sqrt{2}}=\dfrac{\sqrt{2}}{2}$,即 $\vec{a}\wedge\vec{b}=\dfrac{\pi}{4}$.

所以 $|\vec{a}\times\vec{b}|=|\vec{a}||\vec{b}|\sin(\vec{a}\wedge\vec{b})=2\sqrt{2}\sin\dfrac{\pi}{4}=2$.

8. 根据向量平行的充要条件得 $\dfrac{2}{n}=\dfrac{1}{-2}=\dfrac{m}{3}$,所以 $m=-\dfrac{3}{2}$,$n=-4$.

9. 由向量积的定义知,设向量 $\vec{c}=\vec{a}\times\vec{b}$,是既垂直于向量 $\vec{a}$,又垂直于向量 $\vec{b}$ 的向量,因此 $\pm\dfrac{\vec{c}}{|\vec{c}|}$ 为所求单位向量. 由于 $\vec{c}=\vec{a}\times\vec{b}=\begin{vmatrix}\vec{i}&\vec{j}&\vec{k}\\2&2&1\\4&5&3\end{vmatrix}=i-2j+2k$,

因此 $\pm\dfrac{\vec{c}}{|\vec{c}|}=\pm\dfrac{(\vec{i}-2\vec{j}+2\vec{k})}{\sqrt{1^2+(-2)^2+2^2}}=\left\{\pm\dfrac{1}{3},\mp\dfrac{2}{3},\pm\dfrac{2}{3}\right\}$ 为所求单位向量.

10. 因为 $\overrightarrow{AB}=\{3,4,5\}-\{1,2,3\}=\{2,2,2\}$,$\overrightarrow{AC}=\{2,4,7\}-\{1,2,3\}=\{1,2,4\}$,

又 $\overrightarrow{AC}\times\overrightarrow{AC}=\begin{vmatrix}\vec{i}&\vec{j}&\vec{k}\\2&2&2\\1&2&4\end{vmatrix}=4\vec{i}-6\vec{j}-2\vec{k}$,根据三角形面积公式,得

$S_{\triangle ABC}=\dfrac{1}{2}|\overrightarrow{AC}\times\overrightarrow{AC}|=\dfrac{1}{2}\sqrt{4^2+(-6)^2+(-2)^2}=\sqrt{14}$.

第十三章　平面与直线

[考试大纲]

1. 会求平面的点法式方程与一般式方程. 会判定两个平面的位置关系.
2. 会求点到平面的距离.
3. 会求直线的点向式方程、一般式方程和参数式方程. 会判定两条直线的位置关系.
4. 会求点到直线的距离,两条异面直线之间的距离.
5. 会判定直线与平面的位置关系.

第一节　考点解读与典型题型

一、直线及其方程,直线与直线和平面与直线的关系

1. 考点解读

(1) 直线的一般方程、点向式方程和参数式方程,两直线的位置关系等详见《浙江省普通专升本高等数学辅导教程 · 基础篇》第十三章第一节部分的详细说明.

(2) 求直线方程:常用直线的标准式方程,只需确定直线上的一点 $M_0(x_0,y_0,z_0)$ 及直线的方向向量 $\vec{s}=\{m,n,p\}$.

① 作过 $M_0(x_0,y_0,z_0)$,且垂直于平面 $\Pi: Ax+By+Cz+D=0$ 的直线方程.

取 $M_0(x_0,y_0,z_0)$ 及方向向量 $\vec{s}=\{A,B,C\}$ 即可.

② 作过点 $M_1(x_1,y_1,z_1)$, $M_2(x_2,y_2,z_2)$ 的直线方程.

取 $M_0(x_0,y_0,z_0)=M_1(x_1,y_1,z_1)$ 及方向向量 $\vec{s}=\overrightarrow{M_1M_2}=\{x_2-x_1,y_2-y_1,z_2-z_1\}$ 即可.

③ 作过 $M_0(x_0,y_0,z_0)$ 且平行于平面 $\Pi_1: A_1x+B_1y+C_1z+D_1=0$, $\Pi_2: A_2x+B_2y+C_2z+D_2=0$ 的直线方程.

取 $M_0(x_0,y_0,z_0)$,取方向向量 $\vec{s}$ 为 $\vec{s}=\begin{vmatrix}\vec{i} & \vec{j} & \vec{k}\\ A_1 & B_1 & C_1\\ A_2 & B_2 & C_2\end{vmatrix}$ 即可.

同理可求:

过已知点 $M_0(x_0,y_0,z_0)$ 且与直线 l 垂直的平面方程.

还可求过已知点 $M_0(x_0,y_0,z_0)$ 且与两条已知直线 l_1、l_2 都平行的平面方程.

2. 典型题型

例 1　求满足下列条件的直线方程：

(1) 过点 $M(1,-2,4)$ 且与平面 $3x-2y+z-4=0$ 垂直；

(2) 过点 $M(-3,2,5)$ 且与两平面 $\Pi_1: x-4z-3=0, \Pi_2: 2x-y-5z+4=0$ 的交线平行；

(3) 过点 $M(2,-3,5)$ 且与两直线 $L_1: \dfrac{x+1}{3}=\dfrac{y}{-5}=\dfrac{z-4}{4}, L_2: \dfrac{x}{1}=\dfrac{y+2}{-4}=\dfrac{z-3}{2}$ 都垂直.

解　(1) 因为所求直线与平面 $3x-2y+z-4=0$ 垂直，所以与平面的法向量 $\vec{n}=\{3,-2,1\}$ 平行，从而 $\vec{n}=\{3,-2,1\}$ 就是所求直线的方向向量，又 $M(1,-2,4)$ 在直线上，故所求直线方程为 $\dfrac{x-1}{3}=\dfrac{y+2}{-2}=\dfrac{z-4}{1}$.

(2) 设所求直线的方向向量为 $\vec{s}=\{l,m,n\}$，平面内的任意条线都于它所在平面的法向量垂直，交线当然属于平面，当然也垂直于法向量，则由题设知，所求直线与两已知平面的交线平行，故所求直线与这两个平面的法向量也都垂直，从而有

$\begin{cases} l-4n=0 \\ 2l-m-5n=0 \end{cases}$，解得 $\begin{cases} l=4n \\ m=3n \end{cases}$，则所求直线的方向向量为 $\vec{s}=\{4,3,1\}$，

故所求直线方程为 $\dfrac{x+3}{4}=\dfrac{y-2}{3}=\dfrac{z-5}{1}$.

(3) 设所求直线的方向向量为 $\vec{s}=\{l,m,n\}$，因为所求直线与 L_1, L_2 均垂直，从而有

$\begin{cases} 3l-5m+4n=0 \\ l-4m+2n=0 \end{cases}$，解得 $\begin{cases} l=-3m \\ n=\dfrac{7}{2}m \end{cases}$，则所求直线的方向向量为 $\vec{s}=\{-6,2,7\}$，

故所求直线方程为 $\dfrac{x-2}{-6}=\dfrac{y+3}{2}=\dfrac{z-5}{7}$.

例 2　已知直线 $L_1: \begin{cases} x+y-2z-1=0 \\ x+2y-z+1=0 \end{cases}$，求过点 $M_0(-1,2,1)$ 且平行于直线 L_1 的直线方程.

解　因为直线 L_1 的方向向量为 $\vec{s}=\begin{vmatrix} \vec{i} & \vec{j} & \vec{k} \\ 1 & 1 & -2 \\ 1 & 2 & -1 \end{vmatrix}=3\vec{i}+\vec{j}+\vec{k}$，而所求的直线与直线 L_1 平行，所以方向向量相同，故所求的直线方程为 $\dfrac{x+1}{3}=\dfrac{y-2}{1}=\dfrac{z-1}{1}$.

例 3　求通过点 $P_0(2,-1,3)$ 且与直线 $\dfrac{x-1}{-1}=\dfrac{y}{0}=\dfrac{z-2}{2}$ 垂直相交的直线方程.

分析：在已知点的情况下，关键是求出直线的方向向量 $\vec{s}$. 为此先求出过点 $P_0(2,-1,3)$ 且垂直于已知直线的平面方程，再求出已知直线与此平面的交点，利用交点与已知点求出所求直线的方向向量 $\vec{s}$，即可得到所求的直线方程.

解　过点 $P_0(2,-1,3)$ 垂直于已知直线的平面方程为 $-(x-2)+0(y+1)+2(z-3)=0$，即 $x-2z+4=0$，设该平面与已知直线交于点 P_1，为此令 $\dfrac{x-1}{-1}=\dfrac{y}{0}=\dfrac{z-2}{2}=t$，

则 $x=1-t, y=0, z=2+2t$.

将上述参数代入平面方程 $x-2z+4=0$,有 $1-t-2(2+2t)+4=0$,即 $t=\frac{1}{5}$.所以,$x=\frac{4}{5}, y=0, z=\frac{12}{5}$,即 $P_1(\frac{4}{5},0,\frac{12}{5})$,所以所求直线的方向向量 $\vec{s}=\overrightarrow{P_0P_1}=\left\{\frac{6}{5},-1,\frac{3}{5}\right\}$.

由于直线过点 $P_0(2,-1,3)$,故所求直线方程为 $\frac{x-2}{\frac{6}{5}}=\frac{y+1}{-1}=\frac{z-3}{\frac{3}{5}}$,即 $\frac{x-2}{6}=\frac{y+1}{-5}=\frac{z-3}{3}$.

例 4　求经过点 $M(-1,-4,3)$ 且和直线 L_1: $\begin{cases}2x-4y+z-1=0\\x+3y-5=0\end{cases}$ 及直线 L_2: $\begin{cases}x=2+4t\\y=-1-t\\z=-3+2t\end{cases}$ 垂直的直线方程.

解　直线 L_1 的方向向量为 $\overrightarrow{s_1}=\begin{vmatrix}\vec{i}&\vec{j}&\vec{k}\\2&-4&1\\1&3&0\end{vmatrix}=-3i+j+10k$.

直线 L_2 的方向向量为 $\overrightarrow{s_2}=4\vec{i}-\vec{j}+2\vec{k}$,所以所求直线的方向向量

$$\vec{s}=\overrightarrow{s_1}\times\overrightarrow{s_2}=\begin{vmatrix}\vec{i}&\vec{j}&\vec{k}\\-3&1&10\\4&-1&2\end{vmatrix}=12i+46j-k.$$

故所求直线方程为 $\frac{x+1}{12}=\frac{y+4}{46}=\frac{z-3}{-1}$.

例 5　将直线的一般式方程 $\begin{cases}x-2y+3z-3=0\\3x+y-2z+5=0\end{cases}$ 化为直线的点向式方程和参数式方程.

解　先求直线上一点 M_0,不妨令 $z=0$,代入直线的一般式方程得 $\begin{cases}x-2y-3=0\\3x+y+5=0\end{cases}$,解得 $x=-1, y=-2$,于是点 M_0 的坐标为 $M_0(-1,-2,0)$,再求直线的方向向量 $\vec{s}$,因为平面 $x-2y+3z-3=0$ 和 $3x+y-2z+5=0$ 的法线向量分别为 $\overrightarrow{n_1}=\{1,-2,3\}$ 和 $\overrightarrow{n_2}=\{3,1,-2\}$,故可取方向向量 $\vec{s}=\overrightarrow{n_1}\times\overrightarrow{n_2}$,即 $\vec{s}=\overrightarrow{n_1}\times\overrightarrow{n_2}=\begin{vmatrix}\vec{i}&\vec{j}&\vec{k}\\1&-2&3\\3&1&-2\end{vmatrix}=\vec{i}+11\vec{j}+7\vec{k}$.

所以直线的点向式方程为 $\frac{x+1}{1}=\frac{y+2}{11}=\frac{z-0}{7}$,

令上式比值为 t,则直线的参数式方程为 $\begin{cases}x=-1+t\\y=-2+11t\\z=7t\end{cases}$.

二、平面及其方程，平面与平面的关系

1. *考点解读*

(1) 平面的点法式方程和一般式方程，两平面的位置关系等详见《基础教程》第六篇第二章第二节部分的详细说明.

(2) 求平面方程

常用平面的点法式方程，只需确定平面上的一点 $M_0(x_0,y_0,z_0)$ 及平面的法线向量 $\vec{n}=\{A,B,C\}$.

① 过点 $M_0(x_0,y_0,z_0)$ 作平行于平面 $\Pi_1: A_1x+B_1y+C_1z+D_1=0$ 的平面方程，取 $\vec{n}=\{A_1,B_1,C_1\}$ 及 $M_0(x_0,y_0,z_0)$ 即可.

② 过点 $M_0(x_0,y_0,z_0)$ 作垂直于向量 $\{A,B,C\}$ 的平面方程，只需取平面法向量 $\vec{n}=\{A,B,C\}$ 及点 $M_0(x_0,y_0,z_0)$ 即可.

③ 过点 $M_0(x_0,y_0,z_0)$ 且平行于两个向量 $\vec{a}=\{m_1,n_1,p_1\}$，$\vec{b}=\{m_2,n_2,p_2\}$ 的平面方程，只需取平面的法线向量 $\vec{n}=\vec{a}\times\vec{b}$ 及点 $M_0(x_0,y_0,z_0)$ 即可.

④ 过点 $M_0(x_0,y_0,z_0)$ 且垂直于已知平面 $\Pi_1: A_1x+B_1y+C_1z+D_1=0$ 和平面 $\Pi_2: A_2x+B_2y+C_2z+D_2=0$ 的平面方程，只需取平面的法向量 $\vec{n}=\begin{vmatrix}\vec{i} & \vec{j} & \vec{k}\\ A_1 & B_1 & C_1\\ A_2 & B_2 & C_2\end{vmatrix}=\vec{n_1}\times\vec{n_2}$ 及 $M_0(x_0,y_0,z_0)$ 即可. 其中 $\vec{n_1}$，$\vec{n_2}$ 为平面 Π_1 和平面 Π_2 的法线向量.

⑤ 过点 $M_1(x_1,y_1,z_1)$，$M_2(x_2,y_2,z_2)$，$M_3(x_3,y_3,z_3)$ 作平面方程，只需取平面的法线向量 $\vec{n}=\overrightarrow{M_1M_2}\times\overrightarrow{M_1M_3}$，$M_0=M_1(x_1,y_1,z_1)$ 即可.

(3) 平面的法向量如何确定：

① 若平面与已知平面 $Ax+By+Cz+D=0$ 平行，则该平面的法向量可取为 $\vec{n}=\{A,B,C\}$；

② 若平面垂直于一已知直线(方向向量为 $\vec{s}$)，则平面的法向量 $\vec{n}$ 可取为 $\vec{s}$，即 $\vec{n}=\vec{s}$；

③ 若平面过三个不在同一直线上已知点 A,B,C，则平面的法向量可取为 $\vec{n}=\overrightarrow{AB}\times\overrightarrow{AC}$；

④ 若平面与两不平行的直线平行，则该平面的法向量可取为 $\vec{n}=\vec{s_1}\times\vec{s_2}$，其中 $\vec{s_1}$ 与 $\vec{s_2}$ 分别是此两直线的方向向量；

⑤ 若平面过 A,B 两点，且与一直线平行，则平面的法向量可取为 $\vec{n}=\vec{s}\times\overrightarrow{AB}$，当且仅当直线的方向向量 $\vec{s}$ 与 $\overrightarrow{AB}$ 不平行时；

⑥ 若平面过 A,B 两点，且与另一平面(法向量为 $\vec{n_1}$) 垂直，则其法向量可取为 $\vec{n}=\vec{n_1}\times\overrightarrow{AB}$；

⑦ 若平面平行于一直线(方向向量为 $\vec{s}$)，且与另一平面(法向量为 $\vec{n_1}$) 垂直，则平面的法向量可取为 $\vec{n}=\vec{s}\times\vec{n_1}$；

⑧ 若平面过一直线(方向向量为 $\vec{s}$)，以及直线外一点 M，则该平面的法向量可取为 $\vec{n}=\vec{s}\times\overrightarrow{MM_0}$，其中 M_0 为直线上任一点.

2. **典型题型**

例 1　求过点 $A(0,1,1)$ 且与直线 $L:\begin{cases}2x-4y+z-1=0\\ x+3y+5=0\end{cases}$ 垂直的平面方程.

解 直线 L 的方向向量为 $\vec{s}=\begin{vmatrix}\vec{i} & \vec{j} & \vec{k}\\ 2 & -4 & 1\\ 1 & 3 & 3\end{vmatrix}=-3\vec{i}+\vec{j}+10\vec{k}$，由于直线 L 与所求平面垂直，故平面的法线向量可取为直线 L 的方向向量，所求平面的方程为 $-3(x-0)+(y-1)+10(z-1)=0$，即 $3x-y-10z+11=0$.

例 2 假设有一个平面过原点，且该平面同时垂直于平面 $\Pi_1: x+2y+3z-2=0$ 及平面 $\Pi_2: 6x-y-5z+23=0$，求该平面方程.

解 平面 Π_1 的法线向量为 $\overrightarrow{n_1}=\{1,2,3\}$，平面 Π_2 的法线向量为 $\overrightarrow{n_2}=\{6,-1,5\}$，设所求平面的法线向量为 $\vec{n}$，则由已知 $\vec{n}\perp\overrightarrow{n_1}$，$\vec{n}\perp\overrightarrow{n_2}$，可得

$$\vec{n}=\overrightarrow{n_1}\times\overrightarrow{n_2}=\begin{vmatrix}\vec{i} & \vec{j} & \vec{k}\\ 1 & 2 & 3\\ 6 & -1 & -5\end{vmatrix}=-7\vec{i}+23\vec{j}-13\vec{k},$$

由点法式可得所求平面方程为 $-7x+23y-13z=0$.

例 3 求通过直线 $L:\begin{cases}x-2y-z+3=0\\ x+y-z-1=0\end{cases}$ 且与平面 $\Pi: x-2y-z=0$ 垂直的平面方程.

解 设存在 λ,μ，使得 $\lambda(x-2y-z+3)+\mu(x+y-z-1)=0$，展开整理，得
$(\lambda+\mu)x+(\mu-2\lambda)y-(\lambda+\mu)z+3\lambda-\mu=0$.
因为所求平面与平面 $\Pi: x-2y-z=0$ 垂直，所以 $1\cdot(\lambda+\mu)-2\cdot(\mu-2\lambda)+(\lambda+\mu)=0$，解之得 $\lambda=0$，于是 $\mu(x+y-z-1)=0$，故所求平面方程为 $x+y-z-1=0$.

例 4 求通过点 $M(1,2,3)$ 且与直线 $L:\begin{cases}x=2+3t\\ y=2t\\ z=-1+t\end{cases}$ 垂直的平面方程.

解 将直线 L 的方程化为标准形式：$\dfrac{x-2}{3}=\dfrac{y}{2}=\dfrac{z+1}{1}$. 所以所求平面的法向量 $\vec{n}=\{3,2,1\}$，故所求的平面方程为 $3(x-1)+2(y-2)+(z-3)=0$，即 $3x+2y+z=10$.

例 5 求过点 $(1,-2,1)$ 且垂直于直线 $L:\begin{cases}x-2y+z-3=0\\ x+y-z+2=0\end{cases}$ 的平面方程.

解 已知直线的方向向量为 $\vec{s}=\{1,-2,1\}\times\{1,1,-1\}=\begin{vmatrix}\vec{i} & \vec{j} & \vec{k}\\ 1 & -2 & 1\\ 1 & 1 & -1\end{vmatrix}=\{1,2,3\}$，

由于所求的平面与该直线垂直，故可取所求平面的法向量 $\vec{n}$ 为该直线的方向向量 $\vec{s}$，即 $\vec{n}=\vec{s}=\{1,2,3\}$，由平面的点法式方程 $(x-1)+2(y+2)+3(z-1)=0$，即 $x+2y+3z=0$.

例 6 设有直线 $L_1:\dfrac{x-1}{-1}=\dfrac{y}{2}=\dfrac{z+1}{1}$，直线 $L_2:\dfrac{x+2}{0}=\dfrac{y-1}{1}=\dfrac{z-2}{-2}$，证明：$L_1$ 与 L_2 是异面直线，并求平行于直线 L_1 和 L_2 且与它们等距离的平面方程.

解 L_1 和 L_2 的方向向量分别为 $\overrightarrow{s_1}=\{-1,2,1\}$，$\overrightarrow{s_2}=\{0,1,-2\}$.
取 L_1、L_2 上的点 $M_1(1,0,-1)$、$M_2(-2,1,2)$，则 $\overrightarrow{M_1M_2}=\{-3,1,3\}$.

因为 $\begin{vmatrix}-1 & 2 & 1\\ 0 & 1 & -2\\ -3 & 1 & 3\end{vmatrix}=10\neq 0$，所以直线 L_1 和 L_2 是异面直线.

又因为直线 M_1M_2 的中点坐标为$(-\frac{1}{2},\frac{1}{2},\frac{1}{2})$，

所求平面的法向量为 $\vec{n}=\begin{vmatrix}\vec{i} & \vec{j} & \vec{k}\\ -1 & 2 & 1\\ 0 & 1 & -2\end{vmatrix}=-5\vec{i}-2\vec{j}-\vec{k}$，

故所求平面方程为 $-5(x+\frac{1}{2})-2(y-\frac{1}{2})-(z-\frac{1}{2})=0$，即 $5x+2y+z+1=0$.

例 7 一平面过点(1,2,3)，其在 x 轴和 y 轴上的截距相等，为使该平面与三个坐标平面所围体积最小，试求该平面方程.

解 设所求平面为$\frac{x}{a}+\frac{y}{a}+\frac{z}{c}=1$，因平面过点(1,2,3)，所以$\frac{1}{a}+\frac{2}{a}+\frac{3}{c}=1$，得 $c=\frac{3a}{a-3}$.

所以该平面与三个坐标平面所围体积为：$V=\frac{1}{6}a\cdot a\cdot\frac{3a}{a-3}=\frac{1}{2}\frac{a^3}{a-3}$，

于是：$V'(a)=\frac{1}{2}\frac{3a^2(a-3)-a^3}{(a-3)^2}=\frac{a^2(2a-9)}{2(a-3)^2}$，

令 $V'(a)=0$，即 $a=\frac{9}{2}$，

依题意，必存在极小值，这时 $c=\frac{3a}{a-3}=9$，

所求平面为$\frac{x}{\frac{9}{2}}+\frac{y}{\frac{9}{2}}+\frac{z}{9}=1$，即 $2x+2y+z=9$.

第二节 实战演练与参考解析

1. 求经过点 $M(2,-5,3)$ 且和平面 $\Pi_1:2x-y+3z-1=0$ 及 $\Pi_2:5x+4y-z-7=0$ 平行的直线方程.

2. 求过点 $M(-1,2,3)$，垂直于直线 $L:\frac{x}{4}=\frac{y}{5}=\frac{z}{6}$，且平行于平面 $\Pi:7x+8y+9z+10=0$ 的直线方程.

3. 已知点 $M_1(4,3,10)$ 和直线 $L_1:\begin{cases}9x-2y-2z+1=0\\4x-7y+4z-2=0\end{cases}$.若 M_2 是 M_1 关于直线 L_1 的对称点，求过点 M_2 且平行于直线 L_1 的直线 L_2.

4. 判定直线 $L_1:\frac{x-1}{1}=\frac{y+1}{-1}=\frac{z-2}{2}$ 与直线 $L_2:\frac{x+1}{2}=\frac{y-1}{3}=\frac{z+1}{2}$ 之间的位置关系.

5. 判定平面 $\Pi_1:x-y+2z=1$ 与平面 $\Pi_2:3x+y-z=2$ 之间的位置关系.

6. 求通过点 $A(3,0,0)$ 和点 $B(0,0,1)$ 且与 xOy 平面成$\frac{\pi}{3}$角的平面的方程.

7. 已知直线 $L:\dfrac{x-5}{2}=\dfrac{y+1}{3-a}=\dfrac{z-2}{4+b}$:

(1) 求 a,使直线 L 平行于 xOz 面;

(2) 求 a、b,使直线同时平行于平面 $\Pi_1:2x+3y-2z+1=0$ 及平面 $\Pi_2:x-6y+2z-3=0$.

8. 求过点$(-1,0,4)$,平行于平面 $\Pi:3x-4y+z-10=0$ 且与直线 $L_1:x+1=y-3=\dfrac{z}{2}$ 相交的直线方程.

9. 判断下列两条直线 $L_1:\dfrac{x}{2}=\dfrac{y+3}{3}=\dfrac{z}{4}$ 和直线 $L_2:\dfrac{x-1}{1}=\dfrac{y+2}{1}=\dfrac{z-2}{2}$ 是否在同一平面内,若是,则求两直线的交点;若不是,试求它们的最短距离.

[参考解析]

1. (因为直线平行于两平面,即直线垂直于两平面的法向量)平面 Π_1 的法向量 $\overrightarrow{n_1}=\{2,-1,3\}$,平面 Π_2 的法向量 $\overrightarrow{n_2}=\{5,4,-1\}$. 由已知,所求直线的方向向量 $\vec{s}=\overrightarrow{n_1}\times\overrightarrow{n_2}=\begin{vmatrix}\vec{i}&\vec{j}&\vec{k}\\2&-1&3\\5&4&-1\end{vmatrix}=-11\vec{i}+17\vec{j}+13\vec{k}$. 故所求直线方程为 $\dfrac{x-2}{-11}=\dfrac{y+5}{17}=\dfrac{z-3}{13}$.

2. 已知直线 L 的方向向量 $\overrightarrow{s_1}=\{4,5,6\}$,平面 Π 的法向量为 $\vec{n}=\{7,8,9\}$. 于是所求直线的方向向量为 $\vec{s}=\overrightarrow{s_1}\times\vec{n}=\begin{vmatrix}\vec{i}&\vec{j}&\vec{k}\\4&5&6\\7&8&9\end{vmatrix}=-3\vec{i}+6\vec{j}-3\vec{k}$,

故所求直线的方程为 $\dfrac{x+1}{-3}=\dfrac{y-2}{6}=\dfrac{z-3}{-3}$,即 $\dfrac{x+1}{-1}=\dfrac{y-2}{2}=\dfrac{z-3}{-1}$.

3. 连接点 $M_1(4,3,10)$ 和 $M_2(x,y,z)$,设直线 M_1M_2 与 L_1 的交点为(x_0,y_0,z_0),则 $x_0=\dfrac{4+x}{2}$,$y_0=\dfrac{3+y}{2}$,$z_0=\dfrac{10+z}{2}$,而(x_0,y_0,z_0)在 L_1 上,满足 L_1 的方程,故所求的直线方程为

$$\begin{cases}9\left(\dfrac{4+x}{2}\right)-2\left(\dfrac{3+y}{2}\right)-2\left(\dfrac{10+z}{2}\right)+1=0\\4\left(\dfrac{4+x}{2}\right)-7\left(\dfrac{3+y}{2}\right)+4\left(\dfrac{10+z}{2}\right)-2=0\end{cases},\text{即}\begin{cases}9x-2y-2z+12=0\\4x-7y+4z+31=0\end{cases}.$$

4. 因为直线 L_1 的方向向量为 $\overrightarrow{s_1}=\{1,-1,2\}$,直线 L_2 的方向向量为 $\overrightarrow{s_2}=\{2,3,2\}$,显然 $\overrightarrow{s_1}$ 与 $\overrightarrow{s_2}$ 既不平行,也不垂直,且建立两条直线的联立方程组没有解,所以直线 L_1 与直线 L_2 为异面直线.

5. 因为平面 Π_1 的法向量为 $\overrightarrow{n_1}=\{1,-1,2\}$,平面 Π_2 的法向量为 $\overrightarrow{n_2}=\{3,1,-1\}$,由于 $\overrightarrow{n_1}\times\overrightarrow{n_2}=3-1-2=\vec{0}$,所以两平面垂直,

$$\vec{s}=\{1,-2,1\}\times\{1,1,-1\}=\begin{vmatrix}\vec{i}&\vec{j}&\vec{k}\\1&-2&1\\1&1&-1\end{vmatrix}=\{1,2,3\}.$$

6. 设所求方程为 $Ax+By+Cz+D=0$，

平面过点 $A(3,0,0)$，有 $3A+D=0$，得 $A=-\frac{D}{3}$　①

平面过点 $B(0,0,1)$，有 $C+D=0$，得 $C=-D$　②

平面与 xOy 平面成$\frac{\pi}{3}$角，有 $\cos\frac{\pi}{3}=\frac{1}{2}=\frac{C}{1\times\sqrt{A^2+B^2+C^2}}$，即 $A^2+B^2-3C^2=0$　③

联立 ①②③ 解得 $B=\pm\frac{\sqrt{26}}{3}D$，故所求平面为 $-\frac{D}{3}x\pm\frac{\sqrt{26}}{3}Dy-Dz+D=0$，消去 D 整理得 $x\pm\sqrt{26}y+3z-3=0$。

7. (1) xOz 面的法向量为可取为 $\{0,1,0\}$，要使直线 L 平行于 xOz 面，须直线 L 的方向向量与平面 xOz 面法向量垂直，即有 $\{2,3-a,4+b\}\cdot\{0,1,0\}=0$，即 $3-a=0$，得 $a=3$.

(2) 要是直线 L 同时平行于平面 Π_1 及平面 Π_2，须有 $\begin{cases}\{2,3-a,4+b\}\cdot\{2,3,-2\}=0\\\{2,3-a,4+b\}\cdot\{1,-6,2\}=0\end{cases}$，即 $\begin{cases}3a+2b-5=0\\3a+b-4=0\end{cases}$，得 $a=b=1$.

8. 设所求的直线 L 为 $\begin{cases}x=-1+lt\\y=mt\\z=4+nt\end{cases}$，其方向向量为 $\vec{s}=\{l,m,n\}$.

平面 Π：$3x-4y+z-10=0$，其法向量为 $\vec{n}=\{3,-4,1\}$.

直线 L_1：$x+1=y-3=\frac{z}{2}$，其方向向量为 $\vec{s_1}=\{1,1,2\}$.

因为直线 L 平行于平面 Π，所以 $\vec{s}\perp\vec{n}$，于是 $\vec{s}\cdot\vec{n}=0$，即 $3l-4m+n=0$.

因为直线 L 与直线 L_1 相交，所以 L 的方程代入 L_1 中得 $lt=mt-3=\frac{1}{2}(4+nt)$，

即 $\begin{cases}(l-m)t=-3\\(2l-n)t=4\end{cases}$，消去 t 得 $4m+3n-10l=0$.

联立方程 $\begin{cases}3l-4m+n=0\\4m+3n-10l=0\end{cases}$，解得 $l=\frac{4}{7}n, m=\frac{19}{28}n$.

取 $l=16, m=19, n=28$，即得所求直线方程为 $\begin{cases}x=-1+16t\\y=19t\\z=4+28t\end{cases}$.

9. 直线 L_1 与 L_2 的方向向量分别为 $\vec{s_1}=\{2,3,4\}$ 和 $\vec{s_2}=\{1,1,2\}$，并且它们分别过点 $P(0,-3,0)$，$Q(1,-2,2)$，则 $\overrightarrow{PQ}=\{1,1,2\}$.

直线 L_1 与 L_2 共面 $\Leftrightarrow$ 向量 $\vec{s_1}, \vec{s_2}, \overrightarrow{PQ}$ 共面，即混和积为零，

因为 $\begin{vmatrix}2&3&4\\1&1&2\\1&1&2\end{vmatrix}=0$，故直线 L_1 与 L_2 共面.

下面求直线 L_1 与 L_2 的交点：

为此令 $\frac{x}{2}=\frac{y+3}{3}=\frac{z}{4}=t$，即 $x=2t,y=-3+3t,z=4t$，代入 L_2 的方程中，得 $\frac{2t-1}{1}=\frac{-3+3t+2}{1}=\frac{4t-2}{2}$，解之得 $t=0$，代回 $L_1:\frac{x}{2}=\frac{y+3}{3}=\frac{z}{4}=t$ 中，可得 $x=0,y=-3,z=0$，故$(0,-3,0)$为直线 L_1 与 L_2 的交点.